"十三五"高等职业教育专业核心课程规划教材·信息大类

任务驱动式项目化教材

U0719650

程序设计基础

（第2版）

主　编　胡　坚

副主编　林新辉　张荣臻

参　编　付　俊　黄叶珏　周芳妃

主　审　商　玮

西安交通大学出版社
XI'AN JIAOTONG UNIVERSITY PRESS

内容提要

本教材为面向信息技术大类专业群平台课——《程序设计基础》而开发的任务驱动式项目化教材,其内容设计依托"学生信息管理系统(SIMS)",开发该项目的 C 语言版和 Java 语言版。用 SIMS 系统的典型工作任务代替传统的学科知识体系章节。全书把 SIMS 系统分解成若干子项目,子项目进一步分解成若干典型工作任务。各项目按照:任务背景、知识目标、任务实施(目标效果、必备知识、拓展训练、实现机制)、项目总结、知识归纳、知识巩固、项目实训七个固定环节组织。这样安排利于激发学生对专业知识学习的兴趣,同时能熟悉项目开发的流程,积累实际项目经验。

图书在版编目(CIP)数据

程序设计基础/胡坚主编. —2 版. —西安:西安交通大学出版社,2017.7(2019.8 重印)
ISBN 978 - 7 - 5605 - 9930 - 4

Ⅰ.①程… Ⅱ.①胡… Ⅲ.①程序设计-高等专业学校-教材 Ⅳ.①TP311.1

中国版本图书馆 CIP 数据核字(2017)第 187630 号

书　　名	程序设计基础
主　　编	胡　坚
责任编辑	李　佳
出版发行	西安交通大学出版社
	(西安市兴庆南路 1 号　邮政编码 710048)
网　　址	http://www.xjtupress.com
电　　话	(029)82668357　82667874(发行中心)
	(029)82668315(总编办)
传　　真	(029)82668857
印　　刷	北京虎彩文化传播有限公司
开　　本	787mm×1092mm　1/16　印张　28.5　字数　685 千字
版次印次	2017 年 9 月第 2 版　2019 年 8 月第 3 次印刷
书　　号	ISBN 978 - 7 - 5605 - 9930 - 4
定　　价	69.00 元

前　言

　　《程序设计基础》课程是信息技术相关专业重要的基础课程之一,通常以一门高级程序语言(C、C++ 或 Java)为载体,重点讲授程序设计方法,使学生了解程序设计基本结构,掌握程序设计的思想和方法,具备基础的程序设计能力。该课程是学生学习程序设计、深入信息技术领域的入门课程,为后续各专业编程相关课程的学习奠定基础。因此,在当前信息技术大类招生及专业群建设的背景下,《程序设计基础》通常作为专业群平台课程进行建设和优化。

　　本教材针对性地为《程序设计基础》平台课程而开发,同时也可作为学习者关于 C 语言和 Java 语言编程学习的入门教材。教材内容按照“平台＋模块”的架构组织,主要包括四个部分:程序设计思想(基础平台)、面向过程编程－C(基本模块 I)、面向对象编程－Java(基本模块 II)以及 ACM 程序设计竞赛(拓展模块)。其中基础平台部分是专业群内各专业必选的基础性内容和应达到的基本要求,建议教学时数为 12～18 学时。基本模块则是适应专业差异而设置的限定选修内容,包括两个模块,每个模块建议教学时数为 56～72 学时,各专业可依据自身人才培养目标需求自由选择。如高职软件技术专业可以选择“平台＋基本模块 I”的组合,从而为后续深入地学习 Java 语言程序设计奠定良好的基础;而计算机网络专业往往侧重应用能力,但也需有一定的网络编程基础,则可以选择“平台＋基本模块 II”的组合。拓展模块主要是为开拓学习能力强的学生的专业视野,提升其学习程序设计的兴趣而设置,该模块建议教学时数为 12～18 学时,其设置利于“以赛促学、以赛促教”,同时也为目前高职程序设计技能课程分层教学改革和实施提供了更多的选择。

　　【本书特点】

　　本教材为面向信息技术大类专业群平台课——《程序设计基础》而开发的任务驱动式项目化教材,专业群相关各专业既可选用本教材作为统一教材,又可通过教材中不同模块组合来选定差异化的专业课程教学内容,这既能满足专业群课程教学内容的共性,又能体现各专业教学内容的个性。本教材内容的设计力求实现理实一体化,以促进“教、学、做”三者能够有机地融合在一起,达到事半功倍的教学效果。教材的主要特点包括以下几点:

　　(1) 以“学生信息管理系统(SIMS)”为项目依托,开发该项目的 C 语言版和 Java 语言版。SIMS 系统的典型工作任务代替原有的学科知识体系章节。全书把 SIMS 系统分解成若干子项目,而每个子项目进一步被细化成若干对应实际软件开发岗位能力要求的典型任务,具体模块知识点的组织参照实际岗位的工作流程来进行。

　　(2) 项目按照:任务背景、知识目标、任务实施(目标效果、必备知识、拓展训练、实现机制)、项目总结、知识归纳、知识巩固、项目实训七个固定环节去组织教学。这样安排有利于促进学生带着专业兴趣自发地进入知识学习过程,同时能够熟悉项目开发的流程,积累实际项目经验。

【本书作者】

本书由浙江经贸职业技术学院胡坚副教授主编,林新辉、张红、付俊、张荣臻老师主写,黄叶珏、周芳妃老师负责教材配套资源建设。本书在编写过程中,得到咪咕数字传媒有限公司茅硕副总经理(副主编、高级工程师)和中国电信股份有限公司杭州分公司邱华年(高级工程师)给予的大力支持,他们参与了本教材的项目案例设计并对教材内容的组织和工作任务的编排都提出了许多建设性的意见,在此笔者表示诚挚的谢意。此外,我们衷心感谢所有关心、支持本书编写工作的领导、同事和朋友。

本书融合了作者在 C、Java 语言教学及程序开发方面多年来的体会和经验,凝聚了教材开发组全体成员的努力,但限于水平及教材编写时间的紧迫,书中难免存在一些不足之处,殷切希望专家和读者批评指正。

胡坚

2017 年 3 月 15 日

目 录

```
基础平台篇
程序设计思想
```

基本模块 Ⅰ
面向过程编程(C)

基本模块 II
面向对象编程(Java)

拓展模块
ACM 程序设计竞赛

项目1　认识程序设计

项目创设

　　程序设计基础是很多理工科学生需掌握的一门基础性课程。传统的计算机编程语言课程都是直接从一种具体语言的基础语法开始。而本书希望从程序设计语言的本质着手，使学生能全面地了解计算机程序的设计与应用的内涵。本书所表现的思想，避免只是单纯的将学习的精力集中在一种具体语言的语法细节上。从认识程序开始，了解计算机程序的基本特征，程序与语言的关系、计算机程序产生步骤、使程序实现功能想法的算法以及运行程序的环境。为后续具体语言学习打好基础。

　　本项目将通过四个任务向大家介绍程序的基本特征、算法的设计、面向过程和面向对象两类程序设计的模式和程序运行开发的环境，这四个任务包括：走进程序的世界、算法的设计与描述、程序设计模式和程序开发环境搭建与测试。通过学习这四个任务的实现原理，学习者应该掌握计算机程序的基本概念、结构和步骤，掌握算法的基本特征和描述，掌握以C语言为代表的面向过程、以Java语言为代表的面向对象的计算机语言的特征和开发环境。理解和掌握本项目的相关知识将为后续项目奠定良好的基础。本项目的技能目标如图1-0所示。

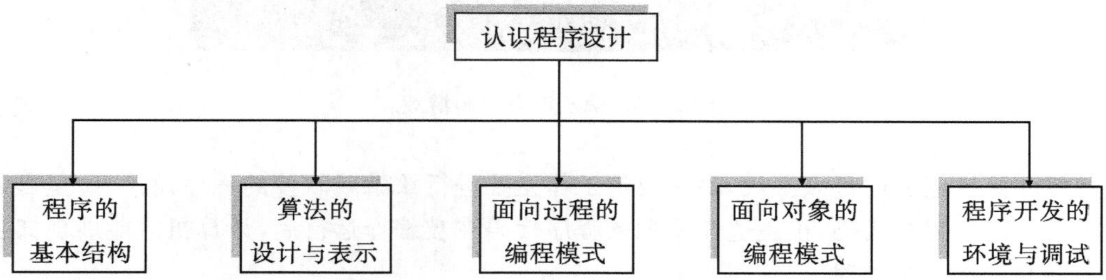

图1-0　认识程序设计项目技能目标

学习目标

　　通过本项目的开发和训练，读者应该实现如下的学习目标：
➢ 了解程序的含义、发展，并掌握其基本结构。
➢ 理解程序员应具备的基本素养。
➢ 理解并掌握算法的概念、设计和表示。
➢ 理解并掌握两种不同程序设计模式。
➢ 掌握C语言和Java语言的开发环境。

1.1 任务 1　走进程序的世界

1.1.1　目标效果

计算机在社会中各个领域得到了越来越多的应用，人们也越来越认可通过计算机技术可以更好地在相应的领域中完成工作。而让计算机有效运作的就是程序，程序指导计算机进行每一步的操作运算，从而完成相应的工作。现阶段的程序通常用某种具体程序设计语言来编写，运行在某种目标体系结构上，如下图1－1，即在PC端上运行的俄罗斯方块小游戏。

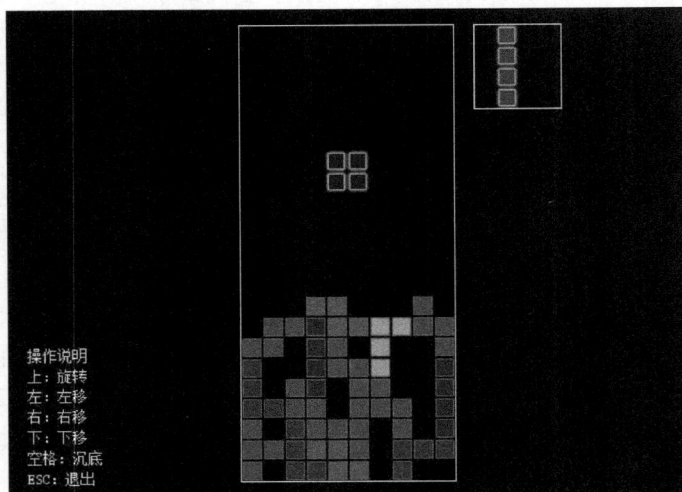

图1－1　俄罗斯方块小游戏

要使计算机能够运行该游戏，最主要的工作是要进行该游戏软件的程序设计，这里可以展示该游戏的部分程序代码，正是这一系列的程序代码在被编译运行后，计算机才能展现如上图所示的俄罗斯方块小游戏。

```
//画单元方块
void DrawUnit(int x, int y, COLORREF c, DRAW _draw)
{    // 计算单元方块对应的屏幕坐标
    int left = x * UNIT;
    int top = (HEIGHT - y - 1) * UNIT;
    int right = (x + 1) * UNIT - 1;
    int bottom = (HEIGHT - y) * UNIT - 1;
    // 画单元方块
    switch(_draw)
    {
        case SHOW:
```

```
            // 画普通方块
            setlinecolor(0x006060);
            roundrect(left + 1, top + 1, right - 1, bottom - 1, 5, 5);
            setlinecolor(0x003030);
            roundrect(left, top, right, bottom, 8, 8);
            setfillcolor(c);
            setlinecolor(LIGHTGRAY);
            fillrectangle(left + 2, top + 2, right - 2, bottom - 2);
            break;
        case FIX：
            // 画固定的方块
            setfillcolor(RGB(GetRValue(c) * 2 / 3, GetGValue(c) * 2 / 3,
                        GetBValue(c) * 2 / 3));
            setlinecolor(DARKGRAY);
            fillrectangle(left + 1, top + 1, right - 1, bottom - 1);
            break;
        case CLEAR：
            // 擦除方块
            setfillcolor(BLACK);
            solidrectangle(x * UNIT, (HEIGHT - y - 1) * UNIT, (x + 1) *
                        UNIT - 1, (HEIGHT - y) * UNIT - 1);
            break;
    }
}
```

程序的世界很丰富也很有乐趣,如何正确地编写、保存及运行程序等操作,是学习本任务的关键所在,大家不妨先思考以下几个问题。

①程序为何可以指挥计算机运行?

②为何有这么多不同的程序语言?

③程序的基本结构由什么组成的?

④一名合格的程序员哪些特点,应该具备哪些基本素质?

1.1.2 必备知识

从本任务开始,我们将正式走进程序的世界。很多人会觉得计算机很神奇,无所不能,其实,计算机的每一步操作都是根据人们事先制定的指令去完成的。而这一系列操作的组合可以构成我们所说的程序。这样我们知道计算机程序是为了帮助人们解决某些问题而使用的,也就是想让计算机能够按照人们的意愿去工作。那么要走进程序的世界,不仅要去分析程序的含义、基本结构,更为重要的是了解程序是如何协助人们与计算机沟通的。下面就让我们从程序的基础内容开始学习吧。

1.1.2.1　程序的含义与数据传递

1. 程序的含义

　　程序的含义可以被看作一组指示计算机为代表的信息处理装置执行每一步动作的指令，通常通过用某种程序设计语言来编写，运行于某种目标体系结构上。计算机处理数据的最基本单元就是计算机指令，单个计算机指令可以完成基本的操作功能，但通过一系列的有序组合就能完成负责的功能操作，从而为人们所服务。这样一系列计算机指令的有序组合即构成了程序。实际上程序的实现是为了体现程序员的思想，借助他们的思想让计算机去实现相应的功能操作。从某种意义上说，程序可以被看作人们思想的一种延续或者是静态的展示，以计算机程序语言代码的形式将程序员脑海中的某个思想表现出来。有了思想，有了具体的含义和指导操作，一段程序才值得我们写下来。

　　如何将我们的思想和计算机以及其他程序员进行沟通，人们设计了相应的程序设计语言，通过这些程序设计语言，例如 C 语言、Java 语句来描述相应的具体程序，再通过相应的编译器将具体程序转换为计算机能直接执行的指令。

　　程序是如何运作的呢？用一个通俗化的例子来加以说明。顾客到一家蛋糕店去订一个 6 寸的水果鲜奶蛋糕，蛋糕店老板出来接待客户，问了顾客的相关要求，发现需要定制的不要现成的，于是给顾客一张单子，让顾客把相关要求写下来。顾客写下了相关要求，如表 1－1 所示后，提交回蛋糕店老板。

表 1－1　蛋糕订单

杭州爱心 DIY 蛋糕中心订单
水果鲜奶蛋糕 6 寸
制作要求：
1.要求多放猕猴桃； 2.增加巧克力点缀； 3.图案按客户提供的图片造型。
打包要求：
1.立等提货； 2.准备 3 岁蜡烛； 3.准备 5 份刀叉盘子。

　　老板看到单子后，将订单转给后台的一位小伙计让他通知制作间马上制作，同时让前台准备好打包的东西。小伙计拿到订单后，立即写下配料单并进行配料，如表 1－2 所示。

表 1-2 蛋糕配料单

杭州爱心 DIY 蛋糕 axx 顾客订单配料	
水果鲜奶蛋糕 6 寸(图案自定)	
配料：	
1.鸡蛋 3 个	6.细砂糖 90 克
2.低筋粉 75 克	7.泡打粉 3 克
3.玉米淀粉 10 克	8.塔塔粉 2 克
4.色拉油 40 克	9.盐 1 克
5.鲜牛奶 50 克	10.淡奶油 250 毫升
水果装饰：	
1.猕猴桃 1 个(标准值半个)	4.草莓(若没有,用圣女果 6 颗替代)
2.黄桃切片 4 片	5.菠萝切片 4 片
3.葡萄 6 颗	6.黑巧克力碎片 20 克(标准值没有)

配料配好后,分门别类的用碗盘子等容器装好,把单子、配料、图案照片一起交给制作间的师傅,师傅接受配料后,按水果鲜奶蛋糕的流程就做起来了。蛋糕完工后,做好的蛋糕拿到前台后,立即被打包,装上附带的蜡烛、刀叉盘子然后交给了顾客。

这个例子结束后,也就大致演示了程序运行起来的一些元素。顾客代表了一个程序员,下的蛋糕订单就是一个程序清单,可以看作用高级语言编写的。老板代表操作系统,管理整个蛋糕店,忙前忙后,负者后面制作、客户之间的协调工作。小伙计,可以代表编译系统,把顾客想要的东西从顾客语言翻译成了制作师傅的语言。配料单可以看作编译后的文件。制作师傅,按照配料制作蛋糕的过程可以看作进程,实现顾客想要的蛋糕。最后包装好的蛋糕就是整个程序的一个输出结果。

2.二进制的数据传递

在了解了程序的大致含义后,那么相应的数据信息在计算机内部是如何来表现和运行的?事实是在 C 或 Java 等高级语言编写的程序中,数值、图像等数据信息在计算机内部都是以二进制数值的形式来表现的。

二进制并不是为计算机而产生,但是计算机内部是最适合采用二进制的。这是因为计算机主要依靠集成芯片来进行计算,而集成芯片的引脚状态只有 0 V 和 5 V 两个状态,适合用二进制的"0"、"1"表示。另外对于逻辑电路的开关接通与否也适合用"0"、"1"表示。

另外二进制技术简单易实现、数据传输过程中可靠性高、抗干扰能力强,能够简化运算规则,有利于提高运算速度,还能实现逻辑运算,二进制中的"0"、"1",正好与逻辑运算中的"假"和"真"相对应。二进制也十分方便于其他进制的转换,特别是和我们熟悉的十进制之间转换。

二进制转换十进制,举例：

00101111(二进制数)

$= (0*2^7)+(0*2^6)+(1*2^5)+(0*2^4)+(1*2^3)+(1*2^2)+(1*2^1)+(1*2^0)$

$= (0*128)+(0*64)+(1*32)+(0*16)+(1*8)+(1*4)+(1*2)+(1*1)$

$= 0+0+32+0+8+4+2+1$

$= 47$(十进制数)

提
示

计算机处理信息的最小单位是一位，相当于二进制中的一位，可用 bit 表示。二进制一般是 8 位、16 位……，8 的倍数。计算机处理信息的基本单位是 8 位二进制数。8 位二进制数也被称为一个字节，由 Byte 表示，是最基本的信息计量单位。

1.1.2.2　程序设计的发展历史

计算机程序控制了计算机的一切操作，离开了程序，计算机将毫无用处。只有掌握好计算机程序设计，才能真正的运用好计算机为我们服务。而程序的表述则涉及到计算机语言，也可以称为程序设计语言。人与人之间交流，需要通过汉语、英语或是手语、肢体语言、书面语言等才能实现。同样我们设计的程序要使计算机能够识别，领会我们的思想，那么也需要创造一种计算机和人都能识别的语言，也就是计算机语言。而这类语言，随着计算机的发明，也已经经历了几个阶段，可以说程序设计的发展本质上就是计算机语言的发展历史。

1. 机器语言

机器语言是二进制机器代码编成的代码序列，在计算机技术发展的初期，一般计算机指令采用 16 个二进制数来构成。不同的"0"、"1"组合成各种编码指令。这种能够被计算机直接识别的二进制代码指令称为机器指令，机器指令的集合就是计算机的机器语言。

这种语言的特点就是用机器语言编写的程序无须处理即可直接输入让计算机识别并执行。但机器语言有着明显的缺陷，首先编写的程序通用性差，严重依赖于具体计算机，同一问题在不同机器上求解，需要根据机器来重复编写。接着对于机器语言，程序员需要熟记所用计算机的全部指令代码和代码的涵义。还需要自己处理每条指令和每一数据的存储分配和输入输出，以及记住编程过程中每步所使用的工作单元所处的状态。编写工作变得十分繁琐，需花费大量时间。最后，机器语言编出的程序全是"0"、"1"组合的指令代码，可读性差，不易交流，还容易出错。现阶段除了一些专业厂商的技术人员外，绝大多数程序员已经不再去学习和使用机器语言了。

2. 汇编语言

人们为了克服机器语言难读、难编、难记和易出错的缺点，开始考虑使用一些与代码指令实际含义相近的英文缩写词、字母和数字等符号来取代指令代码。例如，采用 ADD 表示"加法操作"的机器代码，原有的机器指令 0101011 可以改写为 ADD A，B，于是就产生了汇编语言。然而计算机能读懂的只有机器指令，如何能让机器读懂汇编语言，还是需要一个能够将汇编指令转换成机器指令的翻译程序，这样的程序我们称其为编译器。编译器的产生也为后面更接近人类语言的高级语言能够被机器识别铺平了道路。

汇编语言要比机器语言易于读写、调整，同时又具有机器语言的全部优点，运行速度快速，但是在处理复杂编程问题时，代码量依然巨大，可读写性还是不够高。而且汇编语言也依赖于具体的处理器体系，通用性不高。人们开始进一步寻求高级语言的发展，与之相对的机器语言与汇编语言被称为计算机低级语言。在现阶段，汇编语言已很少用于程序设计，更多的被作用于底层应用，如嵌入式系统硬件驱动，这些场合对硬件操作和程序优化有着高要求。

3. 高级语言

汇编语言依赖硬件体系，且助记符量大难记，程序可读性差，人们又进一步发明了更易于编写可读的高级语言。高级语言的语法和结构更类似人们的自然语言，主要为英文，且不再依赖于硬件，具有可移植性。普通人经过一段时间学习之后都熟练运用其进行编程。

现阶段高级语言是编程者的首要选择，其更接近"人"，更容易展现"人"的思想，便于与其他编程者交流。高级语言相对于汇编语言而言，并不是特指某一种具体的语言，而是包括了很多编程语言，如流行的 Java、C、C++、C♯、Delphi 等，但这些语言的语法、命令格式都各不相同。例如最简单的编程语言 PASCAL 语言也属于高级语言。

高级语言所编制的程序也不能直接被计算机识别，必须经过转换才能被执行，按转换方式可将它们分为两类：

①解释类，执行方式类似于我们日常生活中的"同声翻译"，应用程序源代码一边由相应语言 的解释器"翻译"成机器语言，一边执行。整体效率较低，而且不能生成可独立执行的可执行文件，应用程序不能脱离其解释器，但这种方式比较灵活，可以动态地调整、修改应用程序。

②编译类，这种编译是在应用源程序被执行之前，先将程序源代码"翻译"成机器语言，因此其目标程序可以脱离其语言环境独立执行，使用比较方便、效率较高。但应用程序一旦需要修改，必须先修改源代码，再重新编译生成新的目标文件才能执行。我们大多数级接触到的高级编程语言都是编译型的，例如前面举例的 Java、C、C++、Delphi 等。

4. 编程语言发展

与机器语言同时期的计算机比较而言，现阶段的计算机硬件已经发达数千倍。相对于计算机本身的发展而言，编程语言的发展非常缓慢。当然，高级语言的发展，也从面向过程向面向对象发展了一些，但和计算机的发展相比，还是差了很多。那么，这些年对于编程语言的进步体现在哪呢？其实主要出现在了框架及工具等方面。例如早些年 Turbo Pascal 所带的框架大约有近 100 个功能，而现在的.NET Framework 里则有多达 1 万个类，10 万个方法。另外还有例如语法提示、重构、调试器、探测器等等，这方面的新东西有很多。与此相比，编程语言的改进的确很不明显。现阶段的编程开发更多是建立在现有的框架工具上，而不会从头写起。现在已经有太多基层东西、模板可以直接利用了，每次从头开始的代价太高。

还有就是编程都不断地提高抽象级别，让编程语言更有表现力，让我们可以用更少的代码完成更多的工作。我们一开始先使用汇编，然后使用面向过程的语言，例如 Pascal 和 C，然后便是面向对象语言，如 C++，随后就进入了执行环境受托管的时代，例如.NET，它们的主要特性有自动的垃圾收集，类型安全等等。这一趋势还没有停止的迹象，未来还会看到抽象级别越来越高的语言。另外一个发展方向就是由命令式编程向声明式编程转变。所谓命令式编程是，命令"机器"如何去做事情（how），机器按照你的命令去实现。而所谓声明式编程，则告诉"机器"我想要的是什么（what），让机器自己想出如何去做（how）。

1.1.2.3　程序的基本结构

早期的计算机存储器容量小，设计程序时首先考虑的问题是如何减少存储器开销，程序本身也短小，逻辑简单，无需考虑程序设计方法问题。随着计算机技术发展，程序应用越来越复杂，程序规模也越来越大。人们不得不考虑程序设计的方法，以及程序的结构，使人们在编写程序过程中能够有效管理。最早提出的方法就是结构化程序设计方法，其核心是模块化。

1. 结构化程序设计

所谓结构化，就是把一个大的功能的实现分隔为许多个小功能的实现。这样可以使复杂问题简单化，让编程更容易，提高程序代码的维护和可读性。其概念是由荷兰学者 E. W. dijkstra 在 1969 年提出，以模块化设计为中心，将待开发的软件程序划分为若干个相互独立的模块，这样使完成每一个模块的工作变的单纯而明确，为设计一些较大的程序打下了良好的基础。各模块相互独立，因此在设计其中一个模块时，不会受到其他模块的牵连。这样可以把原先复杂的问题简化为一系列简单模块的设计。模块的独立性还为后面进一步扩充提供了空间，可以充分利用现有的模块作积木式的扩展。

结构化程序设计的思想，规定了一套方法，使人们编写的程序具有合理的结构，以保证验证程序的正确性。采用这种方法后，程序编写者必须依照这套方法按照一定的结构形式来设计和编写程序。这样可以使编写的程序具有良好的结构，易于人们理解和交流，还易于调试修改从而提高设计和维护程序工作的效率。结构化程序设计的主要观点是采用自顶向下、逐步求精及模块化的程序设计方法；使用三种基本控制结构构造程序，任何程序都可由顺序、选择、循环三种基本控制结构构造。另外在程序中严格控制 Goto 语句的使用。采用这一方法编写的程序在结构上具有以下效果：

①以控制结构为单位，只有一个入口，一个出口，所以能独立地理解这一部分。

②能够以控制结构为单位，从上到下顺序地阅读程序文本。

③由于程序的静态描述与执行时的控制流程容易对应，所以能够方便正确地理解程序的动作。

具体而言，"自顶而下，逐步求精"的设计思想的出发点是从问题的总体目标开始，将问题低层的细节抽象，先专心构造高层的结构，然后再一层一层地分解和细化。通过分解和细化，最后得到的是一些简单的算法描述和算法实现问题。也就是将系统功能按层次进行分解，每一层不断将功能细化，到最后得到的是功能单一、简单易实现的模块。在逐步求解过程中，可以设计一些子目标作为过渡，这样来逐步细化。这样可以使程序编写者更好的把握主题，避免从一开始就陷入复杂的细节中。把复杂的过程简化、模块化，本质就是把一个复杂问题拆解成由若干相对简单的问题。把程序要解决的总目标分解为子目标，再进一步分解为具体的小目标，这样的小目标就可以被称为一个模块。而"独立功能、单出、入口"的模块结构，可使模块作为插件或积木使用，降低程序的复杂性，提高扩展性和可靠性。程序编写时，所有模块的功能通过相应的子程序（这里用函数或过程）来实现。

当然这种结构也存在着系统的开发周期长、过于注重过程，不能很好适应事物变化的要求，用户需求难以在系统分析阶段精准定位的问题。结构化程序设计在面向过程的编程中占据了重要内容。那么问题就来了，对于面向对象的编程，例如 Java 呢？在实际运用中，面向对象的编程还是会讨论结构化程序设计的，这是由于面向对象编程是从以面向过程编程为基础发展而来的。其中面向对象编程的核心的思想之一就是"复用"，即程序片断或程序模块可以被不经修改地反复应用在同一个应用软件甚至不同的应用软件中，从而提高开发效率并降低维护成本。面向对象编程所着重研究的，就是如何实现最大程度的有效的复用，而在这些被复用的程序片断或程序模块内部，则仍然需要严格遵循传统的结构化程序设计的原则。

2. 程序设计的基本控制结构

在结构化程序设计中我们提到各模块中必须且只能使用"顺序、选择、循环"三种基本控制结构来定义程序的流程。所谓流程是指程序运行时,其中各语句的执行顺序。结构化程序设计提倡使用结构清晰、可读性好的控制结构,也就是仅仅使用"顺序、选择、循环"三种基本结构,而不提倡使用 Goto 之类的无条件跳转结构。下面让我们初步了解三种基本控制结构的特点,详细的使用方法我们将在后续项目中结合具体程序设计语言来讲解。

顺序结构是最简单的程序结构,也就是说各控制语句是按先后顺序执行的,可由若干个依次执行的处理步骤组成的。顺序结构也是最常用的程序结构,只要按照解决问题的顺序写出相应的语句就行,它的执行顺序是自上而下,依次执行。例如,用户按照一般说明说顺序,来把电池放入遥控器,打开空调开关,进行制冷。

选择结构是典型的判断响应结构。当我们在处理实际问题时,经常会遇到一些条件的判断,而流程会根据判断条件的是否成立从而产生不同的流向。这种基本结构就是选择结构,也被称为分支结构。根据判断情况的复杂性,还可以细分为单分支选择、双分支选择及多分支选择结构。

循环结构有助于我们处理多次重复或类似的工作,如计算 1＋2＋3＋…＋100,需要重复执行加法操作 99 次。循环执行同一操作若干次的结构称为循环结构。循环结构可以减少源程序重复书写的工作量,这也是程序设计中最能发挥计算机特长的程序结构。

**提
示**　　　三种程序基本结构的共同特点:只有一个入口;只有一个出口;结构内的每一部份都有机会被执行到;结构内不存在死循环。

1.1.2.4　程序设计步骤

程序设计的实质就是对给定的问题求解,程序设计的一般步骤是:问题分析、算法设计、编写程序、编译程序、运行与调试。在平时的程序编写过程中,无论程序大小,按照这一步骤的实施,有利于培养编程者的基本素养,提高编程效率,规范化操作。

1. 问题分析

对于目标问题要进行认真地分析,研究所给定的条件,深入了解问题的特点,分析最后应达到的目标,特别是要考虑入口和出口。逐步明确解决问题的步骤,确定解决问题的方法,也就是算法。

2. 算法设计

即设计出解题的方法和具体步骤。对于算法的设计,一般需要注意,考虑算法的逻辑结构尽可能简单,减少算法执行时间,在可能的条件下使所需的计算量最小。在对算法描述时,可采用多种方式加以描述,例如自然语言、伪代码或流程图等。

3. 编写程序

当确定解决问题的步骤后,就可以开始编写程序了,将算法翻译成计算机程序设计语言,在编程环境中,通过编辑功能来直接编写程序,这时生成的程序为源文件。在编写程序时,要把整个程序看作一个整体,先全局再局部,自顶而下,一层一层分解处理。

4. 编译程序

编辑好程序后,下一步则一般是应用该语言的编译程序对程序进行编译,生成由二进制代码表示的目标程序。然后进一步生成可执的行程序。在编译过程中,如果存在相应的语法错误,编译程序会指出该语法错误的位置,而不生成二进制代码。

5. 运行与调试程序

当程序通过语法检查,编译生成相应的可执行文件后,就可以在编程环境或操作系统中运行程序了。运行可执行程序后,就可以得到运行结果。能得到运行结果并一定正确或者是我们所需要的则是正确的。无论是否异常,运行程序结束后都要对结果进行分析,看它是否合理,是否是我们所期望的结果。若不合理则要对程序进行调试,来发现和排除程序中的故障。调试最主要的工作就是找出程序中错误的地方。

在实际实践中,特别是团队协作编程,或者遇到大的一些程序项目时,往往还需一个步骤,就是编写程序文档。如同正式的产品应当提供产品说明书一样,这类正式的项目在程序设计过程中,程序员往往还需要提供相应的程序说明书,也就是编写程序文档。这一内容常包括:程序名称、程序功能、运行环境、程序的装入和启动、需要输入的数据,以及使用注意事项等。

1.1.2.5　程序员的基本素养

程序员从事的是技术性工作,在计算机技术发展中有着相当重要的地位。一名真正合格的程序员,应具备相应的基本素质。

1. 团队精神和协作能力

这是程序员应该具备的首要素质。任何个人的力量都是有限的,现阶段的程序开发项目,越来越复杂,也越来越离不开团队的协作。需要通过组成强大的团队来开发项目。现阶段的程序开发往往牵扯到很多不同内容和应用,特别是进入一些大项目研发团队,参与商业化和产品化的开发任务,缺乏这种素质的人就完全不合格了。

2. 良好的文档习惯

正如前面说到程序文档编写是一个很重要的环节,良好的文档编写习惯是正规研发流程中非常重要的环节,作为程序员,甚至花30％的工作时间写技术文档也是很正常的,若是经验丰富岗位要求高的,则所花的时间将更高。好的文档习惯,在未来的查错、升级等环境中可以带来很大便利。

3. 规范化,标准化的代码编写习惯

在一些正规化的软件公司中,程序代码的变量命名,代码内注释格式,甚至嵌套中行缩进的长度和函数间的空行数字都有明确规定,良好的编写习惯,不但有助于代码的移植和纠错,也有助于不同技术人员之间的协作。可以这么说,良好的代码编写习惯和文档习惯一样,是程序员基本的素质需求。

4. 需求理解能力

程序员需要理解一个模块的需求,很多程序员写程序往往只关注一个功能需求,他们对性能指标的关注只归结到硬件和开发环境上,而忽视了代码的性能考虑。作为程序员需要评估该功能模块在系统运营中所处的环境以及各种潜在的危险和恶意攻击的可能性。

5. 复用性,模块化思维能力

复用性设计,模块化思维就是要程序员在完成任何一个功能模块或函数的时候,需要想的更多一些,思考该模块是否可以脱离这个系统存在,是否可以通过简单的修改参数的方式在其他系统和应用环境下直接引用,这样就能极大避免重复性的开发工作。

6. 测试习惯

虽然一些正规的商业项目开发周期中,肯定会有专职的测试工程师,但是并不是说有了专职的测试工程师程序员就可以不进行自测。软件研发作为一项工程而言,一个很重要的特点就是问题发现的越早,解决的代价就越低。程序员在每段代码,每个子模块完成后一般都需要自己对所编写的程序进行认真的自测,这样尽量将一些潜在的问题尽早的发现和解决,这样对整体系统建设的效率和可靠性就有了最大的保证。

7. 学习和总结的能力

程序员是很容易被淘汰,很容易落伍的职业,所以必须不断跟进新的技术,学习新的技能。善于学习,对于任何职业而言,都是前进所必需的动力,对于程序员,这种要求就更加高了。善于总结,也是学习能力的一种体现,每次完成一个研发任务,甚至完成一段小代码,都应当有目的的跟踪该程序的应用状况和用户反馈,随时总结,找到自己的不足,这样才能持续不断地获得提高。

1.1.3　拓展训练

如何去理解用程序来表示人类思考的方式。以一个石头剪刀布的游戏模拟来思考运用不同程序编写所表现的各种思考方式。假设石头、剪刀、布分别用数值0、1、2来表示。

第一种方式,采用一个自然随机数,然后用3来取余数,得到0、1、2中的某一个数值,这样来确定每一次出拳的结果。这种就是完全随机的方式出拳。表面上看像这个游戏的情况,但是实际上很多人并不会做到完全的随机。

第二种情况,表示一种人们的习惯的程序,还是采用随机数,只是随机数采用0~9,这时0~2表示石头,3~4表示剪刀,而5~9表示布,这样规定后,在大数量样本下,就变成具有一定习惯的出拳方式了。

第三种情况,当对手发觉这个程序具有大量出布的习惯,那么可以设计破解的程序,再进一步,利用对大样板数据后的记忆,发现某个对手,再出石头后紧跟出布的几率非常高,那么程序设计时就可以根据纪录的特点,设计当遇到出石头后,本程序发出去剪刀的指令。这点就是逐步描述对于程序思考的判断。

1.2 任务2　算法的设计与描述

1.2.1　目标效果

本任务的目标是使学生进一步了解开发的程序到底是"做什么"和"怎么做"的。对于算法的掌握主要体现在一个做任何事都是有一定步骤的,算法就是对实现解决方法步骤的说明。还有一个就是达到一个目的解决方法的步骤具有多样性,同样对于实现一个目标功能,也有多种不同步骤的展示。对于算法的描述,时常会从生活中的"算法"开始。例如,某人在杭州西湖文化广场的环球中心写字楼下出发要到杭州索菲特西湖大酒店会客,他选择公共交通工具前往。那么通过地图查询可以看出,有多种"算法"可以提供,如图1-2所示,最快的,可以步行到地铁1号线的西湖文化广场站,乘坐到定安路站下车,从C出口出去后步行600余米到达。也有少步行的,步行到西湖文化广场公交站,乘坐38路公交到达涌金门东站下车后,步行150米到达。还有更多的方式可以到达,这些都可以看作不同的"算法",关键是根据给定的条件和该任务的具体需求来确定合适的"算法"。除了前面提到的最快或者少步行的条件,也可能出行时间是晚上11点,而公交停运了,这些都会对算法的制定产生根本的影响。

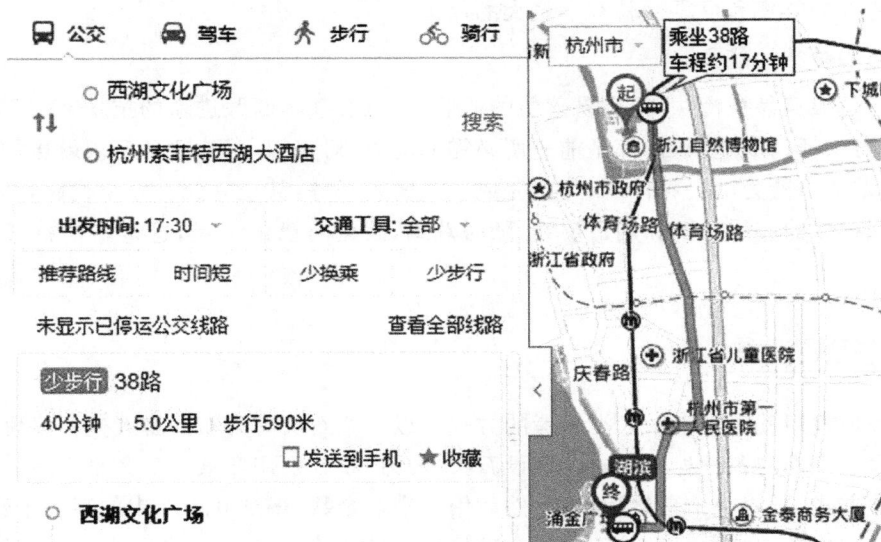

图1-2　找路的"算法"选择

本任务实现了对算法设计的解释和描述分析。为了进一步了解算法在程序设计中的重要性,以及算法的设计方法和表示,我们不妨先思考如下几个问题。

①纯数值计算的算法和非数值问题的算法如何区别?

②有了算法就一定能根据算法能写出程序吗?

③算法的具体步骤怎么和程序的基本结构结合起来的?

④算法以怎样的形式恰当地么展现给不同用户?

⑤算法有多样性,那么有最优解吗?

1.2.2　必备知识

1.2.2.1　算法的概念和特征

上一任务提到程序设计的基本概念,这里则需要进一步来说明。当程序员进行一个项目编程时,会遇到两个根本问题:对什么样的数据进行处理和如何对数据进行处理。对什么样的数据进行处理,也就是需要明确程序处理的对象,准确地给出处理对象的数据描述。也就是在程序中指定用到哪些数据,而这些数据的类型是什么,数据的组织形式是什么,这些都是属于数据结构的内容。如何对数据进行处理,则是指明对处理对象的操作流程。也就是确定计算机进行操作的步骤,即在处理对象过程中的每一个阶段的操作任务以及这些操作的先后顺序,这就是所说的算法。著名计算机科学家 Niklaus Wirth 提出过一个关于程序的公式:

算法＋数据结构＝程序

数据是操作的对象,就相当于一道菜的原料。而同一原料,由不同的师傅按照不同流程可以烧出不同的菜,也就是算法的不同。作为一名程序员,需要了解算法可以被看作程序的灵魂,不了解算法也就谈不上程序设计。

1. 算法的概念

对于算法而言,关于数值的计算,也就是数学相关的算法,容易让人理解,例如对 1 累加到 100 的求和或者一个方程组的求解。而计算机程序的算法可以做的更多,从广义上讲,为解决一个问题而采取的方法和步骤,就可以称为"算法"。一首歌曲的曲谱就是演奏这首歌曲的算法,一道菜谱的过程描述则是做这道菜的算法。关于程序的算法,若用更为精准的概念描述是指对解决目标问题的方案准确而完整的描述,是解决问题的一系列清晰指令,算法代表着用系统的方法描述解决问题的策略机制。若算法存在问题或者不适合目标问题的需求,例如前面提到的道路导航路线,若是导航的普通汽车的路线,而实际是采用公共汽车为载体,则该算法执行后也不能有效解决目标问题。

计算机算法可分为两大类别:数值运算算法和非数值运算算法。数值运算就是求数值解,例如常见的数学问题,目标一般为具体数值,而非事务性问题;而非数值运算的涉及面就很广泛了,也是现阶段计算机程序设计关注的热点,最为常见的就是事务性管理领域,例如后序项目中提到的学生基本信息管理、学生成绩管理等。数值运算往往有现成的模型,可以用数值分析方法,因此在数值运算的算法的研究比较深入,算法大都成熟。人们在程序设计中,往往把这些算法汇编成库,供用户进行调用。例如,很多计算机编程系统中提供相应的"数学程序库",使用起来十分方便。但非数值运算种类繁多,要求各异,很难一次性做成相应的程序库供开发者调用,只有一些典型的非数值运算算法,例如排序算法、查找搜索算法等有成熟算法供开发者调用。

正因为非数值运算算法是程序开发者常遇见的,但它也有许多相应限制条件。例如一些初学者觉得程序是万能的,提出替我推荐一款美味的牛排或者给我设计一个漂亮的发型这样的开放式问题,则程序开发者就一时难以动手。什么样的牛排,在哪里煎,几分熟都是对算法起决定性的因素,漂亮的发型则更是主观性问题。要了解这些限定条件,则需要掌握算法的特征。

2. 算法的特征

要在计算机上实现的算法,具有相应的算法特征,并不是任意写出一些执行步骤就能构成一个算法。在计算机程序设计中,一个有效的算法应该具有以下 5 个特征。

（1）有穷性

算法的有穷性是指算法必须能在执行有限的操作步骤之后终止,也就是说算法是不能无限运行的,就像前面提到循环时,不能出现死循环,这会使计算机系统在运行算法时出现问题。有穷性往往还要加上合理的范围之内的限定,如果一个算法需要执行几年甚至几十年,虽然也是有穷的,但可被认为超过合理的限度,那么也不算有效的。至于合理的限度,则由人们的常识来判断,例如有些特定事例可能也会造成长时间的运算。

(2)确定性

算法的每一步骤都应该是明确的。所谓明确的,例如做烤牛排,这个步骤就是不确定的,在一般含义中,牛排分几分熟的。还有把手举过头顶这个指令也是不确定的,用左手还是右手,举过头顶多少厘米,不同的人会有不同的理解。算法中的每一个步骤应当不被解释成不同的含义,应该是明确无误的。所谓不同的含义,可以理解为两种或多种的可能含义。

(3)输入项

一个算法有 0 个或多个输入,用于表现运算对象的初始情况,若是 0 个输入则指算法本身定出了初始条件。所谓输入是指在执行算法时需要从外界获取必要的信息。例如,输入两个数字进行大小比较,输出较大值,则需要输入值。而同样对"4"、"7"两个数字进行大小比较,输出较大值,则表示 0 个输入。

(4)输出项

一个算法有一个或多个输出,算法的目的是为了求解,而"解"就是输出。算法的输出不一定就是计算机的屏幕输出或者打印输出,一个算法得到的结果就是算法的输出。没有输出的算法是毫无意义的。

(5)可行性

算法中执行的任何计算步骤都是可以被分解为基本的可执行的操作步骤,即每个计算步都可以在有限时间内完成(也称之为有效性)。这种有效性一个是指可分解基础程序步骤,另外是程序可执行,例如,若 b=0,再执行 a/b 则显然不能有效执行。

对于一般最终用户而言,其实并不需要在处理每一个问题时都要自己设计算法和编写程序,可以使用已经存在的现成算法和程序,只须根据已知算法的要求给予必要的输入,就能得到输出的结果。对这些使用者而言,引入的算法如同"黑箱",可以不了解箱子里面的结构,只关注输入与输出就可以了,这也是最为方便的使用。

3.简单的算法举例

例 1.1　有蓝和黑两个墨水瓶,规格相同。现在错把蓝墨水装在黑墨水瓶中,黑墨水错装在蓝墨水瓶中,要求将其互换。

第一步:取一只空的同规格墨水瓶,作为替换的过渡瓶;

第二步:将黑墨水瓶中的蓝墨水装入过渡瓶中;

第三步:将蓝墨水瓶中的黑墨水装入黑墨水瓶中;

第四步:将过渡墨水瓶中的蓝墨水装入蓝墨水瓶中;

第五步:交换结束。

例 1.2　求 1+2+3+4+5 的一个算法。

先可以采用最原始的方法:

第一步:计算 1+2,得到 3;

第二步:将第一步中的运算结果和 3 相加,得到 6;

第三步:将第二步中的运算结果和 4 相加,得到 10;

第四步:将第三步中的运算结果和 5 相加,得到 15。

这样的算法虽然正确,但是过于烦琐,如果求 1+2+3+4+5+⋯+100,需要写 99 个步骤,显然不可取,也不方便,应进一步思考找到一种通用的表示方法。

可以通过变量控制来设置,这种方法也更接近程序语言,接近计算机的特点,用变量来存储。一个变量代表累加数,一个变量代表每次累加的结果,用循环算法来求结果。可以将算法改写如下:

S1:使 S=0;

S2:使 P=1;

S3:如果 P<=100;那么转第四步,否则转第六步;

S4:使 S=S+P;

S5:使 P=P+1,转第三步;

S6:输出 S。

上面的 S1、S2…代表第一步、第二步…S 是 Step(步)的缩写。这也是算法的习惯用法。显然这个算法更为简练。

例1.3　有 20 个学生完成程序设计课程考试,要求将成绩在 80 分以上的学生的学号和成绩输出。

用 n 表示学生学号,用下标 i 代表第几个学生,n_1 代表第一个学生学号,n_i 代表第 i 个学生学号;用 g 表示学生的成绩,g_1 代表第 1 个学生的成绩,g_i 代表第 i 个学生的成绩。解题的原始思路:先检查第 1 个学生的成绩 g_i,如果它的值大于或等于 80,就将此成绩输出,同时也就对应的学号信息 n_1 输出。如果它的值小于 80 则不输出。然后再检查第 2 个学生的成绩 g2……直到检查完第 20 个学生的成绩为止。这样的操作和上例的原始方法一样,步骤太多,同样要对算法进行优化,找到其过程规律,采用更符合实际的方法来处理。这里可考虑得算法如下:

S1:1=>i;

S2:如果 $g_i \geq$ 80,则输出 n_i 和 g_i,否则不输出;

S3:i+1=>i;

S4:如果 i ≤ 20,返回到 S2,继续执行,否则算法结束。

先将下标值设为初值 1,再检查 g_i(g_1 到 g_{20} 都是已知的)。然后使 i 增值 1,再检查 g_{i+1}。

这样通过控制 i 的变化,在循环过程中实现对这 20 个学生的成绩处理。改进的算法相比原始算法简明抽像,抓住了解题的规律,更易于计算机实现,也更接近程序语言。

例1.4　判定 2015~2500 年中的任何一年是否是闰年,并将结果输出。

这个也是程序设计算法中的经典例题了。首先需要分析判定闰年的条件:

(1)能被 4 整除,但不能被 100 整除的年份都是闰年,如 2016 年、2024 年、2028 年等;

(2)能被 400 整除的年份是闰年,如 2400 年。

然后就是把目标年份一一根据条件进行判定,不符合这两个条件的年份就不是闰年,不需要被输出。

设 year 为被检测的年份。算法可表示如下:

S1:2015=>year;

S2:若 year 不能被 4 整除,则输出 year 的值和"不是闰年"。然后转到 S6,检查下一个年份;

S3:若 year 能被 4 整除,不能被 100 整除,则输出 year 的值和是"是闰年"。然后转到 S6,

检查下一个年份；

　　S4:若 year 能被 400 整除，则输出 year 的值和是"是闰年"。然后转到 S5，检查下一个年份；

　　S5:输出 year 的值和"不是闰年"；

　　S6:year＋1＝＞year；

　　S7:若当 year ≤ 2500 时，返回到 S2，继续执行，否则算法结束。

　　考虑算法时，应当仔细分析所需判断的条件，如何一步一步缩小检查判断的范围。对有的问题，判断的先后次序是无所谓的；而有的问题，判断条件的先后次序是不能任意颠倒的，这个需要根据具体问题来决定其逻辑。

1.2.2.2　算法的复杂度

　　算法复杂度，即算法在编写成可执行程序后，运行时所需要的资源，资源包括时间资源和内存资源。从前面内容可以知道，同一问题可用不同算法解决。不同的算法来完成同样的任务，相关完成任务的时间、空间或效率可能是不同的。而一个算法的质量优劣将影响到算法乃至程序的效率。这里一个算法的优劣可以用时间复杂度与空间复杂度来衡量。

1. 时间复杂度

　　算法的时间复杂度反映了程序执行时间随输入规模增长而增长的量级，在很大程度上能很好反映出算法的优劣与否。因此，作为程序员，了解基本的算法时间复杂度分析方法是有必要的。算法执行时间需通过依据该算法编制的程序在计算机上运行时所消耗的时间来度量。而度量该程序的执行时间通常有两种方法。事先估算法和事后统计法。

　　现实中我们更多采用事先估算法，这是因为如果采用事后统计的方法，会存在重要的缺陷，一个是需要依据算法编制相应的程序并实际运行，缺陷的算法的运行更会降低达到任务目标的效率，另一个是所得的时间统计量会因为计算机软硬件环境的因素而掩盖算法本身的特点。

　　一个算法执行所耗费的时间，从理论上是不能算出来的，必须通过计算机运行测试才能知道。但由于事后统计法的缺陷，更多是采用事先估算。实际只需知道哪个算法花费的时间多，哪个算法花费的时间少就可以了。并且一个算法花费的时间与算法中语句的执行次数成正比例。一个算法中的语句执行次数称为语句频度或时间频度，记为 $T(n)$。n 被看作问题的规模，当 n 不断变化时，时间频度 $T(n)$ 也会不断变化。为了便于比较同一问题的不同算法的时间复杂度，通常把算法中基本操作重复执行的次数（频度）作为算法的时间复杂度。算法中的基本操作一般是指算法中最深层循环内的语句，因此，算法中基本操作语句的频度是问题规模 n 的某个函数 $f(n)$，记作：$T(n)＝O(f(n))$，称 $O(f(n))$ 为算法的渐进时间复杂度，简称时间复杂度。其中"O"表示随问题规模 n 的增大，算法执行时间的增长率和 $f(n)$ 的增长率相同，或者说，用"O"符号表示数量级的概念。

　　如果一个算法没有循环语句，则算法中基本操作的执行频度与问题规模 n 无关，记作 $O(1)$，也称为常数阶。在 $O(1)$ 中，即使算法中有上千条语句，其执行时间也不过是一个较大的常数。如果算法只有一重循环，则算法的基本操作的执行频度与问题规模 n 呈线性增大关系,记作 O(n),也叫线性阶。当有若干个循环语句时,算法的时间复杂度是由嵌套层数最多的循环语句中最内层语句的频度 f(n)决定的,常用的就是平方阶 $O(n^2)$、立方阶 $O(n^3)$ 等。随着问题规模 n 的不断增大,上述时间复杂度不断增大,算法的执行效率越低。时间频度不同,但时间复杂度可能相同。如:$T(n)=n^2+3n+4$ 与 $T(n)=4n^2+2n+1$ 它们的频度不同,但时间复杂度相同,都为 $O(n^2)$。比如让我们分析以下程序的时间复杂度。

```
for(i = 1;i<n; + + i) {
    for(j = 0;j<n; + + j)
    {
    A[i][j] = i * j;①
    }
}
```

这是二重循环的程序,外层 for 循环的循环次数是 n,内层 for 循环的循环次数为 n,所以,该程序段中语句①的频度为 n * n,则程序段的时间复杂度为 $T(n)=O(n^2)$。

时间复杂度评价性能:有两个算法 A1 和 A2 求解同一问题,时间复杂度分别是 $T1(n)=100n^2$,$T2(n)=5n^3$。①当输入量 n<20 时,有 T1(n)>T2(n),后者花费的时间较少。②随着问题规模 n 的增大,两个算法的时间开销将接近,然后将 T1(n)<T2(n)。也就是当问题规模较大时,算法 A1 比算法 A2 要有效地多。它们的渐近时间复杂度 $O(n^2)$ 和 $O(n^3)$ 从宏观上评价了这两个算法在时间方面的质量。

2. 空间复杂度

空间复杂度是指算法在计算机内执行时所需存储空间的度量。记作:S(n)=O(f(n))。一个算法所需的存储空间用 f(n)表示。其中 n 为问题的规模,S(n)表示空间复杂度。一个程序的空间复杂度是指运行完一个程序所需内存的大小。利用程序的空间复杂度,可以对程序的运行所需要的内存多少有个预先估计。

算法执行期间所需要的存储空间包括 3 个部分:算法程序所占的空间;输入的初始数据所占的存储空间;算法执行过程中所需要的额外空间。在许多实际问题中,为了减少算法所占的存储空间,通常采用压缩存储技术。

程序执行时所需存储空间包括固定部分和可变空间。固定部分,这部分空间的大小与输入/输出的数据的个数多少、数值并没有什么关系。主要包括指令空间(即代码空间)、数据空间(常量、简单变量)等所占的空间。这部分属于静态空间。可变空间,这部分空间主要包括动态分配的空间,这部分的空间大小与算法有关。

对于一个算法,其时间复杂度和空间复杂度往往是相互影响的。当追求一个较好的时间复杂度时,可能会使空间复杂度的性能变差,即可能导致占用较多的存储空间;反之,当追求一个较好的空间复杂度时,可能会使时间复杂度的性能变差,即可能导致占用较长的运行时间。另外,算法的所有性能之间都存在着或多或少的相互影响。因此,当设计一个算法(特别是大型算法)时,要综合考虑算法的各项性能,算法的使用频率,算法处理的数据量的大小,算法描述语言的特性,算法运行的机器系统环境等各方面因素,才能够设计出比较好的算法。算法的时间复杂度和空间复杂度也合称为算法的复杂度。

1.2.2.3　算法的表示

用于描述算法的方法有很多，最为常见的比如自然语言法、传统流程图法、N−S流程图法、伪代码法等。这些方法理论上都可以用来表示算法，但是其各自的特点却有很大差异。

1. 自然语言表示算法

算法的第一种表示方法就是自然语言。自然语言就是人们日常使用的语言。这样从表现效果来说，用自然语言表述通俗易懂，但文字往往显得冗长，甚至容易出现歧义。在前面的算法举例中，我们都是采用自然语言来表示的。虽然在改进中采用一些符号来代替，但在整体而言和数学语言还是有较大的区别。特别是在语义的表达上不够严谨，甚至需要上下文才能判断其正确含义。此外，用自然语言来描述包含分支和循环的算法不太方便。因此，除了简单的程序问题外，一般不太采用自然语言来表示算法，对于越复杂的程序越是如此。

2. 用传统流程图表示算法

流程图是采用图形来表示算法的思路，这是一种极好的方法。用图形表示算法，直观形象，易于理解。采用流程图各种操作一目了然，不会产生"歧义性"，便于理解，算法出错时容易发现，并可以直接转化为程序。流程图分为两种：传统流程图和N−S流程图。传统流程图主要采用四框一线来进行流程图表示，这来源于美国国家标准化协会（American National Standards Institute，ANSI）)规定的一些常用流程图符号，如图1−3所示，已为世界各国程序工作者普遍采用。

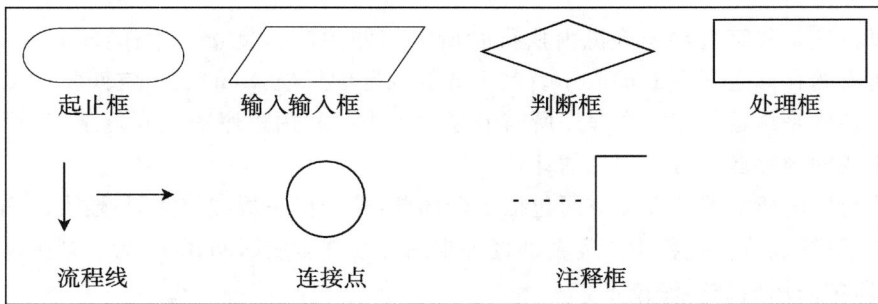

图1−3　ANSI常用的流程图符号

例1.5　将例1.4判定闰年的算法用流程图表示出来。

用传统流程图描述算法，流程如图1−4所示。从图中可以看出，菱形判断框的作用是对一个给定条件进行判断，根据给定的条件是否成立决定如何执行其后的操作。判断框有一个入口，两个出口，其中"Y"分支表示判断成立的后续操作，"N"分支表示判断不成立的后续操作。通过该例子还能看出，一个传统流程图通常包含以下几个部分：

①表示相应操作的图形框；
②表示执行顺序的带箭头的流程线；
③框内外必要的文字说明。

传统流程图得到了广泛的使用，但是传统流程图也存在着所占篇幅较大，当算法复杂时，画传统流程图费时也不方便。另外由于允许使用流程线，过于灵活，不受约束，使用者可使流程任意转向，从而造成程序阅读和修改上的困难，不利于结构化程序的设计。现阶段，随着结构化程序设计的发展和推广以后，另一种 N－S 结构化流程图越来越多开始取代传统流程图。

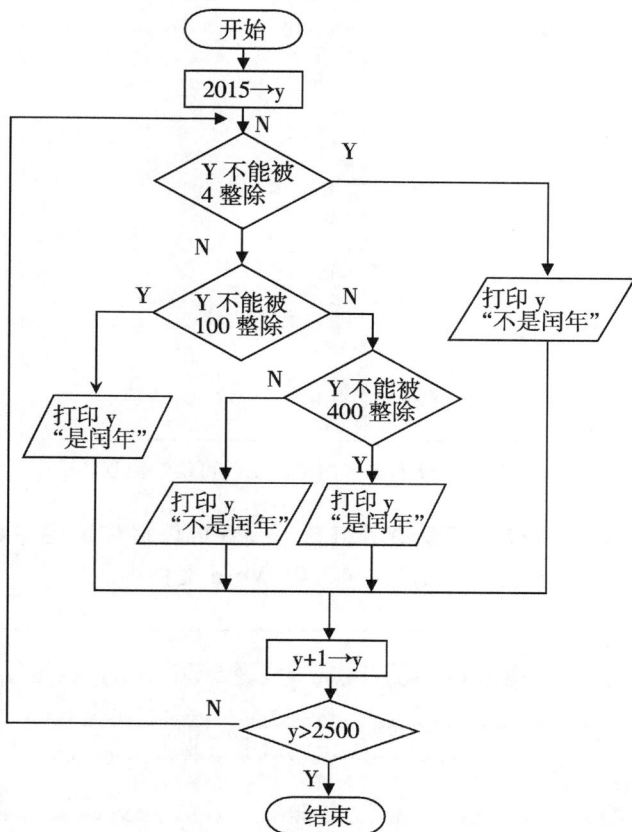

图 1－4　判断闰年的传统流程图

提示　传统流程图的绘制，主要采用三类方法：一类是平面绘图软件和工具进行描绘，例如 Photoshop 等；另一类微软的 Office 软件所携带绘图软件和工具，例如 Word 中的绘图工具和 Microsoft Visio；第三类是专门的流程图绘制软件。

通过 Word 所自带的绘图工具，选择"线条"和"基本形状"，如图 1－5 所示，就能在文档中开始绘制流程图。

Microsoft Visio，则是常用的一款流程图绘制软件，用起来也比较简单，也是具有明显微软 Office 软件的操作风格，很容易上手。可以很方便的绘制各种工作中需要的示意图，流程图，组织结构图等。在开始的类别中，就可以直接选择"流程图－基本流程图"，如图 1－6 所示。选择"基本流程图"后，在左侧可以看到基本流程图形状，在里面选择相应的流程图框型，拖拉到右侧的工作界面，可进行大小、位置和文字的输入，如图 1－7 所示，选择拖入了"进程"

图 1-5　Word 所自带的绘图工具可绘制流程图

和"判断框"，两者间以动态连接线相联最后组合。接着可以接住这些工具依次绘制流程图。
Visio 绘制的流程图可以通过"插入－对象"导入到 Word 文档中。

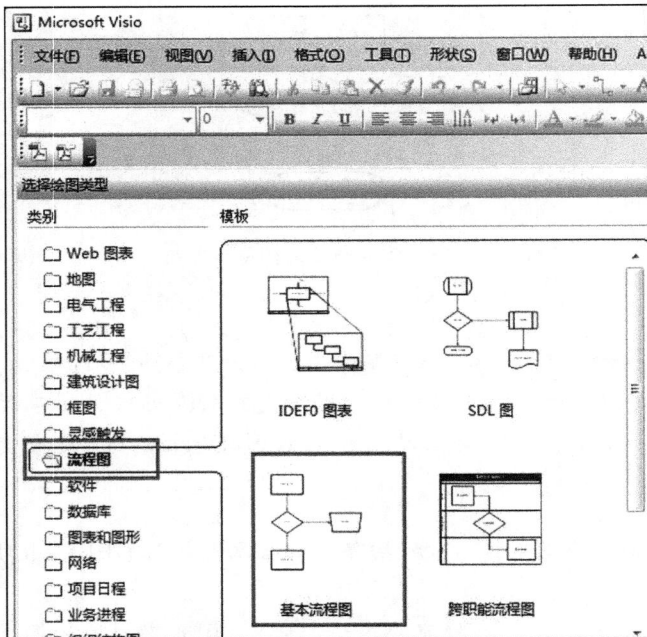

图 1-6　Visio 软件选择流程图类别中的基本流程图

图 1-7　Visio 基本流程图中绘制流程图图形

3. 用 N-S 流程图表示算法

　　前面的程序基本结构提过程序设计的三种基本结构，顺序、选择和循环结构。有了这三种基本结构单元来辅助完成算法，就可以轻松明确地通过应用这些基本结构的顺序组合完成较为复杂的算法。那么，传统流程图中的流程线似乎就多此一举了。因此，美国学者 I. Nassi 和 B. Shneiderman 提出了一种新的描述算法的流程图形式——N-S 结构化流程图（取两位学者名字的首字母）。这种流程图完全去掉带箭头的流程线，全部算法写在一个矩形框内，在该框内还可以包含其他从属于它的框，或者说，由一些基本框来组成一个大的框。这种流程图的基本形态，如图 1-8 所示。在顺序结构中，A 和 B 两个框组成一个顺序结构。在选择结构中，当 P 条件成立时执行 A 操作，P 不成立则执行 B 操作，整个结构是一个整体。在循环结构中，当型结构表示，当 P1 条件成立时反复执行 A 操作，直到 P1 条件不成立为止。直到型结构表示，先执行 A 操作，再对 P2 条件进行判断，如果成立则继续执行 A 操作，直到 P2 条件不成立为止。

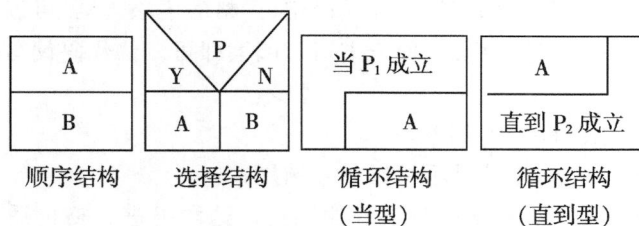

| 顺序结构 | 选择结构 | 循环结构
（当型） | 循环结构
（直到型） |

图 1-8　N-S 流程图中三种基本结构

例 1.6　将例 1.3 的算法用 N-S 流程图来表示。

将这 20 个学生中,考试成绩在 80 分以上的学生的学号和成绩输出的算法 N-S 流程图如图 1-9 所示。各个变量的设置参考例 1.3 题内的相关表示。

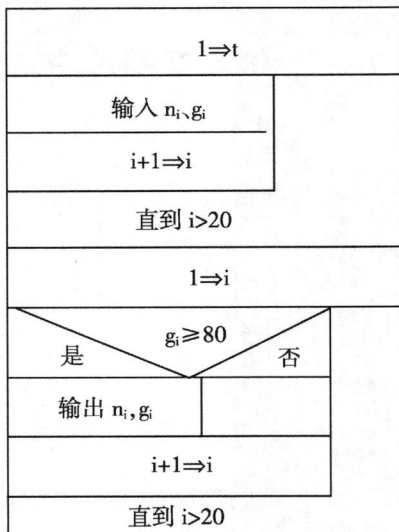

图 1-9　N-S 流程图表示学生成绩 80 分以上输出

N-S 流程图中的上下顺序就是执行时的顺序,也就是图中位置在上面的先执行,在下面的后执行。算法的读写都只须从上到下进行就可以了,十分方便。用 N-S 图表示的算法都是结构化的算法,不可能出现流程无规律的跳转,而只能自上而下的执行。整个 N-S 图就如同一个多层的盒子,因此也被称为盒图。

4. 用伪代码表示算法

用流程图来表示算法虽然比较直观,但画流程图无论是否借助工具,总体上还是比较费事的。另外在一个算法的设计过程中,往往需要多次修改,那么流程图的修改总是比较麻烦的。因此为了使用方便,常用一种称为伪代码(pseudo code)的工具来表示算法。

伪代码可以被看作是一种算法描述语言,介于自然语言与编程语言之间。使用伪码的目的是使被描述的算法可以容易地以任何一种编程语言(Pascal,C,Java 等)实现。因此,伪代码必须结构清晰、代码简单、可读性好,并且类似自然语言。以类似编程语言的书写形式指明算法职能。使用伪代码,不用拘泥于具体实现。相比程序语言(例如 Java,C++,C,Dephi 等等)它更接近自然语言。用伪代码写算法并无固定、严格的语法规则,可以用英文,也可以中英文混用。只要将意思表达清楚就可以,便于书写和阅读即可。伪代码编写时,一般考虑的相应规则是:

①每一条指令占一行(else if,例外);

②指令后不跟任何符号,也就是不用以分号结尾;

③书写上的"缩进"表示程序中的分支程序结构。这种缩进风格也适用于 if-then-else 语句。用缩进取代传统 Pascal 中的 begin 和 end 语句来表示程序的块结构可以大大提高代码的清晰性。

例 1.7　求 5!,也就是 $1*2*3*4*5$ 的算法。

该算法的伪代码如下：

```
begin                    （算法开始）
    1 ⇒t
    2 ⇒i
    while i≤5
    {
       t * i ⇒t
       i＋1 ⇒i
    }
    print t
end                      （算法结束）
```

伪代码常被用于技术文档和科学出版物中来表示算法,也被用于在软件开发的实际编码过程之前表达程序的逻辑。伪代码不是用户和分析师的工具,而是设计师和程序员的工具。综上,简单地说,伪代码就是让人便于理解的代码。它不依赖于语言的,用来表示程序执行过程,而不一定能编译运行的代码。伪代码用来表达程序员开始编码前的想法。

1.2.3　拓展训练

当遇到一些复杂问题,算法设计对于初学者而言就显得有点困难。在这里介绍一些计算机程序设计中常用到的算法,通过对这些算法的熟悉,可更好的结合到任务中去方便求解。

1.递归

在许多实际项目中,很多概念是用递归来定义的,数学中的许多函数也是用递归来定义的。递归函数在可计算性理论与算法中都有很重要的地位。递归算法,本质上是将较复杂的处理归结为较简单的处理,直到最简单的处理。因此,递归的基础也是归纳。递归算法是把问题转化为规模缩小了的同类问题的子问题。然后递归调用函数(或过程)来表示问题的解。一个过程(或函数)直接或间接调用自己本身,这种过程(或函数)叫递归过程(或函数)。

能采用递归描述的算法通常有这样的特点,为求解规模为 N 的问题,设法将它分解成较小的问题,然后从这些小问题的解方便地构造出大问题的解,并且这些规模较小的的问题也能采用同样的分解和综合方法,分解成规模更小的问题,并且从这些更小问题的解构造出规模较大问题的解。当规模 N＝1 时,能直接得解。常用的实例便是斐波那契数列,斐波那契数列指的是这样一个数列 $0,1,1,2,3,5,8,13,21,34,55,89,144,\cdots$ 特别指出:第 0 项是 0,第 1 项是第一个 1。这个数列从第二项开始,每一项都等于前两项之和。斐波那契数列递归法实现:

```
int Fib(int n)
{
    if(n<1)
    {   return － 1;   }
```

```
        if(n = = 1 || n = = 2)
        {   return 1;   }
        return Fib(n - 1) + Fib(n - 2);
    }
```

2. 递推

所谓递推，是指从已知的初始条件出发，逐次推出所要求的各中间结果及最后结果。其中初始条件或是问题本身已给定，或是通过对问题的分析与化简后确定。递推本质上也属于归纳法。就是设要求问题规模为 N 的解，当 N＝1 时，解或为已知，或能非常方便地得到解。

递推算法在数值计算中极为常见。数学中的许多特殊函数一般都有一些递推关系成立。但必须注意，在一些数值型的递推公式中，其数值计算可能是不稳定的，在实际使用中要作适当的处理。递推算法的主要优点是算法结构比较简单，最适合于计算机来处理。

除以上这些外，学习者在后续学习过程中可逐步了解贪心法、分治法、动态规划法、分支限界法、快速排序法、冒泡排序法、选择排序法、插入排序法等。

1.3 任务 3   程序设计模式

1.3.1   目标效果

程序设计模式可以被看作是一套被反复使用、多数人知晓的、经过分类编目的、代码设计经验的总结。本任务的目标就是在学习了算法后，在开始程序设计前，我们还需要区分比较程序设计中面向过程和面向对象最为常见的两大类型，掌握其各自特征、方法去进行程序设计特别是面向对象程序设计模式。这里我们可以借助五子棋，如图 1－10 所示来分别了解面向过程和面向对象的各自特点。

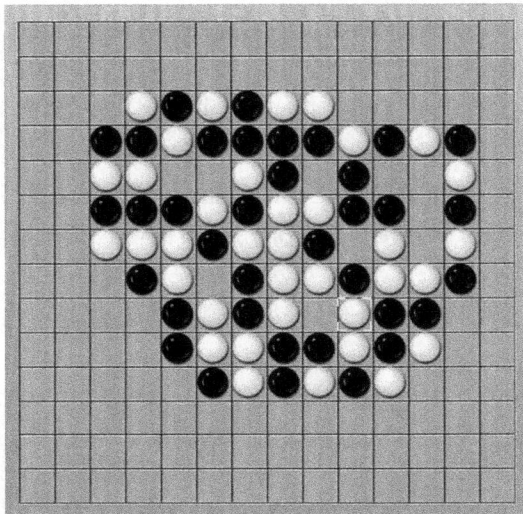

图 1－10   用程序绘制五子棋

采用面向过程的设计思路来分析解决五子棋这个项目需求。首先将要分析实现这个项目的步骤：①开始游戏；②黑子先走；③绘制画面；④判断输赢；⑤轮到白子；⑥绘制画面；⑦判断输赢；⑧返回步骤2；⑨输出最后结果。把上面每个步骤用不同的方法来实现。

而采用面向对象的设计则是从另外的思路来解决问题。整个五子棋可以分为：①黑白双方，这两方的行为是一模一样的；②棋盘系统，负责绘制画面；③规则系统，负责判定诸如犯规、输赢等。第一类对象，也就下棋用户对象来负责接受用户方的输入，并告知第二类对象，也就棋盘对象关于棋子布局的变化，棋盘对象接收到了棋子的变化就要负责在屏幕上面绘制出这种变化。最后利用第三类对象，也就是规则系统来对棋局进行判定。

可以说两者的思维方式是不同的，面向过程是一种直接的编程方法，它是按照编程语言的思路考虑问题。而面向对象则倾向于对他们分析，归纳，总结，从而提取出有组织有层次的对象的逻辑概念，并进行封装和隔离。它是一种更复合自然和人类天然认知的思维方式。如果我们现在要改变五子棋体系，例如将下五子棋改作下围棋了，或者改变黑子先出的方法。当遇到这些本质的问题变化时，对于面向过程的程序设计则相当于要重新审视问题来进行新的程序设计。而对于面向对象的程序设计而言，只需要对相关对象系统进行重新分析，归纳，总结就可。例如要把棋盘绘制成其他样式和背景，对于面向过程就是需要重新考虑而面向对象则只需要对棋盘系统进行修改就可。面向对象具有更高的适用性，也是现阶段面向对象的程序设计语言越来越受到普遍使用的原因。

由上图可知，初步了解了面向过程的程序设计与面向对象的程序设计在思路上的一些不同。作为程序设计模式而言，更需要进一步清除面向过程和面向对象的实质问题，请大家先思考以下问题：

①面向过程的程序设计有什么优缺点？

②面向对象的程序设计有什么优缺点？

③如何举例子自己来介绍面向过程和面向对象的区别？

1.3.2 必备知识

设计模式是前人总结出来的开发经验，就像是我们日常所说的管理模式一样，通过对设计模式的运用可以让我们更高效和更安全更正确的进行项目开发，同时具有更好的扩展性。不过设计模式主要是面向对象设计时的方法。但是在我们开始这个之前，更为重要的还是需要明确面向过程和面向对象这两类的本质。

1.3.2.1 面向过程编程模式特征

面向过程编程（Procedure Oriented Programming，POP）是一种以过程为中心的编程思想。面向过程编程，采用先分析解决问题的步骤，然后用函数把这些步骤一步一步的实现，接着在使用的时候一一调用则可。如前面的五子棋例子中，面向过程编程更关注黑棋下后在棋盘上的表现、输赢的判断这样一个个事件，而不是五子棋棋子、棋盘、规则等本身。这就是和面向对象的区别。

面向过程编程采取的是时间换空间的策略，这与早期计算机发展是分不开的，当面向过程编程大行其道的时期,计算机普遍配置低,内存小,如何节省内存则成了首要任务,运行的时间则可以牺牲。而现阶段计算机的发展,也是使面向对象发展的基础,面向对象采用空间换时间的策略。面向过程是一种直接的编程方法,它是按照编程语言的思路考虑问题,也是最为实际的一种思考方式,就算是面向对象的方法往往也是含有面向过程的思想在里面的。可以说面向过程是一种基础的方法,它考虑的是实际的实现,一般的面向过程是从上往下步步求精,来分析问题。所以面向过程最重要的是模块化的编程思想方法,面向过程编程的代表C语言,就很容易实现程序模块化。因此,当程序规模不是很大时,面向过程的方法还会体现出一种优势,就是程序的流程很清楚,按模块与函数的方法可以很好的组织,整个程序有着很好的逻辑性,执行效率也较高。

按照模块化的思想,就是按照前面所说的,我们会先根据用户的需求进行分析,解析程序的各项功能结构,再根据程序的运行过程将其分解成若干个顺序执行的模块。这里需要说明的在面向过程编程中,顺序是被强调的,所有的步骤是一步步完成的。例如,拿学生早上起来的事情来说,按面向过程思想,将整个学生早上起来的过程粗略的分解为以下几个步骤:

①起床;

②穿衣;

③洗脸刷牙;

④吃早餐;

⑤出门。

这5个步骤就是一步一步的去完成,顺序很重要,我们只需要一个一个的实现就行了。而如果是用面向对象的方法的话,可能只需抽象出一个学生的类,它包括这五个方法,但是具体的顺序就无法体现。在面向过程编程中,每个模块都是由若干函数组成,通过函数的依次调用实现模块的功能。整个项目分解模块化后,程序员就可以开始有目的的逐个模块、逐个函数的去实现,最后逐步来完成整个项目。结合结构化思想,在面向过程的结构化程序设计中,模块是构成程序的基本单元,好比是一座大楼中的各个房间,有办公室、机房、会议室、各自独立,但共同组成了大楼。

总体而言,面向过程的编程具有以下一些特征:

①强调做算法,按算法步骤的思路去执行;

②大程序被分隔为许多小程序,这些小程序称为函数,模块化思想的体现;

③大多数函数共享全局数据;

④数据开放,数据传递由一个函数流向另一个函数,往往数据形式也会发生转换。

1.3.2.2　面向过程编程模式方法

作为初学者,同学们常常受困于不知道让计算机解决这个问题该如何做。也就是没办法对算法有整体性把握。我们解决一个问题的时候,是很难开始在一开始就把流程定的很合理的。面向过程编程中最常用的一个分析方法是"功能分解"。我们会把用户需求先分解成模块,然后把模块分解成大的功能,再把大的功能分解成小的功能,整个需求就是按照这样的方式,最终分解成一个一个的函数。这种解决问题的方式称为"自顶向下",原则是"先整体后局部","先大后小",也有人喜欢使用"自上向下"的分析方式,先解决局部难点,逐步扩大开来,最后组合出来整个程序。其实，这两种方式殊途同归，最终都能解决问题，但一般情况下采用"自顶向下"的方式还是较为常见的，因为这种方式最容易看清问题的本质。面向过程的软件工程方法基于"自顶向下，逐步求精"的原则来完成团结开发各阶段的任务。程序的执行过程主要由顺序、选择和循环等控制结构来控制。

面向过程的编程（POP）方式的优点被认为：

①程序顺序执行，流程清晰明了，容易被人们理解；

②程序性能比高，对硬件依赖度低，具有更大的适用性。比如本身对硬件条件要求比较低的单片机、嵌入式开发、Unix 等一般采用面向过程开发，性能是最重要的因素。

③对于一些不很复杂、性能比要求高的程序，采用面向过程就具有较好的优势。

面向过程编程的一些相应缺点被认为：

①主控程序承担了太多的任务，也就是主程序函数，主控和模块之间的承担的任务不均衡。

②灵活性较低，体现在重用性低，面向过程定义的函数不方便扩展和修改。

③数据封装性不好，不能避免外部错误对它的影响。方法一般不作封装，主程序和子程序都能通过不同方法去访问数据，程序的安全性正确性受到影响。

1.3.2.3　面向对象编程模式特征

面向对象编程（Object－oriented programming，OOP）是一种以类和对象为核心的程序设计模式。万物皆对象，类是一群对象的所具有的共性的抽象，而对象则是是一个类的实例。面向对象编程可以看作一种在程序中包含各种独立而又互相调用的对象的思想，这与上述面向过程的思想刚好相反：面向过程的程序设计主张将程序看作一系列函数的集合，或者直接就是一系列对计算机下达的指令。面向对象程序设计中的每一个对象都应该能够接受数据、处理数据并将数据传达给其他对象，因此它们都可以被看作一个小型的"机器"，即对象。

OOP 模式具有典型的三大基本特征，即封装、继承和多态。所谓封装性，即将类作为程序的基本单元，将数据和操作封装其中，以提高软件的重用性、灵活性和扩展性。继承性则是子类自动共享父类数据结构和方法的机制，这是类之间的一种关系。在定义和实现一个类的时候，可以在一个已经存在的类的基础之上来进行，把这个已经存在的类所定义的内容作为自己的内容，并加入若干新的内容。多态性是指相同的操作或函数、过程可作用于多种类型的对象上并获得不同的结果。不同的对象，收到同一消息可以产生不同的结果，这种现象就是典型的多态表现。多态性增强了软件的灵活性和重用性。

1.3.2.4　面向对象编程模式方法

当我们遇到一个待解决的实际问题时，传统的面向过程模式，就是先设计一组函数及解决问题的方法，然后针对问题要处理的数据特征找出相应的数据存储方法，即数据结构。即 Wirth 提出的著名公式：程序＝算法＋数据结构。POP 模式的特征是先从算法入手，然后才考虑数据结构，所以上述公式将算法置于数据结构之前。而面向对象模式（OOP）则是首先针对问题要处理的数据特征找出相应的数据结构，然后设计解决问题的各种算法，并将数据结构和算法融入一个有机的整体——对象，该模式认为程序是由许多对象组成，对象是程序的基本实体,这个实体包含了对该对象属性的描述(数据结构)和对该对象进行的操作(算法),即:对象＝数据结构＋算法;程序＝对象＋对象。

目前已经被证实的是,面向对象编程模式扩充了程序的灵活性和可维护性,并且在大型项目设计中广为应用。当我们提到面向对象的时候,它不仅指一种程序设计方法,它更多意义上是一种编程模式,和传统的面向过程编程模式相比,它的主要特点如下:

(1)可重用性

可重用性是面向对象软件开发的一个核心思路,事实上前面所介绍的面向对象程序设的四大特点,无一例外地,都或多或少地在围绕着可重用性这个核心并为之服务。我们知道,应用软件是由模块组成的。可重用性是指一个软件项目中所开发的模块,能够不仅限于在这个项目中使用,而是可以重复地使用在其他项目中,从而在多个不同的系统中发挥作用。可重用模块必须是结构完整、逻辑严谨、功能明确的独立软件结构;其次,可重用模块必须具有良好的可移植性,可以使用在各种不同的软硬件环境和不同的程序框架里;最后,可重用模块应该具有与外界交互、通信的功能。

(2)可扩展性

可扩展性是对现代应用软件提出的又一个重要要求,即要求应用软件能够很方便、容易地进行扩充和修改,这种扩充和修改的范围不但涉及到软件的内容,也涉及到软件的形进和工作机制。现代应用软件的修改更新频率越来越快,究其原因,即有用户业务发展、更迭引起的相应的软件内容的修改和扩充,也有因计算机技术本身发展造成的软件的升级换代,如现在呼声很迫切的把原客户机/服务器模式下的应用移植到因特网上的工作,就是这样一种软件升级。使用面向对象技术开发的应用程序,具有较好的可扩展性。

(3)可管理性

以往面向过程的开发方法是以过程或函数为基本单元来构建整个系统的,当开发项目的规模变大时,需要的过程和函数数量成倍增多,不利于管理和控制。而面向对象的开发方法采用内涵比过程和函数丰富、复杂得多的类作为构建系统的部件,使整个项目的组织更加合理、方便。

1.3.3 拓展训练

在前面内容分别解释了面向过程的和面向对象的特征和方法后,可以就设计模式进一步讨论。如何用最为简单通俗的举例来说明设计模式呢？以汽车生产为例,通过面向对象的概念可以知道,我们在生产过程中可以根据零件的不同组合,外表喷涂不同油漆,从而在同一条生产线上生产出不同类型的汽车。在实践操作中,不同汽车生产时都会对应不同汽车的设计蓝图的。这些设计是经过工程师们深思熟虑的,是过去经验的总结,花费长时间和极大努力才得以产生的。有了这些设计之后,汽车的生产就只需要剩下遵循设计就可以了。

有了这些优秀的设计,然后遵照这些设计,就可以在很短的时间里造出不同的东西。如果制造商想要开发某种型号的产品,不需要从头进行设计,或者说不需要设计一些通用性的东西,只要遵循那些设计就可以了。现在的汽车生产往往就是平台模块化生产,几个型号的器材整个底盘是通用的。在设计模式里,经常介绍到 23 种面向对象最基本的设计模式,通过这些已经标准化的模式，我们可以在他们基础上进行自己所需要的开发。这23种设计可分为三种类型。各自可以根据相应需求进行进一步拓展学习。

①创建型模式：单例模式、抽象工厂模式、建造者模式、工厂模式、原型模式。

②结构型模式：适配器模式、桥接模式、装饰模式、组合模式、外观模式、代理模式。

③行为型模式：模版方法模式、命令模式、迭代器模式、观察者模式、中介者模式。

1.4 任务 4　程序开发环境搭建与测试

1.4.1　目标效果

通过前面的学习后，我们了解了目前有两类主要的编程模式，即面向过程和面向对象模式。每一类模式都有自己的代表语言，如 C 语言是面向过程的代表语言，而 Java 是面向对象的代表语言。真正编程起步，首先要确定你的编程语言，其次就要选择适合该语言的开发环境。程序的开发环境，为了能够方便程序设计者进行编码、调试等工作，编译器制造商在制作好一个编译器以后，都会提供一个集成开发环境（Integrated Development Environment，IDE）。而在 IDE 中，用户可以完成编码、编译、调试、运行的全部工作。

在本任务中我们以 WINDOWS 7 为代表的 64 位操作系统为平台，搭建面向过程的 C 语言和面向对象的 Java 语言的程序开发环境和测试环境，我们选用目前主流的 Eclipse 和 C-Free软件，分别如图 1-11 和图 1-12 所示。

图 1-11　Eclipse 开发环境

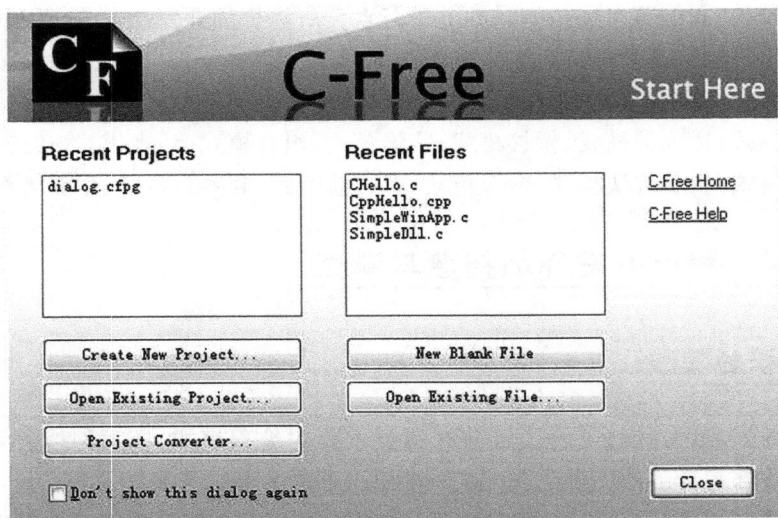

图1-12　C-Free 开发环境

任务导引

在这个任务中，我们继续分别对面向过程和面向对象两种模式编程的环境进行学习，我们以 C 和 Java 语言为代表，学习前请先思考以下几个问题。

①各程序语言的开发环境有多样，如何进行选择？

②各程序语言是如何在开发环境中实现数据的输入和输出的？

③如何去使用开发环境中的测试功能？

1.4.2　必备知识

在具体使用某个语言进行程序开发时，很多人也把使用的例如 TC、VC、C-free、Eclipse 等称为程序语言开发的软件工具。其实软件开发环境的主要组成部分就是软件工具。人机界面是软件开发环境与用户之间的一个统一的交互式对话系统，它是软件开发环境的重要标志。程序开发环境由软件工具和环境集成机制构成，前者用以支持软件开发的相关过程、活动和任务，后者为工具集成和软件的开发、维护及管理提供统一的支持。而开发工具，只是一个代码编写、调试的软件，可以提高你编写的效率，其执行是依靠整个开发环境的。而现阶段的开发环境，往往包含程序项目化的管理功能和集成。不过我们并不需要去细致的寻求理论上的区别，而是更多需要去掌握这些工具或者环境的使用并进行程序实践。

1.4.2.1　C 语言程序开发环境

C 语言是面向过程程序设计的代表语言，其应用非常广泛。C 语言的设计目标是提供一种能以简易的方式编译、处理低级存储器、产生少量的机器码以及不需要任何运行环境支持便能运行的编程语言。尽管 C 语言开发很早，但仍然保持着较好的跨平台性，以一个标准规格写出的 C 语言程序可在许多电脑平台上进行编译，甚至包含一些嵌入式处理器以及超级电脑等作业平台。

1. C 语言发展历程

C 语言之所以命名为 C,是因为 C 语言源自 Ken Thompson 发明的 B 语言,而 B 语言则源自 BCPL 语言。

1972 年,美国贝尔实验室的 D. M. Ritchie 在 B 语言的基础上最终设计出了一种新的语言,他取了 BCPL 的第二个字母作为这种语言的名字,这就是 C 语言的由来。

1973 年初,C 语言的主体完成。Thompson 和 Ritchie 一起开始用它完全重写了 UNIX。随着 UNIX 的发展,C 语言自身也在不断地完善。直到今天,各种版本的 UNIX 内核和周边工具仍然使用 C 语言作为最主要的开发语言,其中还有不少继承 Thompson 和 Ritchie 当时的代码。

1982 年,很多有识之士和美国国家标准协会(American National Standards Institute, ANSI)为了使这个语言健康地发展下去,决定成立 C 标准委员会,建立 C 语言的标准。委员会由硬件厂商,编译器及其他软件工具生产商,软件设计师,顾问,学术界人士,C 语言作者和应用程序员组成。1989 年,ANSI 发布了第一个完整的 C 语言标准——ANSI X3.159—1989,简称"C89",不过人们也习惯称其为"ANSI C"。

C 语言有着鲜明的特征:

①它具有丰富的数据类型和运算符,能够准确地描述数据信息及数据间的操作;

②它是一种结构化语言,即程序的各个部分除了必要的信息交流外彼此独立。C 语言是以函数形式提供给用户的,这些函数可方便的调用,并具有多种循环、条件语句控制程序流向,从而使程序完全结构化;

③它具有代码级别的跨平台,由于标准的存在,使得几乎同样的 C 代码可用于多种操作系统,如 Windows、DOS、UNIX 等等;也适用于多种机型。C 语言对编写需要进行硬件操作的场合,优于其他高级语言;

④它可以使用指针,即可以直接进行靠近硬件的操作,但是 C 的指针操作不带保护,也给它带来了很多不安全的因素。

一般而言,C,C++,Java 被视为同一系的语言,它们长期占据着程序使用榜的前三名。

2. C 语言程序开发环境—C-free

C-free 是一款支持多种编译器的专业化 C/C++集成开发环境(IDE)。利用 C-free,使用者可以轻松地编辑、编译、连接、运行、调试 C/C++程序。其最大的特色就是轻量而又实用。虽然 C-free 是在 32 位操作系统下开发的,但是与现在主流的 64 位操作系统具有较好的兼容性。目前有两个版本,收费的 C-free 5.0 专业版和免费的 C-free 4.0 标准版,当然也可以通过试用来使用 C-free 5.0 专业版。C-free 主要包含如下特性:

①支持多编译器,可以配置添加其他编译器;

②增强的 C/C++语法加亮器,(可加亮函数名,类型名,常量名等);

③增强的智能输入功能;

④可添加语言加亮器,支持其他编程语言;

⑤可添加工程类型,可定制其他的工程向导;

⑥完善的代码定位功能(查找声明、实现和引用)；

⑦代码完成功能和函数参数提示功能；

⑧能够列出代码文件中包含的所有符号(函数、类/结构、变量等)；

⑨大量可定制的功能：可定制快捷键，可定制外部工具，可定制帮助；

⑩彩色、带语法加亮打印功能；

⑪在调试时显示控制台窗口。

C-free 也是一个典型的视图化界面的软件，本教材以 WINDOWS 7 运行下的为例。它的主界面如图 1 - 13 所示。

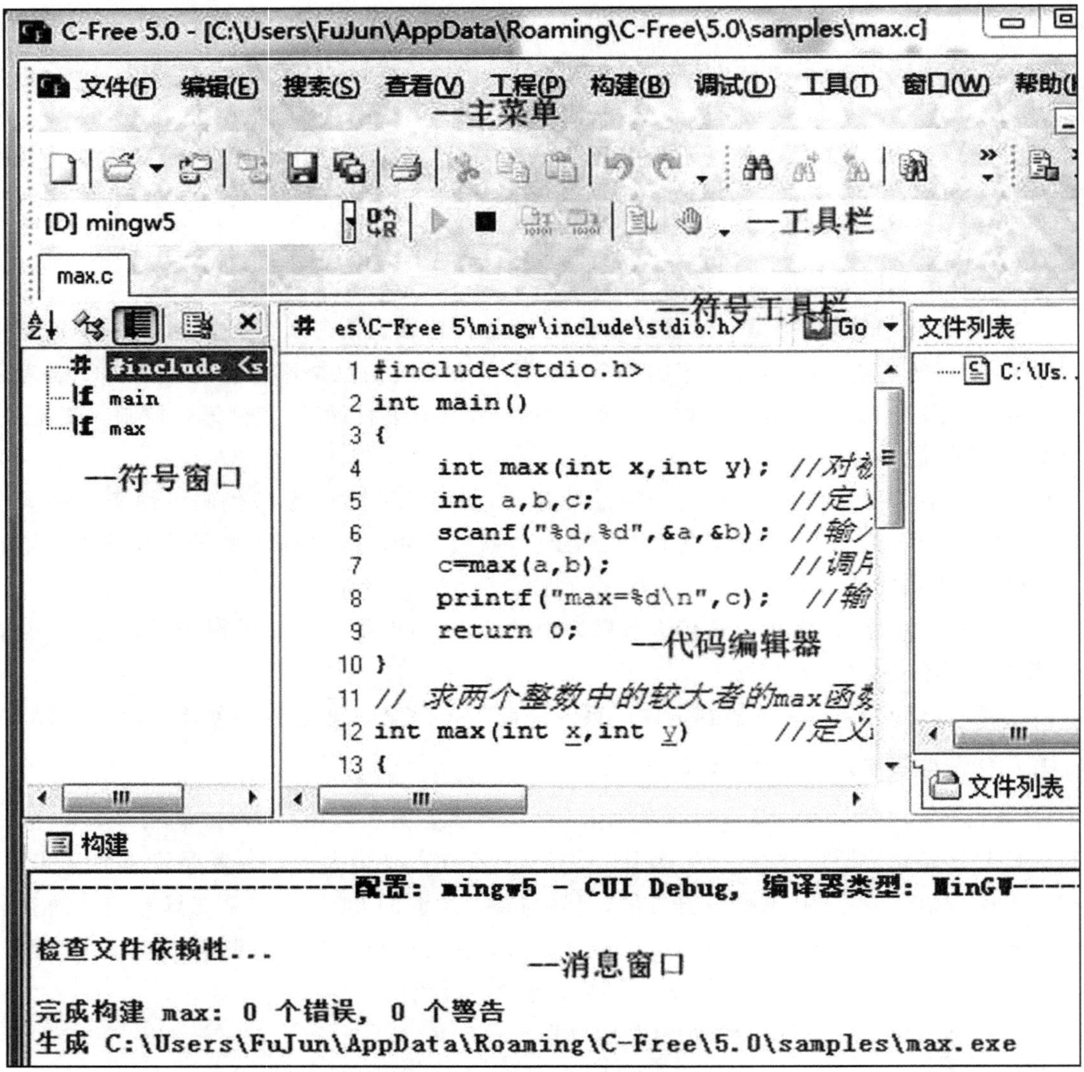

图 1 - 13　C-free 的主界面

主菜单几乎包含了所有的命令(也有部分命令包含在右键菜单中)，工具栏则显示了部分常用命令。我们大部分的工作在代码编辑器中进行。符号窗口和符号工具条能够帮助我们方便的寻找定位代码。文件列表列出了所有已经打开的文件以及工程文件。消息窗口显示编译、构建的信息。

3. C 语言程序的编译和运行

编写的好的程序，被称为源程序。C 语言属于高级语言，用 C 编写的源程序并不能被计算机直接识别和执行，必须通过编译、链接等程序来实现最后的执行并显示结果，这一系列步骤，可以用图 1－14 所示。

代码编辑 →（生成）→ 源程序 Hello.c →（编译）→ 目标程序 Hello.c →（链接）→ 可执行程序 Hello.exe

图 1－14　C 程序编译过程

①编辑源程序，程序员可以使用相应的编辑软件将 C 语言程序输入计算机，C 语言源程序的扩展名为＊.c，这里以"Hello.c"为例；

②编译程序，C 语言源程序必须经过开发环境中的编译器，将编辑好的源程序文件"＊.c"翻译成二进制目标代码文件"＊.obj"。编译程序对源程序逐句检查语法错误，发现错误后，不仅会显示错误的位置（行号），还会告知错误类型信息。需要回到编辑软件修改源程序的错误，然后，再进行编译，直至排除所有语法和语义错误。

③链接程序，程序编译后产生的目标文件是可重定位的程序模块，还不能直接运行。需要把目标文件、函数库和其他目标函数进行链接，生成可以脱离开发环境、直接在操作系统下运行的扩展名为"＊.exe"的可执行文件。

④执行程序，如果经过测试，运行可执行文件达到预期设计目的，那么这个 C 语言程序的开发工作便到此完成了。如果没有达到预期效果，这说明程序处理的逻辑存在问题，需要再次回到编辑环境针对程序出现的问题进一步检查、修改源程序，再重复编辑源程序→编译→链接→执行程序的过程，直到取得预期结果为止。

4. 使用 C-free 的 C 程序的编译和运行

（1）建立 C 语言源程序文件

打开 C-free 5 软件会出现欢迎界面，这里让你进行选择是创建新的 C-free 5 的工程还是打开已有的工程，或者是新建空白文件，还是打开已有的文件。这里的工程与文件，可以先简单的用网页设计中网站和单个网页去理解。当然最近打开过的一些工程和单个文件也会显示，包括软件系统默认的样例工程和样例文件。这里我们选择一个样例文件"CHello.c"双击打开或者打开文件，得到该代码的源程序文件的展示，如图 1－15 所示。

（2）程序文件的编译、构建、执行

由于打开的"CHello.c"源程序是样例，那么可以直接进行后续的编译处理。编译命令可以通过点开"构建"菜单栏，选择"编译"命令对源文件进行编译，如图 1－16 所示。

也可以直接点击工具条上的"编译"命令按钮执行。编译后，会在"消息窗口"给出编译的结果，如图 1－17 红线框所示。若编译结果显示存在问题，则需要对源程序进行修改，直到通过编译。

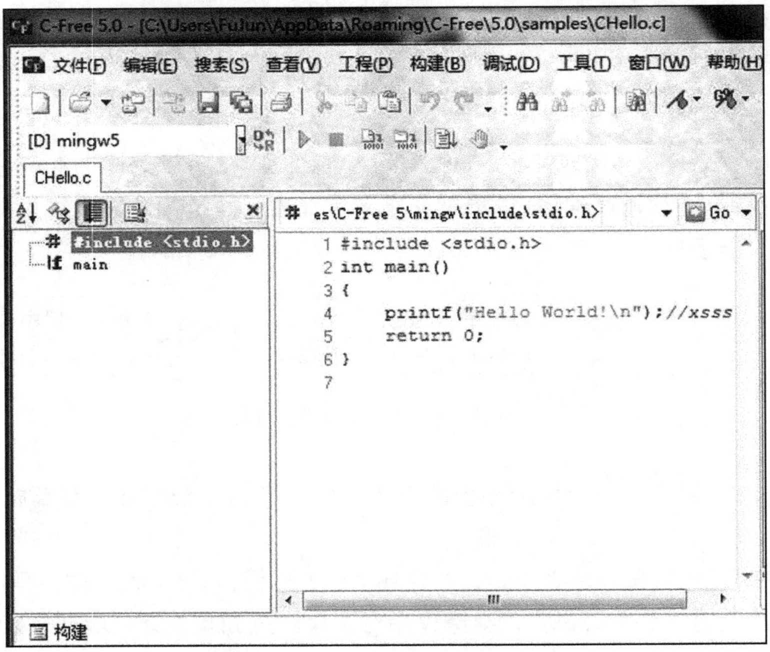

图 1-15　CHello.c 的源程序

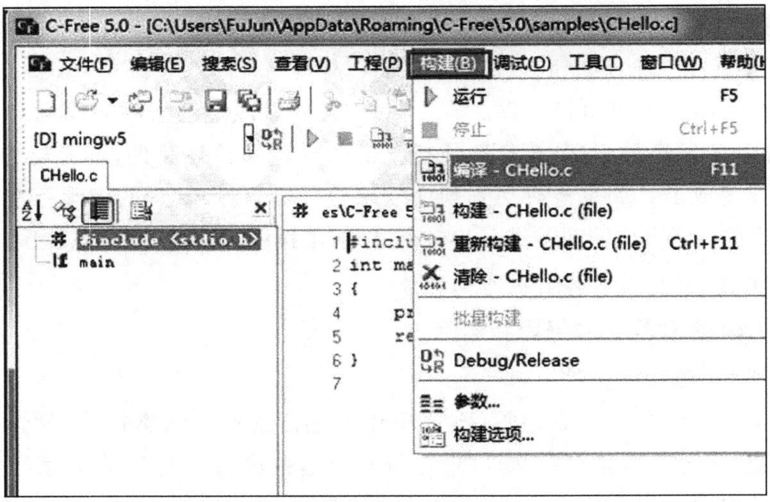

图 1-16　选择"构建"菜单

编译成功后，需要将编译的目标文件转换为可执行文件，可以通过点开"构建"菜单栏，选择"构建"命令，实施构建，才能生成可执行文件。也可以直接点击工具条上的"构建"命令按钮执行。构建后，同样会在"消息窗口"给出构建的结果。

构建成功后，可以点开"构建"菜单栏，选择"运行"命令，执行可执行文件，运行该程序。也可以直接点击工具条上的"运行"命令按钮执行。运行后，会在"消息窗口"给出运行的结果外，通过打开的控制台程序来显示对源文件执行的效果，如图 1-18 所示。对于一般的源程序，也可以直接点击工具条上的"运行"命令按钮执行，一次性将编译、构建、运行完成。

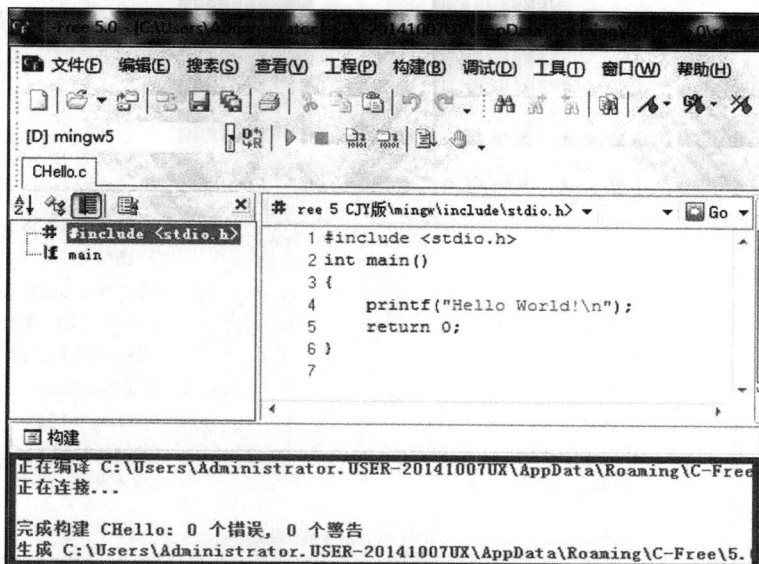

图1-17　编译结果显示

图1-18　运行源程序

（3）程序文件的关闭和保存

　　要编辑其他程序之前，必须停止本程序文件的运行。程序运行结束后，可以通过关闭命令关闭退出，也可以通过"文件"菜单栏的"另存为"命令，修改当前文件的扩展名并保存，如图1-19所示。平时通过"文件"菜单栏"新建"的文件，默认为C++语言的"*.cpp"格式，可以通过"另存为"改为C语言的"*.c"。

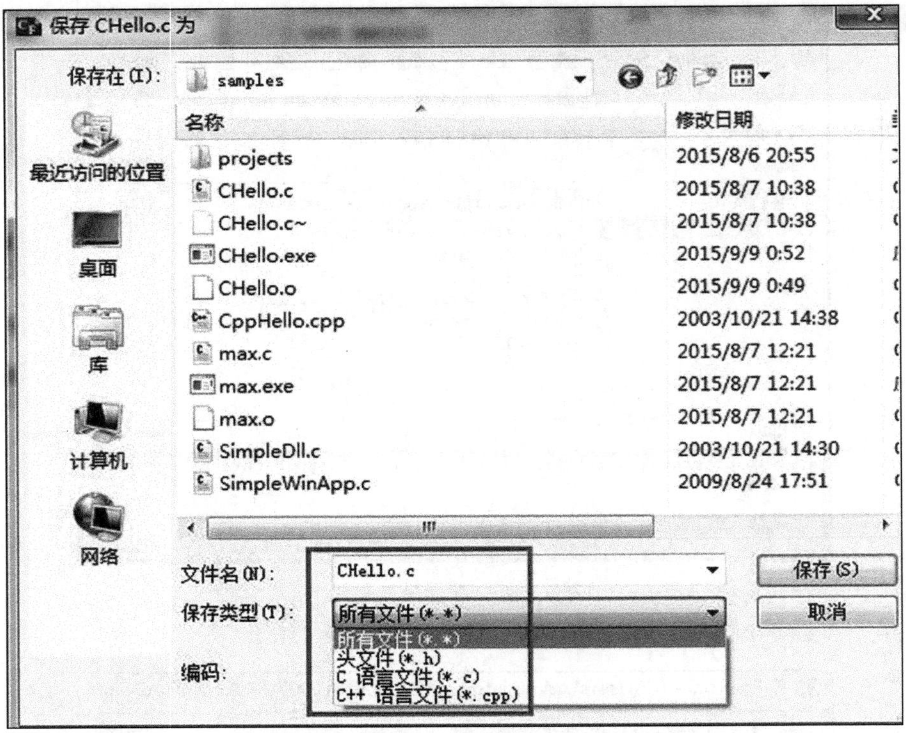

图1-19　文件保存

1.4.2.2　最简单的 C 语言程序

使用 C 语言编写程序，首先应该了解 C 语言程序的结构。我们通过几个最简单的 C 语言程序入手来进一步介绍 C 语言程序的基本构成。

1. 最简单的 C 语言程序举例

例 1.8　运用前面举例的过的"CHello. c"，在屏幕上输出以下一行信息。

Hello,world!

本样例的程序实现功能是显示一条文本信息"Hello,world! I'm coming!"，在主函数中用 printf 函数输出相应文字。虽然这个简单的程序只有 6 行，但通过这个程序可以认识 C 语言程序的基本架构。

1、2、3…是程序行号，不需要我们编写的。

```
1   #include<stdio.h>
2   int main()
3   {
4   printf("Hello,world! I'm coming! \n");      //输出要显示的字符串
5   return 0;                                    //程序返回 0
6   }
```

程序运行的结果如图1-20所示。

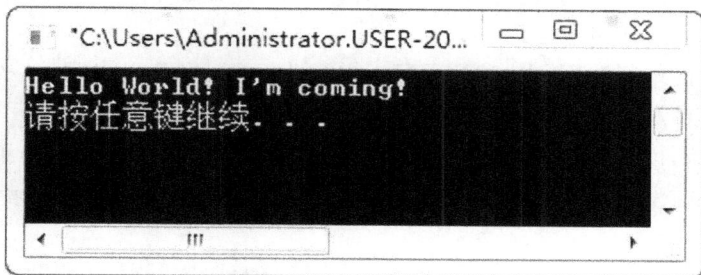

图1-20 "Hello World!"程序运行结果

C的程序结构由编译预处理、程序主体和注释构成。

1   ♯include<stdio.h>

每个以"♯"开头的行，称为编译预处理行，是进行有关的预处理操作。include 称为文件包含命令；后面尖括号中的内容，称之为头部文件或首文件。在使用函数库中的输入输出函数时，编译系统要求程序提供此函数所在文件的有关信息，stdio.h是系统提供的库文件的名称，输入输出函数的相关信息已事先放在该文件当中。通过该语句的包含操作后，当前程序就可以使用 stdio.h 文件中定义的各个库函数。

2   int main()

这一行代码代表的意思是声明 main( )函数为一个返回值为整型的函数，这里往往把 main 当作主函数。C 程序的主体由一个或者多个函数构成，其中必须有一个主函数，用 main 表示。int 称为关键字，这个关键字代表的类型是整型。

main 函数就是一个独立运行程序的唯一入口。也就是说，程序都是从 main 函数头开始执行的，然后进入到 main 函数中，执行 main 函数中的内容。函数体由花括号"{ }"括起来。本例中行号 3~6 都是函数体部分。

```
3{
4     printf("Hello,world! I'm coming! \n");      //输出要显示的字符串
5     return 0;                                    //程序返回 0
6}
```

在函数体中，也就是第 4 行和第 5 行这一部分就是函数体中要执行的内容，也就是执行语句。执行语句就是函数体中要执行的动作内容。

4   printf("Hello,world! I'm coming! \n");   //输出要显示的字符串

这一行代码是这个简单的例子中最复杂的。该行代码虽然看似复杂，其实也不难理解，printf 是产生格式化输出的函数，可以简单理解为向控制台进行输出文字或符号的作用。在括号中的内容称为函数的参数，括号内可以看到输出的字符串"Hello,world!"。其中可以看到\n 这样一个符号，称之为转义字符。当前这个转义字符表示换行。也就是在输出"Hello,world!"后，光标位置移到下一行的开头。

在程序中,行的右侧如果有"//",则表示从"//"到本行结束是"注释",注释不影响程序的运行,是对程序有关部分进行相应的说明。注释内容可以用任何符号、英文、汉字等各种表示。C语言允许使用以下两种注释方式:

①以"//"开始的单行注释。这种注释可以单独占一行,也可以出现这一行中其他内容的右侧。这种注释,以"//"开始,以换行符结束,不能跨行。

②以"/*"开始,以"*/"结束的块注释。这种注释可以跨行,也可以单独一行,表现得更为灵活。编译系统在发现一个"/*"头后,自动寻找注释结束符"*/",把两者之间的内容当作注释。

5	return 0;	//程序返回 0

这行语句使 main 函数终止运行,并向操作系统返回一个"0"整型常量。前面介绍 main 函数时,说过返回一个整型返回值,此时 0 就是要返回的整型。在此处可以将 return 理解成 main 函数的结束标志。

> **提示**　注意空行的运用。C 语言是一个较灵活的语言,因此格式并不是固定不变。也就是说空格、空行并不会影响程序。合理、恰当地使用这些空格、空行,可以使编写出来的程序更加规范,对日后的阅读和整理发挥着重要的作用。

例 1.9　求两个整数中的较大者。

思路:用一个函数来实现求两个整数中的较大者。在主函数中调用此函数并输出结果。

通过 C-free 的"文件"菜单栏的"新建"命令,新建一个空白单一文件。通过"保存",将默认文件改为"max.c"。按思路设计算法,输入相应程序:

```c
#include<stdio.h>
int main()
{int max(int x,int y);  //对被调用函数 max 的声明
    int a,b,c;           //定义变量a、b、c
    scanf("%d,%d",&a,&b); //输入变量a和b的值
    c=max(a,b);          //调用 max 函数,将得到的值赋给c
    printf("max=%d\n",c); //输出c的值
    return 0;
}
//求两个整数中的较大者的 max 函数
int max(int x,int y)     //定义 max 函数,函数值为整型,形参 x 和 y 为整型
{   int z;               //max 的声明部分,定义本函数中用的变量 z 为整型
    if(x>y)z=x;          //若 x>y 成立,将 x 的值赋给变量 z
    else z=y;            //否则,将 y 的值赋给变量 z
    return (z);          //将 z 的值作为 max 函数值,返回到调用 max 函数的位置
}
```

程序运行的结果如图 1-21 所示,这里我们输入两个数为 6,7。

图1-21　求两数较大者程序运行结果

程序分析：

①本程序包含两个函数：主函数 main 和被调用的函数 max。

②被调用函数 max 的作用是将 x 和 y 中的较大者的值赋给变量 z。return 语句将 z 的值作为 max 的函数值，返回给主函数 main。

③scanf 是输入函数的名称，scanf 和 printf 都属于 C 的标准输入输出函数，通过♯include＜stdio.h＞ 包含。这里作用是输入变量 a 和 b 的值。scanf 后面的参数指定了数据的输入格式以及输入后的存放位置，本例的含义是从键盘读入两个整数，送到变量 a 和 b 的地址。&a 的含义是"变量 a 的地址"。

④主函数中的 max(a,b)是作函数调用，即由本函数转去执行 max 函数。在调用时将 a 和 b 参数的值分别传递给 max 函数中的参数 x 和 y，然后执行 max 函数的函数体，将 max 函数中的变量 z 得到一个值，也就是 x 和 y 中的较大者的值。return(z)的作用把 z 的值作为 max 函数的返回值，然后把这个值赋给变量 c。

2. C 语言程序的结构

通过前面的几个例子，可以总结出 C 语言程序结构的相关特点：

①一个 C 语言源程序可以由一个或多个源文件组成。每个源文件可由一个或多个函数组成。一个源程序不论由多少个文件组成，都有且只有一个 main 函数，即主函数。源程序中可以有预处理命令（include 命令仅为其中的一种），预处理命令通常应放在源文件或源程序的最前面。

②一个 C 程序都是从 main 函数开始执行的。main 函数不论放在什么位置都没有关系。

③每一个语句都必须以分号结尾。但预处理命令，函数头和花括号"}"之后不能加分号。

一个说明或一个语句占一行。

④标识符,关键字之间必须至少加一个空格以示间隔。若已有明显的间隔符,也可不再加空格来间隔。

⑤用花括号"{}"括起来的部分,通常表示了程序的某一层次结构。"{}"一般与该结构语句的第一个字母对齐,并单独占一行。低一层次的语句或说明可比高一层次的语句或说明缩进若干格后书写。以便看起来更加清晰,增加程序的可读性。

⑥C程序整体是由函数构成的。可以将所有的执行代码全部放入main函数,程序中main就是其中的主函数。也可以在程序中定义其他函数,由这些定义函数来完成相应的功能。虽然这样会把将程序分块,每一块用一个函数进行表示。但实际上这样能使整个程序更具有结构性,并且易于观察和修改。

⑦英文字符大小通用。在程序中,可以使用英文的大写字母和小写字母。一般情况下使用小写字母多一些,小写字母易于观察。但是在定义常量时常常使用大写字母,还有在定义函数时也会将第一个字母大写。

1.4.2.3 Java语言程序开发环境

Java语言是一种可以撰写跨平台应用程序的面向对象的程序设计语言。Java技术具有卓越的通用性、高效性、平台移植性和安全性,其被广泛地应用于PC、数据中心、游戏控制台、科学超级计算机、移动电话和互联网,同时拥有全球最大的开发者专业社群。

1. Java语言发展历程

1990年,Sun公司开始组建团队研究"绿色计划",Sun认为计算机技术发展的一个趋势是数字家电之间的通讯。这项计划开始由获得美国卡耐基梅隆大学的计算机博士学位的James Gosling负责,他专注于创建一种新的能够实现网络交互的语言以方便在设备和用户之间的进行交流。这种语言在不久开始应用于Sun工作站的远程遥控。

1995年5月,Sun公司正式发布Java编程语言及平台,由此引发全球Java开发与应用的热潮。从此,James Gosling先生也多了一个"Java之父"的称号。

1996年1月,Sun公司正式发布了Java开发工具包(Java Development Kit)JDK 1.0,其中包括两大部分:运行环境和开发工具。

1998年12月,Sun公司隆重发布了JDK 1.2,标志着Java2平台的诞生。在Java 1.2版以后将JDK 1.2改名为J2SDK,将Java改名为Java 2,并推出了备受业界追捧的Swing组件库。

1999年,Sun公司推出了以Java2平台为核心的J2EE、J2SE和J2ME三大平台。随着三大平台的迅速推进,全球形成了一股巨大的Java应用浪潮。

(1)Java 2 Platform, Micro Edition(J2ME)

Java 2平台微型版。Sun公司将J2ME定义为"一种以广泛的消费性产品为目标、高度优化的Java运行环境"。J2ME适合于小型设备的开发,尤以手机Java应用开发著称。

(2)Java 2 Platform, Standard Edition(J2SE)

Java 2平台标准版,适用于桌面系统应用程序的开发(初始版本J2SE1.2)。

(3)Java 2 Platform, Enterprise Edition(J2EE)

J2EE 是一种利用 Java 2 平台来简化企业解决方案的开发、部署和管理等相关复杂问题的体系结构。

2000 年 5 月 Sun 公司推出 J2SE1.3，对 J2SE 1.2 的改进是加强已有的 API 和对新 API 的拓展，但此时如火如荼的 Java 引起了竞争对手 Microsoft 的警惕并直接导致了.Net 的产生，同时也宣布了 Java 作为独一无二的 Internet 平台地位的结束。

2002 年 2 月 Sun 公司发布 J2SE1.4，它是 J2SE 第一个参与了 Java 共同体过程（JCP）的 J2SE 版本。像 Borland、Compaq、Fujitsu、SAS、Symbian、IBM 这样的公司和 Sun 一起定义并发展了 J2SE 1.4 规范。在开放、良好的文档编撰与管理的过程中，形成了一个高质量的、代表了 Java 共同体的多样性的规范。

2004 年 10 月 Sun 公司隆重发布 J2SE5.0，Sun 公司解释这次版本名称不是 J2SE 1.5 而是 J2SE 5.0 的原因是：J2SE 算起也有 5 个年头了；在这样的背景下，将该版本号从 1.5 改为 5.0 可以更好的反映出新版 J2SE 的成熟度、稳定性、可伸缩性、安全性。J2SE 的这次变更之重大和意义之深远，市场的反映证明它的确值得我们为之把版本号变换到 J2SE 5.0。

2009 年 4 月著名的甲骨文公司（财团）提出了对 SUN 公司的收购，并于 2010 年 1 月 27 日发布了对 Sun 各项业务的整合规划，Java 平台的发展是否能够再次得到质的飞跃，业界拭目以待。

十年来，Java 语言及平台成功地应用在网络计算及移动等各个领域，比如移动电话、个人电脑、跨国金融系统和卫星通讯等。据统计，目前全球运行 Java 的设备已达到 25 亿台，Java 开发人员超过 450 万，基于 Java 技术的智能卡达 10 亿，基于 Java 技术的手机达 7.08 亿，采用 Java 技术的 PC 机达 7 亿，JCP（Java Community Process，Java 社区进程）成员达 912 个，运营商们部署 Java 平台 140 多个。可以说 Java 的众多优秀特性，尤其是跨平台和开放特性已经得到市场的公认，Java 正受到全球开发人员的青睐，并已成为企业级业务应用的首选开发平台。

Java 语言如此的优秀，其原因离不开以下鲜明的特征：

①Java 语言是面向对象的，Java 语言提供类、接口和继承等原语，为了简单起见，只支持类之间的单继承，但支持接口之间的多继承，并支持类与接口之间的实现机制（关键字为 implements）。

②Java 语言是分布式的，Java 语言支持 Internet 应用的开发，在基本的 Java 应用编程接口中有一个网络应用编程接口（java.net），它提供了用于网络应用编程的类库，包括 URL、URLConnection、Socket、ServerSocket 等。

③Java 语言是跨平台的，Java 语言具有跨平台性，且提出了"一次编译、随处运行"的口号，这是因为 Java 源文件（.java）在 Java 平台上被编译为体系结构中立的字节码格式（.class），然后可以在实现这个 Java 平台（装有 JVM）的任何系统中运行。这种途径适合于异构的网络环境和软件的分发。

④Java 语言是可移植的，这种可移植性首先来源于其跨平台性，此外，Java 还严格规定了各个基本数据类型的长度，它们在不同的机型上都保持固定的长度。Java 系统本身也具有很强的可移植性，Java 编译器是用 Java 实现的，Java 的运行环境是用 ANSI C 实现的。

⑤Java 语言是多线程的，在 Java 语言中，线程是一种特殊的对象，它必须由 Thread 类或其子（孙）类来创建。Java 语言支持多个线程的同时执行，并提供多线程之间的同步机制（关键字为 synchronized）。

2. Java 语言程序开发环境——Eclipse

Eclipse 是一个非常成功的开源项目。在世纪之交的时候,IBM 为了对抗微软愈益强大的垄断地位,投入了 10 亿美元进行 Linux、pc、笔记本电脑以及服务器等产品的研发。在这一系列举措中,影响最深远的就是 Eclipse 项目了。Eclipse 是 IBM"日独计划"的产物。在 2001 年 6 月,IBM 将价值 4000 万美元的 Eclipse 捐给了开源组织。在软件功能上,Eclipse 目前接近于 JBuilder,但其非常杰出的可扩展性（支持插件）却将 Jbuilder 甩在了身后。经过几年的发展,可以说 Eclipse 已经成为当前最流行的 Java IDE。并且拥有了众多的 Eclipse 社区和新闻组。毫无疑问 Eclipse 已成为开发 Java 项目的首选 IDE。

Eclipse 主要包含如下特性:

①Eclipse 从编写、查错、编译、帮助等各方面为 Java 语言量身定制,为 Java 语言程序编写、运行和调试提供非常便捷的集成环境。

②Eclipse 采用"平台＋插件"的体系架构,理论上可以无限扩展插件,这为 Eclipse 的功能增强提供了广阔的空间。

③Eclipse 是一款开源、免费的软件,任何人都可以在公开的 Eclipse 源代码上进行完善,这也大大加速了 Eclipse 软件的发展和完善。

Eclipse 的主界面如图 1-22 所示。

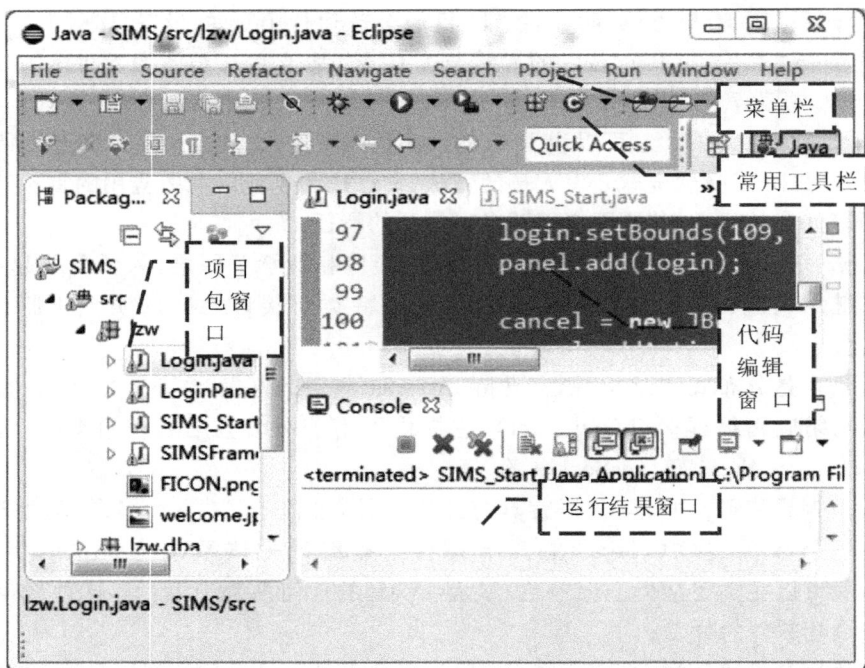

图 1-22　Eclipse 主要界面

其中菜单栏工具栏包含了 Eclipse 软件中常用的菜单和工具。项目包窗口中则显示了一个项目下面包含的若干个包,每个包下面包含的若干个文件。代码编辑窗口为程序员提供了编写代码的区域。Console 窗口则用来显示程序的编译结果信息。

2. Java 语言程序的编译和运行

Java 程序从运行的独立性角度区分，可以分为两类：Application 应用程序（可独立运行）和 Applet 小程序（非独立运行）。两类程序不管是在实现代码上还是在运行的命令上都有些差异，两者的实现过程区别如图 1－23 所示。

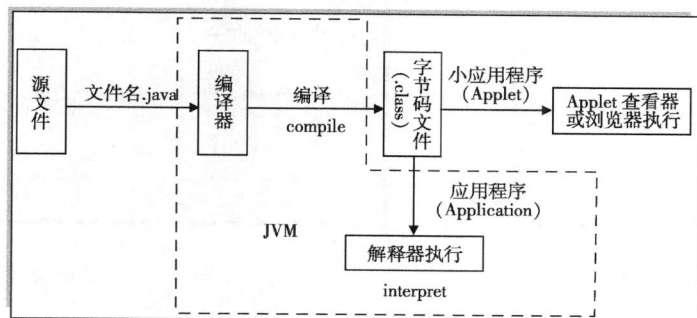

图 1－23　Java 程序实现过程

由上图可知，Java 两类程序的运行过程为：首先，在源文件编辑器里编写好自己源文件，并保存为.java 格式，然后进行一步编译（compile）工作，编译命令及使用格式为：

javac 源文件名.java　　　　　　　（如：javac HelloWorld.java）

注意，编译命令 javac 后空一格再跟上源文件全名，包括.java 的扩展名。编译操作的结果是生成了格式为.class 的字节码文件（二进制流），接下来如果是 Application 程序的，则进行解释操作，解释命令及使用格式为：

java 源文件名　　　　　　　　　　（如：java HelloWorld）

注意，解释命令 java 后空一格再跟上源文件主文件名就可以了，一定不要跟.java 的扩展名。解释操作的结果也就是程序运行的效果。而如果是 Applet 小程序的话，则还要另外编写一个载体文件，通常为.htm 格式，然后再把上一步生成的.class 文件嵌入到该载体文件中，最后使用 Applet 小程序查看命令，使用格式为：

appletviewer　载体文件名.htm　　　（如：appletviewer HelloWorld.htm）

注意，Applet 小程序查看命令 appletviewer 后空一格再跟上载体文件完整文件名，包括.htm 的扩展名。此外，图 1－23 中，虚线框内的部分代表 Java 虚拟机（Java Virtual Machine，JVM），内部包含和 Java 代码的编译器和解释器。任何希望运行 Java 程序的机器都被要求装有 JVM。

本书作为程序设计的入门教材，我们主要讲解可独立运行的 Application 程序。

4. 使用 Eclipse 的 Java 程序编译和运行

（1）创建项目（Project）

在 Eclipse 中，程序文件通常以项目的形式被组织起来，并显示在 Package Explore 窗口中，以树形扩展形式展现。下面让我们来创建自己的第一个项目 MyProject 吧。

①选择【File】→【New】→【Project】，在 New Project 对话框中选择 Java Project，如图 1－24所示。

② 点击图中"Next"按钮，进入 New Java Project 界面，如图 1-25 所示。

图 1-24　创建项目(1)

图 1-25　创建项目(2)

③ 在 Project name 后的文本框中输入项目名字（以 MyLab 为例），其他选项都可保持默认状态，然后点击"Finish"按钮，即完成项目的创建，此时工作区如图 1-26 所示。

(2)创建新类

当创建了 Myproject 项目后，下步工作是在 src 包中添加源文件(.java)了，步骤为：

①点击工具栏中的"New Java Class"按钮，如图 1-27 所示。

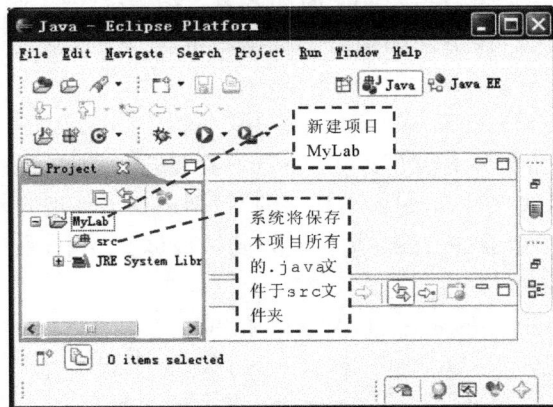

图 1-26　创建项目完成

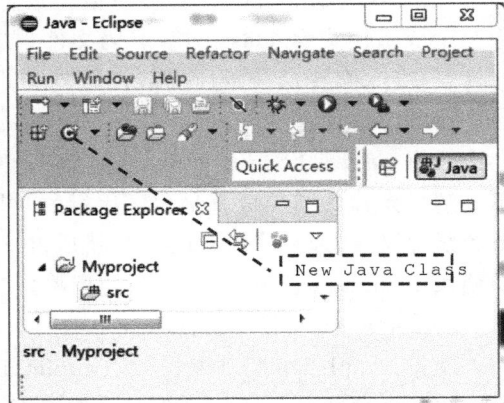

图 1-27　点击新 class 创建按钮

②然后进入"New Java Class"界面，用户输入新建的源文件的名字（以 HelloWorld 为例），也即类名，如图 1-28 所示。

(3)编写代码

最后点击"Finish"按钮，即完成了为某个包添加新的源文件（即新类），如图 1-29 所示，双击图中左侧的 HelloWorld.java 文件，在图的右上侧出现了该源文件的内容供用户编辑，可以发现我们还没有为 HelloWorld.java 文件编写任何的代码，但从图中可以发现已有少部分的代码，这是系统为每个.java 文件自动生成的模板代码。

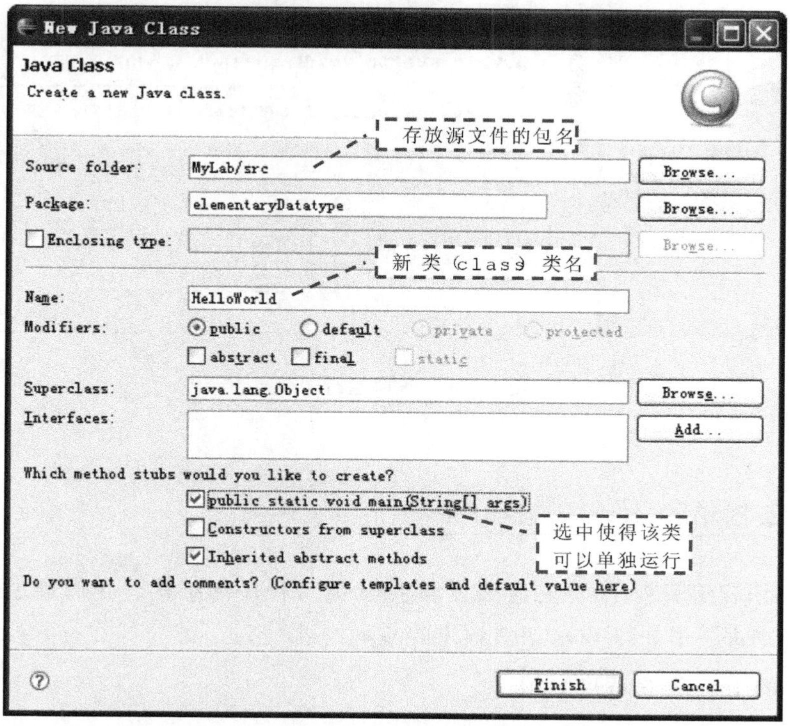

图 1-28 创建新类

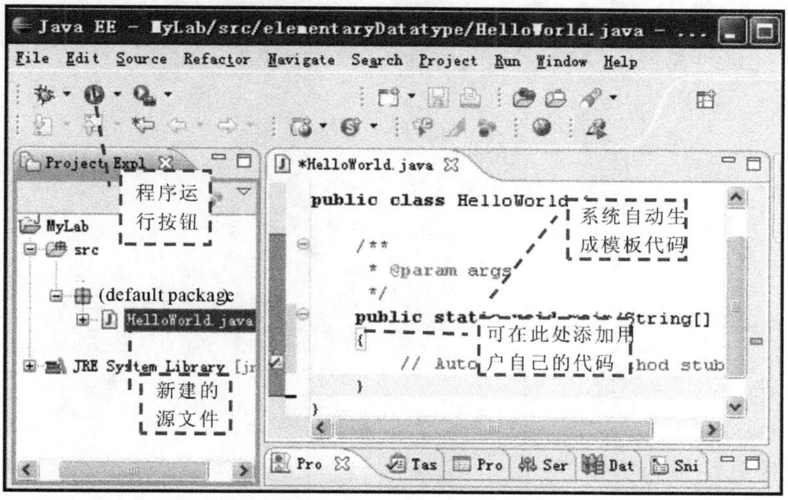

图 1-29 新建的源文件（.java）

（4）运行程序

当我们对当前的.java文件编辑完毕后，可点击【File】→【New】→【Save】菜单进行保存，并点击上图中左上角虚线框指示的程序运行按钮来运行程序，效果如图 1-30 所示，在程序运行控制台（Console）中显示运行结果。

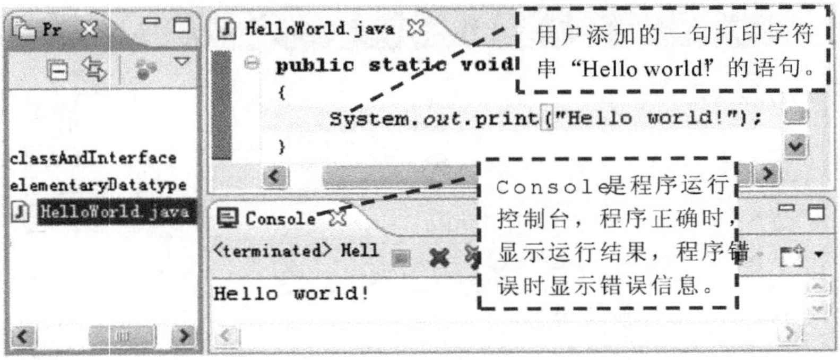

图 1-30　程序运行的效果

1.4.2.4　最简单的 Java 语言程序

使用 Java 语言编写程序，首先应该了解 Java 语言程序的结构。我们通过一个最简单的 Java 语言程序来进一步介绍 Java 语言程序的基本构成。

1.最简单的 Java 语言程序举例

例 1.10　在屏幕上输出以下一行信息：

欢迎进入 SIMS 系统！

```
/ * * WelcomeToSims.java
* * * 功能:在屏幕上显示:" 欢迎进入 SIMS 系统！"
*/
public class WelcomeToSims    // ①
{        // ②
  public static void main( String args[] ) // ③
    {      // ④
System.out.println( " 欢迎进入 SIMS 系统！" );    // ⑤
    }   //  ⑥ end main
}        // ⑦ end WelcomeToSims
```

对上述程序的结构分析如下：

第①句 public class WelcomeToSims ,这是类的声明,声明名称为"WelcomeTo Sims "的类(class)。其中,public:说明这个类属性为 public,一般而言,Java Application 在开始声明一个类时,public 并不是必须的,可写可不写。例如：

public class WelcomeToSims 或 class WelcomeToSims

这两种方式都是可以接受的。如果声明一个类为"public class WelcomeToSims",存盘时文件名必须为"WelcomeToSims",即保存文件名为"WelcomeToSims.java"。

class：这是 Java 类的关键字，如果想声明一个类，必须使用这个关键字 class，这是代表以下的内容都是这个类的内容。我们可以将类理解为包含程序逻辑的容器，在后面的项目中会对类有详尽的描述。类是构成 Java 程序的基本模块，Java 程序中的任何部分都必须包含在类中。

WelcomeToSims：是这个类的名字，用户可以根据个人的意愿为自己所编写的类起一个有意义的名字。类的命名规则很简单，类名必须以一个字母开头，后面可以是字母与数字的任意组合。从理论上讲，类名的长度是没有限制的。

第 ② 句和第 ⑦ 句组成的一对{ }，其中"{"，这代表类" WelcomeToSims "是从这里开始，最后的结束是在"}"处。

第 ③ 句 public static void main(String args[]) {...} 是一个特殊方法，又称 main 方法。这个方法与 C 语言中的 main 函数的用法是一样的，当程序执行时，解释器会自动地寻找这个方法并执行。读者可以把它理解为一个 Java Application 的入口。其中，public：表示 main 方法可以被其他对象调用和使用，由于 main 方法是程序的入口，在程序运行时，这个方法必须可以被调用，所以这个 public 不能省。

static：是将 main 方法声明为静态的，在这里这个关键字也不能省，至于 static 关键字的详细说明请参阅后面的相关章节。

void：说明 main 方法不会返回任何内容，在这里也不能省略。

String[] args：这是用来接收命令行传入的参数，String[]是声明 args 可存储字符串数组。虽然在这个程序中我们没有用到这个参数，但这个参数是不可以删除的，否则程序在执行时会出现下列错误：

Exception in thread "main"

java. lang. NoSuchMethodError：main

{…}：第 ④ 句和第 ⑥ 句这对大括号中间的内容是 main 方法所要做的工作，这对大括号与上面讲述的类的大括号是一致的，也必须是一一对应的，且注意方向性。

第 ⑤ 句 System. out. println("欢迎进入 SIMS 系统!")；这一语句的功能是将字符串信息"欢迎进入 SIMS 系统!"显示到屏幕上。其中 System 是指 Java 中的 System 类，这个类定义了一些与系统相关的内容，请注意第一个字母必须大写。out 是指 System 类中的一个对象。println 是 out 对象的一个方法。

注意到代码中前三行，以及以下每句数字标号前的// ，这些内容就涉及到了 Java 的注释。注释在程序的运行过程中并不产生任何的输出，也没有任何的影响（即被编译器所忽略）与其他编程语言中的注释的目的是一样的，就是为了使程序的可读性及可维护性更好。如果想让我们的程序看起来更专业，建议大家在写程序时要添加适量的注释。Java 中主要有 2 种表示注释的方法。最常用的就是使用单行文本注释符"//"，这种注释的屏蔽范围是从"//"开始一直到本行结束为止。另一种就是多行文本注释符"/ * ... * /"，这种方式是为了添加较长的注释，在"/ *"与" * /"之间的所有内容都是注释，如本程序开头的三行。

程序成功运行的结果如图 1－31 所示。

图 1-31　WelcomeToSims 程序运行结果

1.4.3　拓展训练

通过以上知识的学习，我们掌握了如何通过 C 语言或 Java 语言来显示制定的文字或符号信息，下面让我们来实现一个稍微复杂的图形吧，如下所示。

```
          *
      * * * * *
    * * * * * * *
  * * * * * * * * *
    * * * * * * *
      * * * * *
          *
```

Eg.1_1(a)

使用 Java 语言实现该图形的打印。

```
/* * * * * * * * * * PrintShape.java(Application 程序) * * * * * * * * * * */
public class PrintShape
{   public static void main( String args[]  )
    {   System.out.println( "     *     " );
        System.out.println( "   * * * * *   " );
        System.out.println( "  * * * * * * * " );
        System.out.println( " * * * * * * * * *" );
        System.out.println( "  * * * * * * * " );
        System.out.println( "   * * * * *   " );
        System.out.println( "     *     " );
    }// end main
}// end class Shapes
```

当编写好 PrintShape.java 程序后，首先保存在当前路径，然后点击工具栏里面运行按钮—>Run As—>2 Java Application，如图 1-32 所示。

该程序运行后的结果将在控制台 Console 中显示，如图 1-33 所示。

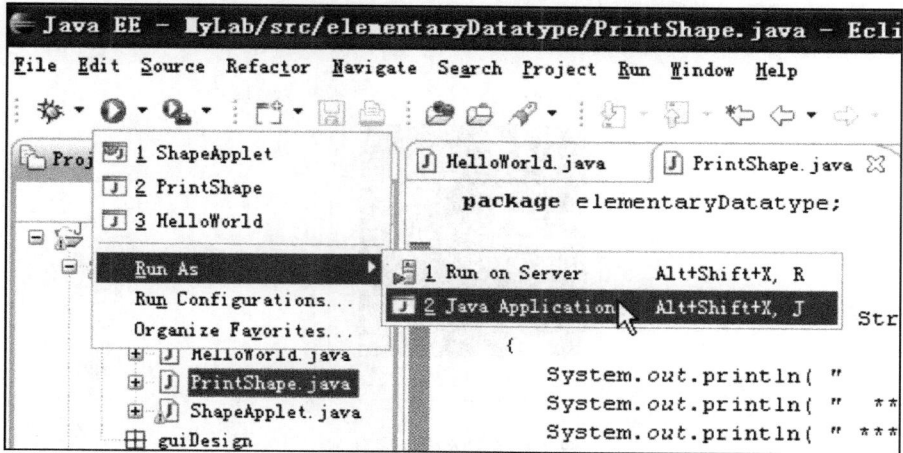

图 1 - 32   运行 Application 程序

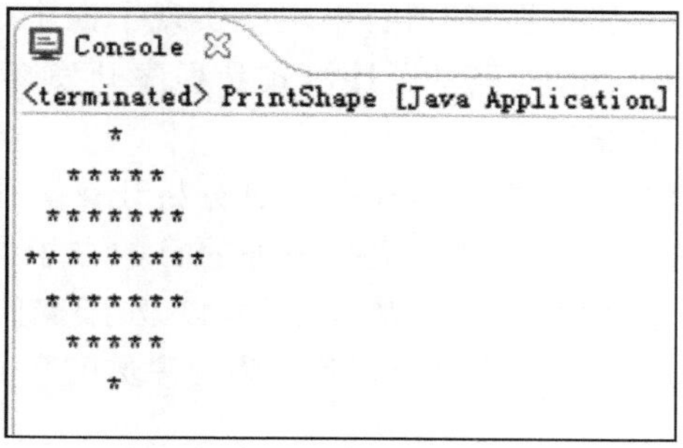

图 1 - 33   运行 Application 程序

Eg. 1_1(b)

使用 C 语言实现该图形的打印。

```
/ * * * * * * * * * * * * * PrintShape. java(C 程序) * * * * * * * * * * * * */
#include<stdio. h>
int main()
{
    printf( "    *    \n" );
    printf( "   * * * * *   \n" );
    printf( " * * * * * * *  \n");
    printf( "* * * * * * * * *\n" );
    printf( " * * * * * * *  \n");
    printf( "   * * * * *   \n" );
    printf( "    *    \n" );
}
```

程序运行的结果如图 1-34 所示。

图 1-34 运行程序（C）

一项目总结 "认识程序"项目中主要实现了四个任务，分别是走进程序的世界、算法的设计与描述、程序设计模式和程序开发环境搭建与测试。每个任务实现的主要技术如下：

任务一：走进程序的世界 本任务通过分析让读者掌握程序的实质，理解程序员的基本素养。学习这一任务的目的在于向读者介绍程序的含义、发展、基本结构，即三种基本结构，以及了解程序如何去实现人们与计算机沟通的，程序执行步骤和作为程序员的素养。

任务二：算法的设计与描述 本任务提供了相应的现实案例让读者了解算法的在程序设计中的作用、算法的表示和设计方法。学习这一任务的目的让读者理解开发的程序到底是"做什么"和"怎么做"的。对于算法的掌握主要体现在一个做任何事都是有一定步骤的，而这些解决步骤的说明。

任务三：程序设计模式 本任务通过程序设计模式的运用让读者对面向过程和面向对象这两大程序设计类型有了特征和方法上的了解。这一任务学习的主要目的在于掌握这两大类型的基本特征，分别运用他们去进行程序设计。

任务四：程序开发环境搭建与测试 本任务通过面向过程和面向对象程序开发时所遇到方便程序员进行编码、编译、调试等工作集成开发环境来掌握以 C 语言、Java 语言为代表的程序设计语言的初步开发应用。这一任务学习的主要目的在于掌握相应的开发环境，为更好地进行程序设计实践，以及初步理解程序项目化的管理功能和集成做出相应的实践操作。

一知识归纳　在本项目中我们开始认识程序设计。主要的知识点如下：

①程序的含义可以被看作一组计算机步骤动作的指令,通常通过用某种程序设计语言来编写,运行于某种目标体系结构上。

②实际上程序的实现是为了体现程序员的思想,借助他们的思想让计算机去实现相应的功能操作。

③两个二进制数和、积运算组合各有三种,有利于提高运算速度。还能实现逻辑运算。

④机器语言是二进制机器代码编成的代码序列,高级语言的语法和结构更类似人们的自然语言。

⑤高级语言所编制的程序也不能直接被计算机识别,必须经过转换才能被执行,按转换方式可将它们分为两类:解释类和编译类。

⑥结构化程序设计的主要观点是采用自顶向下、逐步求精及模块化的程序设计方法。

⑦结构化程序设计使用三种基本控制结构构造程序,任何程序都可由顺序、选择、循环三种基本控制结构构造。

⑧顺序结构是最简单的程序结构,也就是说各控制语句是按先后顺序执行的,可由若干个依次执行的处理步骤组成的。

⑨选择结构会根据判断条件的是否成立从而产生不同的流向,也被称为分支结构。

⑩循环结构在程序框图中是采用判断框来表示,判断框内写上循环的判断条件,两个出口分别对应着条件成立和条件不成立时所执行的不同指令,其中一个要指向循环体,然后再从循环体回到判断框的入口处。另一个则要跳出循环,执行循环结、构后面的代码。

⑪循环结构存在两种基本结构,当型结构和直到型结构。

⑫编写程序的实质就是对给定的问题求解,一般程序设计的基本步骤是:问题分析、算法设计、编辑程序、编译程序、运行与调试。

⑬计算机算法可分为两大类别:数值运算算法和非数值运算算法。

⑭在计算机程序设计中,一个有效的算法应该具有以下 5 个特征:有穷性、确切性、输入项、输出项、可行性。

⑮一个算法的质量优劣将影响到算法乃至程序的效率。这里一个算法的优劣可以用时间复杂度与空间复杂度来衡量。

⑯用于描述算法的方法有很多,最为常见的比如自然语言法、传统流程图法、N－S流程图法、伪代码法等。

⑰面向过程编程是一种以过程为中心的编程思想。面向过程编程,采用先分析解决问题的步骤,然后用函数把这些步骤一步一步的实现,接着在使用的时候一一调用则可。

⑱面向过程编程中最常用的一个分析方法是"功能分解"。我们会把用户需求先分解成模块,然后把模块分解成大的功能,再把大的功能分解成小的功能,整个需求就是按照这样的方式,最终分解成一个一个的函数。

⑲面向对象编程是一种以类和对象为核心的程序设计模式,该模式具有典型的三大基本特征,即封装、继承和多态。

⑳面向对象编程具有可重用性、可扩展性和可管理性。

㉑在集成开发环境中,用户可以完成编码、编译、调试、运行的全部工作。并且在最新的集成开发环境中,可能还会提供一个可视化界面的设计功能,可以方便用户进行程序界面的设计。

㉒C语言是面向过程程序设计的代表语言,具有丰富的数据类型、运算符和表达式,有强大的指针运算功能。

㉓Java语言是面向对象程序设计的代表语言,具有封装、继承和多态的特征。

㉔C语言有多种集成开发环境,如Wintc和CFree,目前64位平台上后者是应用的主流。

㉕Java语言有多种集成开发环境,如JBuilder和Eclipse,其中后者是免费和开源的,目前已经称为Java开发IDE的首选。

一 知识巩固

一、填空题

1. 二进制数10011101转换为十进制是_____,十进制数67转换为二进制数是_____。

2. 结构化程序的设计思想是_____和_____。

3. 对于算法的时间复杂度我们度量该程序的执行时间通常有两种方法:_____和_____。

4. 一个传统流程图通常包含以下几个部分:_____、_____和框内外必要的文字说明。

5. C语言源程序的基本单位是_____,C语言源程序中至少包含一个_____。

二、选择题

1. 下列哪种语言不属于高级语言(　　)。
   A. Delphi　　　　B. VisualASM　　　　C. C#　　　　D. PASCAL

2. 具有下列哪类能力,程序员就能极大避免重复性的开发工作,不正确的一项是(　　)。
   A. 需求理解能力　　　　　　　　B. 复用性思维能力
   C. 模块化思维能力　　　　　　　D. 规范化书写能力

3. 一个有效的算法应该具有5个基本特征,下面哪个并不是(　　)。
   A. 有穷性　　　B. 确切性　　　　C. 有效性　　　D. 可行性

4. 下列哪种算法是把问题转化为规模缩小了的同类问题的子问题(　　)。
   A. 递推　　　B. 递归　　　　C. 枚举　　　D. 回溯

5. 下列关于面向过程的编程特征的说法中,不正确的一个是(　　)。
   A. 强调做算法,按算法步骤的思路去执行
   B. 大程序被分隔为许多小程序
   C. 大多数函数共享全局数据

D. 数据开发传递，数据形式保持不变

6. 下列关于 C 语言的说法中，不正确的一个是（　　　）。

    A. 它是一种结构化语言　　　　　　　　B. 它具有代码级别的跨平台

    C. 它是一种高级语言　　　　　　　　　D. C 语言的指针操作带保护

7. 一个 C 程序中，main 函数的位置（　　　）。

    A. 必须在最前面　　B. 必须在最后

    C. 可以任意　　　　D. 必须在系统调用的库函数的后面

8. C 语言源程序必须经过开发环境中的编译器，将编辑好的源程序文件" * . c"翻译成二进制目标代码文件"（　　　）"。

    A. obj　　　　　　B. exe　　　　　　　C. h　　　　　　　　D. xml

9. 以下不属于 Java 语言基本特征的是（　　　）。

    A. 封装性　　　　B. 继承性　　　　　C. 多态性　　　　D. 扩展性

10. Java 语言不是（　　　）。

    A. 高级语言　　　　　　　　　　　　　B. 面向对象语言

    C. 面向过程语言　　　　　　　　　　　D. 面向对象兼容过程语言

三、简答题

1. 什么是程序？从日常中举例来说明，描述它们的算法。

2. 为什么要提倡结构化的算法？

3. 用传统流程图表示依次将 3 个整数输入，要求输出其中最大的数。

4. 什么叫结构化程序设计？它的思想特点是什么？

5. 面向过程编程和面向对象编程的区别是什么，请举例说明。

一项目实训

1. 实训目标

①理解程序的含义和特征。

②理解并掌握算法的概念、设计和表示。

③掌握结构化程序设计中使用三种基本控制结构来构造程序。

④理解 C 语言开发环境下的程序编写、编译与调试的基本流程。

⑤理解 Java 语言开发环境下的程序编写、编译与调试的基本流程。

2. 编程要求

    用 C-free 编写 C 语言程序代码，实现应用程序指定的功能，程序代码格式整齐规范、便于阅读，程序注释规范、简明易懂。

    用 Eclipse 编写 Java 程序代码，实现应用程序指定的功能，程序代码格式整齐规范、便于阅读，程序注释规范、简明易懂。

3. **实训内容**

①请分别用 C 和 Java 语言编程实现如下文字和符号的输出。

```
* * * * * * *
* HELLO *
* * * * * * *
```

②请分别用 C 和 Java 语言编程求 1＋2＋3＋……＋50 的和。

项目2 学生基本信息处理(C)

项目创设

　　程序设计语言应具备的最基本功能是可以客观、准确地描述现实世界中的事物。C 语言是一种结构化的程序设计语言，具备丰富的数据类型、众多的运算符、灵活多变的表达式规则，能够轻松实现各种复杂的数据结构和运算，又有高效的程序流程控制结构和具备抽象功能及体现信息隐蔽思想的函数，可实现程序的模块化设计。

　　本项目将通过一个任务向大家介绍 C 语言的数据表达和数据运算能力，该任务即：学生基本信息录入与保存。通过了解这个任务的实现原理，学习者应该掌握 C 语言对基本数据的描述方法，掌握变量和常量的使用、常见数据的输入和输出、运算符和表达式构建的运算能力。理解和掌握本项目的相关知识将为程序流程控制结构的学习奠定良好的基础。本项目的技能目标如图 2－0 所示。

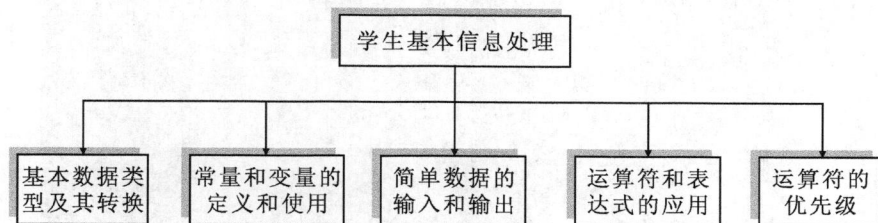

```
                    学生基本信息处理
     ┌──────────┬──────────┬──────────┬──────────┐
  基本数据类    常量和变量的   简单数据的   运算符和表   运算符的
  型及其转换    定义和使用    输入和输出   达式的应用   优先级
```

图 2－0　学生基本信息处理项目技能目标

学习目标

　　通过本项目的开发和训练，读者应该实现如下的学习目标：

➢ 了解标识符和注释符的要求和使用。

➢ 理解常见的数据类型及类型转换。

➢ 理解常量和变量的区别，并掌握其使用的方法。

➢ 掌握简单数据的输出输出。

➢ 理解并掌握运算符和表达式的应用规则。

➢ 了解运算符的优先级。

2.1 任务 1　学生基本信息录入与保存

2.1.1　目标效果

学生成绩管理系统处理的基本数据主要是班级学生的相关信息。本任务需要录入学生的基本信息并保存，学生基本信息包括学号、姓名、性别、出生日期、籍贯、手机号码、三门课程成绩。系统在录入学生的基本信息时，学号是自动生成的，当所有信息都录入结束后，将自动完成保存，如图 2－1 所示。

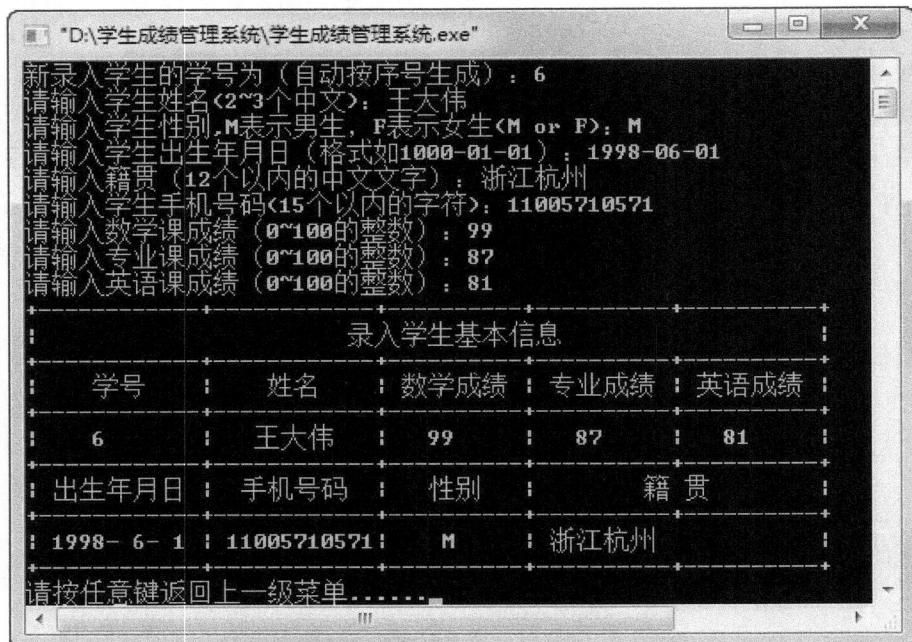

图 2－1　学生基本信息录入与保存

学生的基本信息众多，涉及多种数据类型，用户必须严格按照的数据规范来输入数据信息，完毕之后按任意键返回上一级菜单的过程中，系统会保存信息。

学生的基本信息包含众多内容，如何进行合法地操作，是实现本任务的关键所在，不妨先思考以下几个问题？

①你所知道的数据类型有哪些？

②基本信息中的数据可以分为几类，分别用什么数据类型来描述？

③针对不同类型数据的操作有和不同？

④不同类型的数据的输入和输出如何处理？

⑤数据的运算表达式如何处理的？有哪些运算符，优先级又如何？

2.1.2　必备知识

从本任务开始，我们将正式进入一个针对学生成绩管理系统的开发阶段。作为刚刚进入 C 语言的开发阶段，熟练掌握该语言的语法是其有效保障。在本任务中主要介绍 C 语言的基本数据类型、变量和常量的定义和使用、基本数据的输入和输出、数据运算的表达式和运算符等，其他语法知识将在后续的项目及任务中展现。

2.1.2.1　标识符与注释符

1. 标识符

在项目 1 中，我们初步的认识了 C 程序，注意到在程序中使用的变量、常量、输入和输出函数等都需要有一个名字，而这些名字就是标识符。标识符广泛的用于标志函数名、变量名、符号常量名、数组名、类型名、文件名等各种需要用名称表示的情形。

标识符是一个有效字符序列，在 C 语言中，构成标识符的规则为：以大小写字母、下划线 "_" 和数字组成，且必须不能以数字作为开头，此外，C 语言的关键字不能作为标识符。

在命名标识符来表示 C 语言相关内容的名称时，应尽量起有意义的名字，这样会提高程序的可阅读性。如果标识符由多个单词构成有意义的名称，可以采用以下两种方式改善阅读性，比如以下的标识符：

calculateAverageScore（第二个单词开始的首字母大写）

calculate_average_score（单词之间用下划线分隔开）

这些命名规范并不是强制的，只是相互认同以提高程序代码的阅读性。

在 C 语言中由系统预先定义的标识符称为是关键字（又称为保留字），它们在程序开发中有特殊的含义，不能再用作其他用途。常见的关键字有 32 个，如表 2-1 所示。

表 2-1　C 语言关键字

auto	break	case	char	const	continue	default	do
double	else	enum	extern	float	for	goto	if
int	long	register	return	short	signed	sizeof	static
struct	switch	typedef	union	unsigned	void	volatile	while

当我们在定义标识符的时候，必须符合命名规则，否则会导致编译器报错。

可以合法定义的标识符例子如下：

Float、_time 、int2、Date、one_tow。

不合法定义的标识符例子如下：

float、2time、@email_name。

提示　　C 语言的标识符是区分大小写字母的，所有只要改动一个大小写的字母，就是两个不同的标识符。关键字在程序中有特殊的作用，在定义时，将关键字作为标识符，会导致编译器报错。

2. 注释符

在程序代码中,有一类代码和文字是被编译器忽略的,那就是注释。使用注释,基本上有以下两个用途:

①解释程序代码的功能,以增强代码的可读性,以便自己、他人理解程序,也便于代码的维护。

②在调试程序的时候,利用注释增减代码,调整程序执行的语句。比如:把可疑的代码注释掉,再编译、运行程序,以观察是否还存在错误,如果错误不再出现,说明错误产生于所注释的代码。

注释只会增加源程序的大小,但并不会增加编译后可运行程序的大小,因为 C 编译器会在编译程序的时候忽略掉这些注释。C 语言的注释的方法有两种,即单行注释和多行注释。

- 单行注释:用双斜线(//)标注,从双斜线开始到行尾处,为注释的内容。

　　　例如：　// printf("a = % d\n",a);

　　　这样,输出变量 a 的值的语句行被注释掉,将不会被编译执行。

- 多块注释:用/ * … * /标注,从/ * 开始到 * /结束,中间若干行代码均被注释掉。例如:

　　　/ * for (i = 0;i<10; i + +)
　　　printf(" % d ",a[i]); * /

以上的 for 循环语句将会被注释掉,将不会被编译执行。

2.1.2.2　基本数据类型

C 语言提供了丰富的数据类型,主要可以分为基本类型、构造类型、指针类型和空类型。本项目主要介绍基本类型的整型、实型和字符型数据,其他类型将在后续的项目逐步介绍。

C 语言的主要的基本数据类型如图 2 - 2 所示。

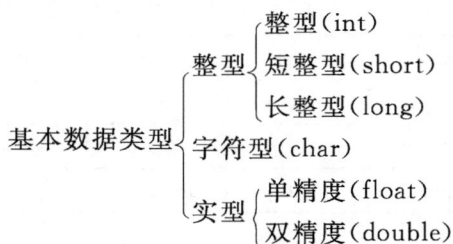

整型 ┤ 整型(int)
　　　短整型(short)
　　　长整型(long)
基本数据类型 ┤ 字符型(char)
实型 ┤ 单精度(float)
　　　双精度(double)

图 2 - 2　C 语言的基本数据类型

1. 整型数据

(1)整数的表示

C 语言整型数据可以分为二进制、十进制、八进制和十六进制来表示,它们的特点为:

- 二进制：　　① 有两个数字:0、1;

　　　　　　　②运算时逢二进一 。

- 八进制：　　① 有八个数字:0、1、2、5、4、5、6、7;

②运算时逢八进一；

③ 以 0 开头，如 0125 表示十进制数 85，—011 表示十进制数—9。

- 十进制： ① 有十个数字：0、1、2、5、4、5、6、7、8、9；

②运算时逢十进一 。

- 十六进制：① 有十六个数字：0、1、2、5、4、5、6、7、8、9、A、B、C、D、E、F；

②运算时逢十六进一；

③ 以 0x 或 0X 开头，如 0x125 表示十进制数 291，—0X12 表示十进制数—18。

（2）整型分类

C 语言提供的整型数据类型种类比较多，这里主要介绍三种类型的整型数据类型，分别为：短整型（short）、整型（int）、长整型（long 型），其特点如表 2－2 所示。

表 2－2　整型数据类型

数据类型	所占位数	数据描述范围
short	8(1 个字节)	$-2^7 \sim 2^7-1$
int	16(2 个字节)	$-2^{15} \sim 2^{15}-1$
long	32(4 个字节)	$-2^{31} \sim 2^{31}-1$

整数类型的典型应用如下：

```
#include "stdio.h"
int  main()
{
    short x = 022;//八进制的
    short y = 0x22;//十六进制
    int z = 10000;   //十进制
    printf("八进制的 x= %o,转换为十进制为 x= %d。\n",x,x);
    printf("十六进制的 y= %x,转换为十进制为 y= %d。\n",y,y);
    printf("十进制的 z= %d,转换为八进制为 z= %o,转换为十六进制为 z= %x。
        \n",z,z,z);
}
```

程序运行的结果如图 2－3 所示。

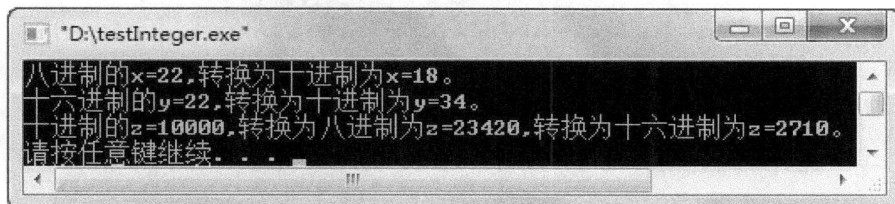

图 2－3　整型数据进制转换

2.实型数据

实型数据，即带小数点的数据，通常用浮点数类型描述。根据小数点后数据精度的不同可以分为单精度浮点型和双精度浮点型。

（1）单精度浮点型（float 型）

float 型数据占位 4 个字节，有效数字最长为 7 位。描述单精度浮点数的时候，必须在数据后添加一个后缀 f 或 F，否则的话系统会默认为是双精度浮点型，即 double 型，如：float x = 22.2F。

（2）双精度浮点型（double 型）

double 型数据占位八个字节，有效数字最长为 15 位。顾名思义，double 型数据的精度是 float 型数据精度的两倍，描述该类型数据的时候，可以在其后添加一个后缀 d 或 D，但也可不加，因为系统默认不带任何后缀的浮点数值为 double 型的。

如： 语句 double x = 22.2D;与语句 double x = 22.2;等效。

单精度浮点数与双精度浮点数的特点比较如表 2-3 所示。

表 2-3 浮点数据类型

数据类型	所占位数	数据描述范围
float	32（4 个字节）	$5.4e^{-058} \sim 5.4e^{+058}$
double	64（8 个字节）	$1.7e^{-058} \sim 1.7e^{+058}$

浮点类型的典型应用如下：

```c
#include "stdio.h"
int  main()
{
    float x = 123456789.123456789f;
    double y = 123456789.123456789;
    printf("x = %f,y = %f。\n",x,y);
}
```

程序运行的结果如图 2-4 所示。

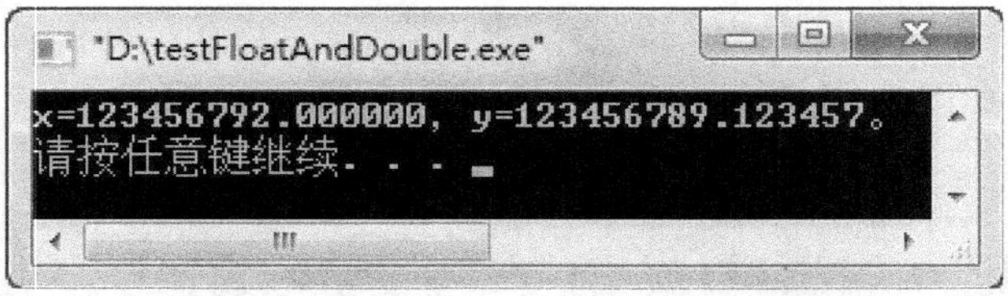

图 2-4 浮点型测试

3.字符型数据

字符型数据是按照字符编码（一个整数）的形式存储的。标准 ASCII 字符集共有 128 个字符,其对应的编码为0~127。在C语言中,字符常量的标志是一对单引号,且占用1个字节。ASCII中的字符可以分为两种：

(1)由单引号括起的普通字符
- 字母:大写字母'A'~'Z',编码范围65~90；小写字母'a'~'z',编码范围97~122；
- 数字:'0'~'9',编码范围48~57；
- 其他可见字符:共有29个,如'!'、'<'、'*'等,可在键盘上直接找到；
- 不可见字符:空格字符",双引号之间键入一个空格,编码为32。

(2)由单引号括起的转义字符

用'\'开头的一类特殊的字符称为是转义字符,比如'\n'、'\'等,它们也是ASCII字符集中的字符。详细的转义字符如表2-4所示。

表2-4　常见转义字符

转义字符	功　　能
\n	表示换行操作
\t	表示水平制表
\b	表示退格,等效于按键BackSpace
\r	表示回车
\f	表示换页
\\	表示反斜线
\'	表示单引号'字符
\"	表示双引号"字符
\ddd	表示1-3位的八进制整数所代表的字符
\xhh	表示1-2位的十六进制整数所代表的字符

浮点类型的典型应用如下：

```
#include "stdio.h"
int  main()
{
    int i;
    printf("字符|编码\n");
    for(i = 48;i< = 57;i+ +)
printf(" % 4c| % 4d\n",i,i);//i以字符输出和以编码输出
}
```

程序运行的结果如图2-5所示。

图 2-5　字符及其编码

> 字符型数据因为对应于 ASCII 编码，所以是特殊的整型数据，C 语言允许字符型数据和整型数据在字符型数据的取值范围内通用。

2.1.2.3　变量和常量

之前介绍了整型、实型和字符型三类基本数据类型，这些数据在程序中的表现形式主要为两种：常量和变量。

1. 变量

变量，顾名思义，就是其保存的数值在程序运行过程中可以改变的量。一个变量需要用一个标识符来表示它名称，在内存中会占据一定的存储单元，并在存储单元中存储该变量当前的值。C 语言中的变量必须"先定义、再使用"。

（1）变量的定义

定义一个变量最简单的格式如下：

　　　　数据类型标识符　变量名；

此处的数据类型可以是基本数据类型也可以是构造类型，若需要同时声明多个相同数据类型的变量，则可以在变量之间加以逗号分割，例如：

```
float a,b;      //定义单精度浮点型变量 a 和 b
charc;          //定义字符型变量 c
```

变量的命名在遵循标识符规范的前提下，可以考虑一些良好的命名规范，在此不做详述。

（2）变量的赋值

一个变量被定义之后，我们就可以利用赋值运算符"＝"为它赋值了，例如：

```
intx,y;
x = 18;    //将整型常量 18 赋值给整型变量 x
y = x+2;  //将表达式 x+2 所得到的值 20 赋值给整型变量 y
```

62

关于赋值运算符及表达式等在以后详细介绍。

（3）变量的初始化

变量在定义的同时赋值,称为是初始化。例如:

```
int x = 18,y = x + 2;   //定义两个整型变量 x 和 y,并分别初始化为 18 和 20
```

（4）变量的三要素

一个基本数据类型的变量被定义后,它就具有三个基本要素,即变量名、变量当前的值和变量所占用的存储空间。例如:

```
int i = 18;
```

此语句被执行之后,系统就为变量名为 i 的变量在内存中创建相应的存储空间,存储空间由起始的变量空间地址和由数据类型决定的字节大小决定,最后在存储空间中存储当前的值 18,变量的三要素如图 2－6 所示。

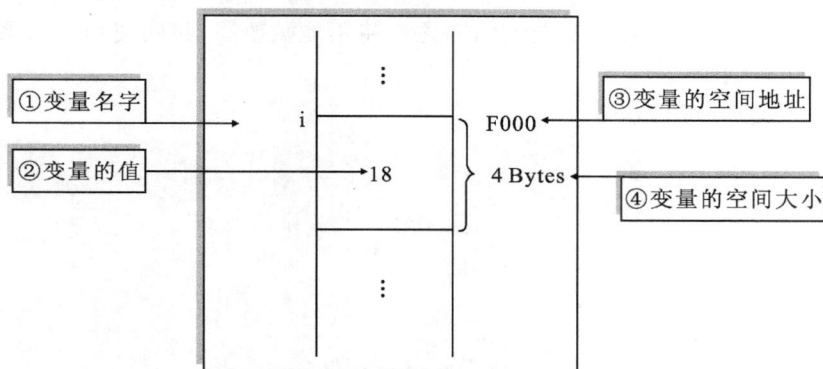

图 2－6　基本类型变量的三要素

2. 常量

常量,即指在程序运行过程中不允许改变其值的量。在 C 语言中,常量的表现形式可分为普通常量和符号常量,这两种形式都不需要对常量进行类型说明,但常量的数据类型是由本身的形式隐含决定的。在 C 语言的规范中,引入了常变量,可以在很大程度上代替符号常量。

（1）普通常量

普通常量,分别是整型数值常量、实型数值常量、字符型常量和字符串常量。其中字符串常量不在基本数据类型范围内。

①整型数值常量:0,321,－2。

②实型数值常量:3.14f,3.1415926,12.0。

③字符型常量:'a','\n','0'。

④字符串常量:"Hello","World","Hello World!"。

（2）符号常量

在 C 语言中,如果有一个常量表示一个特定背景的含义,比如 π 表示的圆周率,如果有涉及圆相关的问题就需要用到,但是在程序中使用 3.1416 就缺乏实际的认识,这就需要有一个名称来表示,可以提高程序的阅读性。用 ♯define 指令,可以指定一个符号名称代表一个常

量,它的基本形式是:

♯define   符号常量名称   常量值

例如:

```
♯define PI 3.1416
```

符号常量一般都用大写字母表示名称。使用符号常量有两个好处:

①含义清楚。比如看到 PI,就知道此处用的是圆周率;

② 方便修改。如果程序中有多处用到同一个性质的常量,只需修改符号常量的定义;

(3)常变量

在 C 语言中,引入了常变量的定义,其形式为:

const   数据类型标识符   常变量名称 ＝ 常量值;

例如:

```
const   double PI = 3.1416;
```

在程序中,长变量必须在定义时给出值,之后将不能被改写,只能使用。如果对常变量进行赋值,程序将提示错误。

常量的一个典型应用如下:

```
♯include "stdio.h"
♯define PI 3.1415926
int  main()
{  int r;
   double C,S;
   printf("请输入圆的半径:r= ");
   scanf("%d",&r);   //输入半径 r 的值
   C=2*PI*r;   //计算圆的周长
   S=PI*r*r;   //计算圆的面积
   printf("圆的周长为:%f;圆的面积为:%f。\n",C,S);
   return 0;  }
```

程序运行的结果如图 2-7 所示。

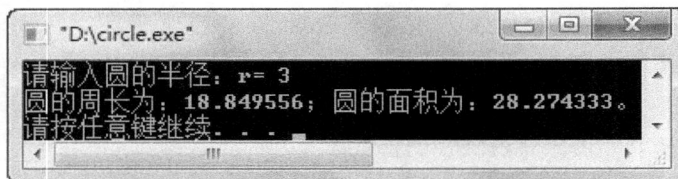

图 2-7　圆的面积和体积

2.1.2.4　基本数据类型转换

数据类型转换,是指数据从一种类型的值转化成另外一种类型的值。转换通常发生在一

个变量被赋值了一个与之数据类型不相同的数据值的时候。C 语言允许在基本数据类型之间进行转换,但根据数据类型转换方向的不同,可以分为自动类型转换和强制类型转换。

1. 自动类型转换

自动数据类型转换是由系统自动执行的,不需要程序员在代码中显式注明。自动转换通常发生在低字节数数据类型值赋值给高字节数数据类型变量的时候,或者一个二元运算符两端出现不同数据类型操作数的时候,例如:

```
float   a = 3;
//整型常数 3 被系统自动转换成 3.0,再赋值于单精度浮点型变量 a
double y = 5.5 + 5;
//"+"号运算符两端是双精度浮点型常数 5.5 和整数常数 5
//则 5 首先会被自动转换成浮点数 5.0,再参加与 5.5 的加法操作
```

不同的基本数据类型的自动转换关系图 2-8 所示。

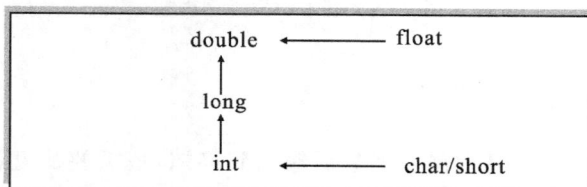

图 2-8　基本数据类型自动转换关系

2. 强制类型转换

强制类型转换必须在代码中显式注明,它通常发生在高字节数数据类型值赋值给低字节数类型变量的时候。强制类型转换的执行结果会导致原数据精度的降低,其使用的的格式为:

（目标数据类型）变量或表达式

例如:

```
int x = (int)8.8; //此语句先将 8.8 强制转换为 8,再赋值给 x
```

基本数据类型转换的一个典型应用如下:

```c
# include "stdio.h"
# define PI 3.1415926
int   main()
{
    int a = 3,b = 2;
    double x1 = a/2;//整数 a 和 2 相除得整数 1,1 再自动转换为 1.0 赋值给 x1
    double x2 = a/2.0; //a 的值 3 先自动转换为 3.0,再与 2.0 相除后赋值给 x2
    double x3 = (double)a/2;//a 的值 3 强制转换为 3.0,2 自动转换为 2.0,
    double x4 = a/(double)b;//b 的值 2 强制转换为 2.0,a 的值 3 自动转换为 3.0,
    printf("x1 = % f\n",x1);
```

```
    printf("x2 = % f\n",x2);
    printf("x3 = % f\n",x3);
    printf("x4 = % f\n",x4);
}
```

程序运行的结果如图2－9所示。

图2－9　基本数据类型转换

2.1.2.5　简单数据的输入输出

在程序实现过程中，我们常常需要把数据输出到终端，也需要从键盘等输入数据，C语言提供了一套完整的数据输入输出的库函数，功能较为强大。在C语言中实现输入和输出的主要是scanf函数和printf函数，能够实现整型、实型、字符型数据和字符串数据的输入输出。在处理单个字符型数据的输入和输出时还可供选择的提供了getchar函数和putchar函数。

1. 用printf函数输出数据

函数printf的功能是按指定的格式向终端屏幕输出若干个各类型的数据，它的一般格式为：

　　　printf(格式控制,输出列表)；

其中，"格式控制"是用双引号括起来的一个字符串，称为是"转换控制字符串"，它包括格式说明符和普通字符，格式说明符的作用是将待输出的数据转换为指定的格式之后再输出，普通字符是按照原来的先后顺序直接输出。"输出列表"是与格式说明符一个个匹配的待输出的数据，包括常量、变量或表达式。若格式控制没有格式说明符，只是一个普通的字符串，则同时没有输出列表。

下面对几个常用的格式说明符及其使用进行介绍。

（1）％d，用于输出一个带符号的十进制整数

在输出时，把整型的常量、变量或表达式按十进制整数输出到屏幕上，例如：

```
int a = 5,b = 2;
printf(" % d + % d = % d",a,b,a + b); //此句屏幕上将显示：5 + 2 = 5
```

（2）％c，用于输出一个字符

在输出时，将字符型的常量、变量或表达式按单个字符输出到屏幕上，若是转义字符，如'\n'，在屏幕上以换行实现。例如：

```
char c = 'a';
printf("%c %d %c %d",c,c,c+1,'\n');//此句屏幕上将显示并换行:a 97 b
```

（3）%f，用于输出一个实数

在输出时，将 float、double 型的常量、变量或表达式以小数形式输出，系统默认整数部分全部输出、小数部分保留 6 位。同时注意 float 型的有效数字是 7 位，double 型的有效数字是 7 位，如图 2-4 的浮点型测试。比如：

```
printf("%f",200/3.0);//此句屏幕上将显示:66.666667
```

（4）%s，用于输出一个字符串

字符串常量是用双引号扩起来的一个字符序列，没有直接定义的存储字符串的变量，存储可改变的字符串是利用字符数组，相关知识在后续学习，此处不讨论。若要输出字符串常量，可以有下列的书写方式：

```
printf("Hello World!");//格式控制不含格式说明符,直接表示为一个字符串
或 printf("%s","Hello World!");//使用格式说明符%s,输出列表含字符串常量
```

此外，还有一些在特殊情形下使用的格式说明符，汇总列表 2-5 所示。

表 2-5　格式说明符

控制格式符	功　能
%d	以十进制形式输出带符号整数
%c	输出单个字符
%f	以小数形式输出单、双精度实数
%s	输出字符串
%o	以八进制无符号形式输出整数
%x	以十六进制无符号形式输出整数
%e	以指数形式输出实数

在格式说明符中，除了用于输出不同类型的数据外，还有一些附加的字符可以控制输出数据在屏幕上的宽度和位置、可以控制实数的小数位数等。

以实数的格式说明符%f 为例，以下格式：

- %mf。m 是一个整数，若 m 比实数的字符个数小，则按实数本身输出，若 m 比实数的字符个数大，则实数输出时将占用屏幕上 m 个字符位，且靠右输出，左端补上空格。
- %-mf。类似于%mf，只是当 m 比实数的实际宽度小时，实数是靠左输出，右端补上空格。
- %.nf。n 是一个整数，表示的是实数输出时小数位个数。

综合以上三种，还可以有%m.nf、%-m.nf 这两种个数说明符。

对整数、字符、字符串也就类似的有%md、%-md、%mc、%-mc、%ms、%-ms 等格式说明符。

用 printf 格式化的输出数据的一个典型应用如下：

```
#include "stdio.h"
int   main()
{
    int a = 456,b = 123;
    printf("%4d + %4d = %4d\n",a,b,a + b);        //注意%md
    printf("% - 4d - % - 4d = % - 4d\n",a,b,a - b);   //注意% - md
    printf("%4d * %4d = %4d\n",a,b,a * b);
    printf("%4d/ %4d = %6.2f\n",a,b,a/(float)b); //注意%m.nf
}
```

程序运行的结果如图 2 - 10 所示。

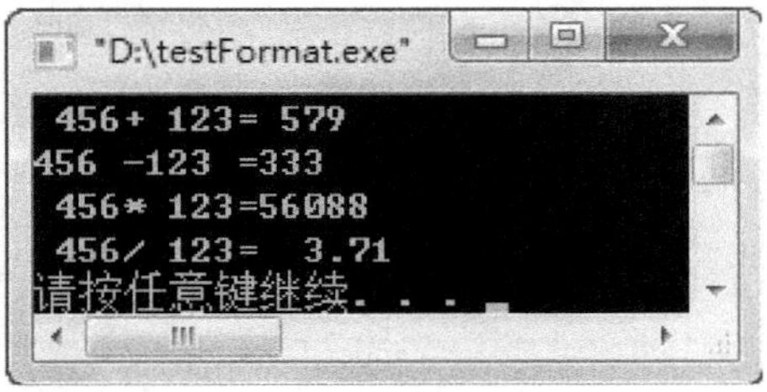

图 2 - 10　格式说明符

2. 用 scanf 函数输入数据

函数 scanf 的功能是用来将外部输入设备如键盘，向程序中的变量输入若干个特定类型的数据。其一般形式为：

scanf(格式控制，地址列表)；

其中，"格式控制"的含义等同于函数 printf，也是含有格式控制符的字符串，对应于各类型数据时也有一样的格式说明符%d、%c、%f、%s 等；"地址列表"是和格式控制中的格式说明符一个个匹配的变量地址列表。

说明一下地址列表。变量的地址是变量在内存中分配的存储空间的首地址，它不是变量本身，获得变量地址的表达式是：

& 变量名

除变量的地址外，以后会学到数组，其中数组名也是一个地址值。既然是地址列表，就不会在此处使用常量、变量本身、表达式等直接是数据值的情况。

在使用函数 scanf 处理输入上有一些需要注意：

(1)注意使用变量地址，而不是变量本身。比如：

```
int a; float b;
scanf("%d%f",a,b);//变量列表a,b,程序运行到此处即产生错误退出
```

正确的应该是：

```
scanf("%d%f",&a,&b);//变量a和b的地址列表
```

　　（2）格式控制的字符串若除了格式说明符外含有其他普通字符，则输入数据时在对应的位置上应该输入与这些字符相同的字符，比如：

```
int a; float b;
scanf("a = %d,b = %f",&a,&b);
```

则在键盘输入的必须是：

```
a = 32,b = 3.14(回车)//整型变量a得到值32,float型变量b得到值3.14
```

如果有稍许差异，比如以下少了逗号：

```
a = 32 b = 3.14(回车)//整型变量a得到值32,float型变量b不能获得正确的值
```

　　所以，使用函数 scanf 时一般建议将普通字符从格式控制字符串中剔除出去，以函数 printf 主动输入普通字符，如：

```
printf("a = ");
scanf("%d",&a);    //在键盘上只输入32并回车,a被赋值为32
printf("b = ");
scanf("%f",&b);    //在键盘上只输入3.14并回车,b被赋值为3.14
```

　　（3）整型、实型数据的输入，系统在依次赋值的时候是以空格和回车键来区分每一个数据的，空格和回车键连续多个都不影响赋值。比如：

```
scanf("%d%f",&a,&b);
```

在键盘上输入：

```
32  3.14(回车)
```

或者从键盘上输入：

```
32(回车)
3.14(回车)
```

变量a和b都能正确的获得32和3.14这两个值。

　　（4）字符型数据的输入，空格字符和换行符都被认为是有效的字符，都可以被赋值给字符变量。例如：

```
char a,b,c;
scanf("%c%c%c",&a,&b,&c);
```

　　如果从键盘上输入1和2并回车，1和2之间有一个空格：

```
1 2(回车)
```

那么变量a的值是'1'，变量b的值是空格字符，变量c的值是'2'。

　　如果从键盘输入1并回车，再输入2并回车：

```
1(回车)
2(回车)
```

那么变量 a 的值是'1'，变量 b 的值是转义字符'\n'，变量 c 的值是'2'。

3. 单个字符的输出和输入

（1）函数 putchar

输出单个字符数据可以使用函数 putchar，该函数属于函数库 stdio.h，它的一般调用形式是：

putchar(单个字符数据);

其中，单个字符数据可以来源于字符常量、字符变量、在字符编码范围内的整型数值或表达式等。比如：

```
putchar('\n');//输出换行符
putchar('a'+2);//输出字符'c'
```

函数 putchar 的使用等价于：

printf("%c",单个字符数据);

（2）函数 getchar

输入单个字符数据可以使用函数 getchar，该函数属于库行数 stdio.h，它的一般调用形式是：

字符变量 = getchar();

从键盘输入的一个字符就可以赋值给字符变量。例如：

```
ch = getchar();   //从键盘输入一个字符赋值给字符变量 ch
```

函数 getchar 的使用等价于：

scanf("%c",字符变量地址);

单个字符输入输出的典型应用是输入一个大写的字母，输出一个小写的字母，代码为：

```
#include "stdio.h"
int  main()
{
    char ch;
    printf("请输入一个大写字母:");
    ch = getchar();   //输入一个字符
    //将大写字母的编码修改为小写字母的编码。语句也可改为 ch = ch + 'a' - 'A'
    ch = ch + 32;
    printf("转换后的小写字母为:");
    putchar(ch);   //输出字符
    putchar('\n');
}
```

程序运行的结果如图 2-11 所示。

图 2-11　单个字符的输入输出

2.1.2.6　运算符和表达式

程序中各类数据的运算是通过运算符来实现的。由运算符和运算对象所组成的有序序列就称为表达式，表达式通常具有表达式值。

一般地，运算符所涉及的运算对象为 1 个时，称为是单目运算符，比如逻辑非运算符"!"、自增运算符"++"等；运算符所涉及到的运算对象为 2 个时，称为是双目运算符，比如加法运算符"+"、等于运算符"=="等；在 C 语言中还有一个涉及 3 个运算对象的条件运算符"? :"。

C 语言提供了丰富的运算符和由之构成的表达式，主要的运算符如表 2-6 所示。

表 2-6　C 语言的主要运算符

运算符类别	运　算　符
1.算术运算符	+、-、*、/、%、++、--
2.赋值运算符	=、+=、-=、*=、/=、%=
3.逗号运算符	,
4.关系运算符	>、<、>=、<=、==、! =
5.逻辑运算符	!、&&、||
6.条件运算符	表达式 1 ? 表达式 2 :表达式 3
7.指针运算符	*、&
8.位运算符	<<、>>、~、|、^、&

1.算术运算符及算术表达式

（1）基本算术运算符

基本算术运算符通常是为实现数学表达式的四则运算，其用法和功能与数学基本一样，此外，在整数运算中还引入了求余运算符。

基本算术表达式的一般格式是：

运算对象 1　　基本算术运算符　　运算对象 2

基本算术运算符和表达式的运算功能如表 2-7 所示。

表 2-7　基本算术运算

运算符	名称	表达式	运算功能
＋	加法运算符	a＋b	求 a 和 b 的和
－	减法运算符	a－b	求 a 和 b 的差
＊	乘法运算符	a＊b	求 a 和 b 的乘积
/	除法运算符	a/b	求 a 和 b 的商，若 a 和 b 都是整数，则求整数部分
％	求余运算符	a％b	求 a 和 b 的余数，运算对象 a 和 b 必须为整数

基本算术运算符使用时的注意点如下：

① 5 个基本算术运算符，都是双目运算符，因此使用时都有两个运算对象；

② 减法运算符，也用作表示整数、实数时的负号；

③ 两个整数进作为除法运算符的运算对象时，余数直接舍去（无四舍五入原则），只留整数部分；

④ 求余运算符的两个运算对象必须是整数，不然程序会提示错误；

⑤ 由两个运算对象和基本算术运算符构成的基本算术表达式会得到一个值，这个值的数据类型是由两个运算对象的类型决定，当两个运算对象的类型不一致时，由系统进行自动的类型转换或由程序员强制类型转换。

正如数学的四则运算式会将多个数据和四则运算符构造成一个复杂的表达式，并且先乘除、再加减，若遇到括号对，则更优先的处理括号对内的运算。在 C 语言中也能将这种表达式表示出来，比如：

```
1 * 2 + (5 - 4)/( 5 % 3 )
```

基本算术运算符的一个典型应用：求一个三位整数的三个数字之和。程序代码如下：

```
# include "stdio.h"
int   main()
{
  int num,sum;
  int a,b,c;
  printf("请输入一个三位整数:");
  scanf(" % d",&num);
  a = num % 10;        //个位数字
  b = num/10 % 10;    //十位数字
  c = num/100;        //百位数字
  sum = a + b + c;
  printf("三位整数的三个数字之和是: % d + % d + % d = % d。\n",a,b,c,sum);
}
```

程序运行的结果如图 2-12 所示。

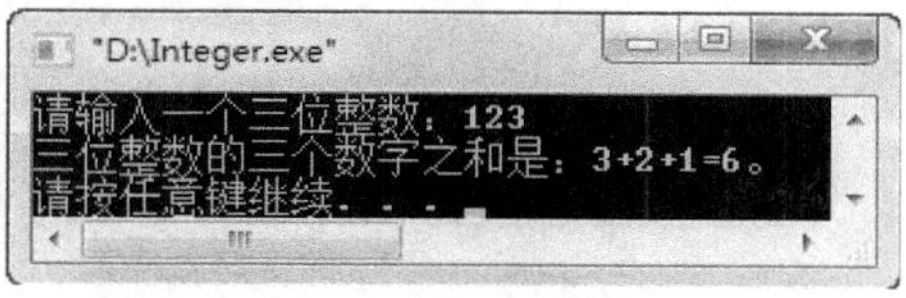

图 2-12　三位整数的数字之和

（2）自增、自减运算符

自增运算符"＋＋"和自减运算符"－－"都是单目运算符，即只有一个运算对象，注意参加运算的对象必须是变量。

自增运算表达式的一般格式为：

＋＋变量名（或 变量名＋＋）

其中运算符在变量名之前，表示的是变量增加1，表达式的值取变量改变后的值；运算符在变量名之后，表示的是表达式的值取变量改变之前的值，变量增加1。

自减运算表达式的一般格式为：

－－变量名（或 变量名－－）

其中的含义和自增运算类似。

自增、自减运算符和表达式的功能如表2-8所示。

表 2-8　自增自减运算规则

运算符	名称	表达式	运算规则
＋＋	自增运算符	i＋＋	变量i的值＋1，表达式值取运算前变量的值
		＋＋i	变量i的值＋1，表达式值取运算后变量的值
－－	自减运算符	i－－	变量i的值－1，表达式值取运算前变量的值
		－－i	变量i的值－1，表达式值取运算后变量的值

自增自减运算符使用时应用以下几点：

① 自增自减运算符的运算对象只能是变量，表达式和常量都不能参与自增自减运算；

② 自增自减运算符适用于可数值操作的变量，包括整型、实型、字符型；

③ 自增运算符每次运算都使变量的值增1、自减运算符每次运算都使变的值减1；

④ 自增自减运算符和变量相互的位置决定着表达式的值，当表达式参与其他运算的时候，注意表达式值的规则。

自增自减运算符的一个典型应用如下：

```
＃include "stdio.h"
int main()
{
    int a,b;
    a=2;
    b=a＋＋*4;    //变量在左侧的自增运算,a增加1,a＋＋的值为2参与和4相乘
```

```
        printf("a = % d,b = % d\n",a,b);
        a = 2;
        b = a − − * 4;      //变量在左侧的自减运算,a减少1,a − − 的值为2参与和4相乘
        printf("a = % d,b = % d\n",a,b);
        a = 2;
        b = + + a * 4;      //变量在右侧的自增运算,a增加1, + + a的值为3参与和4相乘
        printf("a = % d,b = % d\n",a,b);
        a = 2;
        b = − − a * 4;      //变量在右侧的自减运算,a减少1, − − a的值为1参与和4相乘
        printf("a = % d,b = % d\n",a,b);
}
```

程序运行的效果如图 2 - 13 所示。

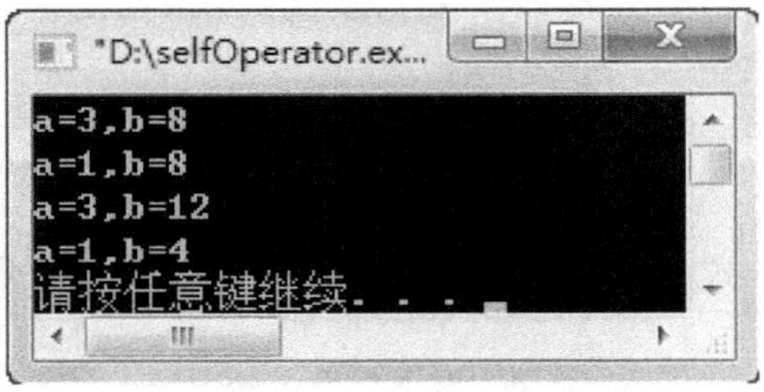

图 2 - 13　自增自减运算

2. 赋值运算符和赋值表达式

（1）赋值运算符

赋值运算符是指为变量指定数值的符号,在 C 语言中,最基本的赋值运算符是"="。由赋值运算符和运算对象构成的表达式称为赋值表达式,它的一般格式为:

变量 = 运算对象

其中运算符的左侧必须是一个变量,不能是常量、表达式等最终只有值的数据;运算符的右侧的运算对象是和左侧变量的数据类型一致的常量、变量、表达式等值的数据,若数据类型不一致,将由系统自动进行类型转换。

赋值表达式通常只用于为变量赋值。比如:

```
int a,b,c;
a = 2; b = 3;c = a + b;
```

但赋值表达式的值就是变量所获取的值,也是能作为运算对象参与其他表达式的运算,比如:

```
int a,b,c;
c = (a = 2) + (b = 3);//a 赋值为2,b 赋值为3;
//表达式 a = 2 的值是2,表达式 b = 3 的值是3,参与加法运算
//加法运算表达式的值5赋值给 c
```

（2）复合赋值运算符

在赋值运算符前面加上其他运算符后，就能构成复合赋值运算符。它的一般格式为：

变量名　双目运算符　=　运算对象；

它等价于以下格式：

变量名　=　变量名 双目运算符 运算对象；

在程序中，使用这种复合赋值运算符，一方面可以简化程序，另一方面也能提高编译的效率，使程序产生较高的目标代码。在 C 语言中，大部分的双目运算符都可以和赋值运算符结合为复合赋值运算符。

由基本算术运算符构成的复合赋值运算符具体如表 2-9 所示。

表 2-9　算术复合赋值运算

运算符	复合赋值表达式	含　义
+＝	a+＝b	a＝a+b
-＝	a-＝b	a＝a-b
*＝	a*＝b	a＝a*b
/＝	a/＝b	a＝a/b
%＝	a%＝b	a＝a%b

复合赋值运算符和运算对象构成了复合赋值表达式。复合赋值表达式通常也只用作赋值运算，比如：

```
int a = 1,b = 2,c = 3 ;
a+ =b ;//将 b 和 a 相加后赋值给 a,即 1+2=3,所以 a 的值更新为 3
a* =c ;//将 c 和 a 相乘后赋值给 a,即 3*3=9,所以 a 的值再更新为 9
```

但是复合赋值表达式的值也是变量最后所获取的值，也是能作为运算对象参与其他表达式的运算，比如：

```
int a = 1,b = 2,c = 3;//变量初始化
c = (a+ =2)+(b+ =3);//表达式 a+ =2 的值是 3,表达式 b+ =2 的值是 5,参与加法运算
```

提示　复合赋值运算表达式左侧的变量也参与右侧的双目运算，所以必须先有初值。比如 a+ =2，等价于 a=a+2，如果 a 在此表达式之前只有定义没有初值，那么 a+2 等于什么值就是由变量 a 定义时分配的存储空间来随机决定的。

3. 逗号运算符和逗号表达式

逗号运算符","作为 C 语言的一种特殊的运算符，也称为是顺序求值运算符，它的作用是将多个表达式连接起来。用逗号运算符连接多个表达式构成的一个整体称为是逗号表达式，它的一般形式为：

表达式 1,表达式 2,……,表达式 n；

逗号表达式的求解过程是：按照从左到右的顺序逐个的求解表达式 1，表达式 2，…，表达式 n 的值，而整个逗号运算符的值是最后一个表达式 n 的值。

通常情况下，若需要运算多个表达式，在程序中希望以一条语句实现，就可以用逗号表达式，比如交换两个整数的值：

```
int a = 2,b = 3,t;
t = a,a = b,b = t;//逗号表达式,t 作为临时变量,此条语句交换了变量 a 和 b 的值
```

其实，这里将每个表达式单独写成一条语句效果也是一样的，只是代码书写的习惯上建议每条语句占用一行，比如：

```
t = a;
a = b;
b = t;
```

在特定情况下，必须要使用逗号表达式的地方是 for 循环语句，此处不详述。参看例子：

```
for(i = 1,sum = 0;i<n;i + +)
```

因为 for 语句括号内必须有且只有两个分号，所以 i＝1 和 sum＝0 之间的逗号是不能修改为分号的。

4. 关系运算符和关系表达式

关系运算符是对两个运算对象之间进行比较的运算符。由关系运算符和两个运算对象构成的表达式称为是关系表达式，其一般格式为：

运算对象 1　关系运算符　运算对象 2

关系表达式的运算结果是逻辑值，只有两个结果"真"或"假"。

在 C 语言中，提供了 6 种关系运算符，相对应的关系表达式的值只有 1 和 0，1 表示逻辑值"真"，0 表示逻辑值"假"。如表 2－10 所示的关系运算符。

表 2－10　关系运算符

关系运算符	意　义	典型表达式
>	大于	a>b
<	小于	a<b
>=	大于等于	a>=b
<=	小于等于	a<=b
==	等于	a==b
!=	不等于	a!=b

关系表达式的一个典型应用如下：

```
#include "stdio.h"
int main()
{
```

```
    int a = 2,b = 2;
    printf("关系表达式%d>%d的值为：%d.\n",a,b,a>b);
    printf("关系表达式%d>=%d的值为：%d.\n",a,b,a>=b);
    printf("关系表达式%d<%d的值为：%d.\n",a,b,a<b);
    printf("关系运算表达式%d<=%d的值为：%d.\n",a,b,a<=b);
    printf("关系表达式%d==%d的值为：%d.\n",a,b,a==b);
    printf("关系表达式%d!=%d的值为：%d.\n",a,b,a!=b);
    printf("关系表达式(%d>%d)==(%d<%d)的值为：%d.\n",a,b,a,b,
(a>b)==(a<b));   //关系表达式a>b、a<b的结果0,0也参与关系运算,即0==0
}
```

程序运行的效果如图2-14所示。

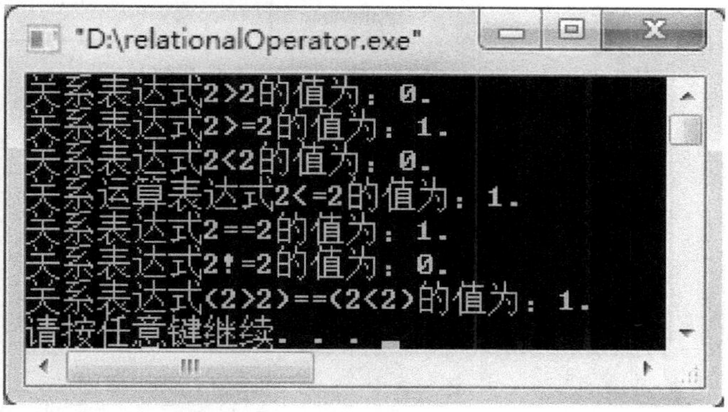

图2-14　关系运算

5.逻辑运算符及逻辑表达式

逻辑运算符是另一种可以产生逻辑值结果的运算符,但参与逻辑运算的运算对象都应该是逻辑值。在 C 语言中,逻辑运算符有 3 个,分别是双目运算符的与运算"&&"和或运算"||",单目运算符的非运算"!"。

逻辑运算符和运算对象构成了逻辑表达式。3 类逻辑表达式的一般格式为：

运算对象 1 && 运算对象 2

运算对象 1 ‖ 运算对象 2

! 运算对象

其中运算对象都应该是逻辑值,但在 C 语言中,规定了所有非 0 的值都认为是逻辑"真",0 认为是逻辑"假",所以,这里的运算对象可以是值为整型、字符型、实型的任何常量、变量、表达式。逻辑表达式的值只有 1 和 0,分别表示逻辑值"真"、"假"。逻辑运算规则如表 2-11 所示。

表 2 - 11　逻辑运算符及运算规则

逻辑运算符	名称	运算规则
&&	与运算	当两个运算对象都是"真"时,结果为"真",否则为"假"
||	或运算	当两个运算对象至少一个是"真"时,结果为"真",否则为"假"
!	非运算	当一个运算对象为"真"（或"假"）时,结果为"假"（或"真"）

根据运算规则,表 2 - 12 列出了逻辑运算的真值表,共查找使用。

表 2 - 12　逻辑运算真值表

a	b	!a	a&&b	a||b
非 0	非 0	0	1	1
非 0	0	/	0	1
0	非 0	1	0	1
0	0	/	0	0

包含算术运算、关系运算和逻辑运算的一个典型应用如下:

```c
#include "stdio.h"
int main()
{
    int a = 4,b = 5;
    printf("a = %d,b = %d.\n",a,b);
    //关系表达式做逻辑运算对象 ,先运算a>b和a<b,再处理与运算
    printf("a>b && a<b的值为:%d.\n",a>b && a<b);
    //算术表达式式做逻辑运算对象 ,先运算a+b和a-b,再处理或运算
    printf("a+b || a-b的值为:%d.\n",a+b || a-b);
    printf("! 3.14 的值为:%d.\n",! 3.14);   //实型非 0 数据的非运算
    printf("! 'a'的值为:%d.\n",! 'a');        //字符型数据的非运算
}
```

程序运行的结果如图 2 - 15 所示。

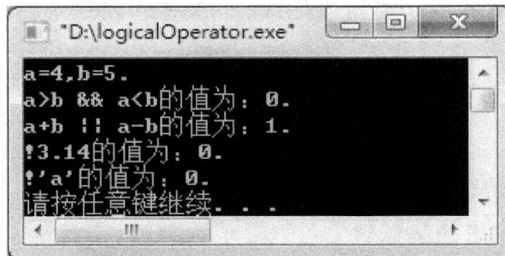

图 2 - 15　逻辑运算

6. 条件运算符及条件运算表达式

C 语言提供了一个特别的三目运算符，即条件运算符"？："，它有 3 个运算对象。条件运算符及其运算对象构成了条件运算表达式，它使用的一般格式为：

运算对象 1 ？运算对象 2 ：运算对象 3

条件运算符是一个最简单的双分子选择结构，它的运算过程为：如果运算对象 1 的逻辑值为"真"，那么执行运算对象 2，并将运算结果作为整个条件运算表达式的值；否则，执行运算对象 3，并将运算结果作为整个条件运算表达式的值。运算对象 1 通常为关系运算和逻辑运算，作为条件判断的表达式，运算对象 2 和运算对象 3 为任何可能的表达式。

包含算术运算、关系运算和逻辑运算的一个典型应用如下：

```c
#include "stdio.h"
int main()
{
    int x,y,z;
    printf("请输入整数:x = ");
    scanf("%d",&x);
    printf("请输入整数:y = ");
    scanf("%d",&y);
    z = x>y ? x-y:y-x;   //条件运算表达式,当 x 大于 y 时,求 x-y,否则,求 y-x
    printf("两个整数差值的绝对值:|x-y| = %d\n",z);
}
```

程序运行的结果如图 2-16 所示。

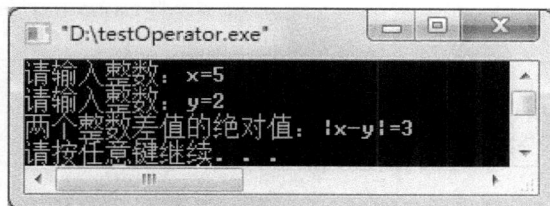

图 2-16 条件运算表达式

2.1.2.7 运算符优先级

C 语言为我们提供了丰富的运算符，而这些运算符往往会同时出现，形成混合表达式，这个时候先执行哪个运算符，这就决定于该运算符的运算优先级。

下面先简要叙述一些优先级的判断方式：

①通常，单目运算符的优先级高于双目运算符，双目运算符的优先级高于三目运算符；

②在基本算术运算符中，表示乘除的"＊"、"/"、"％"优先级高于加减的"＋"、"－"；

③在关系运算符中，"＞、＞＝、＜、＜＝"优先级高于"＝＝、！＝"；

④通常，算术运算符优先级高于关系运算符、关系运算符的优先级高于逻辑运算符；

⑤赋值运算符和复合赋值运算符的优先级最低。

在混合表达式中,除了优先级之外,当优先级相同的情况下,一般的表达式都是从左到右按顺序依次执行运算。比如:

```
3.5<x<5;
```

这不是数学上的不等式,无论 x 取何值,先处理左边的 3.5<x,值只有 0 或 1,接着 0 或 1 跟 5 比较是否为"<"的关系,肯定是的,最终混合表达式的值必定为 1。

为加强可阅读性,和数学表达式一样,C 语言允许在混合表达式中添加括号对"()",在括号对内的运算优先级高于其他任何运算符,括号对可并行使用,也可以嵌套使用,但需要注意配对关系,不然,系统会提示错误。比如:

```
(3+4)*(5-6);//先运算括号内的加法和减法,最后运算乘法
```

常见运算符的优先级具体如表 2-13 所示。

表 2-13　常见运算符优先级

优先级	运算符
1	括号对( )
2	++、——、!、()、*、&、—
3	*、/、%
4	+、—
5	>、>=、<、<=
6	==、!=
7	&&
8	||
9	?:
10	=、*=、/=、+=、—=、<<=、>>=、&=、^=

其中,优先级级别数字越小代表运算优先级越高,越优先执行。还有部分运算符没有详细列出来,比如位运算符等。

关于优先级的一个典型的应用是:从键盘输入三个正整数表示三条线段长度,判断是否能够组成一个三角形。其代码为:

```
#include "stdio.h"
int main()
{
    int a,b,c,result;
    printf("请输入三角形的三个边长(正整数):");
    scanf("%d%d%d",&a,&b,&c);
    result=a+b>c && a+c>b && b+c>a;  //①运算符优先级
```

```
        printf("三条边长是否能构成三角形的结果是
             (1为是,0为否):%d\n",result);
}
```

程序运行的结果如图2-17所示。

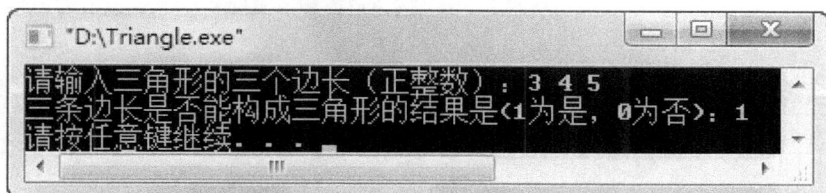

图2-17　三角形判断

2.1.3　拓展训练

已知三角形的三边长度 a,b,c,则三角形的面积公式为：
$$S=\sqrt{s(s-a)(s-b)(s-c)}$$

其中,s＝(a+b+c)/2。现从键盘上输入三角形的三边长度,假设输入的值都是整数,且能够构成三角形,输出三角形的面积,保留 2 位小数。

Eg.2_1

```
/* * TriangleArea.c:三角形面积 */
#include "stdio.h"
#include "math.h"
int main()
{
    int a,b,c;
    float s,S;
    printf("请输入三角形的三个边长(正整数):");
    scanf("%d%d%d",&a,&b,&c);
    s = (a+b+c)/2.0;
    S = sqrt(s*(s-a)*(s-b)*(s-c));   //三角形面积公式
    printf("由边长为%d、%d、%d构成的三角形的面积为:%.2f\n",a,b,c,S);
    return 0;
}
```

程序运行的效果如图2-18所示。

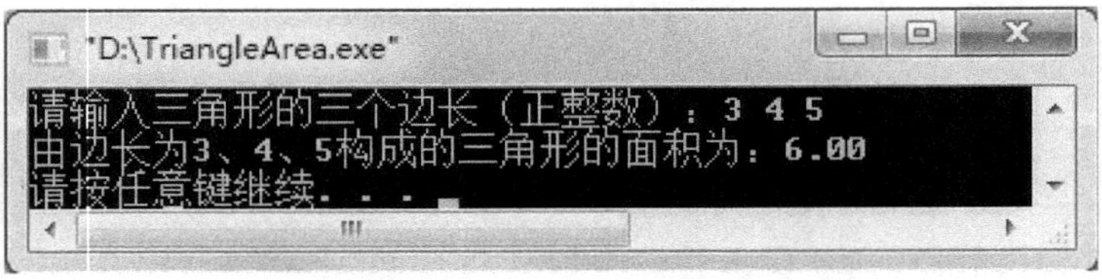

图 2-18　三角形面积

2.1.4　实现机制

2.1.4.1　学生基本信息录入与保存任务程序结构

本任务的实现主要依赖于 1 个函数：menu_addStudent。它在 C-free 的视图列表中的位置如图 2-19 所示。

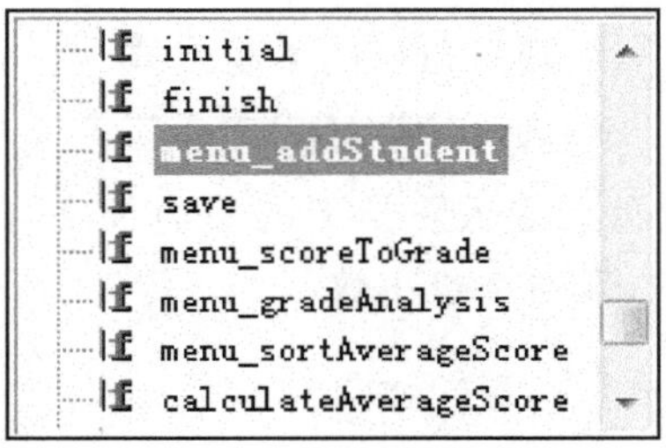

图 2-19　学生基本信息录入和保存任务程序结构

menu_addStudent 程序与本任务相关的作用是依据提示的规范输入学生的各项基本信息，当所有信息录入完成后列表显示并保存。程序中涉及到的后续知识不在讨论之列。

2.1.4.2　学生基本信息录入与保存任务程序剖析

1. menu_addStudent 代码分析

```
void menu_addStudent()
{
    //①学生基本信息的各项数据
    int stuID;                //定义表示学号的整型变量
    char stuName[20];         //②定义表示学生姓名的字符数组
    char stuSex;              //定义表示性别的字符变量
    int stuYear,stuMonth,stuDay;      //定义表示出生年月日的三个整型变量
    char stuNativePlace[12];          //定义表示学生籍贯的字符数组
    char stuTel[15];                  //定义表示学生手机号码的字符数组
```

```c
    int mathScore;              //定义表示数学成绩的整型变量
    int majorScore;             //定义表示专业成绩的整型变量
    int englishScore;           //定义表示英语成绩的整型变量
    system("CLS");              //将屏幕上已有的文字全部清除
    //③学生基本信息的各项数据的输入
    stuID = count + 1;  //④自动生成学生的学号并赋值给 stuID
    printf("新录入学生的学号为(自动按序号生成):%d\n",stuID);
    printf("请输入学生姓名(2～3 个中文):");
    scanf("%s",stuName);        //⑤输入学生姓名
    getchar();
    printf("请输入学生性别,M 表示男生,F 表示女生(M or F):");
    scanf("%c",&stuSex);        //输入学生性别
    printf("请输入学生出生年月日(格式如 1000 - 01 - 01):");
    scanf("%d - %d - %d",&stuYear,&stuMonth,&stuDay);    //⑥输入出生年月日
    printf("请输入籍贯(12 个以内的中文文字):");
    scanf("%s",stuNativePlace);     //输入籍贯
    printf("请输入学生手机号码(15 个以内的字符):");
    scanf("%s",stuTel);         //输入手机号码
    printf("请输入数学课成绩(0～100 的整数):");
    scanf("%d",&mathScore);     //输入数学成绩
    printf("请输入专业课成绩(0～100 的整数):");
    scanf("%d",&majorScore);    //输入专业成绩
    printf("请输入英语课成绩(0～100 的整数):");
    scanf("%d",&englishScore);  //输入英语成绩
    getchar();
    //⑦列表显示通过键盘输入的学生基本信息
    printf(" + - - - - - - - - - - + - - - - - - - - - - 
- - - + - - - - - - - + - - - - - - - - + - - - - - - - - + \n");
    printf("|                     录入学生基本信息                  |\n");
    printf(" + - - - - - - - - - - + - - - - - - - - - - 
- - - + - - - - - - - + - - - - - - - - + - - - - - - - - + \n");
    printf("|    学号     |    姓名     |数学成绩|专业成绩|英语成绩 |\n");
    printf(" + - - - - - - - - - - + - - - - - - - - - - 
- - - + - - - - - - - + - - - - - - - - + - - - - - - - - + \n");
    printf("|    % - 4d    |   % - 6s   |  % - 4d  |   % - 4d   |   % - 4d   |\
n",stuID,stuName,mathScore,majorScore,englishScore);
    printf(" + - - - - - - - - - - + - - - - - - - - - - 
- - - + - - - - - - - + - - - - - - - - + - - - - - - - - + \n");
```

```
    printf("|出生年月日 | 手机号码 |  性别  |      籍贯        |\n");
    printf("+ - - - - - - - - - - - + - - - - - - - - - - + - - - - - - +
- - - - - + - - - - - - - - - - - - - - - - - - + \n");
    printf("| %4d - %2d - %2d | % - 11s|    %c   | % - 20s|\n",
          stuYear,stuMonth,stuDay,stuTel,stuSex,stuNativePlace);
    printf("+ - - - - - - - - - - - + - - - - - - - - - - + - - - - - - +
- - - - - + - - - - - - - - - - - - - - - - - - + \n");
    printf("请按任意键返回上一级菜单……");
    getchar();
    //⑧将输入保存到全局的结构体变量中
    cls.stu[count].ID = stuID;
    strcpy(cls.stu[count].name,stuName);
    cls.stu[count].sex = stuSex;
    cls.stu[count].year = stuYear;
    cls.stu[count].month = stuMonth;
    cls.stu[count].day = stuDay;
    strcpy(cls.stu[count].nativePlace,stuNativePlace);
    strcpy(cls.stu[count].tel,stuTel);
    cls.stu[count].math = mathScore;
    cls.stu[count].major = majorScore;
    cls.stu[count].english = englishScore;
    //⑨保存学生基本信息
    count + + ;//学生数量增加1
    save();   //保存数据
}
```

　　menu_addStudent 函数的主要功能是录入学生的基本信息并保存，学生基本信息包括学号、姓名、性别、出生日期、籍贯、联系手机、三门课程成绩。系统在录入学生的基本信息时，学号是自动生成的，当所有信息都录入结束后，将自动完成保存。以下涉及到数组、全局变量、结构体等后续知识的，只做表述，不详细解释。

　　①的语句定义了存放学生基本信息的相关变量和数组，其中，②的语句是存放姓名的字符数组，用于存放姓名字符串，籍贯、联系手机也都需要用到字符数组存放字符串，数组的知识在以后的任务中介绍。③的语句通过一系列的输入输出，根据提示完成学生基本信息的录入。④的语句是学号自动生成，用到了全局变量 count 表示已有学生的人数，学号即自动加1，全局变量的知识在以后的任务中介绍，⑤的语句是使用 scanf 语句格式化的输出字符串，相关知识在字符串内容中介绍。⑥的语句注意格式列表中有普通字符，所以输入年、月、日三个整数时也需要将普通字符输入在正确的位置，不然赋值将出错。⑦的语句列表将输入的学生基本信息完整的输出在屏幕上。⑧的语句是将学生基本信息保存到全局的表示班级信息结构体数组中，结构体的知识也在以后的任务中学习。⑨的语句将班级人数增加1，并调用自定义的 save

函数,真正完成保存,这里涉及到文件操作,在本项目中不进行讲述,故不作解释,请查看系统源代码。

—项目总结　"学生基本信息处理(C)"项目中主要实现了一个任务,即学生基本信息录入与保存,任务实现的主要技术如下:

任务一:学生基本信息录入与保存　本任务通过分析一个学生基本信息各项数据的性质不同,采用了不同的数据类型变量,通过提示录入学生的每项基本信息并保存。同时,介绍了各种数据类型变量的相关运算。学习这一任务的目的在于向读者介绍程序设计的基础,即基本数据类型、变量和常量、由 C 提供的常见数据的输出和输入、丰富的运算符和表达式等。

—知识归纳　在本项目中我们学习了如何处理学生的基本信息。主要的知识点如下:

① 标识符是由字母、数字、下划线"_"组成的字符序列,且首位字符只能是字母或下划线。

② 标识符是严格区分大小写字母的。

③ Java 注释的方法有两种,即单行注释和多行注释。

④ 基本数据类型包括:整型、字符型、实型。

⑤ 缺省的浮点数类型是 double 型。

⑥ C 语言是一种强类型语言,任何变量必须先定义后使用。

⑦ 变量的三个基本要素,即变量名、变量的值和变量所占的存储空间。

⑧ 符号常量是由 #define 起头定义的;常变量是由关键字 const 来定义的一个常量。

⑨C 语言的基本数据类型之间可以进行自动类型转换和强制类型转换。

⑩函数 scanf 和 printf 结合格式说明符能处理基本类型数据的输入和输出。

⑪函数 getchar 和 putchar 是处理单个字符数据的输入和输出。

⑫由运算符和操作对象所组成的有序序列称为表达式,表达式都有表达式值。

⑬求余运算符"％"的两个运算对象都必须是整数。商运算符"/"的两个运算对象都是整数时,得到的值是整数部分,小数部分被剔除。

⑭自增自减运算符的运算对象只能是变量,表达式和常量都不能参与自增自减运算。

⑮复合赋值运算符的变量参与赋值运算符右侧的表达式,所以必须先有初值。

⑯ 在 C 语言中,关系运算和逻辑运算的结果只有 1 和 0,分别表示逻辑值"真"、"假"。

⑰逻辑运算表达式的两个运算对象需要是逻辑值,在 C 语言中,非 0 的整数、实数、字符都表示逻辑值"真",只有整数 0 表示的是逻辑值"假"。

⑱ 赋值运算符的优先级基本是最低的。

⑲通常,单目运算符比双目运算符的优先级高、双目运算符比三目运算符的优先级高。

⑳通常,算术运算符比关系运算符的优先级高、关系运算符比逻辑运算符的优先级高。

一知识巩固

一、填空题

1. 在 C 语言中,实型数据可以分为_____型和_____型。

2. 在处理单个字符的输入和输出时,C 语言专门准备了两个库函数处理,分别是函数_____和函数_____。

3. 求余运算符"％"的两个运算对象必须是_____类型的数据。

4. 关系运算表达式和逻辑运算表达式的运算结果,表示逻辑"真"的是_____、表示逻辑"假"的是_____。

5. 若一个整型变量只能存放非负数,那应该用_____来定义该变量。

二、选择题

1. C 语言中,由用户定义使用的标识符中,合法的用户标识符是（   ）。
   A. int   B. 007   C. Int   D. a>b

2. 下列语句中,正确的给出初始值为 222.111 的单精度浮点数 f 的定义的一个是（   ）。
   A. float f=222.111f   B. float f=222.111
   C. float f=222.111d   D. float f='222.111'

3. 在 C 语言中,以下哪个定义表示的是符号常量的定义（   ）。
   A. const int pi=3.14   B. ♯define PI=3.14
   C. ♯define PI 3.14   D. int pi=3.14

4. 设有定义 int x='B',则执行下列语句之后,x 的值为（   ）。
   x％='A';
   A. 1   B. 'A'   C. 'a'   D. 65

5. 在 C 语言中,以下运算符优先级最高的是（   ）。
   A. &&   B. +=   C. !   D. ||

6. 下列使用函数输入 scanf 整型变量 a 和 b 的语句正确的是（   ）。
   A. scanf("％d％d",a,b)   B. scanf("％d％d",&a,b)
   C. scanf("％d％d",a,&b)   D. scanf("％d％d",&a,&b)

7. 已知程序:
   int a=2;   a+=3;   a*=4;
   运行之后 a 的值为（   ）。
   A. 14   B. 15   C. 20   D. 24

8. 已知程序:
   int x=123,a,b,c;
   a=x/10;
   b=x％10/10;
   c=x％100;

prinf("%d\n",a+b+c)；

运行之后 a 的值为（　　）。

A. 6　　　　　　　　B. 35　　　　　　　　C. 37　　　　　　　　D. 38

9. 假设定义：int x = 3，y = 3；则复合赋值表达式 x /= 1+y 的值为（　　）。

A. 　0　　　　　　　B. 　0.75　　　　　　C. 　6　　　　　　　D. 　以上都错

10. 已知字符'b'的 ASCII 码为 98，语句 printf（"%d,%c"，'b'，'b'+1）；的输出
为（　　）。

A. 98,b　　　　　　B. 语句不合法　　　　C. 98,99　　　　　　D. 98,c

三、简答题

1. C 语言中的注释符有哪些，是怎么使用的？
2. C 语言中有哪些基本数据类型？
3. 变量的三个基本要素是什么？
4. 函数 scanf 在处理整型、实型和字符型数据的输入时，有什么差异需要注意？
5. 格式化输入时，有哪几个常见的格式参数，有何区别？

一项目实训

1. 实训目标

①了解标识符和注释符的使用。
②理解常量和变量的概念，掌握它们的定义和使用的方法。
③掌握基本数据类型及其相互转换。
④掌握简单类型数据的输入和输出。
⑤掌握运算符和表达式的应用。
⑥了解运算符的优先级。

2. 编程要求

　　用 C-free 编写 C 程序代码，实现应用程序指定的功能，程序代码格式整齐
规范、便于阅读，程序注释规范、简明易懂。

3. 实训内容

①从键盘输入一个 4 位正整数，输出整数的各位数字之和。
②编写程序求数学函数 $f(x) = x^2 - x/3$，要求从键盘输入一个整数 x，输出实型
的函数值。
③从键盘输入一个字符，若是大写字母，则改写为小写字母输出，若是小写字母，
则改写为大写字母输出。请用条件运算表达式实现。
④实现简单的译码程序，要求输入一个 1~100 之间的整数，输出其相应 ASCII
码后四位的字符。
⑤输入一个 3 位正整数，逆序输出该数。

项目3　学生成绩信息处理

项目创设

　　程序设计语言应具备的最基本功能是可以客观、准确地描述现实世界中的事物。C语言作为结构化的程序设计语言，构建了三种流程控制结构作为基本单元，通过组合应用构建复杂的程序。

　　本项目将通过四个任务向大家介绍C语言的结构化程序设计的三大流程控制、处理大量数据的数组和字符串、以及函数和指针等，这四个任务包括：学生成绩考核等级分析、班级成绩考核分析、班级学生成绩求平均分并排名和读写学生成绩信息。通过学习这四个任务的实现原理，学习者应该掌握C语言的选择结构和循环结构流程控制，掌握对数组和字符串的应用、掌握函数的应用、掌握指针的应用。本项目的技能目标如图3-0所示。

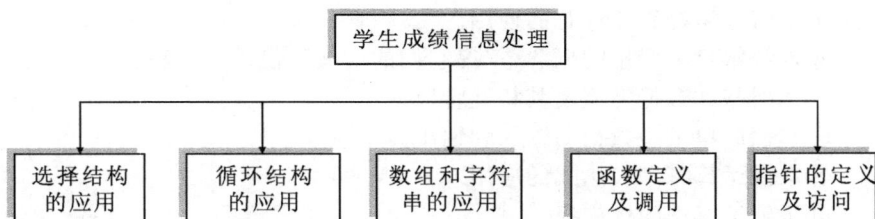

图3-0　学生成绩信息处理项目技能目标

学习目标

　　通过本项目的开发和训练，读者应该实现如下的学习目标：
➢ 了解C语言的基本控制结构。
➢ 掌握选择结构的应用，能灵活应用单分支、双分支和多分支选择结构的使用。
➢ 掌握循环结构的应用，能理解while、do-while和for循环，能嵌套的使用。
➢ 掌握数组和字符串的应用。
➢ 了解函数的概念，掌握函数的应用，理解函数的嵌套调用、理解递归函数。
➢ 理解指针的概念、掌握指针变量、指针数组等的应用。

3.1 任务 1　学生成绩考核等级分析

3.1.1　目标效果

学生成绩有时候需要将百分制的成绩转换为五级制的成绩，一般就是 0～59 分为 E、60～69 分为 D、70～79 分为 C、80～89 分为 B、90～100 分为 A。

学生成绩考核等级分析，是展示班级里一位学生的考核等级情况，实现的效果，如图 3 - 1 所示。

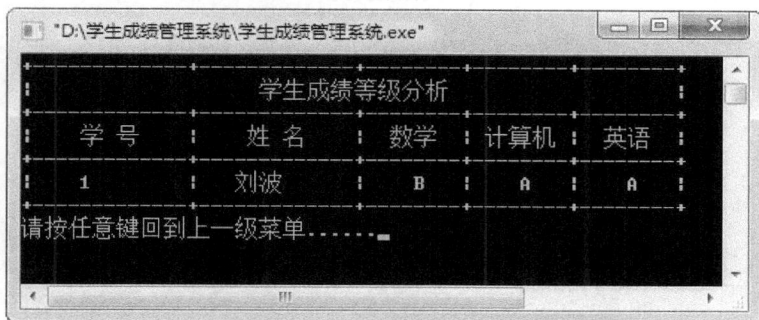

图 3 - 1　学生成绩考核等级

当用户输入一个学生的学号之后，系统就会查询到该学生的所有信息，并把百分制的成绩值转换为五级制，最后将考核等级展示出来。

任务导引

学生成绩为整型数据，五级制为字符数据，如何正确的处理从整型数据到五级制的转换，是实现本任务的关键所在，不妨先思考以下几个问题？

①在 C 语言中，单分支、双分支、多分支选择结构是如何实现的？

②百分制到五级制的转换，可以选用哪种分支结构？

③如何处理不同分支之间转换的判断？

3.1.2　必备知识

在本任务中，主要处理的是选择结构的程序设计。熟练掌握选择结构的基本语法是一个基本的要求。以下主要介绍 C 语言的基本控制结构，并侧重讲解单分支、双分支和多分支选择结构的处理过程。

3.1.2.1　C 程序的基本控制结构

程序设计语言是由一条条的语句依次执行的，期间会产生分支，即处理了一批语句就会跳过另一批语句，更复杂的是，会从一处语句跨越性的跳跃到另一处语句继续执行，可能会重复已执行过的语句，最终构成了一个复杂的程序执行流程。

在纷繁复杂的程序流程中，1966 年，Bohra 和 Jacopini 提出了只需要由 3 种基本结构作为程序设计的基本单元，就能通过组合和嵌套来构建复杂的程序流程，这三个基本结构分别是顺序结构、选择结构、循环结构。

1. 顺序结构

顺序结构是最简单的基本结构。在顺序结构中，程序会按照语句的先后顺序依次执行，即相邻的语句 A 和语句 B 先后出现的时候，先执行语句 A，接着执行语句 B。

顺序结构的流程图如图 3-2 所示。

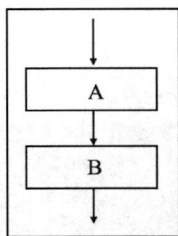

图 3-2　顺序结构

2. 选择结构

选择结构又称为是分支结构，它需要通过逻辑条件是否成立，来选择不同的分支进行处理，在实际使用中存在多种处理的结构，比如当语句 A 和 B 并行存在，通过逻辑条件 P 成立来执行 A，不成立来执行 B，这就是双分支选择结构。

双分支选择结构，其流程图如图 3-3 所示。

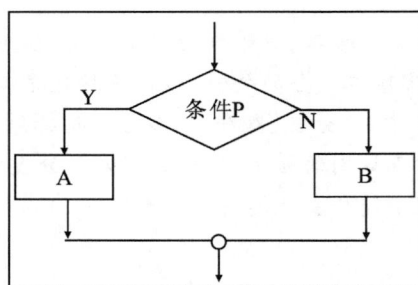

图 3-3　双分支选择结构

选择结构中简单的单分支选择结构，只是将双分支的语句 B 去掉即可，也就是当条件 P 成立时，执行语句 A，不成立的时候跳过语句 A，继续执行后续的代码。选择结构中更加复杂的是多分支选择结构，它的处理逻辑丰富多变，此处不做详述。

3. 循环结构

循环结构就是需要反复的执行某一部分的语句，它也需要通过逻辑条件是否成立，来选择是否继续重复执行，比如 A 语句，当逻辑条件成立的时候，可以重复的执行 A，直到逻辑条件不成立为止。循环结构主要分为两类，分别是当型循环结构和直到型循环结构，它们的流程图如图 3 - 4 所示。

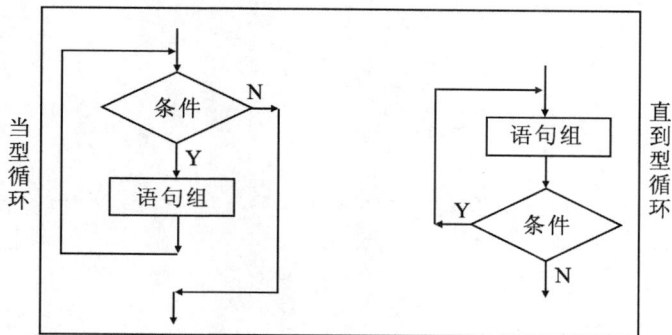

图 3 - 4　循环结构

3.1.2.2　单分支和双分支选择语句

1. 单分支选择语句(if)

程序运行中,可能遇见这样的情况:当逻辑判断条件 P 满足时,就执行语句 A,而不满足的时候就会跳过语句 A。处理这样的情况,可以使用单分支选择语句:if 语句,其格式如下:

if(条件判断表达式 P)

　　语句 A

如：

```
if (a%2 = = 0)
    printf("%d is an even number! \n",a);
```

2. 双分支选择语句(if…else)

程序运行中,可能遇见这样的情况:当逻辑判断条件 P 满足时,就执行语句 A,而不满足的时候就执行语句 B。处理这样的情况,可以使用双分支选择语句:if…else 语句,其格式如下:

if(条件判断表达式 P)

　　语句 A

else

　　语句 B

如：

```
if (a%2 = = 0)
    printf("%d is an even number! \n",a);
else
    printf("%d is an odd number! \n",a);
```

双分支选择结构的一个典型应用:求一元二次方程 $ax^2+bx+c=0$ 的解(假设 $a\neq0$,且 a, b,c 为整数,$b^2-4ac>=0$)。具体实现如下:

```c
#include "stdio.h"
#include "math.h"
int main()
{
    int a,b,c;        //三角形边长
    int disc;
    double x1,x2;    //二次方程的两个根
    double p,q;
    printf("请输入系数 a= ");
    scanf("%d",&a);
    printf("请输入系数 b= ");
    scanf("%d",&b);
    printf("请输入系数 c= ");
    scanf("%d",&c);
    disc=b*b-4*a*c;          //计算二次方程求根公式的△
    if(disc==0)
        printf("方程有两个相等的实根:x1=x2=%lf\n",-b/(2.0*a));
    else
    {   //按求根公式计算两个不同的根
        p=-b/(2.0*a);
        q=sqrt(disc)/(2.0*a);
        x1=p+q;
        x2=p-q;
        printf("方程有两个不相等的实根:x1=%lf,x2=%lf\n",x1,x2);
    }
    return 0;
}
```

程序运行的效果如图 3-5 所示。

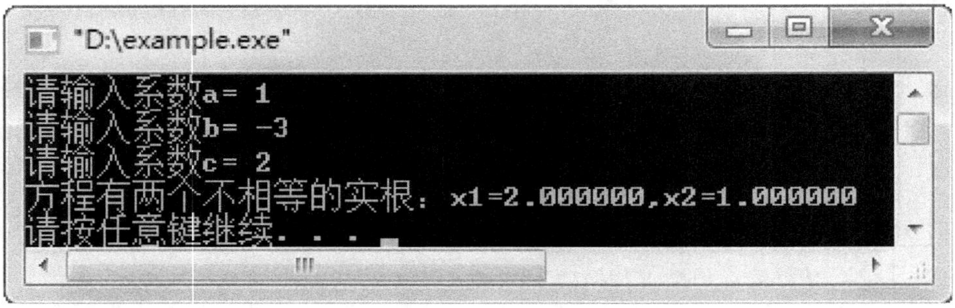

图 3-5　二次方程的根

> **提示**　　语句 A 和语句 B 处也可能为多条语句,这时候需要用一对大括号扩起来,构成复合语句,以下介绍的内容类似。

3.1.2.3　多分支选择语句

虽然 if 语句和 if…else 语句能处理单分支和双分支选择结构的情况,但往往实际问题所涉及到的分支很多,分支情况也要根据具体问题具体分析,分支结构关系比较复杂,这就需要采用多分支的选择语句。

在 C 语言中,采用 if…else 语句的嵌套可以实现复杂多分支选择结构的语句,在特殊情况下,还有更简洁的 switch 语句直接处理多分支选择结构的情况。

1. 嵌套 if…else 语句

在上一节的 if…else 语句的两个分支中,语句 A 或语句 B 或者两者都可以被嵌入一套完整的 if…else 语句,比如用以下的格式表示:

if(条件判断表达式 P)
　　if(条件判断表达式 P1)　　语句 A1
　　else 语句 A2
else
　　if(条件判断表达式 P2)　　语句 B1
　　else 语句 B2

比如一个典型应用是:判断点(x,y)在平面直角坐标系的哪个象限内(假设 x,y 都不为0),具体实现如下所示:

```c
#include "stdio.h"
int main()
{
    double x,y;
    printf("请输入 X 的坐标：");
    scanf("%lf",&x);
    printf("请输入 Y 的坐标：");
    scanf("%lf",&y);
    if(x>0.0)
    {
        if(y>0.0)
            printf("点(%lf,%lf)落在直角坐标系的第一象限。\n",x,y);
        else
            printf("点(%lf,%lf)落在直角坐标系的第四象限。\n",x,y);
    }
    else
```

```
        {
            if(y>0.0)
                printf("点(%lf,%lf)落在直角坐标系的第二象限。\n",x,y);
            else
                printf("点(%lf,%lf)落在直角坐标系的第三象限。\n",x,y);
        }
    return 0;
    }
```

程序运行的效果如图 3-6 所示。

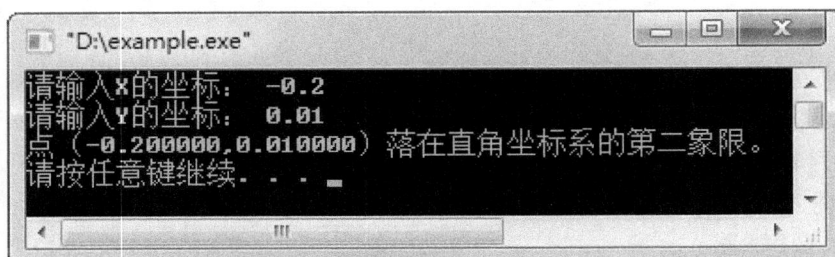

图 3-6　判断点在直角坐标系的位置

　　理论上，if…else 语句可以随意的在 if 子句和 else 子句嵌套完整的 if…else 语句，所以能够灵活的处理复杂的多分支结构，但是从理解和阅读的方便性角度讲，最好不要超过 3 层的 if…else语句嵌套，否则将大大降低程序的可读性。如果嵌套层次确实比较多的时候，可以在合适的层次进行分解，用函数等手段来改善程序可读性。

　　在一些相对简单的多分支结构的情况下，可以只限于在 else 子句嵌入 if…else 语句，其一般格式表示为：

if(条件判断表达式 1)　语句 1
　　elseif (条件判断表达式 2)　语句 2
　　　　elseif (条件判断表达式 3)　语句 3
　　　　　　……
　　　　　　　　elseif (条件判断表达式 n-1)　语句 n-1
　　　　　　　　else 语句 n

该形式的一个典型应用：输入一个整型的百分制分数，并转化为相应的五级制等级，具体实现如下：

```
#include "stdio.h"
int main()
{
    int score;
    char grade;
```

```
        printf("请输入分数(0~100 的整数)：");
        scanf(" % d",&score);
        //用 if…else 的嵌套应用处理多分支选择结构
        if(score> = 90)
            grade = 'A ';
        else if(score> = 80)
            grade = 'B ';
        else if(score> = 70)
            grade = 'C ';
        else if(score> = 60)
            grade = 'D ';
        else
            grade = 'E ';
    printf("成绩的等级为 % c 等.\n",grade);
    return 0;
    }
```

程序运行的效果如图 3－7 所示。

图 3－7　if…else 语句嵌套处理百分制转五级制

2. switch 语句

C 语言还提供了 switch 语句直接处理多分支选择结构的情况。switch 语句的一般形式如下：

switch(表达式)
{　　case 常量表达式 1：语句序列 1；[break；]
**　　case 常量表达式 2：语句序列 2；[break；]**
**　　……**
**　　case 常量表达式 n：语句序列 n；[break；]**
**　　[default：语句序列 n＋1；]**
}

switch 语句执行的过程如下：

①当 switch 后面"表达式"的值与某个 case 后面的"常量表达式"的值相同时，就从该 case

开始，执行后续的所有 case 之后的语句序列，直到执行最后的 default 的语句序列，结束 switch 语句，若在执行某个 case 的语句序列之后遇到中断语句（break;）时，则提前跳出整个 switch 语句。

②如果没有任何一个 case 后面的"常量表达式"的值与"表达式"的值匹配，则执行 default 后面的语句序列，然后，结束 switch 语句。

关于 switch 语句使用时的注意点如下：

①switch 后面的"表达式"的值可以是整型、字符型和枚举类型中的一种。

②每个 case 后面"常量表达式"的值，必须各不相同，否则会出现相互矛盾的现象。

③case 后面的常量表达式仅起语句标号作用，并不进行条件判断，所以该值在运行前就是确定的，不能改变。系统一旦通过 switch 后的"表达式"和 case 后的常量表达式匹配找到入口标号，就从此标号开始执行，不再进行标号判断，所以若只需一个 case 的语句序列，必须加上 break 语句，以便提前结束 switch 语句。

④各 case 及 default 子句的先后次序，不影响程序执行结果。

⑤ 用 switch 语句实现的多分支结构程序，完全可用 if…else 语句及其嵌套来实现。

switch 语句的一个典型应用：输入一个整型的百分制分数，并转化为相应的五分制成绩，具体实现如下：

```c
#include "stdio.h"
int main()
{   int score;
    char grade;
    printf("请输入分数(0~100 的整数)：");
    scanf("%d",&score);
    switch(score/10)    //用 switch 语句实现多分支选择结构
    {
        case 10:
        case 9: grade = 'A';break;
        case 8: grade = 'B';break;
        case 7: grade = 'C';break;
        case 6: grade = 'D';break;
        case 5:
        case 4:
        case 3:
        case 2:
        case 1:
        case 0: grade = 'E';break;
    }
    printf("成绩的等级为%c 等.\n",grade);
    return 0;
}
```

程序运行的效果如图 3-8 所示。

图 3-8　switch 语句处理百分制转五级制

3.1.3　拓展训练

选择结构在实际编程中被广泛地应用，且时常会多种分支结构语句结合应用，下面的例子要求输入一个正常的月份数（1～12），并判断它属于哪个季度，若输入的月份不合法则提示输入无效。

Eg.3_1

```
/* * * * * * * * * * MonthAndSeason.c(选择结构语句应用)* * * * * * * * * */
    #include "stdio.h"
    int main()
    {   int month;
        int season;
        printf("请输入一个月份数(1～12)：");
        scanf("%d",&month);
        //双分支选择结构判断月份是否有效
        if(month<1 && month>12)
            printf("%d不是一个有效的月份数。\n");
        else
        {
            season=1+(month-1)/3;  //月份转换为季度
            //嵌套的多分支选择结构
            switch(season)
            {
                case 1：printf("%d月份是第一季度\n",month);break;
                case 2：printf("%d月份是第二季度\n",month);break;
                case 3：printf("%d月份是第三季度\n",month);break;
```

```
              case 4：printf("%d月份是第四季度\n",month);break;
        }
    }
    return 0;
}
```

程序运行的效果如图 3-9 所示。

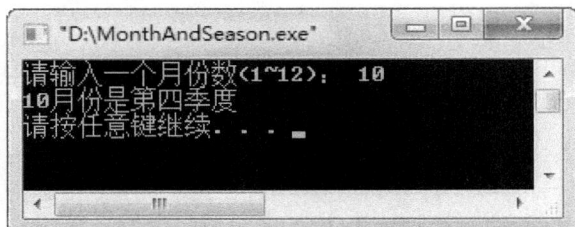

图 3-9 月份判断季度

3.1.4 实现机制

3.1.4.1 学生成绩考核等级分析任务程序结构

本任务的实现主要依赖于一个函数：menu_scoreToGrade。它在 C-free 的视图列表中的位置如图 3-10 所示。

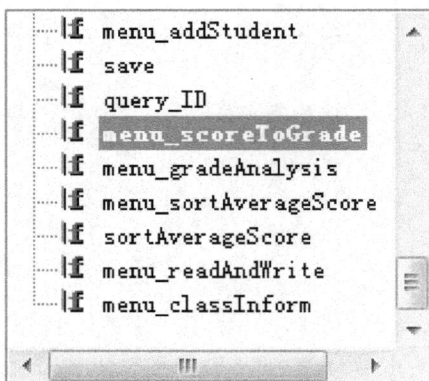

图 3-10 学生成绩考核等级分析任务程序结构

menu_scoreToGrade 中与本任务相关的作用是计算某个学生的数学、专业、英语等课程百分制成绩转换成的五级制等级，并显示学生的成绩等级信息。由于学生成绩的来源是通过学生学号，获取相应学生的相关数据，涉及到后续的知识，在此不做描述。

3.1.4.2　学生成绩考核等级分析任务程序剖析

1. menu_scoreToGrade 代码分析

```
/* menu_scoreToGrade :用于创建"学生成绩考核等级分析"的函数 */
void menu_scoreToGrade( )
{
    int stuID;                  //学生学号
    char stuName[20];           //学生姓名
    int mathScore,majorScore,englishScore;    //数学、专业、英语等课程成绩
    char mathGrade,majorGrade,englishGrade;   //数学、计算机、英语等课程等级
    /* * * * * * * * * * * * * * * * * * * * * * * * * * * * * * *
       * * *限于篇幅省略了 与本任务 无关的部分代码,完整代码可参考附录* * *
       * * * * * * * * * * * * * * * * * * * * * * * * * * * * * * */
    //①用 if...else 语句嵌套实现多分支选择结构,判断数学成绩的等级
    if(mathScore> = 90)
        mathGrade = 'A';
    else if (mathScore> = 80)
        mathGrade = 'B';
    else if (mathScore> = 70)
        mathGrade = 'C';
    else if (mathScore> = 60)
        mathGrade = 'D';
    else
        mathGrade = 'E';
    //②用 switch 语句实现多分支选择结构,判断专业成绩的等级
    switch(majorScore/10)
    {
        case 10: majorGrade = 'A';;break;
        case 9: majorGrade = 'A';break;
        case 8: majorGrade = 'B';break;
        case 7: majorGrade = 'C';break;
        case 6: majorGrade = 'D';break;
        case 5: majorGrade = 'E';break;
        case 4: majorGrade = 'E';break;
        case 3: majorGrade = 'E';break;
        case 2: majorGrade = 'E';break;
```

```
        case 1: majorGrade = 'E ';break;
        case 0: majorGrade = 'E ';break;
    }
    //③用 switch 语句实现多分支选择结构,判断英语成绩的等级
    switch(englishScore/10)
    {
        case 10:
        case 9: englishGrade = 'A ';break;
        case 8: englishGrade = 'B ';break;
        case 7: englishGrade = 'C ';break;
        case 6: englishGrade = 'D ';break;
        case 5:
        case 4:
        case 3:
        case 2:
        case 1:
        case 0: englishGrade = 'E ';break;
    }
    //输出学生等级信息
    system("CLS");
printf(" + - - - - - - - - - - - + - - - - - - - + - - - - -
- - + - - - - - - - + - - - - - - - - + \n");
printf("|                  学生成绩等级分析                    |\n");
printf(" + - - - - - - - - - - - + - - - - - - -
- - + - - - - - - - + - - - - - - - - + \n");
printf("|    学 号    |   姓 名   |  数学 | 专业 |  英语  |\n");
printf(" + - - - - - - - - - - - + - - - - - - -
- - + - - - - - - - + - - - - - - - - + \n");
printf("|   % - 5d   |  % - 6s   |   % c  |  % c  |   % c  |\n",
        stuID,stuName,mathGrade,computerGrade,englishGrade);
    printf(" + - - - - - - - - - - - - + - - - - - -
- - - + - - - - - - - + - - - - - - - - + \n");
    printf("请按任意键回到上一级菜单......");
    getchar();
    }
```

　　menu_scoreToGrade 函数的主要功能是将某位通过学号选定的学生的数学、专业、英语等课程百分制成绩转换成五级制。程序首先获得学生的学号、姓名、三门课程的百分制成绩等数据,然后将三门课程进行等级转换。①的语句处理数学百分制成绩 mathScore 转换成五级

制等级 mathGrade，采用 if…else 语句的嵌套实现多分支选择结构。②的语句处理计算机成绩 computerScore 转换成等级 computerGrade，采用 switch 语句实现多分支选择结构。③的语句处理英语成绩 englishScore 转换成等级 englishGrade，采用 switch 语句实现多分支选择结构，并通过 switch 语句的运行特点和 break 子句的作用，简化了书写的代码。

3.2 任务 2　班级成绩考核分析

3.2.1　目标效果

本任务的目标是统计出一个班级的课程成绩在 90～100 分、80～89 分、70～79 分、60～69 分、0～59 分这 5 个区间上的人数并计算所占百分比，分别针对数学、专业、英语三门课程进行处理。经过统计和运算之后，给出一张完整的统计表，如图 3－11 所示。

图 3－11　学生成绩考核分析任务

本任务实现了对班级成绩考核的分析。为了获取班级学生的成绩，并判断成绩相对应的分值区间，并最后统计出各分值区间的人数，我们不妨先思考如下几个问题。

①班级学生的所有成绩是如何存储的？每个成绩又是如何读取的？

②当获取某个成绩后，如何判断该成绩是落在某个分值区间的？

③如何统计每门课程各分值区间的人数？

3.2.2　必备知识

通常在处理大量数据的读写的时候，需要使用数组进行处理。当班级学生的每门课程的成绩存储在数组中时，读取每个成绩的过程就需要使用循环结构来处理。在上一任务中，我们已经学习到，循环结构是三种基本的程序控制结构之一，可分为当型循环和直到型循环。循环结构有三个代表语句,包括 while 语句、do-while 语句和 for 语句。最后,初步介绍以数组作为存储手段的字符串。

3.2.2.1　while 循环

while 循环语句属于"当型循环"。while 循环应用的一般格式为:

while(条件判断表达式)
　　循环体语句;

其中,条件判断表达式可返回表示"真"或"假"的值,循环体语句是重复执行的语句,如果循环体语句为多条语句构成,必须用大括号对{}括起来,表示复合语句。

While 循环语句的执行方式是:程序先判断条件判断表达式的值是否为"真",若是,则执行循环体语句,接着再回到条件判断表达式进行下一轮的重复处理,如此往复;条件判断表达式的值是"假",则退出 while 循环语句。

例如,以下的代码将求 $1+3+5+\cdots+99$ 的和。

```
int sum = 0,i = 1; // i 为循环变量,即为控制循环次数的变量
while(i< = 50)        // i 从 1 渐增到 50,每次增 1,共 50 次循环
{ sum + = i*2 - 1;      // 每次循环,sum 都用通项公式累加等差数列的当前项
  i + + ;                // 循环变量增量
}
printf("1 + 3 + 5 + … + 99 的和为:" + sum);
```

循环语句往往有一个循环变量,用于控制循环的次数,如本例中的 i,循环变量在循环体语句中会执行增量或减量的语句,循环变量值的改变最终影响到了条件判断表达式的值,使得循环可以结束。

3.2.2.2　do-while 循环

do-while 语句属于"直到型循环", do-while 语句的一般使用格式为:

do
{
　　循环体语句;
} while(条件判断表达式);

do-while 语句必须先执行一次循环体语句,然后再根据 while 中的条件判断表达式决定是否继续循环下去。需要的注意的是在格式上 do-while 语句的条件判断表达式所在的小括号对()后面有一个分号,务必加上。

do-while 循环语句的执行方式是:程序先执行 do 语句里面的循环体语句一次,接着,判断条件判断表达式的值是否为"真",若是,则再次回到 do 语句进行下一轮的重复处理,如此往复;当条件判断表达式的值是"假",则退出 do-while 循环语句。

例如,以下的代码将求得 $1\sim100$ 的奇数之和。

```
intsum = 0, i = 1;
do {
      if ( i%2 = = 1 ) sum + = i;
      i + + ;
   }
while ( i < = 100 );
printf("the sum of odd numbers is: " + sum );
```

do-while 语句与 while 语句的区别在于：do-while 的条件判断表达式在后，循环体语句至少执行一次；而 while 的条件判断表达式在先，如果表达式的值是"假"，则 while 的循环体语句一次也不执行。

3.2.2.3　break 和 continue 语句

在循环结构的运行过程中，除了条件判断表达式可以控制循环的执行之外，有时也会通过 break 语句和 continue 语句来控制程序执行的流程。

1. break 语句

break 语句，称为中断语句，其使用的格式很简单：

break;

在各类循环语句的循环体语句内，如果执行到 break 语句，它的作用就是结束整个循环。当然，我们在上一任务中的多分支选择结构的 switch 语句中也遇到过 break 语句，其作用是结束整个 switch 语句。

例如，以下的代码使得 while 循环实际上只输出了 1 次变量 i 的值，即 i 为 1 的时候，循环在第二遍进入到循环体语句时因为 i 等于 2，执行了 break 语句，并终止了循环。

```
int i = 1;
while (i < = 5)
{ if (i = = 2)
      break;
printf(" i = " + i);
i + + ;
}
```

2. continue 语句

continue 语句，称为中继语句（或短路语句），其使用的格式也很简单：

continue;

在各类循环语句的循环体语句内，如果执行到 continue 语句，它的作用就是中止本次循环，回到条件判断表达式，并根据表达式的值决定是否继续下一次的循环。continue 语句不起到终止循环的作用。

例如，以下的代码使得 while 循环实际上只输出了 1 次变量 i 的值，即 i 为 1 的时候，但循环在第二遍进入到循环体语句时因为i等于2，执行了continue语句，于是中止了当前的循环，跳过了循环体语句中的最后两条语句，即输出语句和循环变量的增量语句。但是，正因为跳过了循环变量的增量，i永远等于2，while循环会一直执行下去，不会停止，进入了"死循环"的状态。

```
int i = 1;
while (i< = 5)
{   if   (i = = 2)
        continue;
   printf(" i = " + i);
   i + + ;
}
```

3.2.2.4　for循环

for语句是C语言提供的另一种循环语句，for语句与前述的while语句并没有本质上的不同，以至一个for语句完全可以用一个while语句来代替，但for语句的使用更加灵活和简单。for语句的一般格式如下：

for(表达式1;表达式2;表达式3)
　　　循环体语句；

将以上for语句代替为while语句的一般格式为：

表达式1；
while(表达式2)
{
　　　循环体语句；
　　　表达式3；
}

所以，for循环语句的执行过程为：

①先执行表达式1。

②接着，执行表达式2进行条件判断，若其值为"真"，则执行for语句中指定的循环体语句，然后执行下面第 ③ 步；若表达式2的值为"假"，则结束循环，转到第 ⑤ 步。

③执行表达式3。

④转回第 ② 步继续执行。

⑤循环结束，执行for语句后面的一个语句。

注意到for语句的表达式1、表达式2、表达式3在while语句所处的位置，表达式1往往是在循环语句开始之前的预处理过程，比如循环变量设置循环控制的初值以及其他一些预处理的语句，表达式2正处在条件判断的位置，而表达式3侧重体现循环变量的增减。所以，for语句的常见形式可以写为：

for(初始化表达式;条件判断表达式;增减表达式)
　　　循环体语句；

其中，初始化表达式：主要用来设定循环变量的初始值；条件判断表达式：用来判断循环是继续还是终止；增减表达式：是控制循环变量递增或递减的，最终影响到条件判断表达式的值；循环体语句：即每次循环要执行的实际操作，此处，若该循环体只有一句话，则可以不加{}；若超过一句话，则必须用{}括起。

for 循环语句的执行流程如图 3 – 12 所示。

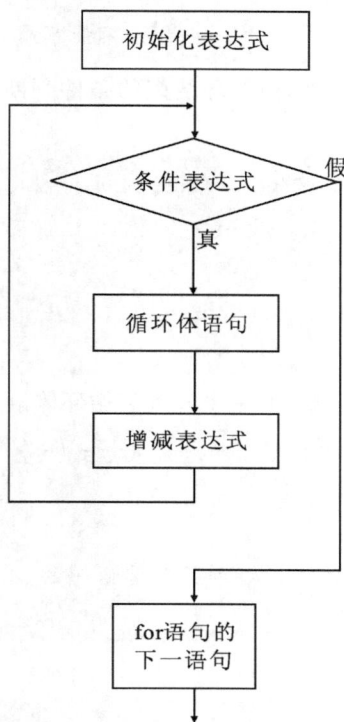

图 3 – 12　for 语句常见形式执行流程

例如，以下的代码将求得 1～100 内的所有奇数之和。

```
int sum,i;
for( sum = 0,i = 1; i< = 100; i = i+2)
    sum + = i;
```

通常 for 语句使用的时候，需要注意以下几点：

①for 语句的小括号对（）最后不要加分号，不然，会使得空语句称为循环体语句，而真正的循环体语句会称为循环结束之后才会被执行一次的语句。例如：

```
for(i = 1; i < = 100; i=i+2);//for 循环只在此行执行,分号成空语句
    Sum + = i;    //此语句只执行一次,sum 只加上了 i 等于 101 的值
```

②for 语句的小括号对内有且仅有两个分号，表达式 1、表达式 2 或表达式 3 所在位置若有多条语句需要处理，则使用逗号运算符，例如：

```
//以下初始化表达式中,sum 和 i 的赋值用逗号隔开,不能用分号
for( sum = 0,i = 1; i<=100; i=i+2)
```

③for 语句的表达式 1 可以省略,前置到 for 语句之前,但 for 语句内的分号不能减少。例如:

```
sum = 0,i = 1    //初始化表达式
for( ; i<=100; i=i+2)    //第一个分号不能省略,分号前为空
```

④for 语句的表达式 2 可以省略,但循环结束的条件判断需要放置到循环体中处理,使用 break 语句实现,分号不能省略。

```
for( sum = 0,i = 1;; i=i+2)   //条件判断表达式为空,分号不省略
{
    if(i>100)  break;    //以 break 语句结束循环,注意 if 语句的条件
    sum += i;
}
```

⑤for 语句的表达式 3 可以省略,但需要放置到循环体语句中实现。例如:

```
for( sum = 0,i = 1; i<=100; )//增减表达式为空
{
    sum += i;
    i=i+2;    //增减表达式迁移到循环体语句的最后
}
```

for 语句的一个典型应用如下:

```
#include "stdio.h"
#include "stdlib.h"
#include "time.h"
int main()
{   /* 幸运猜猜猜 */
    int number,answer;
    int i;
    srand((unsigned)time(NULL));    //随机数生成器的种子
    number = rand()%100;   //随机产生一个 0~99 的整数
    printf("我心里有一个 0 到 99 的整数,请来猜猜看,你只有 5 次机会! \n");
    for(i = 1;i<=5;i++)
    {
    printf("这是你第 %d 次猜数,请输入答案:",i);
    scanf(" %d",&answer);   //输入猜测的答案
    if(answer > number )
```

```
            printf("大了点,请再猜! \n");
        else if(answer < number)
            printf("小了点,请再猜! \n");
        else
        {
            printf("猜对了! 共用%d次。\n",i);
            break;    //当猜对后,跳出循环
        }
    }
    if(i>5)      //5次都未猜对的情况
        printf("很可惜,你已经没有机会了!");
    return 0;
}
```

本例子运行的结果如图 3-13 所示。

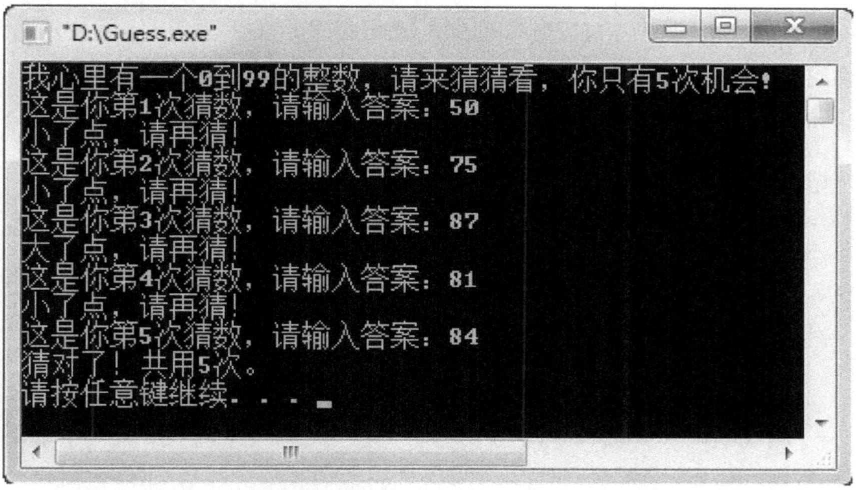

图 3-13　for 语句应用

3.2.2.5　三个循环语句的比较

while 循环、do-while 循环和 for 循环都可以用来处理同一个问题,一般情况下可以互相代替。它们的基本功能相似,但也各有特点:

①while 和 do-while 循环,只在 while 后面的小括号内指定条件判断语句,用于控制循环是否继续执行,但它们的循环体中应包括使循环趋于结束的语句,比如循环控制变量的增减语句。for 循环用表达式 3 来处理使循环趋于结束的操作,所以循环体语句不需要添加该类

操作。

②用 while 和 do-while 循环时，循环变量初始化的操作应在 while 和 do-while 语句之前完成，而 for 语句可以在表达式 1 中实现循环变量的初始化。

③ while 循环先执行条件判断表达式，再执行循环体语句，循环体语句有可能一次都未执行，do-while 循环先执行循环体语句，再执行条件判断语句，所以循环体语句至少执行一次。for 循环可以与 while 循环完全等价，但不能与 do-while 循环完全等价，for 循环是先执行条件判断语句，接着再执行循环体语句。

④三类循环都可以使用 break 语句跳出循环，使用 continue 语句结束本次循环。

3.2.2.6　嵌套循环

我们在上一个任务中，已经学习了选择结构的嵌套，在循环结构中，也存在这种嵌套的关系。同时，选择结构、循环结构之间也会存在相互的嵌套关系，这种嵌套关系的灵活应用促使我们更加方便的解决复杂的问题。

若在 for 循环、while 循环或 do-while 循环的循环体内又包含循环控制语句，这就构成了嵌套循环。这 3 种循环之间可相互嵌套，构成复杂的逻辑嵌套结构。外层的循环称为外循环，内层的循环称为内循环。同样的，嵌套循环的处理可以多层的关系，但实际使用时从可读性角度考虑，一般控制在三层循环以内。

嵌套循环的一个典型应用：输出一个三角形形式的九九乘法表，代码如下：

```c
#include "stdio.h"
int main()
{
    int row,col;   //表示行与列
    for(row = 1 ;row< = 9; row + +)   //循环到 row 行
    {
        for(col = 1; col< = row;col + +)   //循环处理 row 行的第 col 列
            printf("%d * %d = % - 4d",col,row,row * col);
        putchar('\n');   //换行
    }
    return 0;
}
```

乘法表有九行，用变量 row 作为循环变量，同时表示第 row(1～9)行，处理外循环，注意到第 1 行只有一个乘法算式，第 2 行有两个乘法算式，直到第 9 行有九个乘法算式，用变量 col 作为内循环的循环变量，同时表示该行的第 col(1～row)个乘法算式。最后，外循环变量 row 和内循环变量 col 恰好是每个乘法算式的被乘数和乘数。

本程序运行的结果如图 3-14 所示。

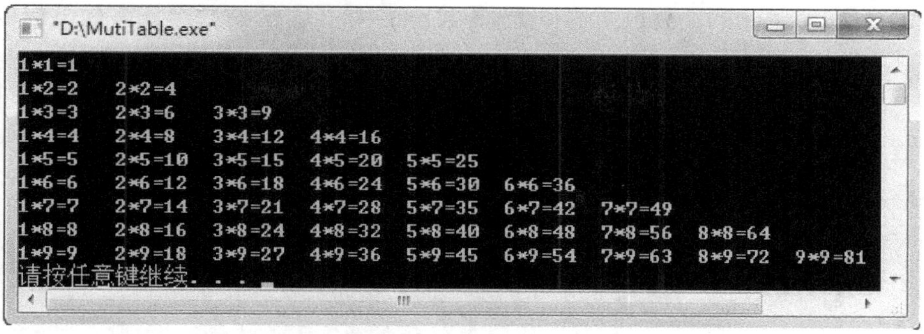

图 3-14　九九乘法表

3.2.2.7　数组

在实际的编程问题中,我们通常会遇到两类数据:一类是零散的,相互间没有联系的单个数据,适合于用某一类型的变量来描述;二是具有相同数据类型的且相互间存在联系的一组数据,则适合用数组来描述。

所谓数组,是指一组同类型数据的有序集合,每个数组在内存中占用一段连续的存储空间,用一个统一的数组名和下标来唯一地确定数组中的元素。数组可以分为一维数组和多维数组,以下主要介绍一位数组和二维数组。

1. 一维数组

（1）一维数组的定义

在 C 语言中定义一个一维数组,格式如下:

数据类型标识符 数组名[常量表达式];

其中,常量表达式确定数组的大小,也就是数组中元素的个数,系统在数组定义时根据数据类型和数组的大小在内存中给定一段连续的固定大小的存储空间。

下面是一些数组的定义:

```
int a[10]; //定义一个由 10 个元素构成的整型数组
float x[10],y[20];//同时定义两个浮点型数组,分别由 10 个、20 个元素组成
```

> **提示**　在 C 语言中,数组必须先定义后使用,且在定义的时候必须用常量表达式给定数组的大小,不允许使用含变量的表达式动态定义。

（2）一维数组元素的引用和赋值

一维数组的引用格式是:

数组名[元素下标];

其中,元素下标表示了元素在数组中的位置,若数组的大小是 n,则数组元素的下标取值范围是 0～n−1,下标的值可以是整型常量或变量、也可以是整型的常量表达式或含变量的表达式。

通过数组元素的引用,可以将数组中的每一个元素看成一个普通的变量,例如以下赋值表达式和运算表达式的使用:

```
int a[10]; //定义一个由 10 个元素构成的整型数组
a[3] = −1,a[5] = 3; //数组 a 的第 4、6 个元素被分别赋值为 −1、3
a[4] = (a[3] + a[5])/2; //数组 a 的第 5 个元素用表达式赋值为 1
```

（3）一维数组的初始化

在定义数组的同时进行赋值,称为初始化。一维数组初始化的一般格式为:

数据类型标识符 数组名[常量表达式]={初值列表};

其中,初值列表中的数据用逗号隔开,数据类型同数据类型标识符所示,根据初值列表的顺序有序的赋值给每个数组元素。例如以下对一维数组的初始化:

```
int a[10] = {1,2,3,4,5,6,7,8,9,10};
```

则数组 a 中的所有 10 个元素的值分别是 a[0]=1、a[1]=2、…、a[9]=10。

如果初值列表的数据个数小于数组的大小,则只对数组的部分数据初始化,会将初值列表赋值给数组的前几个元素,数组中的其余元素自动赋值为 0。例如以下对一维数组的初始化:

```
int a[10] = {1,2,3,4,5};
```

则数组 a 中的前 5 个元素的值分别是 a[0]=1、a[1]=2、…、a[4]=10、a[5]=0、a[6]=0、…、a[9]=0。

> **提示** 数组的初始化会为数组的每个元素赋值,当初值列表的数据个数不足时,后面的元素默认赋值为 0;但数组的定义没有默认的赋值,数组中每个元素的值是由被分配到的内存空间决定的,它们的值是未知的。

（4）一维数组的输入输出

通过初始化可以为一维数组进行整体的赋值,但若要通过输入为数组的每个元素进行赋值,或者需要操作数组输出所有的元素,就没有整体操作,只能通过循环逐个的输入和输出。

从键盘输入数据为数组进行赋值的操作为:

```
int a[10],i;
for(i = 0;i<10;i + +)
    scanf("%d",&a[i]);
```

将数组循环输出的操作为:

```
for(i = 0;i<10;i + +)
    printf("%d",a[i]);
```

2. 一维数组的应用

一维数组由于能够操作大量同类型的数据，有一些基本应用需要掌握。比如求一批数据的最大值和最小值、求和与平均值、统计符合某个条件的数据个数、排序等。

（1）数组的最大值和最小值

求一维数组最大值的思想是：引入一个变量 max 存放最大值，先将数组的第一个元素赋值给 max，接着，数组的元素逐个的和 max 比较，若当前的数组元素比 max 大，则替换 max 的值，当数组的所有元素都比较过之后，输出最大值 max。

程序的实现如下：

```
int a[10] = {2, -1,3,0,11,9, -10,12,8,0};
int i,max;
max = a[0];   //将数组的第一个元素赋值给 max
for(i = 1;i<10;i + +)
{    //如果 a[i]比 max 更大，则 max 赋值为 a[i]
    if(a[i]>max)
        max = a[i];
}
printf("数组的最大值为：%d\n",max);
```

程序运行的结果是最大值为 12。数组的最小值的处理思想类似，请自行完成相关代码。

（2）数组的求和与平均值

求一维数组的所有元素的总和的思想是：引入一个变量 sum 存放总和，接着依次将数组的元素累加到 sum，当所有的数组元素都处理过后，输出总和 sum。注意，这里的 sum 需要有一个初值为 0。

当求得总和之后，只要除以数组元素的个数，即可得到平均值。

程序的实现如下：

```
int a[10] = {2, -1,3,0,11,9, -10,12,8,0};
int i,sum;
sum = 0;   //sum 设置初值为 0
for(i = 0;i<10;i + +)
    sum + = a[i];
printf("数组的总和为：%d；平均值为：%lf\n",sum,sum/10.0);
```

程序运行的结果是数组的总和为 34，平均值为 3.400000。

（3）数组的统计符合某个条件的元素个数

统计一维数组中符合某个条件的数据个数的思想是：引入一个变量 count 存放统计量，接着依次将数组元素和条件比较，若符合条件的要求，则统计量 count 增加 1，当所有元素都和条件比较过之后，输出统计量 count。注意，这里的统计量需要一个初值 0。

假设由 10 个整数构成的成绩值表示 10 位学生的成绩，落在 0～100 之间，现统计及格（≥60）的人数。这个问题的程序实现如下：

```
int a[10],  i,  sum, count;
printf("请输入共计 10 位学生的成绩,成绩范围在 0～100 之间的整数。\n");
for(i = 0;i<10;i++)
{
    printf("请输入第 %d 个成绩(0～100),以回车键结束:",i+1);
    scanf(" %d",&a[i]);   //从键盘输入的成绩
}
    count = 0;   //count 设置初值为 0
for(i = 0;i<10;i++)
    if(a[i]> = 60)
      count++;
printf("及格的人数是 %d 人。\n",count);
```

程序需要根据提示从键盘输入 10 个整数,接着统计及格的人数。

（4）数组的排序

一维数组的一个更加复杂的问题是为一组无序的数据排序,排序的算法很多,有冒泡法、选择法等。这里我们以冒泡法为例,排序的过程如下:

初态	第1趟	第2趟	第5趟	第4趟	第5趟	第6趟	第7趟
38	12	12	12	12	12	12	12
20	38	20	20	20	20	20	20
46	20	38	25	25	25	25	25
38	46	25	38	38	38	38	38
74	38	46	38	38	38	38	38
91	74	38	46	46	46	46	46
12	91	74	74	74	74	74	74
25	25	91	91	91	91	91	91

冒泡排序思想:将 n 个元素看作按纵向排列,每趟排序时自下至上对每对相邻元素进行比较,若次序不符合要求（逆序）就交换。每趟排序结束时都能使排序范围内值最小的元素像一个气泡一样升到表上端的对应位置,整个排序过程共进行 n－1 趟,依次将关键字最小、次小、第三小、…的各个元素"冒到"序列的第一个、第二个、第三个…位置上。

程序实现如下:

```
# include "stdio.h"
int main()
{
    int a[8] = {38,20,46,38,74,91,12,25};//定义一个无序的数组
    int len = 8,i,j;
    printf("冒泡排序前的数据:");
```

```
   for(i = 0;i<len;i + +)
       printf(" % d ",a[i]);
printf("\n");
//冒泡排序
for(i = len - 1;i> = 1;i - -)    //外循环控制排序的总趟数
{
    for(j = 0;j< = i - 1;j + +)    //内循环控制一趟排序的进行
    {
        if(a[j]>a[j + 1])    //若前一元素比后一元素大,就交换
        {
            int temp = a[j];
            a[j] = a[j + 1];
            a[j + 1] = temp;
        }
    }
}
printf("冒泡排序后的数据:");
for(i = 0;i<len;i + +)
    printf(" % d ",a[i]);
printf("\n");
}
```

本例子运行的结果如图 3 - 15 所示。

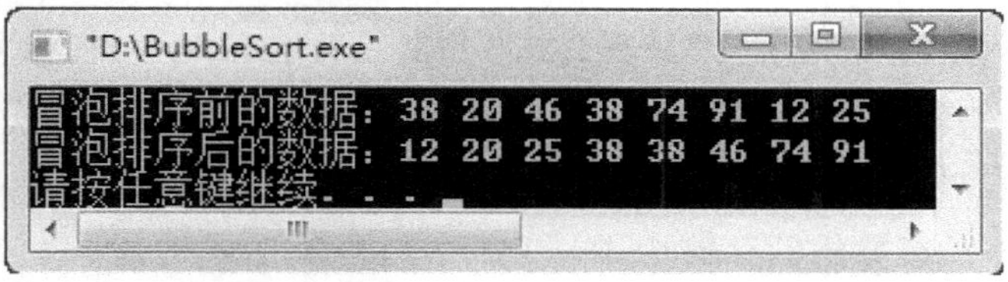

图 3 - 15　一维数组的冒泡排序

3. 二维数组

在实际编程中,一维数组由于表示的是有序数据构成的集合,常适用于描述线性的数据组合,比如表示一个班级中所有学生的数学课程的成绩,就可以按学号的顺序构成一个线性的组合,可以用一维数组来存放这些成绩。

但对于一些二维关系模式,比如表示一个班级中所有学生的数学、英语课程的成绩,既要考虑学号的顺序也要考虑课程的顺序,若要在程序中表现出来,此时就需要用到二维数组。而对于更加复杂的模式,可能需要用到更高维的数组,由于操作类似于二维数组,在此不做详述。

下面开始介绍二维数组的相关知识,很多跟一维数组相似,请相互比较。

（1）二维数组的定义

在 C 语言中定义一个二维数组的方法类似于一维数组，格式如下：

数据类型标识符　　数组名[常量表达式 1][常量表达式 2]；

其中，常量表达式 1 和常量表达式 2 表示二维数组的行数和列数，常量表达式 1×常量表达式 2构成了二维数组的大小。

例如下列语句的定义：

```
intb[2][3]; //一个 2 行 3 列共 6 个元素的二维整型数组
```

（2）二维数组元素的引用和赋值

二维数组元素的引用格式是：

数组名[元素行下标][元素列下标]；

其中，元素行下标和列下标表示了元素在二维数组中的位置，若二维数组的行数 m、列数为 n，则二维数组元素的行下标取值范围是 0～m−1、列下标取值范围是 0～n−1，下标的值可以是整型常量或变量、也可以是整型的常量表达式或含变量的表达式。

通过二维数组元素的引用，可以将二维数组中的每一个元素看成一个普通的变量，例如以下赋值表达式和运算表达式的使用：

```
intb[2][3]; //一个 2 行 3 列共 6 个元素的二维整型数组
b[1][0] = 1,b[1][1] = 2,b[1][2] = 3;//二维数组 b 的第 2 行的元素赋值为 1、2、3
float x = (b[1][0] + b[1][1] + b[1][2])/3.0; //求第 2 行元素的平均值
```

（3）二维数组的初始化

和一维数组一样，在二维数组定义的同时进行赋值，称为初始化。二维数组初始化的一般格式为：

数据类型标识符 数组名[常量表达式 1][常量表达式 2]＝{初值列表}；

其中，初值列表中的数据用逗号隔开，由于初值列表是一维的有序数据，要考虑二维数组元素是按照什么顺序与之对应。

这里先简述一下二维数组的存储形式。二维数组虽然形式上是一个二维关系，但系统分配的内存仍是一段连续的存储空间，是一个线性的结构，二维数组是先将第 1 行的每个元素依次存放到内存中，接着再将第 2 行的存放在第 1 行的内存之后，以此类推，直到所有的元素都存储到开辟的内存中。

于是，初值列表只需要和二维数组元素在内存中的存储顺序对应起来即可。

例如以下对二维数组的初始化：

```
int b[2][3] = {1,2,3,4,5,6};
```

则数组 b 中的所有 6 个元素的值分别是 b[0][0]＝1、b[0][1]＝2、b[0][2]＝3、b[1][0]＝4、b[1][1]＝5、b[1][2]＝6。

如果初值列表的数据个数小于二维数组的大小，则只对数组的部分数据初始化，会将初值列表赋值给二维数组的前几个元素，其余元素自动赋值为 0。例如以下对二维数组的初始化：

```
int b[2][3] = {1,2};
```

则数组 b 中的所有 6 个元素的值分别是 b[0][0]＝1、b[0][1]＝2、b[0][2]＝0、b[1][0]＝0、b[1][1]＝0、b[1][2]＝0。

二维数组初始化的常用格式还有如下形式：

数据类型标识符   **数组名[常量表达式1][常量表达式2]＝**
{{第1行初值列表},{第2行初值列表},…}

其中，原来的初值列表被内嵌的大括号对分割开来，分别表示二维数组中每一行的初值列表，于是，每一行的初值列表赋值给对应的二维数组所在行的元素，这也使得代码更易于理解。例如以下对二维数组的初始化：

```
intb[2][3] = {{1,2,3},{4,5,6}};
```

则数组 b 中的所有 6 个元素的值分别是 b[0][0]＝1、b[0][1]＝2、b[0][2]＝3、b[1][0]＝4、b[1][1]＝5、b[1][2]＝6。

如果初始化的某一行的初值列表数据不足，则依次赋值给二维数组相应行的前几个元素，该行后续元素都默认赋值为0。例如以下对二维数组的初始化：

```
intb[2][3] = {{},{1,2}};
```

则数组 b 中的所有 6 个元素的值分别是 b[0][0]＝0、b[0][1]＝0、b[0][2]＝0、b[1][0]＝1、b[1][1]＝2、b[1][2]＝0。

（4）二维数组的输入输出

从键盘输入数据为二维数组进行赋值的操作为：

```
int b[2][3],i,j;
for(i = 0;i<2;i + +)
    for(j = 0;j<3;j + +)
        scanf(" % d",&b[i][j]);
```

将二维数组循环输出的操作为：

```
int b[2][3],i,j;
for(i = 0;i<2;i + +)
{
    for(j = 0;j<3;j + +)
        printf(" % d ",a[i]);
    printf("\n");
}
```

（5）二维数组的应用

二维数组的一个典型应用是进行矩阵的转置，即将二维数组行列元素互换，存到另一个数组中，程序的实现如下：

```c
#include "stdio.h"
    int main()
    {
        int a[2][3] = {{1,2,3},{4,5,6}},b[3][2];
        int i,j;
        //输出原始的矩阵,即输出二维数组a
        printf("原矩阵:\n");
        for(i = 0;i<2;i + +)
        {
            for(j = 0;j<3;j + +)
                printf("%5d",a[i][j]);
            printf("\n");
        }
        //处理矩阵的转置
        for(i = 0;i<2;i + +)
            for(j = 0;j<3;j + +)
                b[j][i] = a[i][j];
        //输出转置矩阵,即输出二维数组b
        printf("转置矩阵:\n");
        for(i = 0;i<3;i + +)
        { for(j = 0;j<2;j + +)
                printf("%5d",b[i][j]);
            printf("\n");
        }
    }
```

程序运行的效果如图 3 – 16 所示。

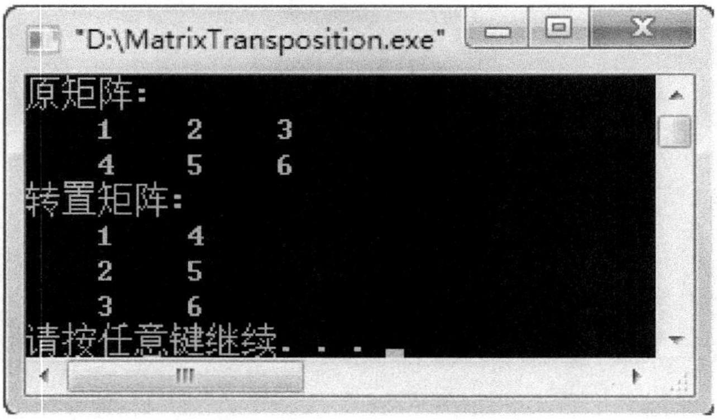

图 3 – 16　二维数组应用——矩阵转置

3.2.2.8 字符串

在 C 语言中,字符串是用双引号括起来的若干有效字符构成的字符序列,比如以下一个就是字符串:

```
"Hello World!"
```

当我们需要将字符串存储起来的时候,字符串是利用字符数组来处理的,字符串的每一个字符会逐个地存放到数组元素中。

在实际使用中,人们往往关心字符串的有效长度而不是字符数组的大小。为了测定字符串的实际长度,C 语言规定了一个字符串结束标识符'\0',字符数组在存放字符串的时候会自动加入一个'\0'作为结束符。例如"Hello World!"有 12 个字符构成,但存储到一维字符数组的时候,需要占用 13 个字符,第 13 个字符就是'\0'。

字符数组的定义和初始化可以由通常的一维数组、二维数组的操作来实现,但字符串的操作也有自己独有的一些实现方法,以下分别做介绍。

（1）用字符串初始化字符数组

如果定义一个字符数组,并初始化为"Hello World!",通用的一维数组的实现为:

```
charstr[15]={'H','e','l','l','o',' ','W','o','r','l','d','!'};
```

数组 str 的前 12 个元素分别被分配了字符,但后 3 个元素按默认填充为 0,在字符表示下即为'\0'。

C 语言也允许用一个简单的字符串常量初始化字符数组,比如:

```
charstr[15] = "Hello World!";
```

（2）字符串的输入

字符串的输入可以由两种方式实现。

①scanf 函数　字符串可以使用 scanf 函数和%s 格式符实现输入,比如:

```
charstr[100];
scanf("%s",str);
```

其中 str 表示的是字符数组名。输入过程为:从键盘输入一行字符串,不含空格字符,以回车键做结束,系统会自动在该行字符串的最后添加上结束符'\0'后存储到字符数组中。

若要同时输入多个字符串,也可以按以下语句实现:

```
charstr1[15],str2[15];
scanf("%s%s",str1,str2);
```

输入过程为:从键盘输入两个字符串,以空格键区分,最后以回车键做结束,系统会自动为两个字符串添加上结束符'\0'。

②gets 函数　字符串可以使用字符串处理函数 gets 读取输入的字符串,它的一般形式为:

gets(字符数组名);

它一次只能处理一个字符串的输入,比如:

```
char str[100];
gets(str);
```

输入过程为：从键盘输入一行字符串，无论其中是否含有空字符串，最后以回车键做结束，系统会自动为改行的最后添加上结束符'\0 '。

> 提示　　scanf 函数是以空格和回车键划分输入字符串的，所以读取的字符串中不包含空格字符，也不会读取空字符串；gets 函数只以回车键划分每一行为一个字符串，所以可以读取空字符串，也可以读取含空格字符的字符串。

（3）字符串的输出

类似的，字符串的输出也可以由两种方式实现。

①printf 函数　　字符串可以使用 printf 函数和%s 格式符实现输出，比如：

```
charstr[100] = "Hello World!";
printf(" % s\n",str);
```

也可以同时输出多个字符串，比如：

```
charstr1[100] = "Hello", str1[100] = "World!";
printf(" % s % s\n",str1,str2);
```

②puts 函数　　字符串可以使用字符串处理函数 puts 输出字符串，它的一般形式为：

puts(字符数组名)

它也一次只能输出一个字符串，同时有一个换行的操作。比如：

```
charstr[100] = "Hello World!";
puts(str);
```

（4）字符串的应用

字符串的一个典型应用是：将两个字符串收尾拼接成一个字符串，也就是实现字符串处理函数 strcat 的功能。其实现的代码如下：

```
# include "stdio. h"
int main()
{
    char str1[100],str2[100],str3[200];
    int i,j;
    printf("请输入第一个字符串,以回车键结束:\n");
    gets(str1);
    printf("请输入第二个字符串,以回车键结束:\n");
    gets(str2);
    //字符串 str1,str2 收尾拼接,存放到字符串 str3
```

```
   for(i = 0;str1[i]! = '\0';i + +)
       str3[i] = str1[i];          //str1 的元素赋值给 str3 的元素
   for(j = 0;str2[j]! = '\0';j + +)
       str3[i + +] = str2[j];    //在 str1 赋值完成后,str2 的元素赋值给 str3 的元素
       str3[i] = '\0';    //添加字符串结束符
   puts(str3);
}
```

本例子运行的结果如图 3 - 17 所示。

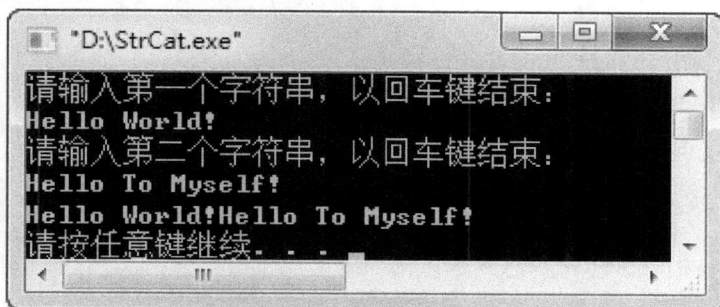

图 3 - 17   字符串拼接

3.2.3   拓展训练

数组和循环是实际编程中最常用的知识,处理二维数组和二层的嵌套循环是一个比较经典的组合。下面以实现经典的杨辉三角形为例子,要求输入 1～12 之间的一个整数 n,输出 n 行的杨辉三角形。

杨辉三角形是二项式系数在三角形中的一种几何排列,如下所示

```
                                    1
                                1       1
                            1       2       1
                        1       3       3       1
                    1       4       6       4       1
                1       5      10      10       5       1
            1       6      15      20      15       6       1
        1       7      21      35      35      21       7       1
    1       8      28      56      70      56      28       8       1
 1      9      36      84     126     126      84      36       9       1
1     10      45     120     210     252     210     120      45      10       1
1    11      55     165     330     462     462     330     165      55      11       1
```

整个几何排列的基本特点是每个数都是上一行左右两个数的和。

Eg.5_3

```c
/* YangHui.c:杨辉三角形 */
#include "stdio.h"
int main()
{
    int a[12][12];
    int n,i,j;
    printf("请输入整数 n 的值:");
scanf("%d",&n);
    //杨辉三角形两侧的值都赋值为 1
    for(i=0;i<n;i++)
    {
    a[i][0]=1;   //左侧的值赋值为 1
    a[i][i]=1;   //右侧的值赋值为 1
    }
    //通过递推关系计算杨辉三角形其余的每一个数据
        for(i=1;i<n;i++)
            for(j=1;j<i;j++)
                a[i][j]=a[i-1][j-1]+a[i-1][j];//递推关系式
    //输出杨辉三角形
    printf("%d 行的杨辉三角形为:\n",n);
    for(i=0;i<n;i++)
    {   //输出杨辉三角形的第 i+1 行,并换行
    for(j=0;j<=i;j++)
        printf("%4d",a[i][j]);
        printf("\n");      }
    return 0;
}
```

程序运行的效果如图 3-18 所示。

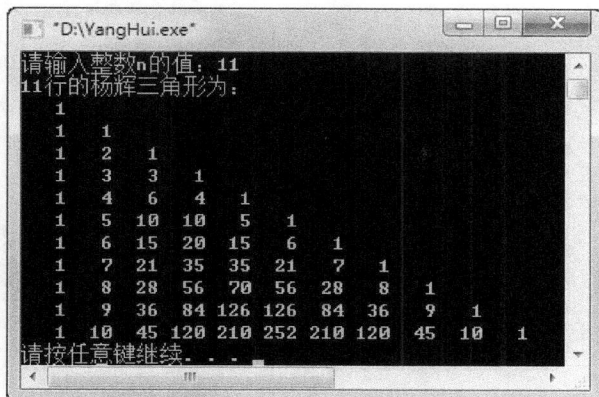

图 3-18　杨辉三角形

3.2.4　实现机制

3.2.4.1　班级成绩考核分析任务程序结构

　　本任务的实现主要依赖于一个函数：menu_ gradeAnalysis。它在 C-free 的视图列表中的位置如图 3-19 所示。

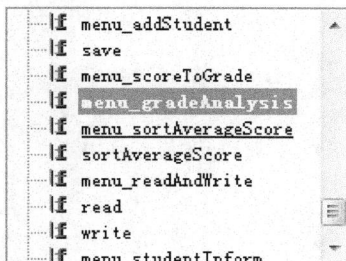

图 3-19　班级成绩考核分析任务程序结构

　　menu_ gradeAnalysis 中与本任务相关的作用是统计班级学生在数学、专业、英语等课程在 90～100 分、80～89 分、70～79 分、60～69 分、0～59 分这 5 个区间上的人数并计算所占百分比，最后以一个表格形式输出。由于学生成绩的来源是通过结构体数据转存到数组中，这个涉及到后续的知识，在此不做描述。

3.2.4.2　班级成绩考核分析任务程序剖析

1. menu_ gradeAnalysis 代码分析

```
/ * menu_gradeAnalysis :用于创建"班级成绩考核分析"的函数 * /
void menu_gradeAnalysis()
```

```
{
    int mth[M];        //存放数学成绩的数组
    int maj[M];        //存放专业成绩的数组
    int eng[M];        //存放英语成绩的数组
    //①各统计量的初值都设置为0
    int   mthA = 0,mthB = 0,mthC = 0,mthD = 0,mthE = 0;  //数学成绩各区间段的统计量
    int   majA = 0,majB = 0,majC = 0,majD = 0,majE = 0;  //专业成绩各区间段的统计量
    int   engA = 0,engB = 0,engC = 0,engD = 0,engE = 0;  //英语成绩各区间段的统计量
    int i;
    int n;    //存放班级学生人数的变量
    /* * * * * * * * * * * * * * * * * * * * * * * * * * * * * * * *
     * * *限于篇幅省略了 与本任务 无关的部分代码,完整代码可参考附录* * *
     * * * * * * * * * * * * * * * * * * * * * * * * * * * * * * * */
    //②应用 for 循环,完成数学课程在各成绩区间的人数统计
    for(i = 0;i<n;i + +)
    {
        if(mth[i]> = 90)      mthA + + ;
        else if(mth[i]> = 80)    mthB + + ;
        else if(mth[i]> = 70)    mthC + + ;
        else if(mth[i]> = 60)    mthD + + ;
        else    mthE + + ;
    }
    //③应用 do - while 循环,完成专业课程在各成绩区间的人数统计
    i = 0;
    do{
        switch(maj[i]/10)
        {
            case 10: majA + + ;break;
            case 9: majA + + ;break;
            case 8: majB + + ;break;
            case 7: majC + + ;break;
            case 6: majD + + ;break;
            case 5: majE + + ;break;
            case 4: majE + + ;break;
            case 3: majE + + ;break;
            case 2: majE + + ;break;
            case 1: majE + + ;break;
```

```
                case 0：majE + + ;break;
        }
        i + + ;
    }while(i<n);
    //④应用 while 循环,完成英语课程在各成绩区间的人数统计
    i = 0;
    while(i<n)
    {
        switch(eng[i]/10)
        {
            case 10：
            case 9：engA + + ;break;
            case 8：engB + + ;break;
            case 7：engC + + ;break;
            case 6：engD + + ;break;
            case 5：
            case 4：
            case 3：
            case 2：
            case 1：
            case 0：engE + + ;break;}
        i + + ;
    }
    //⑤输出各课程在 5 个分值区间的统计列表及所占百分比
    system("CLS");
    printf(" + - - - - - - - - - - + - - - - - - - - - - + - - - - - - - - - -
+ - - - - - - - - - - + - - - - - - - - - - + - - - - - - - - - - +
- - - - - +\n");
    printf("|                              班级成绩考核分析
        |\n");
    printf(" + - - - - - - - - - - + - - - - - - - - - - + - - - - - - - - - -
+ - - - - - - - - - - + - - - - - - - - - - + - - - - - - - - - - +
- - - - - +\n");
    printf("|          |          |90 - 100(分)| 80 - 89(分)| 70 - 79(分)| 60 - 69
(分)|  0 - 59(分)|\n");
    printf(" + - - - - - - - - - - + - - - - - - - - - - + - - - - - - - - - -
+ - - - - - - - - - - + - - - - - - - - - - + - - - - - - - - - - +
- - - - - + \n");
```

```
    printf("|                |统计数（人）|    %3d    |    %3d    |    %3d    |    %3d
    |    %3d    \n",mthA,mthB,mthC,mthD,mthE);
    printf("+    数学    + - - - - - - - - - + - - - - - - - - - + - - - - -
- - - - + - - - - - - - - - +
    - - - - - - - - - - + \n");
    printf("|                |百分比（%%）|  %6.2f %%  |  %6.2f %%  |  %6.2f %%
 |  %6.2f %%  |  %6.2f %%  \n",mthA/(float)n * 100,mthB/(float)n * 100,mthC/
(float)n * 100,mthD/(float)n * 100,mthE/(float)n * 100);
    printf("+ - - - - - - - - - + - - - - - - - - - + - - - - - - - - - +
+ - - - - - - - - - + - - - - - - - - - + - - - - - - - -
- - - - - - + \n");
    printf("|                |统计数（人）|    %3d    |    %3d    |    %3d    |    %3d
    |    %3d    \n",majA,majB,majC,majD,majE);
    printf("+    专业    + - - - - - - - - - + - - - - - - - - - + - - - - -
- - - - + - - - - - - - - - +
    - - - - - - - - - - + \n");
    printf("|                |百分比（%%）|  %6.2f %%  |  %6.2f %%  |  %6.2f %%
 |  %6.2f %%  |  %6.2f %%  \n",majA/(float)n * 100,majB/(float)n * 100,
majC/(float)n * 100,majD/(float)n * 100,majE/(float)n * 100);
    printf("+ - - - - - - - - - + - - - - - - - - - + - - - - - - - - - +
+ - - - - - - - - - + - - - - - - - - - + - - - - - - - -
- - - - - + \n");
    printf("|                |统计数（人）|    %3d    |    %3d    |    %3d    |    %3d
    |    %3d    \n",engA,engB,engC,engD,engE);
    printf("+    英语    + - - - - - - - - - + - - - - - - - - - + - - - - -
- - - - + - - - - - - - - - +
    - - - - - - - - - - + \n");
    printf("|                |百分比（%%）|  %6.2f %%  |  %6.2f %%  |  %6.2f %%
 |  %6.2f %%  |  %6.2f %%  \n",engA/(float)n * 100,engB/(float)n * 100,
engC/(float)n * 100,engD/(float)n * 100,engE/(float)n * 100);    printf("+ - -
- - - - - - - + - - - - - - - - - + - - - - - - - - - +
- - + - - - - - - - - - + - - - - - - - - - + - - - - - - - - - - + \n");
    printf("请按任意键返回上一级菜单......");getchar();}
```

　　menu_gradeAnalysis 函数的主要功能是统计班级学生在数学、专业、英语等课程在 5 个分值区间上的人数并计算所占百分比，最后以一个表格形式输出。程序需要读取班级学生在三门课的百分制成绩等数据，由于涉及到后续知识点，此处不做详述。

　　①的语句定义了三门课程在 5 个分值区间的统计变量，它们在统计开始的时候，都应该设置初值为 0，不然统计结果会出现错误，务必注意。②的语句应用 for 循环遍历班级学生的数

学成绩,在循环体内,内嵌了嵌套的 if-else 语句处理当前学生成绩是属于哪个分值区间的,并将对应的统计量增 1。③的语句应用 do-while 循环遍历班级学生的专业成绩,在循环体内,内嵌了 switch 语句处理当前学生成绩是属于哪个分值区间的,并将对应的统计量增 1。④的语句用 while 循环遍历班级学生的英语成绩,在循环体内,内嵌了 switch 语句处理当前学生成绩是属于哪个分值区间的,并将对应的统计量增 1,这里利用 switch 语句本身的特点和 break 语句的作用,简化了 switch 语句。⑤的语句对输出就行了精心的列表,并将统计量的值输出,同时以统计量除以班级总人数 n,输出了各个半分比的数据。

3.3 任务 3　班级学生成绩求平均并排名

3.3.1　目标效果

本任务的目标是计算出一个班级的每个学生的数学、专业、英语这三门课的平均成绩,并从高到低进行排名。经过运算之后,给出一张完整的排名表,如图 3-20 所示。

图 3-20　班级学生成绩求平均并排名任务

本任务实现了对班级每个学生平均成绩的计算,并根据平均成绩进行了排名的分析。为了计算班级每个学生的平均成绩,并完成对平均成绩的排序这两个基本功能,同时为引入新的知识,我们先思考如下几个问题。

①将求平均成绩、排序这样的基本功能写成单独的模块,最后嵌入到整个任务的代码中,如何实现?

②变量、数组等之前所学的知识又会有什么新的使用要求?

3.3.2　必备知识

前面的任务学习了 C 语言的基本语法,已经能够解决代码量不大的 C 程序设计。但是,当需要编写较大程序或解决较为复杂的实际问题时,需要涉及到的功能比较多,结构也比较复杂,也会有很多重复类似的代码出现,使得代码越来越长,当我们把所有代码只用一个 main 函数来实现的时候,会使得主函数变得冗长庞杂,使阅读性和可维护性都变得困难。

这就使得我们考虑使用模块化的程序设计思想,让一个大的程序划分为若干个模块,每个模块完成特定的功能,每个模块根据需要也可以继续往下划分子模块,而对于重复出现的类似功能的代码,也可以用一个模块构建出来,当哪里需要它时就可以灵活的使用它。

在 C 语言中,这种模块化的思想是用函数来实现的。一个完整的 C 语言程序是由一个主函数和若干个其他函数构成的,主函数可以调用其他的函数,其他函数之间也可以相互调用。在 C 语言中,最常用的功能已经写了函数供我们使用,如 printf、scanf、gets、puts 等,称为是 C 的库函数。我们也可以根据实际问题的开发需要,设计自己的函数。我们之前完成的每一个任务就是整个学生成绩管理系统中的一个大的模块,是以一个函数来处理的。

3.3.2.1　函数

在 C 语言中,函数的使用步骤一般应遵循"先声明、再定义,然后调用"的原则。

1. 函数的声明

函数声明的一般格式为:

数据类型标识符　　函数名(形式参数列表);

比如,求两个整数的最大值,若构建一个函数来完成这个功能,可写的代码为:

```
int max(int a ,int b );
```

从以上格式可以看出,函数的声明应该包括以下几个内容:

①指定函数的名称(简称函数名)。函数在使用的时候是按照函数名来调用的,函数名应是一段有效的字符序列,即 C 语言的标识符必须符合标识符的命名规则。在指定函数名的时候尽量能体现函数的功能,以提高程序的阅读性,比如求两个整数的最大值这个问题,可选用的函数名就是 max。

②指定函数的返回值的数据类型。函数的返回值是函数的出口,即函数完成自身的功能后,能够传递出去的结果,用关键字 return 实现,函数声明的一般格式中的"数据类型标识符"用于指定返回值的数据类型。比如求两个整数的最大值,求得的最大值就是这个问题的返回值,两个整数的最大值必然是整数,所以返回值的数据类型是 int。

③指定函数的参数的名称和数据类型。函数的参数处于函数的入口,需要指定参数的个数、每个参数的名称和数据类型,以方便函数被调用时传入准确的数据。比如求两个整数的最大值,函数需要从外界传入两个整数,所以需要两个参数,数据类型都是 int。

函数声明可以没有返回值,也可以形式参数列表为空。

无返回值的函数声明,其数据类型标识符用到关键字 void,其格式为:

void 函数名(形式参数列表);

形式参数列表为空函数声明的格式为：

数据类型标识符　　函数名( )；

2. 函数的定义

函数的定义的一般格式为：

数据类型标识符　　函数名(形式参数列表)

{

**　　　函数体**

}

函数的定义比函数的声明多了函数体，其他都必须保持一致。函数体是实现函数功能的程序代码，函数体以 return 语句将结果的值返回出去。以求两个整数为例，代码书写如下所示：

```
int max(int a,int b)
{
    if(a>b)   return a;
    else    return b;
}
```

该程序中，如果 a 大，则返回 a 这个值，不然，就返回 b 这个值。

类似的，函数的定义可以没有返回值，也可以形式参数列表为空。

其中，无返回值的函数定义，函数体中可以不用关键字 return，其格式为：

void　　函数名(形式参数列表)；

{

**　　　函数体**

}

形式参数列表为空的函数定义的格式为：

数据类型标识符　　函数名( )；

{

**　　　函数体**

}

函数的定义也允许函数体为空，称为是空函数，其格式为：

数据类型标识符　　函数名( )；

{   }

空函数什么工作都不做，看上去没有任何实际作用。但是，程序设计往往在实际问题中常常有用。比如一个实际问题的程序被划分为几个模块、或设计一些功能，但这些模块和功能可能现阶段没有开发或留待以后补充，以一个实际的函数名编写空函数，有利于提高程序的可读性，也方便新功能的扩充。比如，若求最大值，但还未确定针对什么对象求最大值，就可以编写空函数：

```
void max(   ) {      }
```

3.函数的调用

函数的调用就是使用该函数，函数可以被主函数调用、也可以被其他函数调用，甚至更特殊的可以被自己调用。函数调用的一般格式为；

函数名（实际参数列表）

函数的调用有几种途径：

（1）单独成第一条语句

无返回值的函数调用必然是单独成一条语句。有返回值的函数调用一般不单独成一条语句，除非不需要返回值发挥作用。以 max 函数为例：

```
max(2,3);
```

（2）赋值给变量

有返回值的函数调用，将返回值直接赋值给一个变量。以函数 max 为例：

```
int x = max(2,3);
```

（3）在表达式中作为一个运算对象

有返回值的函数调用，将返回值作为某个表达式的运算对象。以函数 max 为例：

```
int y = 5 * max(2,3) - 3/max(-2,-3);
```

（4）在函数调用时作为一个实际参数

有返回值的函数调用，将返回值作为另一个函数调用的参数，当然，也可以是作为函数本身再次调用时的参数。以函数 max 为例：

```
printf("%d\n",max(max(3,5),4));
```

> **提示**　在程序代码的顺序中，若函数的定义在函数的调用之前出现，则可不用函数的声明；但当主函数放置在自定义函数之前，或者自定义函数间相互调用，这种代码的先后顺序就被打乱，必须在主函数和自定义函数之前给出函数声明。

函数的一个典型应用：写出判断一个整数是否为素数的函数，并在主函数中求两个整数 a 到 b 之间（含 a 和 b）的所有质数。它的具体实现如下：

```
#include "stdio.h"
#include "math.h"
int prime(int n);   //函数的声明
int main()
{
    int a,b,i;
    printf("请判断[a,b]区间的所有素数！\n");
    printf("请输入整数 a:\n");
    scanf("%d",&a);
    printf("请输入整数 b(注意 b>a):\n");
```

```
    scanf("%d",&b);
    //判断并输出闭区间内的素数
    printf("[%d,%d]区间的所有素数为:\n",a,b);
    for(i=a;i<=b;i++)
    {
      if( prime(i) )   //函数的调用
      printf("%d",i);
    }
    printf("\n");
    return 0;
}
int prime(int n)   //函数的定义
{
    int i;
    int k=sqrt(n);
    for(i=2;i<=k;i++)
    {
       if(n%i==0)
          return 0;   //返回值为0,表示n不是素数
    }
    return 1;    //返回值为1,表示n是素数
}
```

程序运行的效果如图 3-21 所示。

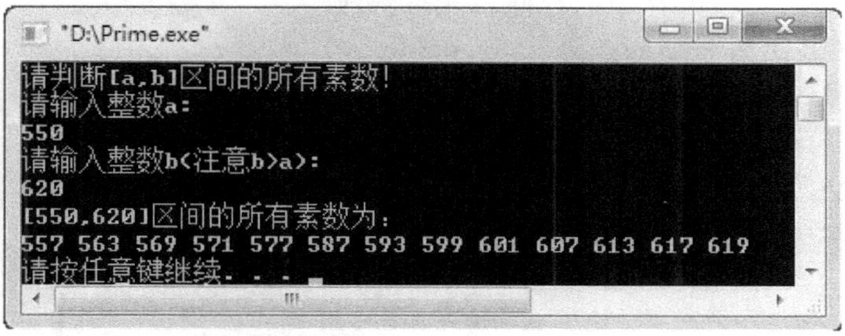

图 3-21　判断区间上的素数

3.3.2.2　函数的参数

我们注意到,在函数的声明、定义和函数的调用时,函数的参数分别称为是形式参数和实际参数,简称形参和实参。

1. 形参和实参

形参是函数声明、定义时，作为函数的入口所定义的变量。形参在函数体的代码中使用以完成函数的功能，但形参不是从函数体中获得初值。

实参是函数调用时，从主调函数传入的值，既然是值，实参的来源可以是常数、变量、数组的元素、表达式、其他函数调用的返回值等任何能得到值的途径。调用函数的过程中发生了实参与形参之间的数据传递，即实参的值赋值给形参，使形参获得初值。

比如之前定义的两个整数的最大值的函数 max，它的形参是：

```
int max(int a,int b)
//变量a和b做形参
```

max 在被其他函数调用的时候，可以有：

```
max(2,3);  //两个常数做实参
max(x,y);  //两个变量做实参
max(a[0],a[1]);//数组a的两个元素做实参
max(x+y-2,x*y+3);  //表达式做实参
max(max(2,3),max(-2,-3));//两个函数调用的返回值做实参
```

2. 函数的调用过程

①在函数的定义时，形式参数虽然是变量定义的列表，但是在未出现函数调用时，形式参数不占用内存中的存储单元。

②当函数的调用发生的时候，形参临时分配到内存的存储单元，主调函数将实参的值对应的传递给形参。

③获得初值后的形参，参与到函数的函数体中执行有关的语句。

④若函数有返回值，通过 return 语句将返回值带回到主调函数。

⑤调用结束后，形参在内存中的存储单元被释放。

以主调函数的调用语句为例：

```
int x=2,y=3;
int z=max(x,y);  //两个变量做实参
```

函数的调用过程中的实参和形参如图 3-22 所示。

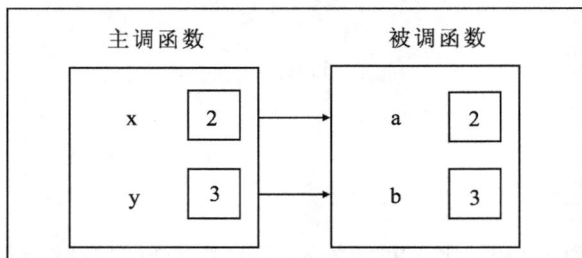

图 3-22 函数调用过程中的实参和形参

实参向形参的数据传递是单向的值传递，不能由形参向实参传递数据；实参和形参占用内存中不同的存储空间，形参的值的改变不会影响到实参的值。

3. return 语句

return 语句的基本功能是结束函数的调用，有点类似于循环语句中的 break 语句。

return 语句可以细分为两个作用：

（1）返回函数的值并结束函数调用

当函数需要有返回值的时候，返回值是通过 return 语句实现的，同时，函数也结束调用。格式为：

```
return 返回值;
```

（2）只结束函数调用

如果函数没有返回值，但函数体在没有执行到最后的时候，需要结束函数调用，就可以用 return 语句实现，格式为：

```
return;
```

break 语句在处理嵌套循环的时候只能结束 break 语句所在层的循环，不能结束外层循环，要结束嵌套循环比较复杂；在函数体中若有嵌套循环，以 return 语句结束函数的同时也起到了结束嵌套循环的作用。

4. 普通变量作形参存在的问题

由于函数调用的时候只是实参向形参传递了数据，之后，实参和形参之间相互不再影响。那么，普通变量做形参的时候，形参变化不会影响到实参的值。同时，函数的返回值只能返回一个值，这局限了对主调函数的影响。

以下典型问题在普通变量做形参的时候就不能定义函数：实现交换两个变量的值的功能。先参看以下代码：

```c
# include "stdio.h"
    void swap(int a,int b)
    {
        int t;
        printf("函数调用中,中形参初值是:a= %d,b= %d。\n",a,b);
        t=a,a=b,b=t;  //交换变量a和b的值
        printf("函数调用中,形参结果交换后的值是:a= %d,b= %d。\n",a,b);
    }
    int main( )
    {
        int x=2,y=3;
```

```
        printf("函数调用前,作为实参的变量的初值是:x = % d,y = % d。\n",x,y);
        swap(x,y);   //调用函数 swap
        printf("函数调用后,作为实参的变量在调用交换函数后的值是:x = % d,y = % d。
\n",x,y);
    }
```

程序运行的效果如图 3 - 23 所示。

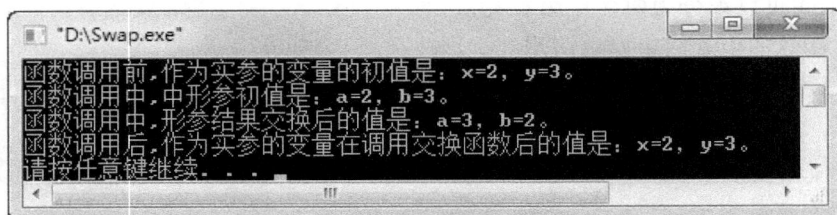

图 3 - 23　交换两个整数的函数功能

从程序的结果中我们可以看到,形参的两个变量实现了交换,因为交换功能是在函数体中针对形参这两个变量实施的,而实参的两个变量没有实现交换,因为实参将自己的值传递给形参后,就没有再参与到函数体中实施的变量交换。

正因为形参和实参之间是单向的值传递,使得形参的改变无法影响得到实参的数据,局限了函数的影响力。为了解决这类问题,函数的参数需要选择数组做为参数、指针变量作为函数参数等以地址传递为手段的方式。

3.3.2.3　数组作为函数参数

1. 一维数组作为函数参数

一维数组作为函数的参数时,需要注意以下几点:

(1)数组名做函数的实参和形参

实参和相对应的形参都是数据类型相同的数组名(或都是指向数据类型相同的数组的指针变量)。数组名不仅代表数组元素的共同名字,也代表着数组的首地址,即数组第一个元素的地址。

(2)实参和形参之间是地址传递

数组名做参数时,是将实参数组的首地址传递给形参数组,实参到形参的传递方式是"地址传递"。

(3)实参数组和形参数组共用数组元素的存储空间

实参数组在主调函数中进行定义,数组的大小在定义时明确给出,系统为实参数组的元素在内存中分配相应大小的存储空间。自定义函数在定义时,C 语言的编译系统对形参数组的大小不做检查且不分配存储空间,在函数的调用中,系统将实参数组的地址传递给形参数组,形参数组将共用实参数组的那段数组元素在内存中的存储空间。

(4)对形参数组元素的改变就是对实参数组元素的改变

　　形参数组和实参数组共用一段内存的存储空间,是指它们都能通过数组引用来访问这段存储空间的每一个数据,它们都能对这段存储空间的数据进行操作。特别的,在函数调用时,函数对形参数组的元素的改变都影响到了这段存储空间,使得实参数组元素的数据发生了变化。

　　一维数组作为函数的一个典型应用是:用冒泡法对一个数组进行排序。其程序实现如下:

```c
#include "stdio.h"
void BubbleSort(int arr[],int n)    //自定义实现冒泡排序的函数
{    int i,j,temp;
//冒泡排序
    for(i=n-1;i>=1;i--)      //外循环控制排序的总趟数
    {
        for(j=0;j<=i-1;j++) //内循环控制一趟排序的进行
        {
            if(arr[j]>arr[j+1]) //若前一元素比后一元素大,就交换
            {
                int temp=arr[j];
                arr[j]=arr[j+1];
                arr[j+1]=temp;
            }
        }
    }
}
int main()
{
    int a[8]={38,20,46,38,74,91,12,25};//定义一个无序的数组
    printf("冒泡排序前的数据:");
int len=8,i;
    for(i=0;i<len;i++)
        printf("%d ",a[i]);
    printf("\n");
    BubbleSort(a,len);    //调用自定义的函数 BubbleSort
    printf("冒泡排序后的数据:");
    for(i=0;i<len;i++)
        printf("%d ",a[i]);
    printf("\n");
}
```

本例子运行的结果如图 3-24 所示。

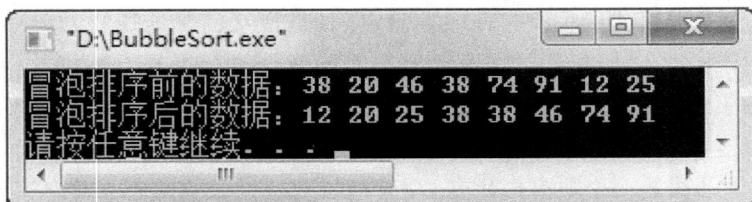

图 3-24　函数实现冒泡排序

> **提示**　一维数组做函数的形参时，由于 C 语言编译系统不检查形参数组的大小，且实参向形参传递的是数组名，所以给形参数组的定义加上大小是没有意义的；如果要传递实参数组的大小，需要再引入一个整型的形参变量。这种代码的先后顺序就被打乱，必须在主函数和自定义函数之前给出函数声明。

2. 二维数组作为函数参数

二维数组作为函数的参数，需要注意的地方和一维数组的情况类似。需要将二维数组名作为函数的形参和实参，实现的也是地址传递，形参数组和实参数组将共用一段内存空间，使得对形参数组的改变就是对实参数组的改变。

二维数组作为函数定义的形参时，区别于一维数组的地方是：二维数组的形参可以省略第一维（行）的大小，但必须指定第二维（列）的大小。

二维数组作为函数的一个典型应用是：求一个 3×4 矩阵中所有元素的最大值。其程序实现如下：

```c
#include "stdio.h"
int MaxOfMatrix(int arr[][4],int n) //指定第二维(列)的大小
{
    int i,j,max;
    max = arr[0][0]; //设置 max 的初值
    for(i = 0;i<n;i + +) //形参变量n传递了实参二维数组的行数
        for(j = 0;j<4;j + +)
            if(arr[i][j]>max)
                max = arr[i][j]; //找到当前更大的值,修正 max 的值,
    return max; //返回最大值
}
int main()
{
    int a[3][4] = {{1,3,5,7},{ - 2,4, - 6,8},{3, - 6,9, - 12}};
    int i,j,max;
    printf("3 ×4 矩阵的数据为:\n");
    for(i = 0;i<3;i + +)
```

```
{
    for(j = 0;j<4;j + +)
        printf(" % 4d ",a[i][j]);
    printf("\n");
}
max = MaxOfMatrix(a,3); //调用函数求得最大值
printf("矩阵的最大值是：% d\n",max);
return 0;
}
```

本例子运行的结果如图 3 - 25 所示。

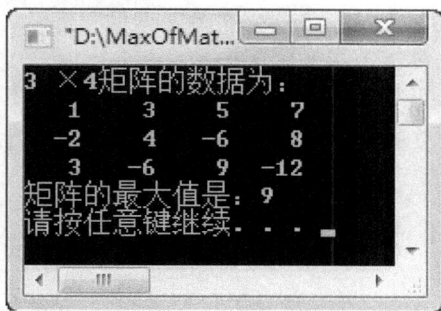

图 3 - 25　函数实现求矩阵元素的最大值

3.3.2.4　函数嵌套调用

C 语言的函数定义是相互独立、平行的，也就是，函数不支持嵌套定义，一个函数的函数体内不允许嵌套定义另一个函数。

函数的嵌套调用是指函数在它的函数体内允许调用其他函数，使得当执行函数调用的时候，被调用函数又会调用其他的函数。

函数的嵌套调用使得一个程序的问题在划分为多个模块之后，每一个模块可以根据需要划分更多的子模块，可以一层层的嵌套调用。

例如要求采用函数的嵌套调用设计求 4 个整数的最大值的函数。其程序实现如下：

```
# include "stdio.h"
int max(int a,int b);    //两个整数的最大值
int max4(int a,int b,int c,int d);//四个整数的最大值
int main()
{
    int a1,a2,a3,a4;
    printf("请输入任意 4 个整数:\n");
```

```
scanf("%d %d %d %d",&a1,&a2,&a3,&a4);
    //调用函数max4,并输出结果
    printf("四个整数中的最大值是:%d\n",max4(a1,a2,a3,a4));
    return 0;
}
int max(int a,int b)
{
if(a>b) return a;
else return b;
}
int max4(int a,int b,int c,int d)
{
int x = max(a,b);//嵌套调用函数max
int y = max(c,d); //嵌套调用函数max
return max(x,y);//嵌套调用函数max
}
```

本例子运行的结果如图 3 - 26 所示。

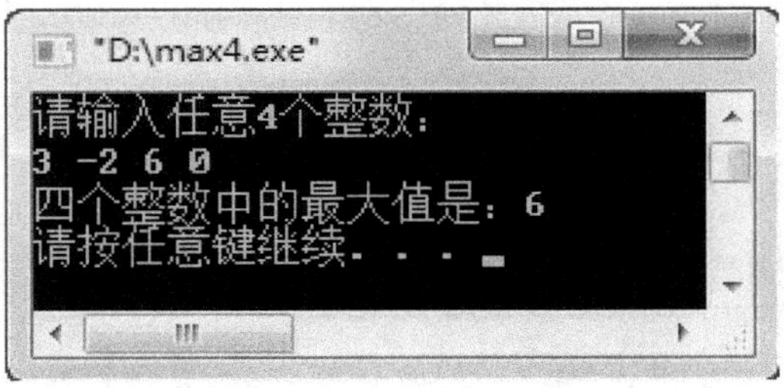

图 3 - 26　　函数嵌套调用求四个整数的最大值

3.3.2.5　递归函数

　　函数的递归调用，即一个函数的函数体内，会直接或间接的调用函数本身。能够递归调用的函数称为是递归函数。递归函数是嵌套调用的一种特例。

　　理解函数的递归调用：比如函数 f 在被主调函数调用的时候，在执行函数体的语句过程中，直接或间接的第二次调用函数 f，那么，对第二次调用的函数 f，在执行其函数体的语句过程中，又会直接或间接的第三次调用函数 f，以此类推，递归调用存在无限调用自身的可能。但显然，程序不允许陷入永无止境的无限调用，必然会在某一次调用函数 f 时，在执行其函数体语句的过程中，跳过调用函数 f 的语句，最终使函数递归终止，所以，这里必然有一个 if 语句来控制何时继续调用。

　　使用递推调用，要能给出递归关系。比如用函数的递归求 n! 的值，可以有递归公式：

$$n! = \begin{cases} 1 & n=1 \\ n\times(n-1)! & n>1 \end{cases}$$

如果令数学函数表达式 f(n)＝n!，则以上的公式也可以改写为：

$$f(n) = \begin{cases} 1 & n=1 \\ n\times f(n-1)! & n>1 \end{cases}$$

通过以上这个表达式，我们可以看到，如果要求 f(3)，可以通过 3×f(2)来计算，但要求 f(2)的值，又需要通过 2×f(1)来计算，现在已知 f(1)＝1，则依次求得 f(2)＝2、f(3)＝6。以上描述转换成函数递归调用的结构如图 3－27 所示。

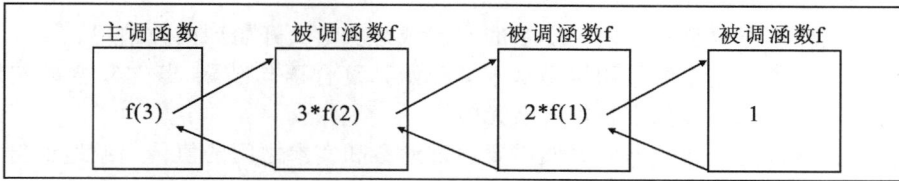

图 3－27　函数的递归调用

其程序实现如下：

```
#include "stdio.h"
int f(int n)
{   if(n>1)     return n * f(n-1);
    else    return 1;
}
int main()
{   int n;
    printf("请输入正整数 n 的值:");
    scanf(" % d",&n);
    printf("计算 % d! 的值为: % d\n",n,f(n));
}
```

本例子运行的结果如图 3－28 所示。

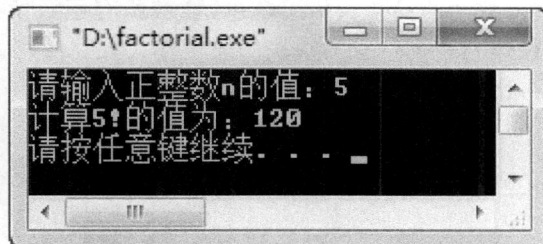

图 3－28　递归函数求 n! 的值

3.3.2.6　局部变量和全局变量

变量是先定义再使用的，那么，每个变量都有作用域的问题，即一个变量在定义之后，能在什么范围内可以使用。学习过函数之后，我们注意到，主函数和自定义函数中可以定义相同名称的变量，但它们只能在各自的函数内使用，不能跨函数使用。根据变量的作用域，可以分为局部变量和全局变量。

（1）局部变量

局部变量是在函数内定义，只能被本函数使用的变量。局部变量的作用域和它在函数内变量定义开始的位置有关，又可以分为两种情况：

①在函数内但不在复合语句内　变量的作用域是从定义开始到函数结尾。

②在复合语句内　变量的作用域是从定义开始到复合语句结尾，若在复合语句外有同名的变量，内部的变量有效，外部变量被屏蔽无效。

局部变量在函数间传递数据的时候需要通过形参和实参之间的值传递或地址传递。

关于局部变量的这两种情况，比如以下在主函数 main 的语句的实现：

```c
int main()
{
    int i = 2;
    printf("i = % d\n",i);   //主函数内但复合语句外的 i = 2
    {    //复合语句内
    int i = 3;    //定义复合语句内的变量 i,复合语句外的 i 屏蔽无效
    printf("i = % d\n",i);   //复合语句内的 i = 3
    i = i + 2;                    //改变复合语句内的 i 的值
    printf("i = % d\n",i);   //复合语句内的 i = 5
    }
    printf("i = % d\n",i);       //主函数内但复合语句外的 i = 2
}
```

（2）全局变量

全局变量是在函数外定义，能被所有函数使用。全局变量的作用域是从定义开始，到整个程序代码结束，若在函数内部或复合语句内部有同名的局部变量存在，则内部的变量有效，全局变量被屏蔽无效。

全局变量不需要通过函数间的参数来传递数据，能被所有函数使用，这个特点，使函数定义变得更加方便，但使函数作为一个独立的模块的通用性大大降低，一般少用全局变量。

关于全局变量的使用，比如以下在函数间的使用的语句的实现：

```c
#include "stdio.h"
int i;
void f( ){    i = 3;   }
int main()
{
```

```
    i = 2;       //全局变量 i 设置初值 2
    printf("i = %d\n",i);    //全局变量 i = 2
    f();       //调用函数 f,设置全局变量的值为 3
    printf("i = %d\n",i);   //全局变量 i = 3
}
```

3.3.3　拓展训练

如今在体育、才艺表演等比赛时,经常需要评委打分评出高下之分,这就需要安排多位评委共同打分,习惯上去掉一个最高分、去掉一个最低分,余下的分数取平均分作为参数队员的比赛成绩。现有某项比赛,假设由 10 位评委组成的评分组,要求编写函数计算各数据,并将最终的成绩输出。

Eg.3_3

```
/ * * ContestScore.c:比赛评分 * /
# include "stdio.h"
int maxOfArray(int a[],int n)//求数组 a 的最大值
{   int max,i;
    max = a[0];
    for(i = 1;i<n;i + +)
        if(a[i]>max)
            max = a[i];
    return max;
}
int minOfArray(int a[],int n)//求数组 a 的最小值
{   int min, i;
    min = a[0];
    for(i = 1;i<n;i + +)
        if(a[i]<min)
            min = a[i];
    return min;
}
int sumOfArray(int a[],int n)//求数组 a 的所有元素的和
{   int i,sum;
    sum = 0;
    for(i = 0;i<n;i + +)
        sum + = a[i];
```

```
        return sum;
    }
    float contestScore(int a[],int n)//处理评委打分,计算最终评分
    {   //所有评分的总和减掉一个最大值、减掉一个最小值,最后求余下和的平均值
        return (sumOfArray(a,n) - maxOfArray(a,n) - minOfArray(a,n))/(float)(n -
2);
    }
    int main()
    {
        int score[10];
        int i;
        printf("请输入 10 位评委的评分(0~100):\n");
        for(i = 0;i<10;i+ +)
            scanf("%d",&score[i]);
        printf("去掉一个最高分:%d\n",maxOfArray(score,10));
        printf("去掉一个最低分:%d\n",minOfArray(score,10));
        printf("参数队员的最终评分是:%.2f\n",contestScore(score,10));
        return 0;
    }
```

程序运行的效果如图 3 - 29 所示。

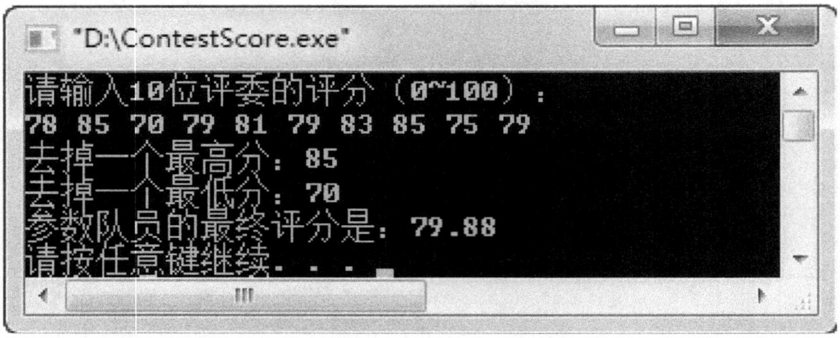

图 3 - 29　比赛评分

3.3.4　实现机制

3.3.4.1　对班级学生成绩求平均并排名的程序结构

本任务的实现依赖于三个函数:menu_sortAverageScore、sortAverageScore 和 calcu-lateAverageScore。它在 C-free 的视图列表中的位置如图 3 - 30 所示。

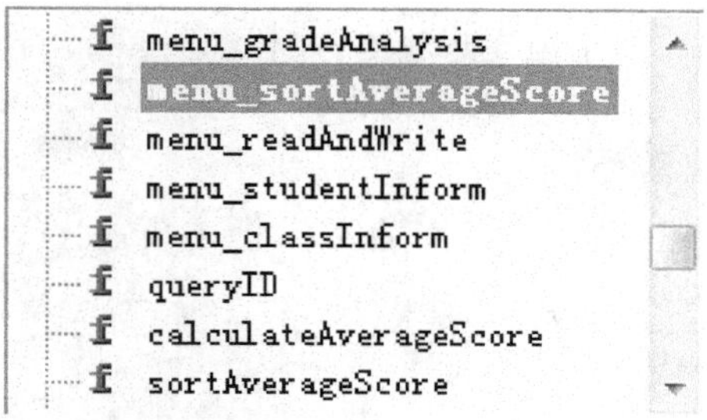

图 3 - 30　对班级学生成绩求平均并排名的任务程序结构

　　menu_sortAverageScore 中与本任务相关的作用是计算班级每个学生的平均成绩,并根据平均成绩排名,最后按排名先后输出列表,其中关于求一个学生的平均成绩的功能由函数 calculateAverageScore 实现,对班级学生的平均成绩排名是由函数 sortAverageScore 实现。

3.3.4.2　对班级学生成绩求平均并排名的程序剖析

1. menu_sortAverageScore 代码分析

```
/ * menu_sortAverageScore:用于创建"对班级学生成绩求平均并排名"的函数 * /
void menu_sortAverageScore()
{
    int stuID[M];          //存放班级学生学号的数组
    char stuName[M][20];  //存放班级学生姓名的二维字符数组
    int mth[M];            //存放班级学生数学成绩的数组
    int maj[M];            //存放班级学生专业成绩的数组
    int eng[M];            //存放班级学生英语成绩的数组
    float average[M];      //存放班级学生平均成绩的数组
    int i;
    int n;             //存放班级学生人数的变量
    /* * * * * * * * * * * * * * * * * * * * * * * * * * * * * * * * * *
       * * *限于篇幅省略了 与本任务 无关的部分代码,完整代码可参考附录 * * *
       * * * * * * * * * * * * * * * * * * * * * * * * * * * * * * * * * /
    //①计算班级学生的平均成绩,其中调用函数 calculateAverageScore
    for(i = 0;i<n;i + +)
        average[i] = calculateAverageScore(mth[i],maj[i],eng[i]);
    //②调用函数 sortAverageScore 实现按平均成绩排名
    sortAverageScore(stuID,stuName,average);
    //③输出班级排名表格
    system("CLS");
    printf(" + - - - - - - - - - + - - - - - - - - - + - - - - - - - - -
+ - - - - - - - - - - - +\n");
```

```c
    printf("|              学生成绩排名分析              |\n");
    printf(" + - - - - - - - - - - - - - + - - - - - - - - - -
+ - - - - - - - - - - +\n");
    printf("|  名次  |  学号  |  姓名  |平均成绩 |\n");
    printf(" + - - - - - - - - - - - - - + - - - - - - - - - -
+ - - - - - - - - - - +\n");
    for(i = 0;i<n;i + + )
    {
        printf("|  %4d  |  %4d  |  %6s  |  %6.2f  |\n",
            i + 1,stuID[i],stuName[i],average[i]);
        printf(" + - - - - - - - - - - + - - - - - - - - - - + - - - - - - -
- - + - - - - - - - - - - +\n");
    }
    printf("请按任意键返回上一级菜单......");
    getchar();
}
```

2. calculateAverageScore 代码分析

```c
/ * calculateAverageScore:用于"求一个学生的平均成绩"的函数 * /
float calculateAverageScore(int a,int b,int c)
{
    return (a + b + c)/(float)3;
    //④三个整数的平均值,以浮点型数据返回
}
```

3. sortAverageScore 代码分析

```c
/ * sortAverageScore:用于"按平均成绩排名"的函数 * /
void sortAverageScore(int id[],char name[][20],float avg[])
{
    int i,j;
    int max;
    int tempInt;    //两个整型数据交换时的临时变量
    float tempFloat;   //两个浮点型数据交换时的临时变量
    char tempStr[20];   //两个字符串交换时的临时一维字符数组
    //用选择法实现数组排序
    for(i = 0;i<count;i + + )
    {   //⑤找到数组 avg 在下标 i 至 count - 1 之间的元素的最大值
        max = i;
```

```
for(j = i + 1;j<count;j + +)//⑥count 为全局变量,表示班级学生人数
{
        if(avg[j]>avg[i])
                max = j;
}
//⑦交换数组 avg 的两个元素的值
tempFloat = avg[i],avg[i] = avg[max],avg[max] = tempFloat;
//⑧同时交换数组 id 的两个元素的值
tempInt = id[i],id[i] = id[max],id[max] = tempInt;
//⑨同时交换二维字符数组 name 的两行的字符串
strcpy(tempStr,name[i]),strcpy(name[i],name[max]),
        strcpy(name[max],tempStr);
    }
}
```

　　menu_sortAverageScore 函数的主要功能是计算出一个班级的每个学生的数学、专业、英语这三门课的平均成绩,并从大到小进行排名,最后列表输出。程序为加强阅读,将求一个学生的平均成绩以函数 sortAverageScore 实现、对班级学生平均成绩的排序以函数 calculateAverageScore 实现,如果想要再细分下去,也可以将输出排名表格部分的代码以函数的形式实现,这里不做考虑。

　　①的语句以循环的方式求班级每一个学生的平均成绩,平均成绩的获得采用自定义的函数 calculateAverageScore 实现,返回浮点型的平均值。②的语句为实现平均成绩的排名功能,采用自定义的函数 sortAverageScore 实现平均成绩从大到小的排序,该函数还要求学号、姓名等信息的数组随着平均成绩的排序而同时改变,详细情形注意该函数的实现说明。③的语句输出班级排名列表,设计了输出的格式,输出信息包括排名、学号、姓名和平均成绩这四个列。④的语句是自定义函数 calculateAverageScore 的实现,直接以浮点型数据类型返回三个整型形参的平均值,由于处理除法的两个运算对象本身都是整数,所以用强制类型转换其中一个运算对象。以下是自定义函数 sortAverageScore 的代码分析,在进行平均成绩的排序时,采用的排序方法是选择法。请注意,以下几个分析语句都在循环体内,处理的是下标 i 至 count－1 之间的数组元素。⑤的语句通过 for 语句查找当前循环下的最大元素,并将最大元素的下标存储到 max 中。⑥的语句强调了变量 count 在此函数内没有定义过,也不是形参,它是来源于全局变量,可以直接使用,此处的使用只为描述全局变量的效果,在实际开发中不建议大量使用过全局变量。⑦的语句交换数组 avg 中下标 i 和下标 max 这两个元素的值。⑧的语句同时交换数组 id 中下标 i 和下标 max 这两个元素的值,以保持和数组 avg 一致。⑨的语句也为了保持一致做了类似的操作,只是数据是字符串,所有没有直接的赋值语句,需要用字符串复制函数 strcpy 处理。

3.4 任务4　读写学生成绩信息

3.4.1　目标效果

本任务的目标是读写学生成绩信息，具体为读取学生成绩信息并列表显示在屏幕上，并询问是否修改成绩。当需要修改成绩时，则进入到修改界面，经过修改之后保存成绩并将修改后的学生成绩信息列表输出在屏幕上。读取学生的成绩信息显示的效果如图3-31所示。

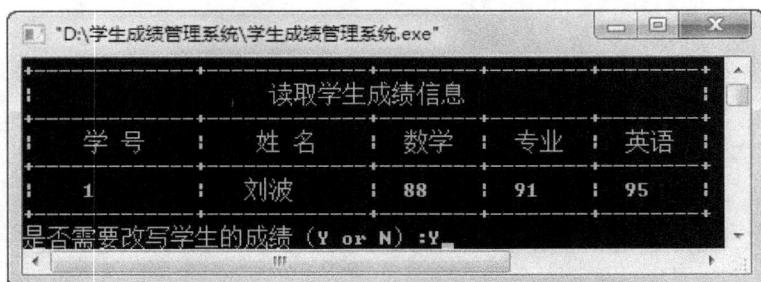

图3-31　读学生成绩信息任务

经过修改后保存学生成绩信息显示的效果如图3-32所示。

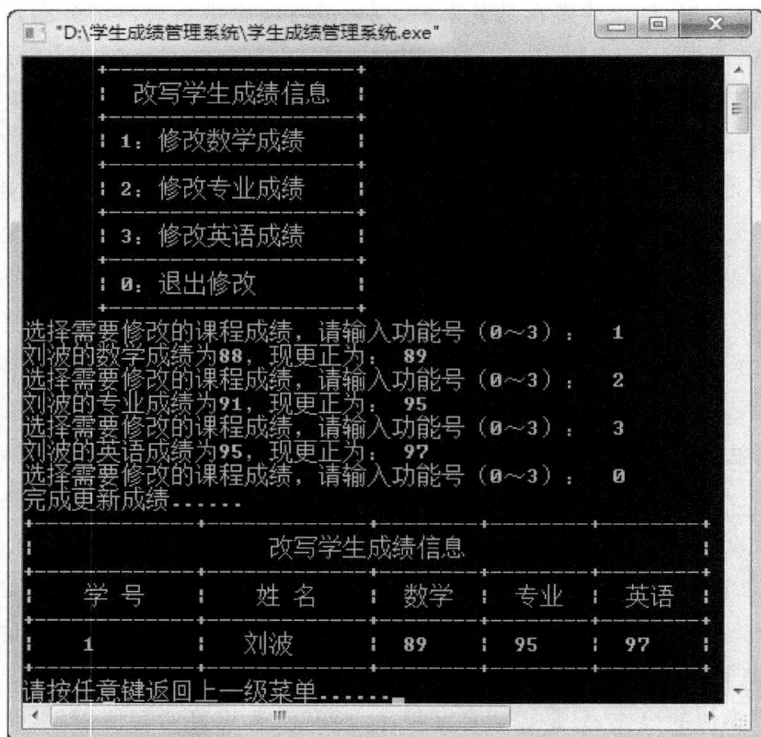

图3-32　写入学生成绩信息任务

本任务实现了对学生成绩信息的读取，并根据选择对学生成绩进行修改后再保存回去。显然，这里包含了两个基本的功能需要完成，当设定用函数实现这两个功能时，需要引入指针的知识，我们不妨先思考如下几个问题。

①指针是什么？为什么能实现形参到实参的地址传递？

②指针指向变量、也可以指向数组，应该如何操作？

3.4.2　必备知识

从本任务开始，我们将介绍 C 语言的精髓——指针。巧妙而恰当的使用指针，可以使程序简洁，提高运行效率。指针的概念比较复杂，使用也比较灵活，初学者往往容易出错，所以务必仔细，多思考、多实践。

3.4.2.1　指针变量

我们在上一个任务中学到了函数的知识，其中形参和实参之间的数据传递方式有两种，分别是值传递和地址传递，并且也提到了数组的数组名代表的是数组首元素的地址，所以当数组作为函数的参数时，是用数组名作为形参和实参的，起到的是地址传递的作用。

那么，什么是指针呢？在计算机的内存中，有大量的存储单元（以字节为单位），计算机系统为便于管理，每一个存储单元都有一个唯一的编号，这个编号就是存储单元的"地址"。变量根据不同的数据类型被分配了相应字节的存储单元用于存储变量的值，这块存储单元的首字节的地址就成了该变量的地址。一个变量的地址就是该变量的指针，而一个变量存放着另一个变量的地址，则称它为指针变量。

以下是指针变量的相关知识。

1. 指针变量的定义

指针变量的定义形式为：

数据类型标识符　＊指针变量名；

例如以下语句的指针变量定义：

```
int＊p,＊q;　//定义两个指向整型数据的指针变量
char＊c;　　//定义一个指向字符型数据的指针变量
```

2. 指针变量的赋值

通过赋值运算符，可以为指针变量赋值，指针变量的赋值表达式的一般形式为：

指针变量名　＝　＆变量名

其中，符号"＆"是取变量地址的运算符。比如：

```
int a = 2;
int ＊p;
p = &a;
```

指针变量除了可以指向变量的地址外，也可以指向数组，它的赋值表达式的形式为：

指针变量名 ＝ 数组名（ 或指针变量名 ＝ & 数组首元素）

也就是指向数组的指针可以用数组名赋值，也可以用数组的首地址赋值。比如以下存放字符串的字符数组：

```
char * c;
char str[] = "Hello World!";
c = str;(或 c = &str[0];)
```

注意：指针变量的赋值需要地址值，所以不能将变量本身赋值给指针，这个错误一般不会给出提示信息，务必小心。比如以下错误代码：

```
int a = 2, * p;   同时定义一个整型变量 a 和整型的指针变量 p
p = a;//将 a 的值赋值给了指针 p,而不是 a 的地址
```

3. 指针变量的初始化

也可以在定义的同时为指针变量赋值，称为是初始化。它的一般形式为：

数据类型标识符 ＊指针变量名＝ & 变量名

比如以下指向变量的指针变量的初始化：

```
int a = 2;
int * p = &a;
```

而指向数组的指针变量的初始化如：

```
char str[] = "Hello World!";
char * c = str;(或 char * c = &str[0])//初始化为数组名或数组首元素地址
```

4. 指针变量的引用

指针变量的应用分为两类：

(1)引用指针变量

引用指针变量时有以下几种操作：

①将变量的地址或者数组的首地址赋值给指针变量。这个在指针变量的赋值已做描述。

②输出指针变量的地址。为了便于观察，可能会以一定的要求输出指针变量的地址值，比如以下输出十进制的地址：

```
int a = 2;
int * p = &a;
printf(" % d\n",p);//输出指针 p 的地址,也就是变量 a 的地址
```

或者以格式说明符%o输出八进制的地址：

```
printf(" % o\n",p);
```

或者以格式说明符%x输出十六进制的地址：

```
printf("% x\n",p);
```

③增减指针变量的地址。指针变量不能作为常见的运算表达式的运算对象，但可以对他进行增减操作，主要用于指向数组的指针。比如：

```
int a[5] = {1,3,5,7,9};
int *p=a;//通过初始化,p是指向了数组的第1各个元素的指针
p=p+2;//p是指向数组的第3个元素的指针
```

（2）引用指针变量指向的变量

一个指针变量，通过"＊"运算符来表示指针指向的变量。比如指向变量的指针，观察以下引用的方式和输出结果：

```
int a = 2;
int *p = &a;
printf("% d\n",*p);//输出p指向的变量的值,输出的结果为2
*p = 3;//修改p指向的变量的值为3
printf("% d\n",a);//输出的结果为3,a的值的改变是上一行语句实现。
```

又比如指向数组的指针，观察以下的代码：

```
int a[5] = {1,3,5,7,9};
int *p = a;
printf("% d\n",*(p+3));//p+3指向数组的第4个元素,所以输出7
```

指针变量的一个典型应用是：用函数实现交换两个整数的值。具体实现如下所示：

```
# include "stdio.h"
void swap(int *a,int *b)
{
    int t;
    printf("调用发生时,形参从实参获得的值：a= % d,b= % d\n",*a,*b);
    t = *a,*a= *b,*b=t;   //交换两个整型变量的值
    printf("调用发生时,交换功能实现后形参的值：a= % d,b= % d\n",*a,*b);
}
int main()
{
    int x = 3,y = 5;
    printf("函数调用前,主调函数的变量：x= % d,y= % d\n",x,y);
    swap(&x,&y);   //函数调用,变量x,y的地址作为实参
    printf("函数调用后,主调函数的变量：x= % d,y= % d\n",x,y);
}
```

程序运行的效果如图 3－33 所示。

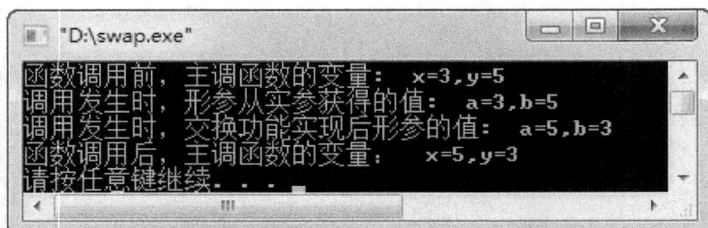

图 3 - 33　指针做形参的函数交换两个整数

3.4.2.2　指向指针变量的指针变量

指向指针变量的指针变量,就是将一个指针变量的地址赋值给一个指针变量,它的定义形式是：

数据类型标识符　　＊＊指针变量名；

指向指针变量额指针变量可以赋值、也可以在定义的同时赋值即初始化等。比如以下的代码：

```
int ＊＊p;//定义指向指针变量的指针变量
int ＊q;//定义一个指针变量
int a = 2;
q = &a;//将a的地址赋值给指针变量q
p = &q; //将q赋值为指针变量q的地址,即p是指向指针变量q的指针变量
printf("％d\n",＊＊p);//＊＊p可以理解为＊(＊p)
```

3.4.2.3　直接访问和间接访问

通过变量名直接访问内存的存储空间中的数据,称为是**直接访问**方式。在C语言中,定义整型变量、实型变量、字符型变量等或者定义数组并通过数组元素进行引用,都是直接访问的方式。

将变量的地址存放在一个指针变量中,然后通过指针变量找到变量在内存中的存储地址,最后访问内存的存储空间的数据,称为是**间接访问**方式。所有的变量和数组都可以将地址存放到一个指针变量中,并通过指针变量间接访问。

函数的形参和实参之间有值传递和地址传递两种途径。为了能够在函数中修改实参所对应的数据,就需要采用地址传递的方式,它其实就是把一个地址值传递给了形参,形参变量通过地址间接访问并能修改到主调函数的实参数据。

3.4.2.4　指针数组

若一个数组,它的元素都是指针变量,则称为是指针数组。也就是,指针数组的每一个元素都可以存放一个地址。定义一维的指针数组的一般形式是：

数据类型标识符　＊数组名[常量表达式]；

那指针数组又什么用处呢？我们先来看一下以前是如何处理多个字符串的。按一般方法，由于字符串本身就是需要存储在一个一维数组中，因此当需要处理多个字符串的时候，往往需要二维字符数组来存放这些字符串，每一行存放一个字符串。但是，在定义二维数组的时候需要指定行列数，也就是每一行的长度都是一样的，但是字符串的长度往往是不一样的，甚至大小差距很大。为了能存储所有的字符串，二维字符数组的列数必须按照最长字符串来定义，这必然造成大量的内存单元的浪费。

指针数组在处理这种大量字符串的存储和处理上非常有利。它可以将每个字符串的地址赋值给指针数组中的元素，指针数组不必关系字符串所存储的一维字符数组的大小。如果要对字符串排序等操作，只需在指针数组相应的两个元素交换一下字符串的地址，而不需要对实质的字符串存储单元进行转移。

所以，指针数组的一个典型应用是：将若干个字符串按字母顺序从小到大排序。具体实现如下所示：

```c
# include "stdio. h"
# include "string. h"
void print(char * str[],int n);
void sort(char * str[], int n);
int main()
{
    char * str[] = {"Hello World","How do you do",
    "What day is today","Personal Computer","I"};
    printf("排序前的字符串顺序:\n");
    print(str,5);
    sort(str,5);
    printf("排序后的字符串顺序:\n");
    print(str,5);
}
void print(char * str[],int n)//输出所有的字符串
{
    int i;
    for(i = 0;i<n;i + +)
        puts(str[i]);//str[i]是指针数组的元素,存放指向一个字符串的地址
}
void sort(char * str[], int n)//用选择法排序
{   char * temp;
    int i,j,min;
    for(i = 0;i<n - 1;i + +)
    {
        min = i;
```

```
        for(j = i + 1;j<n;j + +)
        if(strcmp(str[min],str[j])>0)//比较两个地址指向的字符串大小
            min = j;
        if(min! = i)
            //指针数组的两个元素 str[i]和 str[min]交换存储的地址值
        temp = str[i],str[i] = str[min],str[min] = temp;
    }
}
```

程序运行的效果如图 3 - 34 所示。

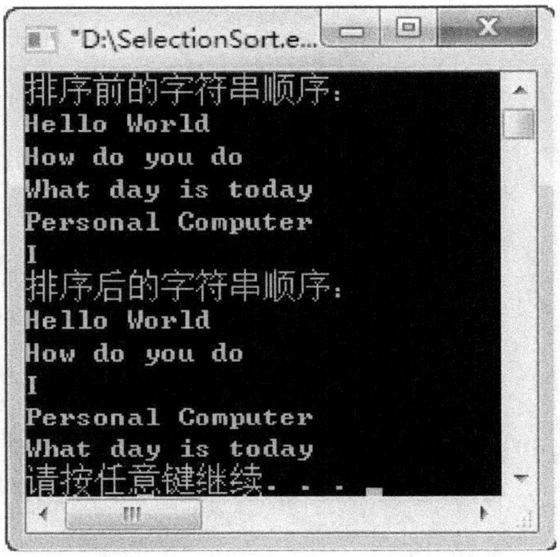

图 3 - 34   应用指针数组处理字符串排序

3.4.3   拓展训练

输入一个字符串,内含数字字符和其他任何非数字字符,例如:

12abc345def6g! 78?? 90

将其中连续的数字作为一个整数,依次存放到一个数组中,并统计出整数的个数。例如以上举例的字符串中的整数共有 5 个,分别是:

12 345 6 78 90

请输出这些整数。

Eg.3_4

```
/ * * stringToIntArray.c:字符串转换为整数数组/
include "stdio.h"
```

```c
#include "string.h"
int strToIntArray(char * str,int a[])
{
    int i,n = 0,num = 0;
    for(i = 0;str[i]! = '\0';i + +)   //遍历字符串
    {
        if(str[i]> = '0'&&str[i]< = '9')   //如果遇到数字字符0~9
            num = num * 10 + (str[i] - '0');   //整数增加一位并添加上新的数字
        else                      //如果遇到非数字字符
        {
            if(num! = 0)    // 当该非数字字符前是整数时
            {
                a[n + +] = num;   //存储整数并统计个数
                num = 0;       //重置,等待下一个整数的处理
            }
        }
    }
if(num! = 0)    //如果字符串的结束符之前也是整数
        a[n + +] = num;
    return n;
}
int main()
{
    char str[1000];
    int a[200],i,n;
    printf("请输入一个混合数字字符和其他字符的字符串:\n");
    gets(str);
    n = strToIntArray(str,a);   //调用自定义函数,返回值是整数个数
    printf("经过统计,整数的个数是:%d个。\n",n);
    printf("这些整数分别是:");
    for(i = 0;i<n;i + +)
        printf("%d ",a[i]);
    printf("\n");
}
```

程序运行的效果如图 3 - 35 所示。

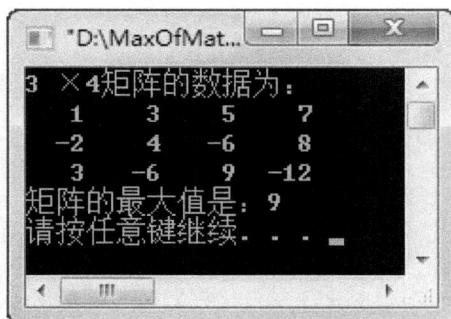

图 3-35　字符串转换为整数数组

3.4.4　实现机制

3.4.4.1　读写学生成绩信息任务程序结构

本任务的实现依赖于三个函数：menu_readAndWrite、read 和 write。它在 C-free 的视图
列表中的位置如图 3-36 所示。

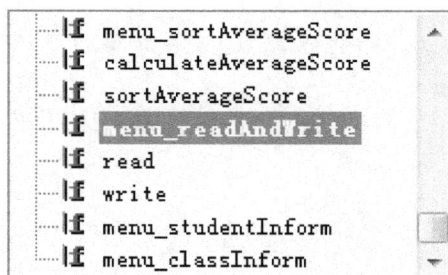

图 3-36　读写学生成绩信息任务程序结构

menu_readAndWrite 中与本任务相关的作用通过学号查询读取并在屏幕上列表显示学
生的学号、姓名、三门课程的成绩等信息，并通过询问是否修改哪些课程的成绩，把修改后的成
绩在屏幕上列表显示。读取学生信息后列表显示在屏幕上功能由函数 read 实现，询问并修改
几门课程的成绩等功能由函数 write 实现。

3.4.4.2　读写学生成绩信息任务程序剖析

1. menu_readAndWrite 代码分析

```
void menu_readAndWrite()
{
    int stuID;              //学生学号
```

```
    char stuName[20];        //学生姓名
    int mathScore,majorScore,englishScore;    //数学、专业、英语成绩
    system("CLS");
    printf("请输入学生学号(1～%d范围):",count);//全局变量 count
    scanf("%d",&stuID);
    getchar();
    //①调用函数 read 输出学生成绩信息
    read(stuID,stuName,&mathScore,&majorScore,&englishScore);
    printf("是否需要改写学生的成绩(Y or N):");
    if(getchar()=='Y')
        //②调用函数 write 修改学生成绩信息并显示在屏幕上
        write(stuID,stuName,&mathScore,&majorScore,&englishScore);
    printf("请按任意键返回上一级菜单......");
    getchar();
}
```

2. read 代码分析

```
void read(int ID,char * name,int * math,int * major,int * english)
{
    //读取学生成绩等数据
    /* * * * * * * * * * * * * * * * * * * * * * * * * * * * * * * *
      * * *限于篇幅省略了 与本任务 无关的部分代码,完整代码可参考附录* * *
      * * * * * * * * * * * * * * * * * * * * * * * * * * * * * * * */
    //③将获取的学生学号、姓名、课程成绩列表显示在屏幕上
    system("CLS");
    printf(" + - - - - - - - - - - - + - - - - - - - - - - + - - - -
- - - + - - - - - - - + - - - - - - - - +\n");
    printf("|                    读取学生成绩信息                    |\n");
    printf(" + - - - - - - - - - - - + - - - - - - - - - - + - - - -
- - - + - - - - - - - + - - - - - - - - +\n");
    printf("|     学 号    |    姓 名    |   数学  |   专业  |  英语  |\n");
    printf(" + - - - - - - - - - - - + - - - - - - - - - - + - - - -
- - - + - - - - - - - + - - - - - - - - +\n");
    printf("|     %-5d    |    %-6s    |   %-3d   |   %-3d   |   %-3d  |\
n", ID,name, * math, * major, * english);
```

```
    printf(" + - - - - - - - - - - - - + - - - - - - - - - - - - + - - - -
- - - - + - - - - - - - - + - - - - - - - - +\n");
}
```

3. write 代码分析

```
void write(int ID,char * name,int * math,int * major,int * english)
{
    int n;
    //④列表显示修改哪门课程的选项
    system("CLS");
    printf("        + - - - - - - - - - - - - - - - - - - - - +\n");
    printf("        |    改写学生成绩信息    |\n");
    printf("        + - - - - - - - - - - - - - - - - - - - - +\n");
    printf("        | 1:修改数学成绩        |\n");
    printf("        + - - - - - - - - - - - - - - - - - - - - +\n");
    printf("        | 2:修改专业成绩        |\n");
    printf("        + - - - - - - - - - - - - - - - - - - - - +\n");
    printf("        | 3:修改英语成绩        |\n");
    printf("        + - - - - - - - - - - - - - - - - - - - - +\n");
    printf("        | 0:退出修改            |\n");
    printf("        + - - - - - - - - - - - - - - - - - - - - +\n");
    do{ //⑤从选项 0～3 中选择一个数
        printf("选择需要修改的课程成绩,请输入功能号(0～3)：");
        while(1)
        {
            scanf(" % d",&n);
            getchar();
            if(n<0||n>3)
                printf("\n 输入的整数不在可选功能项内,请重新输入(0～3):");
            else
                break;
        }
        //⑥根据选择的数,修改相应课程的成绩、或退出修改
    switch    (n)
        {
            case 1:printf(" % s 的数学成绩为 % d,现更正为：",name, * math);
                scanf(" % d",math);
```

```
            break;
        case 2:printf("%s的专业成绩为%d,现更正为：",name,*major);
            scanf("%d",major);
            break;
        case 3:printf("%s的英语成绩为%d,现更正为：",name,*english);
            scanf("%d",english);
            break;
        case 0:;printf("完成更新成绩......\n");break;
        }
    if(n = = 0) break;
}while(n>0);
//⑦将修改过信息的学生学号、姓名、课程成绩列表显示在屏幕上
printf("+ - - - - - - - - - - - + - - - - - - - - - - + - - - -
- - - - + - - - - - - + - - - - - - + \n");
printf("|                    改写学生成绩信息                    |\n");
printf("+ - - - - - - - - - - - + - - - - - - - - - - + - - - -
- - - - + - - - - - - + - - - - - - + \n");
printf("|    学 号    |   姓 名    |  数学  |  专业  |  英语  |\n");
printf("+ - - - - - - - - - - - + - - - - - - - - - - + - - - -
- - - - + - - - - - - + - - - - - - + \n");
printf("|    %-5d    |   %-6s    |  %-3d  |  %-3d  |  %-3d  |\
n",
        ID,name,*math,*major,*english);
printf("+ - - - - - - - - - - - + - - - - - - - - - - + - - - -
- - - - + - - - - - - + - - - - - - + \n");
//写入更新的数据
/* * * * * * * * * * * * * * * * * * * * * * * * * * * * * * * *
* * *限于篇幅省略了 与本任务 无关的部分代码,完整代码可参考附录   * * *
* * * * * * * * * * * * * * * * * * * * * * * * * * * * * * * */
}
```

　　menu_ readAndWrite 函数的主要功能是与本任务相关的读写学生成绩信息,通过学号查询读取并在屏幕上列表显示学生的学号、姓名、三门课程的成绩等信息,并通过询问是否修改成绩,把修改后的成绩在屏幕上列表显示。程序将读和写的功能分别写在函数 read 和函数 write 行。涉及到实际学生的读写时,由于用到后续的结构体,这里不做考虑。

　　①的语句调用函数 read,读取学号为 stuID 的学生成绩信息,由于需要在参数之间进行地址传递,read 函数定义的形参采用指针,调用时的实参需要相应的变量的地址值。②的语句调用函数 write,修改学生成绩并将更新的学生成绩信息写入保存,关于 write 的形参和实参,

和 read 的含义一样。③的语句将读取的学生成绩信息等列表显示到屏幕上。④的语句列出选择项供判断是否需要修改成绩。⑤的语句输入一个数作出选择。⑥的语句根据输入的数作出相应的处理，包括修改课程成绩或退出修改。⑦的语句将修改后的学生成绩信息列表输出在屏幕上。

一项目总结　　"学生成绩信息处理"项目中主要实现了四个任务，即学生成绩考核等级分析、班级成绩考核分析、对班级学生成绩求平均并排名和读写学生成绩信息，每个任务实现的主要技术如下：

任务一：学生成绩考核等级分析　　本任务将一个学生在数学、专业和英语课程的百分制成绩转换成五级制成绩。学习这一任务的目的在于介绍程序设计的三大基本结构，并详细介绍了单分支选择结构的 if 语句、双分支选择结构的 if...else 语句、以及更为复杂的处理多分支选择结构的嵌套 if...else 语句和 switch 语句。

任务二：班级成绩考核分析　　本任务统计了班级学生分别在数学、专业、英语课程的 90～100、80～89、70～79、60～69、0～59 分数区间的人数以及所占百分比。学习这一任务的目的在于介绍 C 语言的循环结构处理语句，包括 do…while、while、for 语句，以及处理多重循环的循环嵌套，并介绍了处理大量同类数据的数组的相关知识、以字符数组形式存在的字符串。

任务三：对班级学生成绩求平均并排名　　本任务计算了班级每个学生的平均成绩并通过平均成绩进行了排名输出。学习这一任务的目的在于利用数组的排序算法的基础上，掌握函数作为实现模块化设计思想的知识，涉及函数的定义、函数的调用、形参和实参、函数的嵌套调用和递归调用等。

任务四：读写学生成绩信息　　本任务通过查询学号读取一位学生的成绩信息，并根据需要，修改学生成绩信息后写入保存。学习这一任务的目的在于指针变量的知识，特别是指针变量的相关应用可以实现函数实参和形参之间进行地址传递，以达到更好的利用函数实现模块化功能。

一知识归纳　　在本项目中我们学习了如何处理学生成绩信息。主要的知识点如下：

①C 语言的基本控制结构包括顺序结构、选择结构和循环结构。选择结构可分为单分支、双分支选择结构和多分支选择结构。循环结构可分为当型循环和直到型循环。

②单分支选择结构的 if 语句和双分支选择结构的 if…else 语句。

③嵌套的 if⋯else 语句处理多分支选择结构。

④swtich 语句处理多分支选择结构、break 语句在 switch 语句中的应用。

⑤当型循环结构的 while 语句和直到型循环结构的 do—while 语句。

⑥break 语句在循环结构中能起到终止循环的作用。

⑦continue 语句在循环结构中的作用是中止当前一轮的循环体语句，回到条件判断表达式上，continue 没有终止循环。

⑧for 语句等同于 while 语句，但使用起来更加灵活简洁。

⑨循环嵌套的应用能使我们多重的循环结构。

⑩一维数组是同类型的有序数据的集合，二维数组是同类型的二维关系数据的集合。

⑪一维数组的定义是由数组名和表示数组大小的常量表达式组成，数组元素的引用是通过数组名和下标组成。

⑫二维数组的定义是由数组名和表示行、列数的常量表达式组成，数组元素的引用是通过数组名和行标、列标组成。

⑬字符串是用双引号括起来的若干有效字符构成的字符序列。

⑭C 语言规定以 $'\backslash 0'$ 作为字符串的结束标识符，用双引号括起来的字符串默认在最后隐藏了 $'\backslash 0'$。

⑮程序的模块化设计思想在 C 语言中用函数来实现。

⑯函数定义时的形式参数和函数调用时的实际参数之间是单向的数据传递过程，分为值传递和地址传递两种方式。

⑰数组做函数的参数是以数组名做形参和实参的，在形参和实参之间是地址传递方式。

⑱函数不能进行嵌套的定义，但函数可以进行嵌套的调用。

⑲递归函数是一种直接或间接调用自己的函数。

⑳局部变量是在函数内或复合语句内定义，并被限定在从定义开始到函数结尾或复合语句结尾可以使用的变量。

㉑全局变量是在函数外定义，能被从定义开始到所有代码结束的多个函数直接使用的变量。

㉒变量能被使用的范围称为是变量的作用域，相同名称的变量定义在复合语句内、函数内和函数外，内部的变量会屏蔽外部的变量的作用。

㉓指针变量是存储相同数据类型的变量的地址的变量。

㉔指针变量可以分为指向变量的指针变量和指向数组的指针变量。

㉕通过变量名、数组元素等访问内存中的存储单元中的数据的是直接访问。

㉖通过指针变量存储的地址来访问内存中的存储单元中的数据的是间接访问。

㉗指针数组的每一个元素都是指针变量，这不同于指向数组的指针变量，前者是由多个指针变量构成，后者只有一个指针变量。

㉘"&"是取变量地址的运算符。

㉙"＊"在变量定义时表明定义的是指针变量，在指针变量的引用时表示指针变量指向的地址中存储的值。

一知识巩固

一、填空题

1. 在 C 语言中,基本控制结构包括顺序结构、_____、_____。

2. 多分支选择结构可以由_____语句或_____语句实现。

3. 循环结构的实现有三种语句,分别是 do－while 语句、_____语句和_____语句。

4. 在循环体语句中能够终止循环的是_____语句,能够中止当前一轮循环并回到条件判断表达式的是_____语句。

5. 函数的形参和实参之间的数据传递分为两种方式,分别是_____和_____。

6. 能够跨函数使用的变量是_____变量,只能在一个函数内使用的变量是_____变量。

7. 指针变量是存放_____的变量,指向指针变量的指针变量是存放_____的变量。

二、选择题

1. 关于 if 语句后面一对括号中的表达式,叙述正确的是（　　）。
   A. 只能用关系表达式　　　　　　　　B. 只能用逻辑表达式
   C. 只能用关系表达式或逻辑表达式　　D. 可以使用任意合法的表达式

2. 已知程序:
```
int t＝0；
while( t＝1 ){ …… }
```
则以下叙述中正确的是（　　）。
   A. 循环控制表达式的值为 0　　　　　B. 循环控制表达式的值为 1
   C. 循环控制表达式不合法　　　　　　D. 以上说法都不对

3. 已知程序:
```
int i＝2,j＝2；
if(i＝＝1)
   if(j＝＝2)
     printf("%d",i＝i＋j);
   else
     printf("%d",i＝i－j);
printf("%d",i);
```
下面程序的输出结果是（　　）。
   A. 0　　　　　B. 1　　　　　C. 2　　　　　D. 4

4. 以下正确的描述是（　　）。
   A. continue 语句的作用是结束整个循环的执行
   B. 只能在循环体内和 switch 语句体内使用 break 语句
   C. 在循环体内使用 break 语句或 continue 语句的作用相同
   D. 从多层循环嵌套中退出时,能用一条 break 语句实现

5. 已知程序：

```
int i=-1;
do{
i=i*i;
}while(! i);
( )。
```

A. 是死循环   B. 循环执行 2 次

C. 循环执行 1 次   D. 循环执行 0 次

6. 已知程序：

```
int i=0;
switch(3)
{
case 1：i+=1;
case 2：i+=2;
case 3：i+=3;
case 4：i+=4;
case 5：i+=5;
}
```

则执行语句之后,i 的值等于( )。

A. 0   B. 3   C. 6   D. 12

7. 已知程序：

```
int a[10]={1,3,5,7,9,11,13,15,17,19};
int i,j,t;
for(i=0,j=9;i<j;i++,j--)
t=a[i],a[i]=a[j],a[j]=t;
```

则执行语句之后,a[2]的值为( )。

A. 3   B. 5   C. 15   D. 17

8. 以下关于数组的说法,不正确的是( )。

A. C 语言中可以通过数组名对数值型数组进行整体的输入和输出

B. 数组中的各元素依次占据内存中连续的存储空间

C. 同一数组中的元素具有相同的名称和类型

D. 在使用数组前必须先对其进行定义

9. 若给出以下定义：

```
char x[]="abcdefg";
char y[]={'a','b','c','d','e','f','g'};
```

则正确的叙述为 ( )。

A. 数组 x 和数组 y 等价   B. 数组 x 和数组 y 的长度相同

C. 数组 x 的长度大于数组 y 的长度   D. 数组 y 的长度大于数组 x 的长度

10. 简单变量做实参时,它和对应的形参之间的数据传递方式是(　　)。

　　A. 地址传递

　　B. 单向的值传递

　　C. 由实参传给形参,再由形参传回实参

　　D. 由用户指定传递方式

11. 以下的函数定义正确的是(　　)。

　　A. int fn(int a,int b);　　　　　　　　B. int fn(int a, b);

　　C. int fn(a, b);　　　　　　　　　　　D. int fn(int a;int b);

12. 已知定义函数的定义

　　int max(int x,int y)

　　{

　　if(x＞y)

　　return x;

　　else return y;

　　}

　　则在主函数中调用时:

　　int a＝2,b＝－2;

　　int c＝max(max(a＋b,a－b),max(a＊b,a/b));

　　执行语句后,c 的值等于(　　)。

　　A. 1　　　　　　　　B. －1　　　　　　　C. 4　　　　　　　D. －4

13. 设 int i, ＊p＝&i; 以下语句能正确运行的是(　　)。

　　A. ＊p＝10　　　　B. i＝p　　　　　　C. ＊i＝＊p　　D. p＝2＊p＋1

14. 设 char str[10], ＊p＝str; 以下语句不正确的是(　　)。

　　A. p＝str＋5　　　　　　　　　　　　B. str＝p＋str

　　C. str[2]＝p[4]　　　　　　　　　　　D. ＊p＝str[0]

15. 若有定义:int ＊p[3];,则以下叙述中正确的是(　　)。

　　A. 定义了一个类型为 int 的指针变量 p,该变量具有三个指针

　　B. 定义了一个指针数组 p,该数组含有三个元素,每个元素都是类型为 int 的指针

　　C. 定义了一个名为 ＊p 的整型数组,该数组含有三个 int 类型元素

　　D. 定义了一个指向一维数组的指针变量 p,所指一维数组应具有三个 int 类型元素

三、简答题

1. 举例说明嵌套 if…else 语句和 switch 语句在处理多分支选择结构时的区别。

2. 举例说明 while 和 do……while 语句的差异。

3. break 语句如何跳出多重循环,请举例说明?

4. 数组元素和数组名做函数的参数有什么区别?

5. 指针数组和二维字符数组在处理字符串时有什么区别?

一项目实训

1. 实训目标

①掌握单分支选择结构的 if 语句和双分支选择结构的 if…else 语句的应用。
②掌握处理多分支选择结构的嵌套 if…else 语句和 switch 语句的应用。
③掌握三种循环语句：while、do…while 和 for 的使用方法。
④理解并掌握一维数组和二维数组的使用方法。
⑤理解字符串的概念，掌握字符串的使用。
⑥理解函数的概念，理解函数的形参和实参之间的值传递和地址传递。
⑦掌握函数的定义、调用、理解函数的递归调用。
⑧理解指针变量概念、掌握指向变量的指针变量和指向数组的指针变量的使用、了解指向指针变量的指针变量、理解指针数组及其应用。

2. 编程要求

　　用 C-free 编写 C 语言程序代码，实现应用程序指定的功能，程序代码格式整齐规范、便于阅读，程序注释规范、简明易懂。

3. 实训内容

①从键盘输入 2～99 之间的整数，判断该整数是否为同构数。同构数是指该数的平方数中含有该数。如 5 是同构数，因为 5^2 是 25，含有数 5；又比如 25 是同构数，因为 60^2 是 3600，含有数 60。

②编程输入学生的学习成绩的等级，给出相应的成绩范围。设 A 级为 85 分以上（包括 85 分）；B 级为 70 分以上（包括 70 分）；C 级为 60 分以上（包括 60 分）；D 级为 60 分以下。分别使用 if 语句和 switch 语句实现。

③使用 continue 语句实现：将 100～500 之间不能被 5 整除的数输出。

④输入一个正整数 n，求 $1+4+7\cdots+(3n-2)$ 之和。

⑤输入一个整数 n，接着利用二层 for 循环输出 * 号，按照第 1 行 1 个、第 2 行 2 个、第 3 行 3 个，依次类推，直到恰好 n 个 * 号为止，比如 n＝3 时，打印的图形如下所示。分别在主函数中以 break 语句实现二层的 for 循环的结束、自定义函数中实现作图功能并以 return 语句实现二层 for 循环的结束。

```
    *
    * *
    * * *
```

⑥自定义函数 int strcmp(char * str1, * str2)，实现比较两个字符串的大小，若两个字符串相等，返回值为 0，若两个字符串不等，返回字符串序列中首次不等的两个对应元素的差值，比如"abc"和"abd"的差值就是 'c'－'d'，又比如"abc"和"abcd"的差值是 '\0'－'d'。

⑦【学生成绩管理系统】：在项目 2 的任务基础上，试写出程序实现如下操作。
　　a. 编写按照数学成绩从大到小的排序，并将学号、姓名、数学成绩输出。
　　b. 统计 3 门课程都是 A 的人数。

项目 4   学生和班级信息组织(C)

C 语言能够处理多种数据类型、并且能够以数组处理大量同类型的数据,但是,当需要用程序设计思想解决现实问题时,往往需要不同类型不同数量的数据共同构成对一个事物的描述,C 语言能够将这种独特的数据构成定义为一种数据类型描述出来。

本项目将通过两个任务向大家介绍 C 语言在自定义数据类型方面的能力,这两个任务包括:描述学生基本信息和描述班级基本信息。通过学习这两个任务的实现原理,学习者应该理解定义结构体作为自定义数据类型,掌握结构体变量的定义和成员的访问,掌握结构体数组的应用和掌握结构体的嵌套调用。本项目的技能目标如图 4-0 所示。

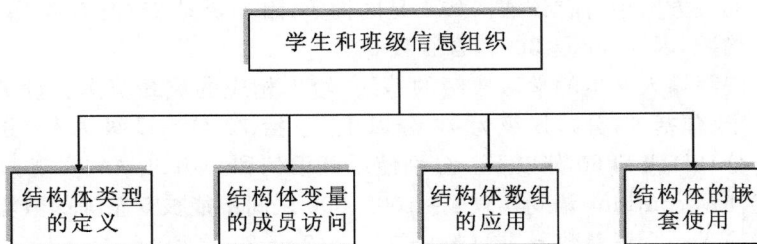

图 4-0   学生和班级信息组织项目技能目标

学习目标

通过本项目的开发和训练,读者应该实现如下的学习目标:

➤ 理解结构体类型的概念并定义结构体类型。

➤ 掌握结构体变量的定义和结构体变量的成员访问。

➤ 掌握结构体数组的应用。

➤ 理解结构体的嵌套使用,掌握嵌套结构体的成员访问。

4.1 任务 1　描述学生基本信息

4.1.1　目标效果

学生成绩管理系统会查询学生的基本信息。描述学生基本信息任务通过查询学号，将描述学生的学号、姓名、出生日期、联系号码、性别、籍贯、三门课程成绩等基本信息的数据列表显示在屏幕上，如图4-1所示。

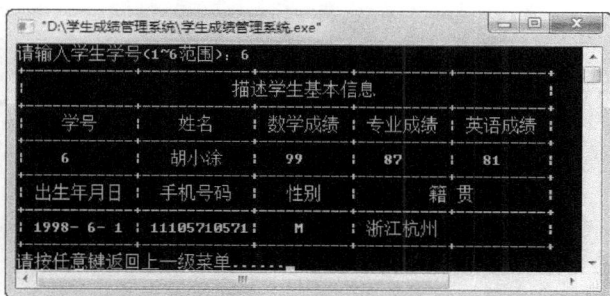

图4-1　描述学生基本信息

学生基本信息涉及学号、姓名、出生日期、手机号码、性别、籍贯、三门课程成绩等，其中涉及整型、实型、字符型数据，也涉及字符串，如何将这些不同数据类型的变量、字符串理解成描述一个学生基本信息，以便提高程序的可读性，是实现本任务的关键所在，不妨先思考以下几个问题。

①一个学生的基本信息在C语言中用哪些基本的数据类型描述？

②C语言能否建立由不同类型数据组成的组合型的数据集合？

③针对这样一个集合，如何去操作集合及里面的数据？

4.1.2　必备知识

在本任务中，主要需要处理好一个学生基本信息所涉及的不同类型的数据。我们知道，数组是描述同类型数据的有序集合，但在实际应用中，某个事物（比如本任务的一个学生基本信息）常常需要由不同数据类型的、相互关联的一组数据描述，如果独立的定义变量、数组，会很难反映出它们之间的内在联系，会影响到程序的可读性，也更容易产生错误。C语言允许用户自定义一种数据类型将这些数据有机的结合起来用一个量表示，这就是结构体。

4.1.2.1　结构体

1.结构体类型的定义

结构体作为不同类型数据的集合，首先需要定义一个结构体类型，它的一般形式是：

  struct 结构体类型名

  {

数据类型 成员 1;

数据类型 成员 2;

......

数据类型 成员 n;

}

大括号对内的成员可以是指针变量、变量、数组等,数据类型可以是整型、实型、字符型的各类数据类型及自定义的结构体类型,这里不详述各种情况。

比如学生基本信息涉及学号、姓名、出生日期、手机号码、性别、籍贯、三门课程成绩等可以定义一个结构体类型:

```
struct student
{
    int ID;              //学号
    char name[20];       //姓名
    char sex;            //性别
    int year,month,day;  //出生年月日
    char nativePlace[50];//籍贯
    char tel[15];        //电话
    int math;            //数学课程成绩
    int major;           //专业课成绩
    int english;//英语课程成绩
};
```

2.结构体变量的定义

结构体变量的定义可以分为两种方式:

(1)单独定义结构体变量

定义了结构体类型之后,你就可以把它看成如 int 这样的普通的数据类型来操作,利用它可以定义结构体的变量,一般形式为:

struct 结构体类型名　　结构体变量名;

比如学生基本信息的结构体类型就可以定义变量:

```
struct student   stu1;  //定义结构体变量 stu1
```

(2)定义结构体类型的同时定义结构体变量

结构体变量的定义也可以在定义结构体类型的时候同时定义,它的基本结构是:

struct 结构体类型名

{成员列表}结构体变量名;

比如关于学生基本信息的结构体变量的定义:

```
struct student
{成员列表 } stu1,stu2;
```

这条语句在定义结构体类型 struct student 的同时定义了结构体变量 stu1、stu2。

3.结构体变量的初始化

结构体变量也可以在定义的同时赋值,即初始化。结构体变量的初始化的一般形式为:

struct 结构体类型名　　结构体变量名＝{初值列表};

比如对学生基本信息的结构体变量的初始化：

```
struct student    stu =
{2,"米多",'F',2000, 1, 2,"浙江嘉兴","11100000000",95,90,89};
```

4. 结构体变量的整体赋值

同一个结构体类型的不同变量之间允许直接进行赋值，比如：

```
struct student    stu1 = {初值列表},stu2;
stu2 = stu1;//结构体变量之间的直接赋值
```

结构体变量 stu1 中的每个成员的值都会复制给 stu2 的每个成员。这可以看做是结构体类型的好处，不需要程序员对一个个成员分别复制数据。

4.1.2.2　结构体成员访问

有了结构体的变量，接着就要考虑对结构体成员的引用，即如何访问结构体变量内的各个成员。结构体成员访问的方式为：

结构体变量名. 成员名

这里符号"."为结构体成员运算符。

结构体的成员访问，里面的每一个成员就可以看做普通的数据类型来进行赋值、输入、输出，处理表达式等。

比如以下商品信息录入的典型应用：

```c
#include "stdio.h"
/*定义一个表示商品的结构体类型*/
struct goods
{
  int ID;//商品编号
  char name[30];//商品名称
  float price;//商品单价
};
int main()
{
    struct goods g;    //定义结构体变量
    printf("请输入商品编号:");
    scanf("%d",&g.ID);    //输入结构体成员 ID 的值
    printf("请输入商品名称:");
    scanf("%s",g.name);    //输入结构体成员 name 的值
    printf("请输入商品单价:");
    scanf("%f",&g.price);//输入结构体成员 price 的值
    //输出结构体变量,只能一个个成员的输出
    printf("你输入的商品信息是:编号(%d),名称(%s),单价(%.2f)。\n",
```

```
                g. ID, g. name, g. price);
    }
```

程序运行的结果如图 4 - 2 所示。

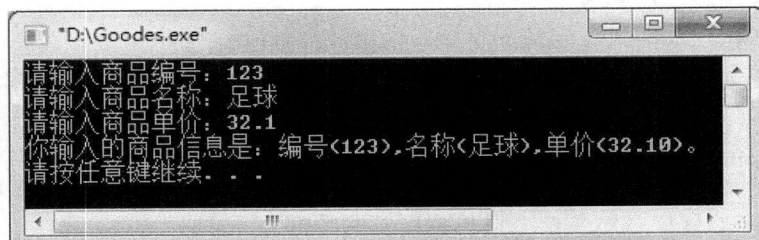

图 4 - 2　商品信息录入

4.1.3　拓展训练

试定义一个结构体类型表示时间的时分秒,输入一个起始的时间,接着输出经历 n 秒后的时间,n 为正整数,且小于 24 小时(即 n<86400),并判断是否跨日期。

Eg.4_1

```
/ * * Time. c:时间延迟 */
# include "stdio. h"
//定义描述时间的结构体类型
struct Time
{
    int hour; //时
    int minute; //分
    int second; //秒
};
//求零点时刻(0 时 0 分 0 秒)开始 n 秒后的时间
struct Time TimeSwap(int n)
{
    struct Time t;
    t. hour = n/3600;
    t. minute = n%3600/60;
    t. second = n%60;
    return t;
}
```

```
int main()
{
    struct Time time; //表示时间的结构体变量
    int n; //表示延迟的秒数 n
    printf("请输入时间初值(格式 00:00:00):");
    scanf("%d:%d:%d",&time.hour,&time.minute,&time.second);
    printf("请输入延迟的时间(秒):");
    scanf("%d",&n);
    n=n+time.hour*3600+time.minute*60+time.second;//转换到从零时开始的延
迟秒数
    printf("新的时间为");
    if(n/86400 == 1) //24 小时等于 86400 秒
    printf("下一日的:");
    else
        printf("当日的:");
    time = TimeSwap(n%86400);//调用函数返回延迟后的时间
    printf("%2d 时 %2d 分 %2d 秒。\n",time.hour,time.minute,time.second);

}
```

程序运行的效果如图 4-3 所示。

图 4－3　时间延迟

4.1.4　实现机制

4.1.4.1　描述学生的基本信息任务程序结构

本任务的实现主要依赖于一个函数：menu_studentInform。它在 C-free 的视图列表中的位置如图 4－4 所示。

menu_ studentInform 中与本任务相关的作用是通过学号查询到描述学生的基本信息，并显示学生基本信息。由于学生成绩的来源是通过学生学号，获取相应学生的相关数据，这个涉及到后续的结构体嵌套使用知识，在此不做描述。

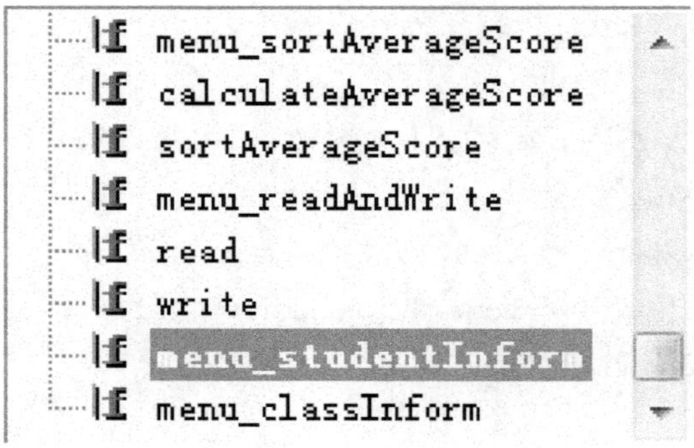

图 4-4 描述学生基本信息任务程序结构

4.1.4.2 描述学生的基本信息任务程序剖析

1. menu_studentInform 代码分析

```
/* menu_studentInform :用于创建"描述学生基本信息"的函数 */
/* ①结构体类型定义 */
struct student
{
    int   ID;                    //学号
    char name[20];          //姓名
    char sex;                 //性别
    int year,month,day;     //出生年月日
    char nativePlace[50]; //籍贯
    char tel[15];               //电话
    int math;                   //数学课程成绩
    int major;                  //专业课成绩
    int english;               //英语课程成绩
};
void menu_studentInform()
{
    struct student st;//定义一个结构体变量
    int sid;                    //②定义一个变量学号
    //查询到学号 sid 学生基本信息并存储到结构体变量 st
    /* * * * * * * * * * * * * * * * * * * * * * * * * * * * * * * * *
       * * *限于篇幅省略了 与本任务 无关的部分代码,完整代码可参考附录 * * *
       * * * * * * * * * * * * * * * * * * * * * * * * * * * * * * * * * /
```

```
//③列表输出学生基本信息
system("CLS");
printf(" + - - - - - - - - - + - - - - - - + - - - - - - - +
- - - + - - - - - + - - - - - - - + \n");
printf("|                        描述学生基本信息                    |\n");
printf(" + - - - - - - - - - + - - - - - - + - - - - - - - +
- - - + - - - - - + - - - - - - - + \n");
printf("|    学号    |   姓名   | 数学成绩 | 专业成绩 | 英语成绩 |\n");
printf(" + - - - - - - - - - + - - - - - - + - - - - - - - +
- - - + - - - + - - - - - - - + \n");
printf("|   % - 4d   |  % - 6s  |  % - 4d  |  % - 4d  |  % - 4d  |\
n",
    st.ID,st.name,st.math,st.major,st.english);//结构体成员访问
printf(" + - - - - - - - - - + - - - - - - + - - - - - - - +
- - - + - - - - - + - - - - - - - + \n");
printf("| 出生年月日 | 手机号码 |  性别  |       籍贯       |\n");
printf(" + - - - - - - - - - + - - - - - - + - - - - - - - +
- - - + - - - - - + - - - - - - - + \n");
printf("| % 4d - % 2d - % 2d | % - 11s|    % c    | % - 20s|\n",
        st.year,st.month,st.day,st.tel,st.sex,st.nativePlace);
printf(" + - - - - - - - - - + - - - - - - + - - - - - - - +
- - - + - - - - - + - - - - - - - + \n");
printf("请按任意键返回上一级菜单......");
getchar();
}
```

　　menu_studentInform 函数的主要功能是通过查询学号之后获得描述学生的基本信息并输出在屏幕上，在这之前先构造结构体类型 struct stuent 表示一个学生基本信息涉及到的各类数据。

　　①的语句自定义一个结构体类型 struct stuent，其中有包含描述学生基本信息的各类型数据表示，分别是：描述学号的整型变量 ID，描述姓名的字符型数组 name 用于存储字符串，表示性别的字符变量 sex 且只有两个值'M'和'F'，表示出生年月日的三个整型变量，表示籍贯的字符型数组 nativePlace 用于表示字符串，表示电话号码的字符型数组 tel，表示三门课程的三个整型变量。②的语句定义一个表示待查询学号的变量 sid，学号查询及其查询结果因为涉及到结构体嵌套使用，这里不多详述，查询到的结构体变量的值用于后续的输出。③的语句将查询到的学生基本信息以列表的形式输出，其中涉及到结构体变量的成员访问。

4.2 任务 2 描述班级基本信息

4.2.1 目标效果

学生成绩管理系统会查询班级的基本信息。描述班级基本信息任务通过描述班级名称、专业名称、入学年份、学制、学生总数（并统计男女生人数）等数据并列表显示在屏幕上，如图4-5所示。

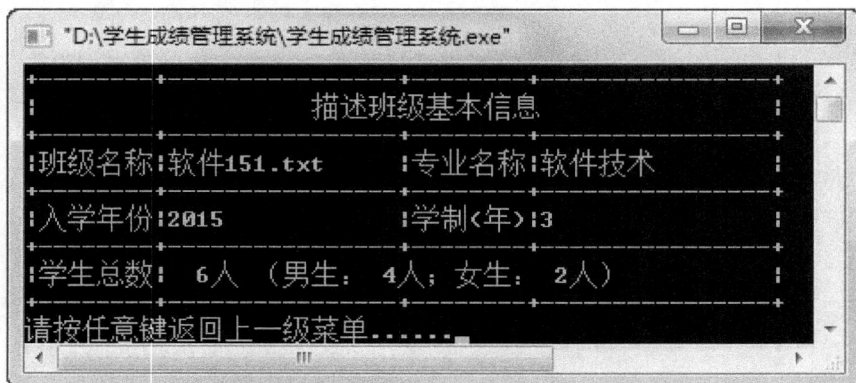

图 4-5 描述班级基本信息

在上一任务中已经定义了表示学生的结构体类型，本任务描述班级基本信息涉及班级名称、专业名称、入学年份、学制、学生总数等，这就需要有一个结构体类型来表示班级，从更完整的角度考虑，每一个学生的基本信息也应该纳入班级信息中考虑，而从显示的角度只需给出需要展示的内容即可。不妨先思考以下几个问题？

①一个表示班级的结构体类型该如何定义？

②班级中所有学生的基本信息数据如何纳入班级的结构体类型中？

③这种表示班级的和表示学生的两种结构体类型以怎样的方式联系在一起？又是如何操作的？

4.2.2 必备知识

在上一个任务中，我们定义了结构体类型，并定义和使用了结构体变量。但是，结构体作为一种数据类型，除了定义变量，它也可以定义数组、指针变量，也可以将结构体变量作为另一个结构体类型的成员。下面就部分知识进行介绍。

4.2.2.1 结构体数组

1. 结构体数组的定义

结构体数组的定义和一般的数组定义类似。结构体一维数组的定义形式为：

struct 结构体类型名　结构体数组名[常量表达式]；

比如以结构体类型 struct stuent 定义一个数组：

```
struct stuent stu[100];
```

当然，也可以在结构体类型定义的同时进行结构体数组的定义，比如：

```
struct stuent
    {成员列表} stu[100];
```

2. 结构体数组的初始化

结构体数组也能在定义时进行初始化，它的一般形式为：

struct 结构体类型名　结构体数组名[常量表达式]＝{初值列表}；

这里的初值列表只要按照数组元素顺序和每个数组元素中结构体成员的顺序给出初值列表即可。当然，若为了更清晰的表示出每个数组元素的初值列表，可以将每个元素的所有成员的初值再以一对大括号括起来，比如以下的初始化代码：

```
struct stuent stu[100] = {
    {2,"米多",'F',2000, 1, 2,"浙江嘉兴","11100000000",95,90,89},
    {3,"金刚",'M',1999,12,12,"浙江温州","22211111111",35, 68, 99}
};
```

3. 结构体数组元素的引用和数组元素的成员访问

结构体数组元素的引用只需要利用数组元素的下标，一般形式为：

结构体数组名[下标表达式]；

若数组的大小为 n，下标表达式的值的范围为 0～n-1。

若要访问数组元素内的成员，一般形式为：

结构体数组名[下标表达式].成员名；

比如：

```
stu[1].name;
```

4. 结构体指针变量

(1)结构体指针变量的定义

结构体指针变量的定义和普通的数据类型的指针变量定义类似，其一般形式为：

struct 结构体类型名 ＊结构体指针变量名；

(2)指向结构体变量的指针变量和指向结构体数组的指针变量

我们可以将另一个结构体变量的地址赋值给指针变量，一般形式为：

结构体指针变量名＝& 结构体变量名；

比如以下的代码：

```
struct student stu1 = {初值列表},stu2[100];
struct student * s1, * s2;
s1 = &stu1;  //将结构体变量的地址赋值给结构体指针变量
s2 = stu2;  //将结构体数组的数组名赋值给结构体变量
```

（3）指针变量的成员访问

在结构体指针变量已经被赋值的前提下，需要通过结构体指针变量访问成员，可以有两种方式，分别是用"."的结构体成员运算符。

(* 结构体指针变量名). 成员（或(* 结构体指针变量名[下标]). 成员）；

以及用"ー＞"的指向结构体成员运算符：

结构体指针变量名ー＞成员(或结构体指针变量名[下标])ー＞成员）；

比如以下的代码：

```
# include "stdio.h"
struct Date
{
    int year;    //年
    int month;   //月
    int day;     //日
};
int main()
{
    struct Date d1 = {2000,02,02};
    struct Date * d2;
    d2 = &d1;
    printf("%d- %d- %d\n",d2->year,( * d2).month,d2->day);//成员访问
}
```

4.2.2.2　结构体的嵌套使用

在定义一个结构体类型时，需要有成员的列表，这些成员都是特定数据类型的变量、数组、指针变量等，其中，也允许其成员是另一个结构体类型的变量、数组、指针变量，这就是结构体的嵌套使用。

比如在之前介绍的结构体 struct student，涉及到出生日期，这就可以引入一个结构体类型表示一个日期，比如：

```
structDate
{
    int year;
    int month;
```

```
        int day;
    };
```

那么 struct student 的结构体类型定义可以改写为：

```
struct student
{
......
struct Date birthday;   //出生年月日
......
};
```

就是将三个整型变量的成员 year、month、day 替换为一个 struct Date 的成员 birthday。

比如以下商品信息按录入时间排序的典型应用：

```
#include "stdio.h"
#include "stdio.h"
/*定义一个表示日期的结构体类型*/
struct Date
{
    int year;
    int month;
    int day;
};
/*定义一个表示商品的结构体类型*/
struct goods
{
    int ID;//商品编号
    char name[30];//商品名称
    float price;//商品单价
    struct Date warehousingDate;   //入库日期
};
//比较两个日期的先后
int sortDate(struct Date a,struct Date b)
{
    if(a.year! = b.year)   //年份不同时,返回年份的差值
      return a.year - b.year;
    if(a.month! = b.month)   //月份不同时,返回月份的差值
      return a.month - b.month;
    return a.day - b.day;   //返回日期的差值,含返回0
};
```

```c
    //商品按录入时间先后顺序排序
    void sortWarehoousingDate(struct goods g[],int n)
    {
        int i,j,min;
        struct goods temp;
        //选择排序法
        for(i=0;i<n-1;i++)
        {
          min=i;
          for(j=i+1;j<n;j++)
          {
          if(sortDate(g[j].warehousingDate,g[min].warehousingDate)<0)
                  min=j;
          }
          if(min!=i)
          temp=g[i],g[i]=g[min],g[min]=temp;//交换g[i]、g[min]的值
        }
    }
    //输出商品信息
    void printGoods(struct goods g[],int n)
    {
        int i;
printf("+ - - - - - - - - + - - - - - - - - - - - - - - - - + - - - - - - - -
+ - - - - - - - - - - - - - - - +\n");
printf("|                    商品按入库日期排序                      |\n");
printf("+ - - - - - - - - + - - - - - - - - - - - - - - - - + - - - - - - - -
+ - - - - - - - - - - - - - - - +\n");
printf("+ - -编号- - + - - - -商品名称- - - - +商品单价+ - - - -入库日期-
- - - +\n");
printf("+ - - - - - - - - + - - - - - - - - - - - - - - - - + - - - - - - - -
+ - - - - - - - - - - - - - - - +\n");
      for(i=0;i<n;i++)
          printf("|  %2d  |    %-8s   | %6.2f|   %4d- %2d- %2d   |\n",
          g[i].ID,g[i].name,g[i].price,g[i].warehousingDate.year,
          g[i].warehousingDate.month,g[i].warehousingDate.day);
printf("+ - - - - - - - - + - - - - - - - - - - - - - - - - + - - - - - - - -
+ - - - - - - - - - - - - - - - +\n";
    }
```

```
int main()
{
    struct goods g[5] = {
        {1,"可口可乐",2.35,{2015,8,25}},
        {2,"百事可乐",2.19,{2015,07,29}},
        {3,"非常可乐",1.99,{2015,9,01}},
        {4,"雪碧",2.29,{2015,8,15}},
        {5,"芬达",2.15,{2015,06,22}}
    };
    sortWarehoousingDate(g,5);//调用函数按时间先后排序商品
    printGoods(g,5); //调用函数输出商品信息
}
```

程序运行的结果如图 4-6 所示。

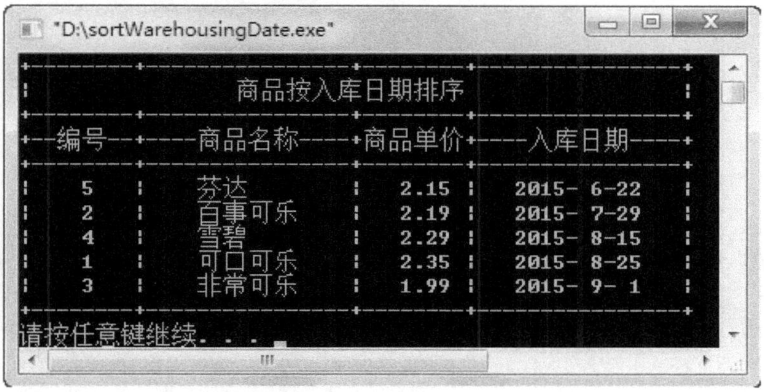

图 4-6   商品信息入库时间排序

4.2.3   拓展训练

试定义两个结构体类型分别表示时间的时分秒、日期的年月日,并共同定义一个表示时间日期的结构体类型,输入一个起始的日期时间,接着输出延迟 n 秒后的日期时间,n 为正整数,所有年份范围在 1000~9999。

Eg.4_2

```
# include "stdio.h"
//定义描述时间的结构体类型
struct Time
{
```

```
        int hour;      //时
        int minute;    //分
        int second;    //秒
};
//定义描述日期的结构体类型
struct Date
{
        int year;      //年
        int month;     //月
        int day;       //日
};
//定义描述日期时间的结构体类型,
struct DateTime
{
        struct Time t;   //表示时间的结构体成员
        struct Date d;   //表示日期的结构体成员
};
//求零点时刻(0 时 0 分 0 秒)开始 n(n<86400)秒后的时间
struct Time TimeSwap(int n)
{
        struct Time t;
        t.hour = n/3600;
        t.minute = n%3600/60;
        t.second = n%60;
        return t;
}
//判断是否闰年,是返回1,不是返回0
int leap(int year)
{ return year%4 = = 0 && year%100 ! = 0 || year%400 = = 0;}
//推算 n 天后的日期
void DateAdd(struct Date * d,int n)
{    /* * 将初始日期回调为当年的 1 月 1 日 */
        n+ =d- >day-1;
        switch(d- >month-1)
        {
                case 11: n+30;
                case 10: n+ =31;
                case 9: n+30;
```

```
        case 8: n + 31;
        case 7: n + 31;
        case 6: n + 30;
        case 5: n + 31;
        case 4: n + 30;
        case 3: n + 31;
        case 2: n + = 28 + leap(d - >year);
        case 1: n + = 31;
    }
    /* 处理年份 */
d - >year = d - >year + 400 * (n/146097);//400 年一个闰年运算的周期,总天数146097
    n = n % 146097;//400 年以内的天数
    //一整年的扣除天数,增加年份,并确定年份
    while(n > = 366)
    {
        n = n - 365 - leap(d - >year); //天数减少 365 或 366
        d - >year + + ;  //年份增加 1
    }
    if(leap(d - >year) && n = = 365)//又是一整年
    {
        d - >year + + , d - >month = 1, d - >day = 1;  //确定年月日
        return;      //结束函数,无返回值
    }
    /* * 年份确定的情况下,n<365 的情况下处理月份和日期 */
    int  i,  month[12] =
        {31,28 + leap(d - >year),31,30,31,30,31,31,30,31,30,31};
    d - >month = 1;//从 1 月开始往后加
    for(i = 0;n > month[i];i + +)
    {
        n - = month[i];  //天数减少
        d - >month + + ;  //月份增 1
    }
    d - >day = 1 + n;  //从 1 号开始往后加
}
int main()
{
    struct DateTime dt;
```

```
        int n;         //表示延迟的秒数 n
        printf("请输入时间初值(格式 0000 - 00 - 00 00:00:00):");//注意输入格式
        scanf("%d - %d - %d %d:%d:%d",&dt.d.year,
            &dt.d.month,&dt.d.day,&dt.t.hour,&dt.t.minute,&dt.t.second);
        printf("请输入延迟的时间(秒):");
        scanf("%d",&n);
        //转换到从零时(0:0:0)开始的延迟秒数
        n = n + dt.t.hour * 3600 + dt.t.minute * 60 + dt.t.second;
        DateAdd(&dt.d,n/86400);      //调用函数计算延迟后的日期
        dt.t = TimeSwap(n % 86400);//调用函数返回延迟后的时间
        printf("新的时间为%4d 年%2d 月%2d 日 %2d 时%2d 分%2d 秒。\n",
      dt.d.year,dt.d.month,dt.d.day,dt.t.hour,dt.t.minute,dt.t.second);
    }
```

程序运行的效果如图 4 - 7 所示。

图 4 - 7　日期时间延迟

4.2.4　实现机制

4.2.4.1　描述班级基本信息任务程序结构

本任务的实现主要依赖于一个函数:menu_classInform。它在 C-free 的视图列表中的位置如图 4 - 8 所示。

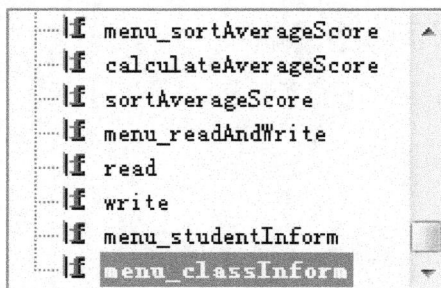

图 4 - 8　描述班级基本信息任务程序结构

menu_ classInform 中与本任务相关的作用是通过描述班级名称、专业名称、入学年份、学制、学生总数（并统计男女生人数）等数据并列表显示在屏幕上。学生男女生人数是通过搜索表示班级学生基本信息的嵌套的结构体成员的性别统计出来的。

4.2.4.2　描述班级基本信息任务程序剖析

1. menu_classInform 代码分析

```c
/* menu_classInform :用于创建"描述班级基本信息"的函数 */
/* ①结构体类型定义 */
struct classes
{
    char className[30];        //班级名称
    char majorName[30];        //专业名称
    int stuNum;                //学生数
    int admissionYear;         //入学年份 12es//1,k
    int lengthOfSchooling;     //学制
    struct student stu[M];//班级学生,嵌套的结构体数组成员
}cls;//定义全局的结构体变量
void menu_classInform()
{
    int maleNum = 0,femaleNum = 0,i;
    //②统计班级学生男、女人数
    for(i = 0;i<count;i + +)
    {
        if(cls.stu[i].sex = = 'M')//嵌套的结构体成员访问
            maleNum + + ;
        else
            femaleNum + + ;
    }
    //③列表输出班级基本信息
    system("CLS");
printf(" + - - - - - - - - + - - - - - - - - - - - - - -
 + - - - - - - - - - - - - - - - + \n");
printf("|                 描述学生基本信息                    |\n");
printf(" + - - - - - - - - + - - - - - - - - - - - - - - +
 + - - - - - - - - - - - - - - - + \n");
printf("|班级名称| % - 16s|专业名称| % - 16s|\n",
            cls.className,cls.majorName);
```

```
printf(" + - - - - - - - - + - - - - - - - - - - - - - - - + - - - - - - - - -
    + - - - - - - - - - - - - + \n");
printf("|入学年份|% - 16d|学制(年)|% - 16d|\n",
    cls.admissionYear,cls.lengthOfSchooling);
printf(" + - - - - - - - - + - - - - - - - - - - - - - - - + - - - - - - - - -
    + - - - - - - - - - - - - + \n");
printf("|学生总数|% 2d 人（男生:% 2d 人;女生:% 2d 人）          |\n",
    cls.stuNum,maleNum,femaleNum);
printf(" + - - - - - - - - + - - - - - - - - + - - - - - - - - -
    + - - - - - - - - - - - - + \n");
    printf("请按任意键返回上一级菜单......");
    getchar();
}
```

menu_classInform 函数的主要功能通过描述班级名称、专业名称、入学年份、学制、学生总数（并统计男女生人数）等数据并列表显示在屏幕上,在这之前先构造结构体类型 struct classes 表示一个班级基本信息涉及到的成员。

①的语句自定义一个结构体类型 struct classes,其中有包含描述班级基本信息的各类型数据表示,分别是:描述班级名称的字符型数组 className 存储字符串、描述专业名称的字符型数组 majorName 存储字符串、表示学生总数的的整型变量 stuNum、表示入学年份的整型变量 admissionYear、表示学制的整型变量 lengthOfSchooling、表示所有学生的基本信息的结构体数组 stu。②的语句嵌套的结构体使用访问每个学生的性别,统计出班级中男、女生的人数。③的语句在计算出男、女生人数的数据之后,直接访问表示班级的结构体变量的成员,获取班级的基本信息,并列表输出到屏幕上。

一项目总结 "班级和学生信息组织"项目中主要实现了两个个任务,即描述学生基本信息和描述班级基本信息,每个任务实现的主要技术如下:

任务一:描述学生基本信息　本任务通过分析一个学生基本信息所构成的各项基本数据,以定义一个结构体类型来统一的描述学生信息,并通过查询学号,将描述学生的基本信息列表显示。学习这一任务的目的在于学习如何自定义一个结构体类型,以及如何定义结构体变量、访问结构体成员。

任务二:描述班级基本信息　本任务通过分析一个班级基本信息所构成的各项基本数据,以定义一个结构体类型来统一的描述班级信息,并根据输出的要求,将描述班级的基本信息列表显示。学习这一任务的目的在于结构体数组的定义和使用、嵌套的结构体的使用。

一知识归纳 在本项目中我们学习了如何处理班级和学生的基本信息。主要的知识点如下：

①可以定义一个由多类型数据构成的复合型的数据类型—结构体类型。

②结构体类型在定义之后可以作为数据类型来定义它的变量、指针变量、数组等。

③两个结构体变量之间能够进行整体的赋值。

④结构体变量的成员访问使用"."成员访问运算符。

⑤结构体指针变量的成员访问使用"—＞"指向成员访问运算符。

⑥结构体数组的每一个元素都是结构体变量，均含有结构体类型的所有成员。

⑦结构体变量也可以作为另一个结构体类型的成员。

⑧结构体变量、指针变量、数组都可以作为函数的参数，其中的值传递、地址传递方式和普通的数据类型一样。

⑨结构体变量的输入和输出都只能通过基本数据类型的成员输入和输出实现。

一知识巩固

一、填空题

1. 在 C 语言中，访问结构体变量的成员用到的"."称为是_____运算符，访问结构体指针变量的成员用到的"—＞"称为是_____运算符。

2. 在定义结构体类型时，除了用到关键字 struct 外，还需要确定的是_____和_____。

二、选择题

1. 已知结构体的定义
   Struct Time{ int hour,minute,seconds; }time;
   则下列描述不正确的是（　　）。
   A. struct 是定义结构体类型的关键字
   B. struct Time 是用户定义的结构体类型
   C. time 是用户定义的结构体类型
   D. hour,minute,seconds 都是结构体类型的成员

2. 已知结构体 struct Time 的指针变量 p，则以下访问成员的语句正确的是（　　）。
   A. p. hour　　　　　　　B. ＊p. hour
   C. p. (＊hour)　　　　　D. p—＞hour

3. 定义结构体 struct Time 的数组，则以下初始化错误的是（　　）。
   A. struct Time time[2]＝{1999,01,01,2000,02,02}
   B. struct Time time[2]＝{{1999,01,01},{2000,02,02}}
   C. struct Time time[2]＝{1999—01—01,2000—02—02}
   D. struct Time time[2]＝{{},{2000,02,02}}

4. 已知结构体的定义
   struct goods
   {

```
    int ID;//商品编号
    char name[30];//商品名称
    float price;//商品单价
} * g;
```

若 g 已被赋值为一个 struct goods 的指针变量的地址,则以下的输入语句正确的是(　　)。

A. scanf("%s",g)

B. scanf("%s",g. name)

C. scanf("%s",g->name)

D. scanf("%s",&g. name)

5. 在说明一个结构体变量时系统分配给它的存储空间是(　　)。

A. 该结构体中第一个成员所需存储空间

B. 该结构体中最后一个成员所需存储空间

C. 该结构体中占用最大存储空间的成员所需存储空间

D. 该结构体中所有成员所需存储空间的总和

6. 设有以下说明语句

```
struct stu
〔 int  a;   float  b;〕stutype;
```

则下面的叙述不正确的是(　　)。

A. struct 是结构体类型的关键字

B. struct stu 是用户定义的结构体类型

C. stutype 是用户定义的结构体类型名

D. a 和 b 都是结构体成员名

7. C 语言结构体类型变量在程序执行期间(　　)。

A. 所有成员一直驻留在内存中

B. 只有一个成员主留在内存中

C. 部分成员驻留在内存中

D. 没有成员驻留在内存中

三、简答题

1. 结构体变量的赋值有哪些途径,请分别举例说明?

2. 结构体变量和 C 语言提供的数据类型的变量在使用上有哪些相同点? 哪些不同点?

3. 一个结构体对象是另一个结构体类型的成员,这是否合理? 若合理请举例。

一项目实训

1. 实训目标

①掌握结构体类型的定义。

②掌握结构体变量的定义和使用、掌握结构体成员的访问。

③掌握结构体数组的定义和使用。

④掌握结构体指针变量的应用。
⑤掌握嵌套的结构体的使用。

2.编程要求

用 C-free 编写 C 程序代码，实现应用程序指定的功能，程序代码格式整齐规范、便于阅读，程序注释规范、简明易懂。

3. 实训内容

①试定义一个结构体类型，表示一本书的名称、单价、作者、出版社。接着定义由 5 本书构成的数组并初始化，然后按每行一本书的格式输出。

②试利用结构体类型编制一程序，实现输入一个学生的数学期中和期末成绩，然后计算并输出其平均成绩。

③试利用指向结构体的指针编制一程序，实现输入三个学生的学号、数学期中和期末成绩，然后计算其平均成绩并输出成绩表。

④【学生成绩管理系统】：在项目 4 中的任务二的基础上，试添加数学、专业、英语课程的平均成绩作为班级的基本信息输出在屏幕上。

项目5　学生基本信息处理(Java)

　　程序设计语言应具备最基本的功能是可以客观、准确地描述现实世界中的事物。当前备受推崇的Java语言在这一方面具有明显的优越性，它具备丰富的数据类型、强大的运算符、灵活多变的表达式规则以及高效的程序流程控制结构，这些成为Java流行的有效保障之一。

　　本项目将通过三个任务向大家介绍Java精确、方便的数据表达能力以及灵活、高效的程序结构控制能力，这三个任务包括：学生基本信息录入与保存、学生课程实训评价分析和班级成绩汇总分析。通过学习这三个任务的实现原理，学习者应该掌握Java对基本数据的描述方法，掌握对基本数据操作流程的控制。理解和掌握本项目的相关知识将为下一项目奠定良好的基础。本项目的技能目标如图5-0所示。

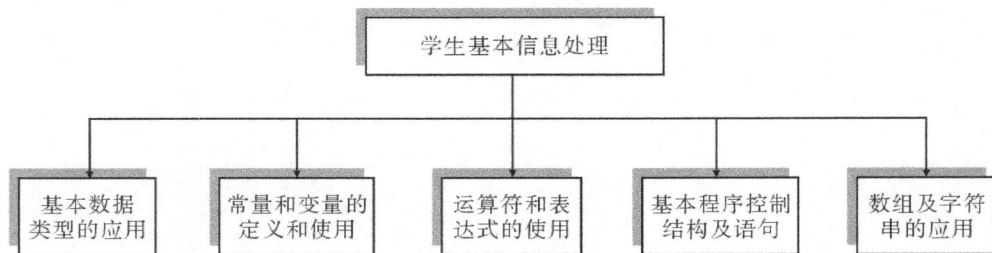

图5-0　学生基本信息处理项目技能目标

学习目标

　　通过本项目的开发和训练，读者应该实现如下的学习目标：

➤ 了解Java的基本数据类型，并掌握其应用的方法。

➤ 理解常量和变量的区别，并掌握其使用的方法。

➤ 理解并掌握Java运算符和表达式的应用规则。

➤ 理解并掌握三种基本程序控制结构及语句。

➤ 掌握数组和字符串的使用方法。

5.1 任务 1　学生基本信息录入与保存

5.1.1　目标效果

　　SIMS 学生成绩管理系统处理的基本数据主要是班级学生的相关信息,包括基本信息和各门课程考试成绩数据。信息管理过程的第一步工作就是要保存学生的基本信息,当我们对一名新同学的基本信息进行录入操作的时候,我们可以打开"添加新同学"的窗口界面,并输入规范的数据信息,如图 5－1 所示。

图 5－1　新同学信息输入

　　学生的基本信息较多,当用户把这些数据都规范地输入完毕之后并点击"保存"按钮,这样系统就会接收这些数据,并将其合理地保存。

　　学生的基本信息包含众多内容,如何正确的保存并进行合法地操作,是实现本任务的关键所在,不妨先思考以下几个问题?

　　①你所知道的数据类型有哪些?

　　②基本信息中的数据可以分为几类,分别用什么数据类型来描述?

　　③具体类型的数据是怎么被保存在内存中的,又是如何被访问的?

　　④针对不同类型数据的操作有和不同?

5.1.2　必备知识

从本项目开始，我们将正式进入一个针对学生管理背景的实用信息管理系统的开发阶段。显而易见，基于任何语言的系统开发，熟练掌握该语言的语法是其有效保障。Java 语法主要包含两个部分，即基础语法和面向对象特性语法，将分别于本项目和项目 6 中作详细地介绍。

下面就让我们先从 Java 的基础语法开始学习吧。

5.1.2.1　标识符与注释符

1. 标识符

在项目 1 中我们已经对 Java 程序有了初步的认识，知道在程序中使用的变量、常量、方法、对象和类等都需要有一个名字，而这些名字就是标识符。

标识符构成的规则，即必须以字母、下划线(_)或美元符号($)开头，其后可以是字母或数字的组合。Java 语言标识符的构成具有以下特点：

- 标识符严格区分大小写；
- 标识符长度没有限制；
- 标识符内不允许有空格。

此外，在 Java 语言中已经存在具有专门用途且不允许再被赋予其他意义的标识符，称为关键字(保留字)，常见的系统关键字如表 5-1 所示。

表 5-1　Java 主要关键字

abstract	assert	boolean	break	byte	byvalue	case	catch
char	class	continue	default	do	double	else	extends
false	final	finally	folat	for	if	int	import
implements	instanceof	interface	long	native	new	null	package
private	protected	public	return	short	static	super	switch
syschronized	this	throw	throws	transient	try	true	void
volatile	while						

当我们在定义 Java 标识符的时候，需要注意，标识符不允许与 Java 的关键字相同，否则会导致编译器报错。

合法的标识符例子如下：

repaint、s_time 、i_status、_currentpoint5、$ salary、长度 len。

不合法的标识符例子如下：

2000_salary、#tel_phone、@email_name。

> **提示**
>
> 由于 Java 使用 Unicode 编码作为字符的内部字节码，一个 Java 字符由两个字节来表示，因而 Java 字符既可以表现为一个英文字母字符，如'A'，也可以表现为一个中文字符，如'中'。

2. 注释符

在程序代码中,有一小部分代码是被编译器忽略的,那就是注释。使用注释,基本上有以下两个用途:

①解析程序代码,增强代码的可读性,便于程序、代码的维护。

②利用注释提醒程序的调试。把可疑的代码注释掉,再编译、运行程序,以观察是否还存在错误,如果错误不再出现,说明错误产生于所注释的代码。

注释只会增加源程序的大小,但并不会增加 Java 执行文件的大小,因为 Java 编译器会忽略掉这些注释。Java 注释的方法有两种,即单行注释和多行注释。

· 单行注释:用双斜线(//)标注,从双斜线开始到行尾处,为注释的内容。

例如:
```
// file. close();
```

这样,语句行 file. close()被注释掉,将不会被执行。

· 多块注释:用/ * … * /标注,从/ * 开始到 * /结束,中间若干行代码均被注释掉。例如:

```
/ *
for (int j = 1; j< = 85; j+ +)
    {         System. Out. print(j);
    }
* /
```

以上的 for 代码片段将会被注释掉,因此不会被编译执行了。

5.1.2.2 基本数据类型

Java 为不同性质的数据提供了丰富的数据类型,包括基本数据类型和引用类型(对象类型将在项目 6 中详细介绍),基本数据类型包括:布尔类型、整数类型、浮点数类型和字符类型,引用类型包括:类(class)、接口(interface)、和数组,其整体结构如图 5 - 2 所示。

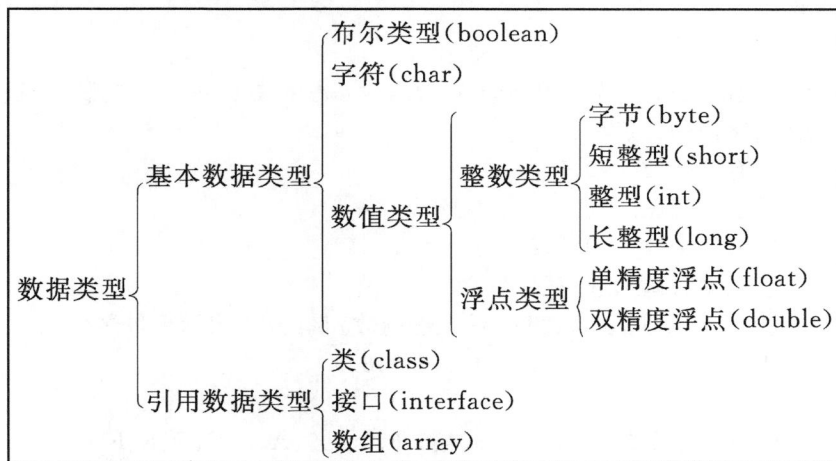

图 5 - 2 Java 数据类型结构

1. 布尔类型(boolean)

布尔型数据只有两个值 true 和 false,且它们不对应任何整数值。布尔类型通常用来描述只有两种取值情况的数据,一个布尔型变量占用 1 个字节的内存。布尔类型的典型应用如下:

```
/* * TestBoolean.java:测试 boolean 型数据 * /
public class TestBoolean
{    public static void main(String[] args)
    { boolean x, y,z;
     x = (10 < 20);
     y = (20 < 10);
     z = ((10 + 20) = = 50);
     System.out.println("x=" + x);
     System.out.println("y=" + y);
     System.out.println("z=" + z);
    }
}
```

程序运行的结果如图 5-3 所示。

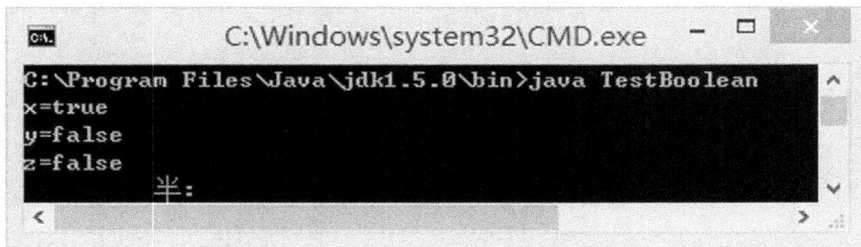

图 5-3　布尔数据类型测试

2. 整数类型

(1)整数的表示

Java 语言和其他高级语言(如 C/C++)一样,对于整型数据可以二进制、十进制、八进制和十六进制来表示,它们的特点为:

- 二进制：　①有两个数字:0、1

　　　　　　②运算时逢二进一
- 八进制：　①有八个数字:0、1、2、3、4、5、6、7

　　　　　　②运算时逢八进一

　　　　　　③ 以 0 开头,如 0125 表示十进制数 85,-011 表示十进制数-9
- 十进制：　①有十个数字:0、1、2、3、4、5、6、7、8、9

　　　　　　②运算时逢十进一
- 十六进制:①有十六个数字:0、1、2、3、4、5、6、7、8、9、A、B、C、D、E、F

　　　　　　②运算时逢十六进一

　　　　　　③以 0x 或 0X 开头,如 0x125 表示十进制数 291,-0X12 表示十进制数-18

（2）整型分类

Java 语言提供了四种类型的整型数据类型，分别为：字节型（byte 型）、整型（int 型）、短整型（short 型）、长整型（long 型），其特点如表 5-2 所示。

表 5-2　整数数据类型

数据类型	所占位数	数据描述范围
byte	8（1 个字节）	$-2^7 \sim 2^7-1$
short	16（2 个字节）	$-2^{15} \sim 2^{15}-1$
int	52（4 个字节）	$-2^{51} \sim 2^{51}-1$
long	64（8 个字节）	$-2^{65} \sim 2^{65}-1$

整数类型的典型应用如下：

```
/ * * TestInteger. java:测试不同数制整数的表现形式及系统的自动转化功能 * /
public class TestInteger
{    public static void main(String[] args)
    {byte x = 22;//十进制
     byte y = 022;//八进制
     byte z = 0X22;//十六进制
     int a = 5; //十进制
     short b = 022;//八进制
     long c = 22L;//十进制，L 是 long 型数据的标志，不能省略
     System. out. println("转换成十进制,x = " + x);
     System. out. println("转换成十进制,y = " + y);
     System. out. println("转换成十进制,z = " + z);
     System. out. println("转换成十进制,a = " + a);
     System. out. println("转换成十进制,b = " + b);
     System. out. println("转换成十进制,c = " + c);
    }
}
```

程序运行的结果如图 5-4 所示。

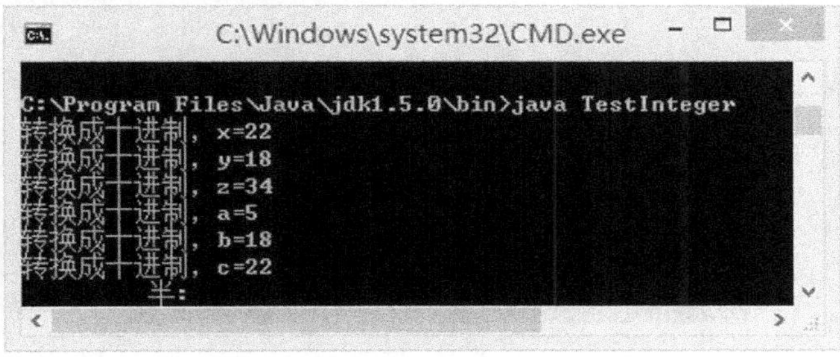

图 5-4　不同进制整型测试

3. 浮点数类型

实型数据，即带小数点的数据，通常用浮点数类型描述。根据小数点后数据精度的不同可以分为单精度浮点型和双精度浮点型。

（1）单精度浮点型（float 型）

float 型数据占位 4 个字节，有效数字最长为 7 位。描述单精度浮点数的时候，必须在数据后添加一个后缀 F，大小写均可，否则的话系统会认为是双精度浮点型，即 double 型，如：

float x ＝ 22.2F ；

（2）双精度浮点型（double 型）

double 型数据占位八个字节，有效数字最长为 15 位。顾名思义，double 型数据的精度是 float 型数据精度的两倍，描述该类型数据的时候，可以在其后面添加一个后缀 D，大小写均可，但也可不加，因为系统默认不带任何后缀的浮点数值为 double 型的。

如： 语句 double x＝22.2D ；与语句 double x＝22.2； 等效。

单精度浮点数与双精度浮点数的特点比较如表 5－3 所示。

表 5－3　浮点数据类型

数据类型	所占位数	数据描述范围
float	52(4 个字节)	$5.4e^{-058} \sim 5.4e^{+058}$
double	64(8 个字节)	$1.7e^{-058} \sim 1.7e^{+058}$

浮点类型的典型应用如下：

```
/ ＊＊测试 double 型数据类型 ＊/
public class TestDouble
{    public static void main(String[] args)
    {  double x ＝ 10;
       double y ＝ 52.2D;
       double z ＝ x/y;
       System. out. println("double 型 x ＝ " + x);
       System. out. println("double 型 y ＝ " + y);
       System. out. println(x + "/" + y + " ＝ " + z);
       }
}
```

程序运行的结果如图 5－5 所示。

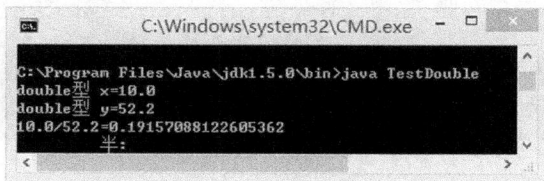

图 5－5　浮点类型测试

4. 字符类型（char）

char 类型通常用于描述字符型数据。Java 中的字符常量的标志是一对''，且由一个占 16 位（2 个字节）的 Unicode 编码实现，字符常量可以分为两种：

①由单引号括起的普通字符，如'A','a','1','？','中'等；

② 由单引号括起的转义字符，用 '\' 开头表示转义的意思，常见的如'\n'字符表示换行动作，详细的转义字符如表 5－4 所示。

表 5－4　常见转义字符

转义字符	功　　能
\n	表示换行操作
\t	表示水平制表
\b	表示退格，等效于按键 BackSpace
\r	表示回车
\f	表示换页
\\	表示反斜线
\'	表示单引号 '字符
\"	表示双引号 ”字符
\ddd	表示 1－5 位的八进制整数所代表的字符
\uxxxx	表示 1－4 位的十六进制整数所代表的字符

浮点类型的典型应用如下：

```java
/* * TestChar. java:测试 char 型与整数的转换 */
public class TestChar
{
    public static void main(String[] args)
    {
        char x = 'A';
        char y = '\110';  //以八进制整数表示一个字符
        char a = '中';     //char 型变量允许存储一个汉字
        char b = '国';
        int c = a;          //得到字符变量a中字符'中'的 Unicode 编码
        System. out. println("字符 x =" + x);
        System. out. println("字符 y =" + y);
        System. out. println("a 的 Unicode 编码为  " + c);
        System. out. println("a+b = " + a + b); // 此句最后一个＋号实为串连接符
    }}
```

程序运行的结果如图 5-6 所示。

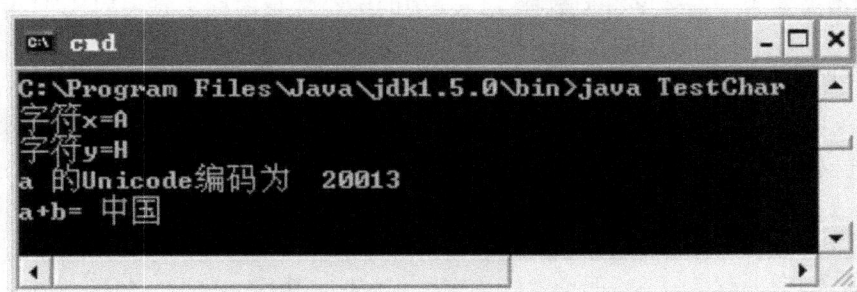

图 5-6　字符类型测试

提示　Java 中的字符是由 Unicode 编码实现的,共为 65556 个。Unicode 编码的范围是 0~65555 之间,用"\u0000"到"\uFFFF"之间的十六进制值表示,其中前缀"\u"表示是一个 Unicode 值,后面的 4 个十六进制值就表示是 Unicode 编码值,因此任何一个 Unicode 编码实现的字符都可以等价为一个整数,它的值介于 0~65555 之间。

5. 基本数据类型的相应系统类

上述的数据类型都是 Java 提供的基本数据类型,它们只是提供了简单的功能,即描述信息的数据类型,而没有包含针对该数据类型的相关操作,因此,Java 系统为其提供了相应的引用类型(类类型),如表 5-5 所示(具体使用方法参阅 JDK1.5.0 之后版本说明文档)。

表 5-5　基本数据类型及相应类类型

基本数据类型	相应类类型	基本数据类型	相应类类型
boolean	java. lang. Boolean	int	java. lang. Integer
char	java. lang. Character	long	java. lang. Long
byte	java. lang. Byte	float	java. lang. Float
short	java. lang. Short	double	java. lang. Double

上表中,系统所提供的各基本类型的相应类类型是非常有用的,比如基本类型 int 的类类型 java. lang. Integer(java. lang 是包名,可理解为存放类的文件夹名,Integer 是类名),其中包含一个方法:parseInt(Sting str),用于把一个数字字符串转换为相应的数值,应用如下:

```
int num;
num = java. lang. Integer. parseInt("125");
System. out. println("字 符 num = " + num);
//此语句使得变量num取得整型值125
```

5.1.2.3　变量和常量

1. 变量

变量，顾名思义，就是其保存的数值在程序运行过程中可以改变的量，它作为 Java 程序中的基本存储单位，是实现编程的基本元素。任何变量在被使用前必须先声明，因为 Java 是一种强类型语言。

（1）变量的声明

声明一个变量最简单的格式如下：

数据类型　　变量名；

此处的数据类型可以是基本数据类型也可以是引用类型，若需要同时声明多个相同数据类型的变量，则可以在变量之间加逗号分隔，例如：

```
int a;
float b,c;
```

变量的取名在遵循 Java 标识符命名规范的前提下，还可参考以下的规则：

① 见名知意，变量的名字尽量取成代表或接近实际意义的英文词汇；

② 以基本数据类型的首字母＋下划线作为变量名的前缀，利于区分变量类型；

③ 变量的名字不应太长，最好不要超过 8 个字符。

良好规范的变量命名如下：

```
int i_age;
float f_taxRate;
```

（2）变量的赋值

一个基本类型变量被声明以后，我们就可以利用赋值号"＝"为它赋值了，例如：

```
int i_age;   i_age = 18;
```

我们也完全可以把以上两条语句合在一起写，效果等同。在声明一个变量的同时也给它赋初值，称之为变量的初始化，例如：

```
int i_age = 18; char c_sex = '男';
double d_taxedSalary = 2809.5;
float f_circleArea = 50.6F;
String s_name = "琴静";
// String 代表字符串类型，是一个特殊的引用类型，字符串常量值必须用一对""括起
```

（3）变量的三要素

通常一个基本类型变量被声明并赋值以后，它就具有三个基本要素，即变量名、变量的值和变量所占的空间大小。例如：

```
int i_age = 18;
```

此语句被执行之后，系统就为变量 i_age 创建相应的空间，其内存状况及三个基本要素如图 5 - 7 所示。

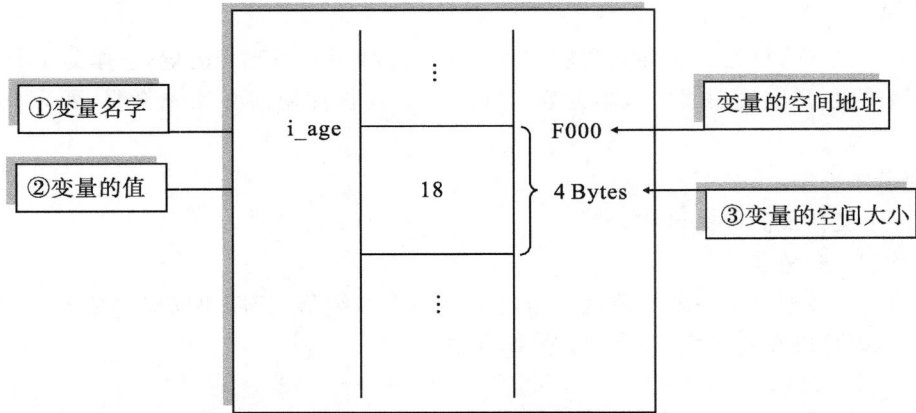

图 5 - 7　基本类型变量的三要素

2. 常量

常量，即指在程序运行过程中不允许改变其值的量。常量的定义需要使用关键字 final，常量也称为最终量。常量定义的格式如下：

final　数据类型　常量名 ＝ 常量值 ；

所有的基本数据类型都可以被声明为常量，例如：

```
final double PI = 5.14;
```

常量在定义的时候应该遵循以下的规则：

①Java 常量定义的时候，就需要对常量进行初始化操作；

② Java 常量名字除了符合普通标识符命名规则，最好全部为大写；

③ 常量名内部必要时在不同词语内部以 _ 分隔。

常量的一个典型应用如下：

```
/* * ConstantTest. java：类常量的使用 */
public class ConstantTest
{    public static void main(String[] args)
  { final float CIRCLE_PI = 5.1415F；//定义一个常量表示圆周率
    //CIRCLE_PI = 5.14159F；  //错误,试图修改一个常量
    double radius = 5；
    System. out. println("the circle(r = 5) area is " +
                     CIRCLE_PI * radius * radius)；
  }
}
```

程序运行的结果如图 5-8 所示。

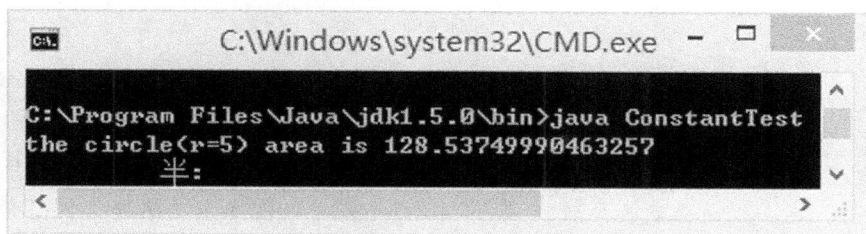

图 5-8　Java 常量的使用

5.1.2.4　基本数据类型转换

数据类型转换,是指数据从一种类型值转化成另外一种类型的值。转换通常发生在一个变量被赋值了一个与之数据类型不相同的数据值的时候。Java 允许在基本数据类型之间进行转换,但根据数据类型转换方向的不同,可以分为自动类型转换和强制类型转换。

1. 自动类型转换

自动数据类型转换是由系统自动执行的,不需要程序员在代码中显式注明。自动转换通常发生在低字节数数据类型值赋值给高字节数数据类型变量的时候或者一个二元运算符两端出现不同数据类型操作数的时候,例如:

```
float   abc = 3;
//此句中低字节数3被系统自动转换成3.0再赋值于变量abc
double y= 5.5+5;
//此句 算术＋号 左右分别是一个浮点数5.5和一个整数5,
//则5首先会被自动转换成浮点数5.0,
//再参加与5.5的加法操作。
```

Java 中不同字节数数据类型间的自动转换关系图 5-9 所示。

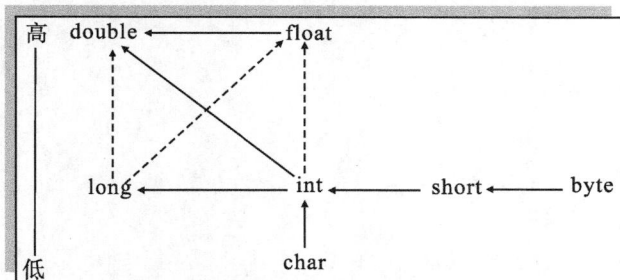

图 5-9　Java 基本数据类型数据精度关系

由上图可知,自动数据类型可按如图 5-10 所示的方向从低字节数向高字节数转换。

```
byte → short → char → int → long → float → double
```

图 5－10　Java 基本数据类型间转换方向

> **提示**　　char 型可以自动转换为 int、long、float 和 double 类型，char 与 byte 型之间必须是强制类型转换，boolean 型不能与任何类型之间进行数据类型转换。

2. 强制类型转换

强制类型转换必须由程序员在代码中显式注明，它通常发生在高字节数数据类型值赋值给低字节数类型变量的时候。强制类型转换的执行结果会导致原数据精度的降低，其使用的的格式为：

(目标数据类型) 变量或表达式

例如：int xyz ＝(int)8.8；//此语句的结果是变量 xyz 取得值 8

基本数据类型转换的一个典型应用如下：

```java
/* * TypeConvert.java:基本数据类型转换测试 */
public class TypeConvert
{    public static void main(String[] args)
     {
     int x,a;
     double y,b;
     x = (int)22.5;//强制转型可能引起精度丢失
     y = x;   // 发生 int ->double 的自动转换
     System.out.println("x = " + x);
     System.out.println("y = " + y);
     a = 1/2;  // ①
     b = 1/2;  // ②
     System.out.println("a = " + a);
     System.out.println("b = " + b);
     //a = 1.0/2;  // ③error
     b = 1.0/2;  // ④
     System.out.println("b = " + b);
     }
}
```

程序运行的结果如图 5－11 所示。

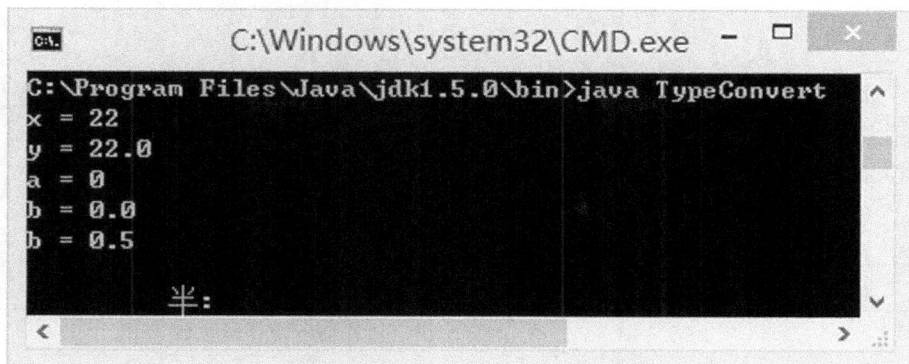

图 5-11 Java 基本数据类型转换测试

此例中的 ① 句处，由于 / 号的左右端分别为 1 和 2，都为整数，这使得整个表达式的结果必须为整，1/2 的初始结果为 0.5，但被迫转为整数 0，因为 Java 规定若操作数为同一种数据类型，则四则运算的结果与操作数的数据类型相同，注意这里不是发生数学上的四舍五入，而是直接截去小数点部分，因此变量 a 的值为 0。②句中右端同样 1/2 的初始结果为 0.5，但被迫转为整数 0，可当 0 被赋值给左端 double 型变量 y 的时候，又发生了一次自动类型转换，最终 y 得到 0.0。③句被注释了，此句不能通过编译，因为右端 1.0/2 执行时，首先把 2 自动转换成 2.0 参与 / 号运算，得到初始结果 0.5，但 0.5 是一个浮点数，它是不允许被自动转换成一个整数从而赋值给右端的整型变量 a 的。④句是正确的，因为右端的 0.5 恰好可以赋值给左端的 double 型变量。

5.1.2.5 简单数据的输入输出

在程序实现过程中，我们常常需要把数据输出到终端（如屏幕），也需要从键盘等输入数据，Java 提供了一套完整的数据输入输出流机制，功能较为强大，但使用并不像 C/C++ 那样的方便，这与 Java 语言的平台无关性有关。这里先为大家提供一种简单的输入输出设计的方法。

1. 数据输出

Java 的标准输出设备 System. Out 提供了三种基本类型数据输出到屏幕的方法：

①System. out. print(String s)

把字符串 s 输出到屏幕上，例如：`System. out. print("678");`

②System. out. println(String s)

把字符串 s 输出到屏幕上，并换行，例如：

`System. out. println("Hello world! ");`

③System. out. printf(控制格式列表，表达式 1(或变量)，表达式 2... 表达式 n)

把各表达式或变量的值按各自控制格式输出到屏幕上，这一方法的使用和 C 语言完全相似，例如：

```
int a = 5,b = 2;
System.out.printf("%d + %d = %d",a,b,a+b);
//此句屏幕上将显示：5 + 2 = 5
```

典型控制格式符及其意义如表5-6所示。

表5-6　常用输出控制符

控制格式符	功　能
%d	以十进制形式输出带符号整数
%c	输出单个字符
%f	以小数形式输出单、双精度实数
%s	输出字符串

2. 数据输入

数据输入和数据输出同样重要，不过较为麻烦一点，幸好 Java 系统提供了 Scanner 类以处理简单数据的输入功能。Scanner 类是 JDK1.5.0 版本新添加的一个类，主要作用是处理输入流、文件和文本内容等。Scanner 类提供了一系列重要的方法来处理从键盘接收数据，如表5-7所示。

表5-7　Scanner 类常用方法

方法名字	功　能
nextBoolean()	读入一个 boolean 型值
nextByte()	读入一个 byte 型整数
nextShort()	读入一个 short 型整数
nextInt()	读入一个 int 型整数
nextLong()	读入一个 long 型整数
nextFloat()	读入一个 单精度型浮点数
nextDouble()	读入一个 双精度型浮点数
nextLine()	读入一个 字符串

Java 输入输出的一个典型应用如下：

```
import java.util.Scanner;//必须导入 Scanner 类用于输入数据
public class InputAndOutput
{   public static void main(String[] args)
    {   Scanner scan = new Scanner(System.in);  // 从键盘接收数据
        int i;
        char c;
```

```
    float f ;
    double d;
    String s; //定义一个字符串变量
    System. out. print("请一个输入字符串：");
    s = scan. nextLine() ;        // ①接收一个字符串,为了获得一个字符
    c = s. charAt(0); //② 获取字符串 s 中左端第一个字符
    System. out. printf("已经输入字符变量 c = %c \n", c);
    System. out. print("请一个输入整数：");
    i = scan. nextInt() ;      //接收一个整数
    System. out. printf("已经输入整数变量 i = %d \n", i);
    System. out. print("请一个输入单精度浮点数：");
    f = scan. nextFloat() ;      //接收一个单精度浮点数
    System. out. printf("已经输入单精度浮点数变量 f = %f \n", f);
    System. out. print("请一个输入双精度浮点数：");
    d = scan. nextDouble() ;       //接收一个双精度浮点数
    System. out. printf("已经输入双精度浮点数变量 d = %f \n", d);
    System. out. println("\n 所有输入的数据：\n 字符:" + c + "\n 整数:"
              + i + "\n 单精度浮点数:" + f + "\n 双精度浮点数:" + d);
  }
 }
```

程序运行的结果如图 5－12 所示。

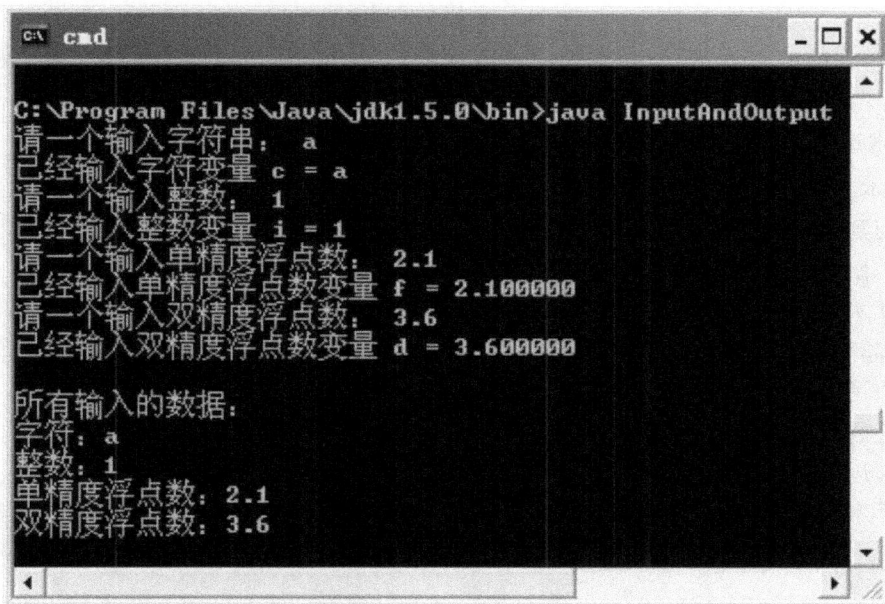

图 5－12　Java 基本类型数据的输入输出

此例实现了基本类型数据的输入输出操作,在实现输入一个字符的时候,我们先接收一个字符串(即若干个字符有序排列),用到 Scanner 类中的 nextLine()方法从键盘读取了一行字符串(String 型),系统把该字符串值赋值给了字符串变量 s,然后通过 String 类的 charAt(0)方法获得了字符串 s 的左端第一个字符。String 类型是系统定义的字符串类,用于描述一个字符串变量,由于它不属于 Java 的基本数据类型范畴,所以其细节将在本项目的任务 5 中阐述。

5.1.2.6　运算符和表达式

　　程序中各类数据的运算是通过运算符来实现的。由运算符和操作数所组成的有序序列就称为表达式,表达式通常具有表达式值。一般地,运算符所涉及的操作数的个数决定了它是几元操作符,比如,运算符算术"＋"涉及到加数和被加数,因此它属于二元操作符。Java 语言提供了丰富运算符和由之构成的表达式,如表 5－8 所示。

表 5－8　Java 运算符

运算符类别	运 算 符
1. 算术运算符	(＋,－,＊,/,％,＋＋,－－)
2. 关系运算符	(＞,＜,＞＝,＜＝,＝＝,！＝)
5. 逻辑运算符	(!,＆＆,||)
4. 位运算符	(＞＞,＜＜,＞＞＞,＆,|,^,~)
5. 赋值运算符	(＝,＋＝,－＝,＊＝,/＝,％/)
6. 条件运算符	(表达式 1？表达式 2：表达式 5)
7. 其他	分量运算符　・,下标运算符 [], 实例运算符 instanceof, 内存分配运算符 new, 强制类型转换运算符（目标类型）

1. 算术运算符及算术表达式

（1）基本算术运算符

　　算术四则运算符通常应用在数学表达式中,其用法和功能与代数（或其他计算机语言）中一样,此外,Java 中还定义了求模（即求余数）运算符。

　　基本算术运算符使用时的注意点如下:

　　①基本算术运算符（＋,－,＊,/,％,）皆为二元运算符,因此使用时应关联两个操作数;

　　②减法运算符（－）也用作表示单个操作数的负号;

　　③对整数进行除法（/）运算时,所有的余数都要被舍去（无四舍五入原则）;

　　④求模运算（％）的功能是求除法的余数,它适合于整数和浮点数。

　　基本算术运算符的一个典型应用如下:

```
/ * * ArithmeticOperation.java:测试基本算术运算符 * /
class ArithmeticOperation
{ public static void main(String args[])
```

```
{ System.out.println("Arithmetic Operation");
  int a = 1 + 2 * 5 - 4/5; //此处的"+"是代数加法
  int b = 10 % 5;
  //int c = 10 % 5.5; //error
  double d = 10 % 5.5; //存在自动类型转换
  double e = 10.0 % 5.5;
  System.out.println("a = " + a); //此处的+是串连接符,因为其左端
  System.out.println("b = " + b); //是字符串
  System.out.println("d = " + d);
  System.out.println("e = " + e); }
}
```

程序运行的结果如图 5-13 所示。

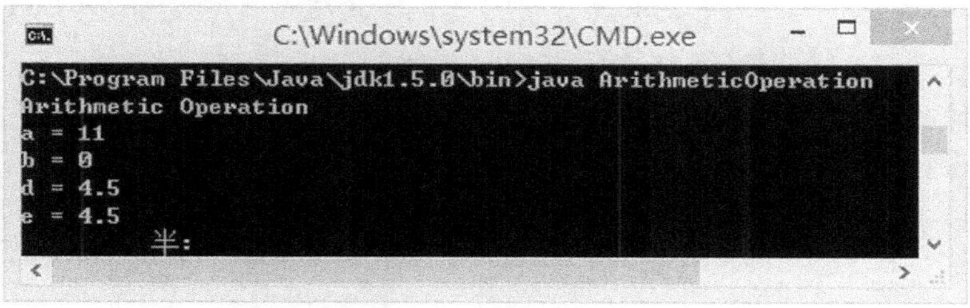

图 5-13   Java基本算术运算符测试

> 提示
>
> Java 中的"+"号有两个功能:一为代数上的加法,当且仅当其左右两个操作数皆为数值的的时候;二为字符串的连接符,当其左右两个操作数中至少有一个是字符串的时候。

(2)自增(++)自减(—)运算符

上述的五个基本算术运算符都是二元运算符,和其他高级语言(如 C++)一样,Java 也提供了两个非常有用的一元运算符:自增(++)和自减(--)运算符。根据自增自减操作符与操作数之间的位置关系,又可以分为:前自增(如 ++i)、后自增(如 i++)、前自减(如 —i)和后自减(如 i—)。自增自减运算符的运算特点如表 5-9 所示。

表 5-9   自增自减运算规则

(前提 :int i=0)	运 算 后		
运算表达式	i 的值	表达式的值	运算规则
i++	1	0	变量 i 的值+1,表达式值取运算前变量的值
++i	1	1	变量 i 的值+1,表达式值取运算后变量的值
i--	-1	0	变量 i 的值-1,表达式值取运算前变量的值
--i	-1	-1	变量 i 的值-1,表达式值取运算后变量的值

自增自减运算符使用时应用以下几点：

①自增自减运算符的相关操作数只能是变量，表达式和常量都不能参与自增自减运算；

②自增自减运算符适用于对数值型变量的操作，包括整型和浮点型；

③自增自减运算符每次运算导致变量的值都是增1或者减1。

自增自减运算符的一个典型应用如下。

```
/** IncrementAndDecrement.java:测试自增自减运算符*/
class IncrementAndDecrement
{  public static void main(String[] args)
   {  int a = 1,b1,b2,b3,b4,b5;
      b1 = ++a+a;//①先求得(++a)表达式值为2,再加上a(此时已变为2)的值
      System.out.println("b1 = " + b1);
      a = 1;
      b2 = a++ + ++a;//②先求得(a++)表达式的值为1,再加上(++a)表达式的
                     //值5(此时a值已变为2)
      System.out.println("b2 = " +b2);
      a = 1;
      b3 = (a++) + (++a);//③运算过程同②
      System.out.println("b3 = " +b3);
      a = 1;
      b4 = -a--;//④先求得(a--)表达式的值为1,再求其负数
      System.out.println("b4 = " + b4);
      a = 1;
      b5 = -a-- + ++a;//⑤先求得(-a--)表达式值为-1,再求得(++a)表达式
                      //值为1(此时a值已为0)的值
      System.out.println("b5 = " + b5); } }
```

程序运行的效果如图5-14所示。

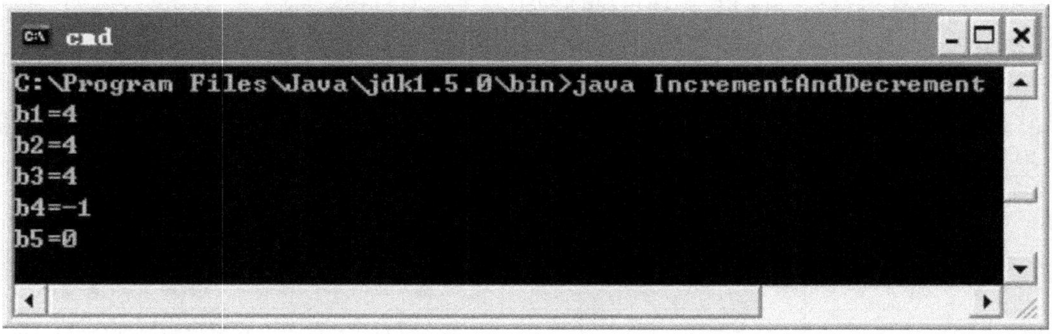

图5-14　自增自减运算符测试

2. 关系运算符及关系表达式

关系运算符通常用于比较两个操作数(变量、常量或数值)的大小,其运算的结果是一个布尔值,即符合客观事实为 true,不符合客观事实的为 false。Java 提供了如表 5-10 所示的关系运算符。

表 5-10　Java 关系运算符

关系运算符	意　义	典型表达式
＞	大于	a＞b
＜	小于	a＜b
＞＝	大于等于	a＞＝b
＜＝	小于等于	a＜＝b
＝＝	等于	a＝＝b
！＝	不等于	a！＝b

关系运算符使用时应用以下几点:

①任何数据类型的数据(包括基本类型和引用类型)都可以通过 ＝＝或 ！＝来比较是否相等,但建议字符串的相等比较最好使用 String 类的 equals()方法;

②关系运算的结果(即关系表达式的值)为 boolean 类型,其值 ture 和 false 不能映射为 1 或 0;

③关系运算符通常与逻辑运算符组合在一起构成条件判断表达式。

常见的一些关系表达式如:

```
5＞5 ；　a＜＝5 ；　a＞b+1; //a 与 b+1 的值比较
```

3. 逻辑运算符及逻辑表达式

逻辑运算符是另一种可以产生布尔值结果的运算符,它包括与运算(＆＆),或运算(‖)和非运算(!),其中 ＆＆ 和 ‖ 属于二元运算符,! 属于一元运算符。参与逻辑运算的操作数都应该是逻辑型的值,Java 逻辑符的运算规则如表 5-11 所示。

表 5-11　Java 逻辑运算符及运算规则

关系运算符	意　义	典型表达式
＆＆	与 运算,表示而且	a ＆＆ b
‖	或 运算,表示或者	a ‖ b
!	非 运算,表示取反	! a
＾	异或 运算,表示异或	a＾b

各类逻辑运算是按照如表 5-12 所示的真值表操作的。

关于 Java 的逻辑运算具体运算时可以按照表 5-12 执行,但为了便于记忆,可将上述真值表总结如下:

①对于"与"运算,两个操作数中有一个是 false,其运算结果即是 false;

②对于"或"运算,两个操作数中有一个是 true,其运算结果即是 true;

③对于"异或"运算,只有当两个操作数取值相同的时候,其运算结果才为 true;反之,为 false。

表 5-12　Java 逻辑运算符真值表

操 作 数			逻 辑 运 算 符			
a	b	与(&&)	或(||)	非(!)	异或(^)
F	F	F	F	T(!a)	F
F	T	F	T		T
T	F	F	T	F(!a)	T
T	T	T	T		F

通常,逻辑运算符和关系运算符会同时出现,组成一个混合运算表达式,此时由于关系运算符的运算优先级高于逻辑运算符中的与、或和异或运算,因此在这样的表达式中,关系运算符会先被执行,如:

```
5 ! = 6 && 117 >6
//表达式值为 true,关系运算优先级高于逻辑与运算,所以先做关系运算
```

包含算术运算、关系运算和逻辑运算的一个典型应用如下:

```java
/ * * LogicCalculate.java:算术运算、关系运算和逻辑运算符测试 * /
public class LogicCalculate
{    public static void main(String[] args)
    { boolean x, y, z, a, b,m,n,k;
      int i = 1,j = 5,t = 2;
      a = 'A' > 'b' ;
      b = 'R' ! = 'r' ;
      x = ! a;
      y = a && b;
      z = a || b;
      System. out. println("x = " + x);
      System. out. println("y = " + y);
      System. out. println("z = " + z);
      m = 5 + 2>i && ! (i< = j); // ①
      n = i>j && t + + >1 ;    // ②
      k = i<j || a;            // ③
      System. out. println("m = " + m);
```

```
        System.out.println("n = " + n);
        System.out.println("k = " + k);
        System.out.println("t = " + t);
        }
    }
```

程序运行的结果如图 5 - 15 所示。

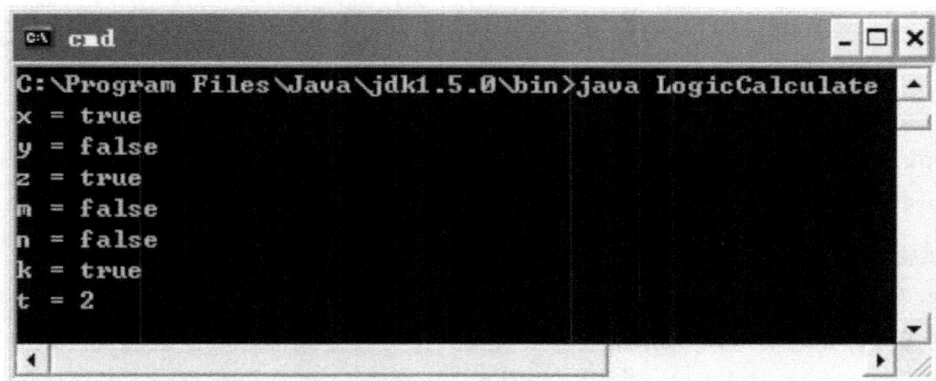

图 5 - 15　混合运算测试

　　此例中,主要涉及算术运算、关系运算和逻辑运算的混合表达式计算,因此在真正运算前必须知道这几类运算符的运算优先级,具体如下。

（高）逻辑与(!)-> 算术运算符 -> 关系运算符 -> 逻辑与(&&)-> 逻辑或(||)(低)

　　当然括号运算()在所有的运算符中的是优先级最高的,因此,① 语句中先做整个表达式中最低优先级运算符 && 的左边,即先求5+2得到5,然后做5>i 得到 true,再做!(i<=j)部分,得到值为 false,最好执行 true && false,最后 m 的值为 false。② 语句中先做整个表达式中最低优先级运算符 && 的左边,即 i>j,得到 false,此时根据与运算的规则,即其两个操作数中有一个是 false,即整体为 false,所以这里实际上编译器对表达式的理解到此为止,&&后面的一半被编译省略,等于没写,这个结论的依据是程序运行效果图中显示变量 t 的值为2,假如 && 右半段被编译,则 t++会使得 t 的值变为5。这种对于逻辑与(&&)和逻辑或(||)运算符,由于在其左边首先遇到决定整个表达式运算结果的值,而使得编译器省略了其右边子表达式的编译的现象,被称为"短路"现象。③ 语句就是关于逻辑或(||)的短路例句。

4. 位运算符

　　Java 同样提供了如同 C/C++语言的位运算,以对整型数值进行二位进制位的操作,表5-13列举 Java 的全部位运算符及其简单说明,位运算符属于底层数据运算符,详细说明可以参考 Java API 文档。

表 5 - 13　主要位运算符

运算符	例子	说　明
&	a&b	按位与，如 2&5＝2；// 10&11＝10＝2
~	~a	按位反，如 ~2＝1；　// ~10＝01＝1
|	a|b	按位或，如 2|5＝5；// 10|11＝11＝5
^	a^b	按位异或，如 2^5＝1；// 10^11＝01＝1
>>	a>>b	a 右移 b 个位，如 5>>2＝0；// 11>>2＝00＝0
<<	a<<b	a 左移 b 个位，如 2<<2＝8；// 10<<2＝1000＝8

> **提示**　Java 中的"^"号有两个功能：一为逻辑异或，当且仅当其左右两个操作数皆为逻辑值的时候，如 true ^ false＝true；二为整数值的按位异或，当且仅当其左右两个操作数皆为整数值，如 2 ^ 5 ＝1。

5. 赋值运算符及赋值表达式

赋值运算符是指为变量或常量指定数值的符号，最基本的赋值运算符是"＝"。由于赋值运算符的运算优先级很低，所以通常包含赋值运算符的表达式称为赋值表达式。赋值运算符使用的格式如下：

变量(或者常量)＝ 值

由于 Java 语言是强类型的语言，所以赋值时要求赋值号左右端的类型必须匹配，如果类型不匹配时需要能自动转换为对应的类型，否则将报语法错误，如：

```
int k = 5;// ok
float m = 5.2f; //ok
float m = 5;//ok，类型不匹配，但系统会进行自动类型转换，把 5 变成 5.0
int j = 5.5;// error，类型不匹配且不能进行自动类型转换
```

除了简单的赋值运算符以外，Java 和其他语言（如 C）一样，提供了其他运算符与赋值运算符结合在一起，形成复合的赋值运算符，算术复合赋值运算符具体如表 5 - 14 所示。

表 5 - 14　算术复合赋值运算

运算符	名　称	复合赋值表达式	含　义
+＝	加赋值	a+＝b	a＝a+b
-＝	减赋值	a-＝b	a＝a-b
*＝	乘赋值	a*＝b	a＝a*b
/＝	除赋值	a/＝b	a＝a/b
%＝	求模赋值	a%＝b	a＝a%b

6. 条件运算符及条件运算表达式

Java 提供一个特别的三元运算符，即条件运算符（？：），其使用的格式为：

表达式 1　？　表达式 2　：　表达式 5

其语义为：表达式 1 是一个布尔表达式，通常表示条件判断。如果表达式 1 的值为真，那么表达式 2 被求值，并作为整个条件运算表达式的值；否则，表达式 5 被求值，并作为整个条件运算表达式的值。表达式 2 和表达式 5 是除了 void 以外的任何类型的表达式，且它们的类型必须相同。

条件运算符常用来表示"如果…那么；否则…则…"的语义，如：

```
int a = 5>2？1：0；　//a 的值为 1
```

复合赋值运算符和条件运算符的一个典型应用如下：

```java
/** ConditionTest.java：条件运算符和符合赋值运算符测试 */
public class ConditionTest
{
    public static void main(String[] args)
    {
        int a = 5,b = 4,c = 5,max,sum = 0;
        max = (max = a>b? a:b)>c? max:c;// ①
        sum += a;
        sum += b;
        sum += c;
        System.out.println("max = " + max);
        System.out.println("sum = " + sum);
    }
}
```

程序运行的效果如图 5-16 所示。

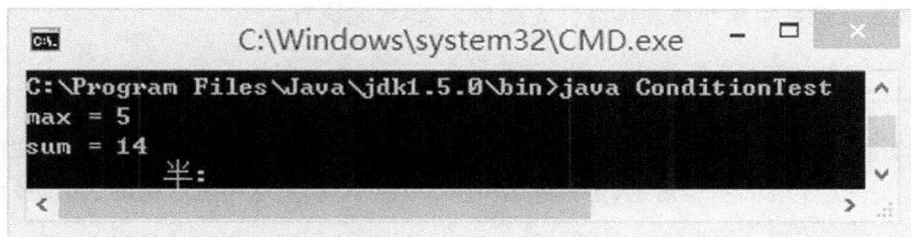

图 5-16　条件运算及复合赋值运算测试

此例中，通过条件运算符实现了 a、b 和 c 三个变量的最大值，并通过加法复合赋值运算实现了三个变量的和。① 句中，先做括号内的运算，求出变量 a 与 b 的较大者，并赋值于变量 max，由于括号内是一个赋值表达式，它的值就是赋值号左边变量的值，所以括号部分的值求的即为 a 与 b 的较大者，然后 max 参与之后的条件运算，即与变量 c 比大小，求得两者的较大者，最后赋值于"="左边的变量 max，因此变量 max 最后的值为 a、b 和 c 三个变量的最大值。

5.1.2.7　运算符优先级

　　Java 为我们提供了丰富且功能强大的运算符，而这些运算符往往会同时出现，形成混合表达式，这个时候先执行哪个运算符，就决定于该运算符的运算优先级别，具体如表 5 - 15 所示。

表 5 - 15　运算符优先级

优先级	运算符
1	＋＋、—、～、！、（目标类型）
2	＊、/、％
3	＋、-
4	>>、<<、>>>
5	>、>=、<、<=、instanceof
6	==、！=
7	&
8	^
9	|
10	&&
11	||
12	？：
13	=、＊=、/=、＋=、-=、<<=、>>=、&=、^=

　　其中，优先级级别数字越小代表运算优先级越高，越优先执行。

5.1.3　拓展训练

　　基本数据类型及变量的学习是任何程序设计语言应用的基础，以下的例子要求我们可以从键盘输入一个学生的基本信息，包括姓名、年龄和性别，以及他的三门课的成绩，最后显示该同学的所有课程的平均分。

Eg.5_1

```
/ * * * * * * * * InformationDealing. java(基本类型数据及操作) * * * * * * * */
import java. util. Scanner; //必须导入 Scanner 类用于输入数据
public class InformationDealing
{   public static void main(String[] args)
```

```
{   Scanner scan = new Scanner(System.in);   // 从键盘接收数据
    String s_name;
    char c_sex;
    int i_age ;
    double d_math,d_english,d_music;
    double d_average;
    String s; //定义一个字符串变量
    System.out.print("请输入新同学的名字：");
    s_name = scan.nextLine() ;
    System.out.print("请输入 "+s_name+" 同学的性别：");
    c_sex = scan.nextLine().charAt(0) ;
    System.out.print("请输入 "+s_name+" 同学的年龄：");
    i_age = scan.nextInt() ;
    System.out.print("请输入 "+s_name+" 同学的数学成绩：");
    d_math = scan.nextDouble() ;
    System.out.print("请输入 "+s_name+" 同学的英语成绩：");
    d_english= scan.nextDouble() ;
    System.out.print("请输入 "+s_name+" 同学的音乐成绩：");
    d_music = scan.nextDouble() ;
    d_average = ( d_math + d_english + d_music )/3;
    System.out.println(s_name+"同学的平均成绩："+ d_average) ;
    }
}
```

程序运行的效果如图 5-17 所示。

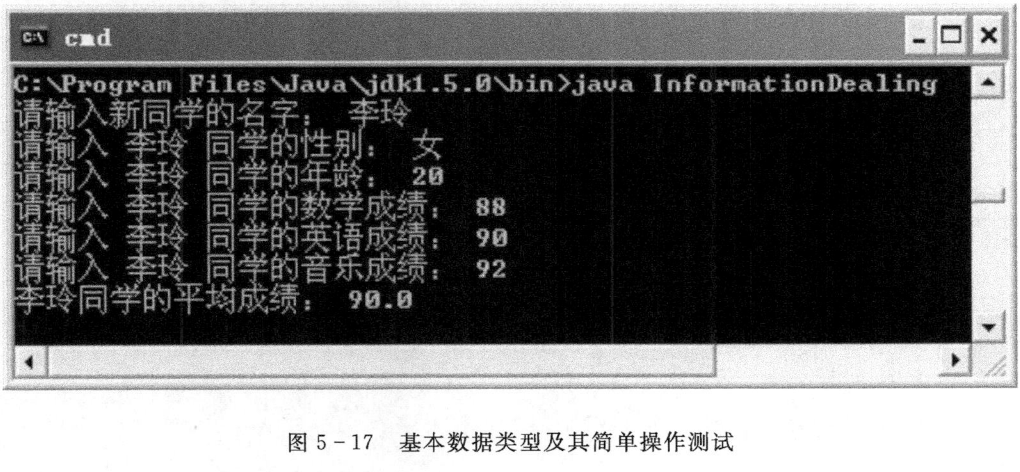

图 5-17　基本数据类型及其简单操作测试

5.1.4　实现机制

5.1.4.1　学生基本信息录入与保存任务程序结构

本任务的实现包括 1 个源文件，即 StudentInput.java。它们在 Eclipse 的包（package）视图中的位置如图 5-18 所示。

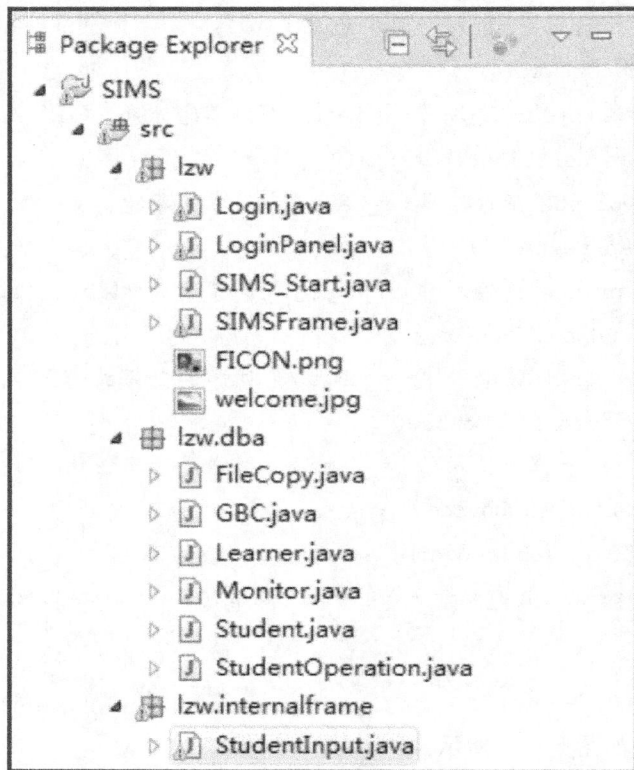

图 5-18　学生基本信息录入与保存任务相关程序结构

StudentInput.java 程序和本任务相关的作用是接受用户关于某个用户基本信息的输入。由于程序中大量的代码涉及输入界面，涉及到 GUI 构建，这部分内容将在项目 7 中详细讨论，此处略之。

5.1.4.2　学生基本信息录入与保存任务程序剖析

1. StudentInput.java 代码分析

```
package lzw.internalframe;
import java.awt.*;          import java.io.File;        import java.sql.*;
import java.text.*;         import java.util.Date;      import javax.swing.*;
```

```java
import lzw. dba. * ;
public class StudentInput extends   JFrame
//StudentInput 类 显示 学生基本信息输入 窗口
{    private JTextField userIdField;                        //定义组件,用于输入学号
     private JTextField nameField;                          //定义组件,用于输入学生姓名
     private JTextField phoneField;                         //定义组件,用于输入电话号码
     private JFormattedTextField birthdayField; //定义组件,用于输入出生日期
     private JTextField EmailField;                         //定义组件,用于输入电子邮件
     private JTextField majorField;                         //定义组件,用于输入学生专业
     private JTextField positionField;                      //定义组件,用于输入学生班级职务
     private JTextField QQField;                            //定义组件,用于输入 QQ 号码
     private ButtonGroup group;                             //定义组件,用于设置性别按钮组
     private JRadioButton maleButton;                       //定义组件,用于选择 男
     private JRadioButton femaleButton;                     //定义组件,用于选择 女
     private JTextArea summaryArea;                         //定义组件,用于输入备注信息
     private JComboBox deptField;                           //定义组件,用于输入部门信息
     private JComboBox placeField;                          //定义组件,用于输入籍贯
     private JLabel picLabel ;                              //定义组件,用于显示学生照片
     private JDialog dialog = null;
     private String nations[] = {"北京","上海","天津","重庆","黑龙江"};
     private String classes[] = {"软件技术 151","软件技术 152","软件技术 153","电子
                        商务 151","电子商务 152","其他 ..."};
     private String pictureRelativePath = null;//定义变量保存学生照片相对路径
public StudentInput()//学生信息录入类构造方法
{   /* * * * * * * * * * * * * * * * * * * * * * * * * * * * * * * * * * *
    * * * *限于篇幅省略了与本任务 无关的部分代码,完整代码可参考附录 * * * * *
    * * * * * * * * * * * * * * * * * * * * * * * * * * * * * * * * * * * /
    }
    //自定义方法:根据各个组件的内容构建一个学生类 Student 的实例
    private Student buildStudentFromField()
    {    String userid = userIdField. getText();// ① 从输入框得到学生的学号
         String name = nameField. getText();//从输入框得到学生的姓名
         String classTo = classField. getSelectedItem(). toString();
         //从选择框得到学生所属的部门名称
         String position = positionField. getText();//从输入框得到学生岗位名称
         String phonenumber = phoneField. getText();//从输入框得到学生的姓名
         String birthplace = placeField. getSelectedItem(). toString();
         // ② 从选择框得到学生的出生地名称
```

```
String qq = QQField.getText();//从输入框得到学生的QQ号
String email = EmailField.getText();//从输入框得到学生的Email
String introduction = summaryArea.getText();
//从文本域得到学生的简介信息
String sex = "男";
if (femaleButton.isSelected())sex = "女";
//表示如果选中"女"按钮的话,则性别变量sex被赋值为"女"
String birthday= birthdayField.getText();//从输入框得到学生的生日
String image = pictureRelativePath;    //得到学生照片的相对路径信息
//调用Student的构造方法定义一个Student类的对象
Student Student = new Student(userid, name,classTo,position,
phonenumber,birthplace,qq,email,introduction,sex,birthday,image);
return Student;   }
/* * * * * * * * * * * * * * * * * * * * * * * * * * * * * * * * *
* * * *限于篇幅省略了与本任务无关的部分代码,完整代码可参考附录 * * * *
* * * * * * * * * * * * * * * * * * * * * * * * * * * * * * * * /
}
```

　　StudentInput.java 程序的主要功能是输入新学生的基本信息,我们可以把新学生的每一项基本信息输入一个文本框(如输入姓名),或者从一个选择框中选择合适的一项(如可以选择开发部)。此处,文本框(JTextField)和选择框(JComboBox)都是系统定义的组件,属于 GUI 设计范畴,在项目 7 中会详细介绍,本程序中只要知道它们的功能即可,以 ① 句为例,我们定义了一个字符串型(String)的变量 userid,赋值号右边的 userIdField 是一个文本框组件,用于输入学生编号(如 2015011001),getText()方法的作用是得到该文本框中输入的字符串,因此 userIdField.getText()整体的意思是得到 userIdField 文本框中输入的学生编号(字符串类型),最后把该编号赋值给变量 user id。②句中,赋值号右边部分:placeField.getSelectedItem().toString()表示从下拉框 placeField 中选中一项,得到该项内容(通过 getSelectedItem()方法)并把这个内容转换成字符串类型(通过 toString()方法)。最后得到字符串值表示学生的出生地信息,并被赋值给了变量 birthplace。代码中其他信息的输入原理与上述几个语句差异不大,请大家尝试分析和理解。

5.2 任务 2　　学生课程实训评价分析

5.2.1　目标效果

　　本任务的目标是给学生提供一个 Java 课程实训的考核自评的窗口,让学生在两个部分共 6 个评价指标上给出自评分,评价分为 5 档,从高到低分别是 10、8、6、4、2（分）。当学生做完全部六个指标的评价后,系统会自动的计算出自评总分,并给出相应自评等级,如图 5 - 19 所示。

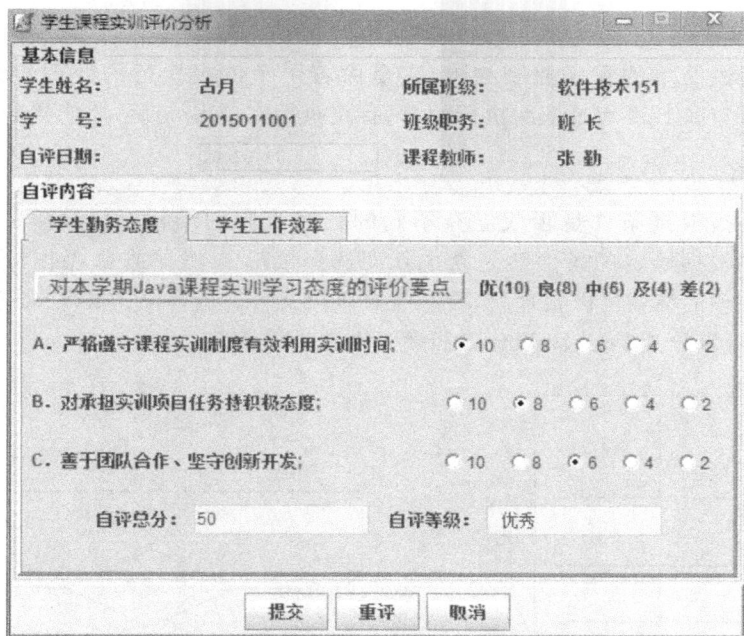

图 5-19　学生课程实训考核等级分析任务

本任务实现了对学生绩效考核等级的分析。为了合理地获取学生的考核分数，并得出相应的等级，我们不妨先思考如下几个问题。

①每条评价指标有 5 个分值可选，如何保证用户只选中了其中一个分值？

②当用户的考核总分得出后，如何判断该分数是属于指定分数段的（如 56 属于[48,60]分数段）？

③如何把某一个分数段的分值全部映射为同一个分数等级（如 50 和 56 都属于[48,60]分数段，所有它们都属于"优"等）？

对于用户的考核分的计算和相应等级的映射，都离不开对数值的判断，这一点是实现本任务的关键。在 Java 中，关于条件判断的途径有好几种，请先学习 Java 程序的选择结构及语句。

5.2.2　必备知识

5.2.2.1　Java 程序的基本控制结构

Java 程序中局部代码的执行顺序是由三种基本控制结构决定的，即顺序结构、选择结构和循环结构。计算机程序通常都是由若干条语句组成，从执行方式上看，若从第一条语句到最后一条语句完全按照代码位置的顺序执行，则属于顺序结构；若在程序执行过程当中，根据用户的判断不同而去执行不同的任务则为选择结构；如果在程序的某处，需要根据某项条件重复地执行某项任务若干次，这为循环结构。应该明白在大多数情况下，程序都不会是简单的顺序结构，而是顺序、选择、循环三种结构的复杂组合。

1. 顺序结构

顺序结构是最简单的程序控制结构，它是由若干个依次执行的处理步骤组成的，如图5-20所示，A语句和B语句是依次执行的，只有在执行完A语句后，才能接着执行B语句。

2. 选择结构

选择结构是指根据条件是否成立有不同的程序流向的结构。最简单的选择结构如图5-21所示，程序根据给定的条件P是否成立而选择执行A操作或B操作，这样的例子非常多，比如，喜欢物理的话就可以报理科，否则就可以报文科。选择结构在实际应用时，根据分支的数目不同，又可以分为单分支、双分支和多分支选择结构。

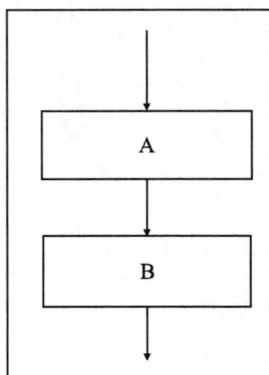

图5-20 顺序结构

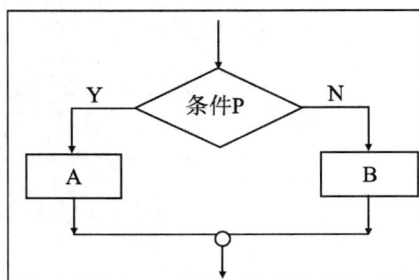

图5-21 选择结构

3. 循环结构

循环结构是指需要重复执行同一操作的结构，根据其判断条件与执行循环操作的先后次序可以分为"当型循环"和"直到型循环"，其各自的结构如图5-22所示。

当型循环结构的特点是首先判断一个条件，若结果成立则执行语句组，之后再判断是否继续执行，如此往复直到不满足条件为止，程序跳出循环。直到型循环的特点是首先执行语句组，然后判断条件，若结果成立则继续执行语句组，之后再判断，如此往复直到不满足条件为止，程序跳出循环。

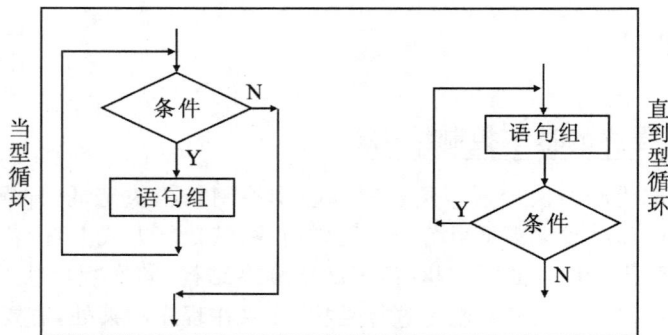

图5-22 循环结构

5.2.2.2　单分支和双分支选择语句

1. 单分支选择语句(if)

程序的运行中,可能遇见这样的情况:当条件 A 满足时,你就执行语句体 S,而不满足的时候什么都不做。比如:若明天天晴,则出去旅游。处理这样的情况,可以使用 Java 的单分支选择语句:if 语句,其格式如下:

if(条件判断表达式)
　　语句体 S

如:
```
if (a % 2 = = 0)
System. out. print("a is an even number! ");
```

2. 双分支选择语句(if…else)

程序的运行中,可能遇见这样的情况:当条件 A 满足时,你就执行语句体 S1,而不满足的时候就执行语句体 S2。比如,a 与 b 两个整型变量,若 a>b 则较大者为 a,若 b>a 则较大者为 b。处理这样的情况,可以使用 Java 的双分支选择语句:if…else 语句,其格式如下:

if(条件判断表达式)
　　语句体 S1 (当其语句条数>=2 时,应加 {},下同)
else
　　语句体 S2

如:
```
int x,y;
x = 10;y = 20;
if (x>y)
    System. out. println("x 的值比 y 的值大。");
else
    {
        System. out. println("x 与 y 相等。");
        System. out. println("或者 x 小于 y。");
    }
```

双分支选择结构的一个典型应用:求一元二次方程 $ax^2 + bx + c = 0$ 的解($a \neq 0$)。具体实现如下:

```
import java. util. Scanner;//导入 Scanner 类用于从键盘输入数据
import java. lang. Math;
//导入 Math 类,可使用其求绝对值方法 abs()和求开方方法 sqrt()
class   EquationRoot
{  public static void main(String[] args)
    {  Scanner scan =  new Scanner(System. in);
        double a,b,c,disc,x1,x2,p,q;
        System. out. print("请输入系数 a = ");
```

```java
a = scan.nextDouble();
System.out.print("请输入系数 b = ");
b = scan.nextDouble();
System.out.print("请输入系数 c = ");
c = scan.nextDouble();
disc = b * b - 4 * a * c;
if ( Math.abs(disc) < = 1e - 6 )   /* abs():求绝对值库函数 */
    System.out.println("x1 = x2 = " + (-b/(2 * a)));/* 两相等实根 */
  else
  {if(disc>1e - 6)
    { x1 = (-b + Math.sqrt(disc))/(2 * a);/* 求两个不相等的实根 */
      x2 = (-b - Math.sqrt(disc))/(2 * a);
      System.out.printf("x1 = % 7.2f,x2 = % 7.2f\\n", x1, x2);
    }
  else
    {p = -b/(2 * a);/* 求出两个共轭复根 */
    q = Math.sqrt(Math.abs(disc))/(2 * a);
    System.out.printf("x1 = % 7.2f  + % 7.2f i\\n", p, q);
    /* 输出两个共轭复根 */
    System.out.printf("x2 = % 7.2f  - % 7.2f i\\n", p, q);
    }
  }
 }
}
```

程序运行的效果如图 5 - 23 所示。

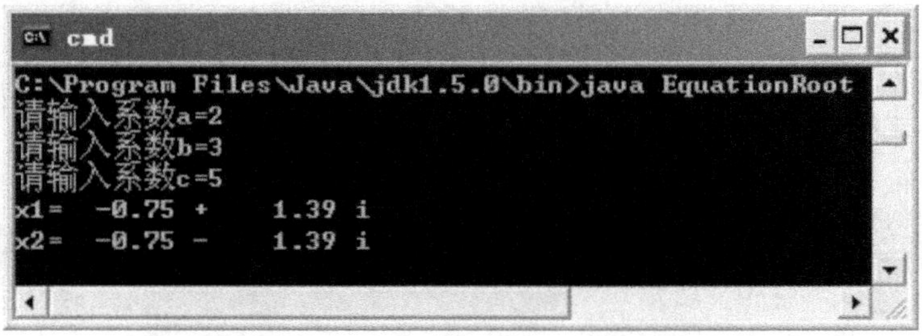

图 5 - 23　求二次方根

3. 嵌套的双分支选择语句

　　尽管单分支和双分支选择语句已经可以处理不同的两类分支情况，但实际情况往往更为复杂。而 Java 也允许在双分支的语句体 s1 和 s2 中嵌入各嵌入一套完整的 if…else 语句，其格式如下所示：

if （条件判断表达式 **1**）

　　if （条件判断表达式 **2**）　　语句体 **S3**

　　else　　语句体 **S4**

else

　　if （条件判断表达式 **5**）　　语句体 **S5**

　　else　　语句体 **S6**

如：

```
int x;
x = 95;
if (x >= 60)
    if (x >= 90)
        System.out.println("优秀!");
    else
        System.out.println("中等!");
else
    if (x >= 45)
        System.out.println("可以补考!");
    else
        System.out.println("不能补考!");
```

理论上，if…else 语句可以随意嵌套，但是从理解和阅读的方便性角度讲，最好不要超过三层的 if…else 语句嵌套，否则将大大降低程序的可读性。

提示　　选择语句中 if 和 else 的关系为：可以有 if 而没有 else，但不能有 else 而没有 if。

5.2.2.3　多分支选择语句

虽然 if…else 语句通过嵌套可以处理多分支的情况，但分支不宜太多。因而 Java 语言提供了 switch 语句直接处理多分支选择的情况。switch 语句的语法格式如下。

switch（表达式）

{　　**case** 常量表达式 **1**：语句 **1**；**break**；

　　case 常量表达式 **2**：语句 **2**；**break**；

　　……

　　default：语句；

}

switch 语句执行的过程如下：

①当 switch 后面"表达式"的值与某个 case 后面的"常量表达式"的值相同时，就执行该 case 后面的语句（组）；当执行到中断语句（break；）时，跳出整个 switch 语句，转向执行 switch

语句的下一条。

②如果没有任何一个 case 后面的"常量表达式"的值与"表达式"的值匹配，则执行 default 后面的语句（组）。然后，再执行 switch 语句的下一条。

关于 switch 语句使用时的注意点如下：

①switch 后面的"表达式"的值可以是整型或字符型中的一种。

②每个 case 后面"常量表达式"的值，必须各不相同，否则会出现相互矛盾的现象（即对表达式的同一值，有两种或两种以上的执行方案）。

③case 后面的常量表达式仅起语句标号作用，并不进行条件判断。系统一旦找到入口标号，就从此标号开始执行，不再进行标号判断，所以必须加上 break 语句，以便结束 switch 语句。

④各 case 及 default 子句的先后次序，不影响程序执行结果。

⑤用 switch 语句实现的多分支结构程序，完全可用 if 语句或 if 语句的嵌套来实现。

switch 语句的一个典型应用：输入一个整型的百分制分数，并转化为相应的五分制成绩，具体实现如下：

```java
import java.util.Scanner;
class   ScoreToGrade
{ public static void main(String[] args)
  {   Scanner scan = new Scanner(System.in);
  int i_score;
  System.out.print("请输入分数 = ");
  i_score = scan.nextInt();//输入一个整数
  i_score /= 10; //得到原始分数所处的分数段
  switch(i_score)
  {    case 10: //  ［90,100］范围内的分值都属于优秀级别
       case 9:System.out.println("成绩为 优秀 !"); break;
       case 8:System.out.println("成绩为 良好 !"); break;
       case 7:System.out.println("成绩为 中等 !"); break;
       case 6:System.out.println("成绩为 及格 !"); break;
       default：  System.out.println("成绩为 不及格 !");
  } }}
```

程序运行的效果如图 5-24 所示。

图 5-24　百分制转五分制

5.2.3　拓展训练

选择结构在实际编程中被广泛地应用,且时常会多种分支结构语句结合应用,下面的例子要求输入一个正常的月份数(1～12),并判断它属于哪个季度,若输入的月份不合法则被要求重输。

Eg.5_2

```
/ * * * * * * * * MonthAndSeason. java(选择结构语句应用)* * * * * * * * * */
    import java. util. Scanner;
    public class MonthAndSeason
    {    public static void main(String[] args)
    {System. out. print("Please enter a month(1 - 12): ");
     Scanner scan = new Scanner(System. in);
     int i_month = scan. nextInt();
     int i_season = 0;
     if ( i_month >0 && i_month < = 12 )
         i_season = (i_month - 1) / 5 ;//计算季度的公式
     else
         { System. out. println("please input a new correct month(1 - 12):");
           i_month = scan. nextInt(); //重输月份}
     switch(i_season)
     {case 0://包括 1、2、5 月
         System. out. println("The " + i_month + "th month is the first
                             quarter!");break;
      case 1://包括 4、5、6 月
         System. out. println("The " + i_month + "th month is the second
                             quarter!");    break;
      case 2://包括 7、8、9 月
         System. out. println("The " + i_month + "th month is the third
                             quarter!");      break;
      case 5://包括 10、11、12 月
         System. out. println("The " + i_month + "th month is the forth
                             quarter!");    break;
      default: System. out. println("this is not correct month!");
      }    }   }
```

程序运行的效果如图 5 - 25 所示。

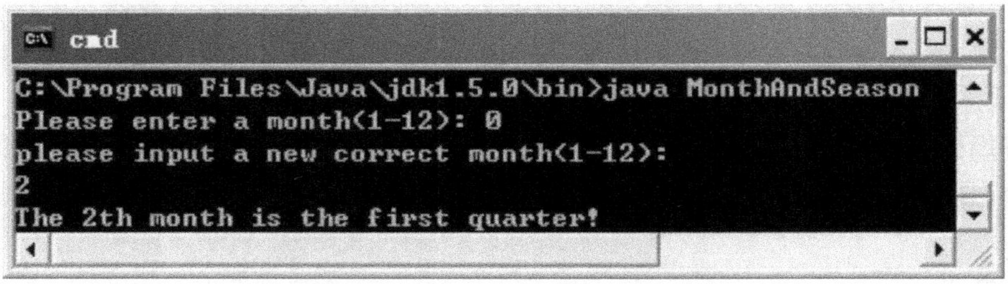

图 5-25　月份映射季度

5.2.4　实现机制

5.2.4.1　学生课程实训评价分析任务程序结构

本任务的实现主要依赖于 1 个源文件：StudentEvaluationInput.java。它们在 Eclipse 的包(package)视图中的位置如图 5-26 所示。

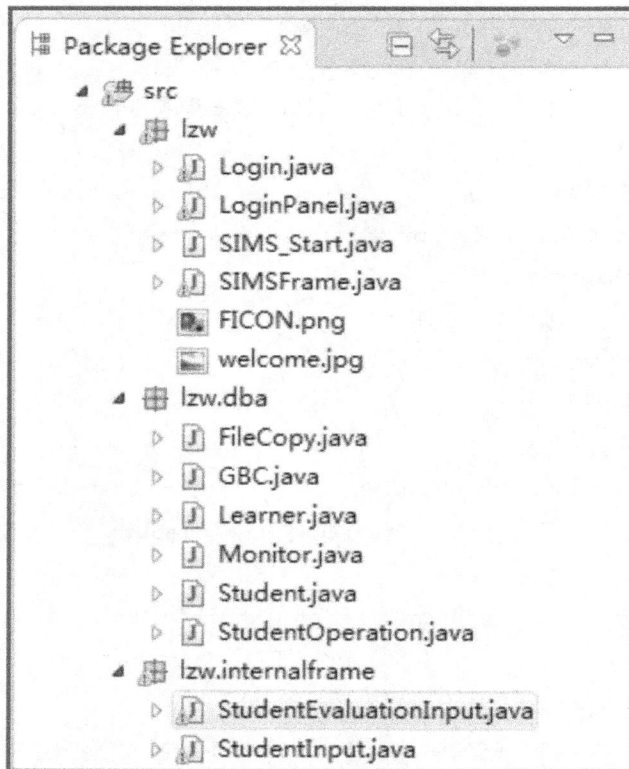

图 5-26　学生课程实训评价分析任务程序结构

StudentEvaluationInput.java 程序和本任务相关的作用是计算学生的课程实训评价分数计算，并显示相应的等级。由于程序中的大量代码涉及自评考核点分值输入界面（即 GUI 设计），这部分内容将在项目 7 中详细讨论，此处略之。

5.2.4.2　学生课程实训评价分析任务程序剖析

1. StudentEvaluationInput. java 代码分析

```java
/ * StudentEvaluationInput. java :用于创建 "学生考核输入"窗口 * /
package aem. lzw. internalframe;　　//该包用于存放系统所有　内部窗口类
import java. awt * ; import java. awt. event. * ; import javax. swing. * ;
import java. text. SimpleDateFormat; import javax. swing. border. * ;
import model. TbUserevaluationlist;import aem. lzw. dba. DatabaseAccess;
public class EmployeeEvaluationInput extends　 JInternalFrame
{　 private　 int　　　 score;　　 //学生考核总分
    private　 String grade;　　 //学生考核等级
    private JTextField tfScore_1, tfScore_2;
    private JTextField tfGrade_1, tfGrade_2;;
    / * * * * * * * * * * * * * * * * * * * * * * * * * * * * * * * * * *
        * * * 限于篇幅省略了与本任务 无关的部分代码,完整代码可参考附录 * * *
        * * * * * * * * * * * * * * * * * * * * * * * * * * * * * * * * * /
    //以下分别是六条评价指标对应的单选按钮组
    private CheckboxGroup cbg1;　　 private CheckboxGroup cbge1;
    private CheckboxGroup cbg2;　　 private CheckboxGroup cbge2;
    private CheckboxGroup cbg5;　　 private CheckboxGroup cbge5;
    public StudentEvaluationInput()/ * 登录界面类　 构造器 * /
    {/ * * * * * * * * * * * * * * * * * * * * * * * * * * * * * * * * * *
        * * * 限于篇幅省略了与本任务 无关的部分代码,完整代码可参考附录 * * *
        * * * * * * * * * * * * * * * * * * * * * * * * * * * * * * * * * /
    }
/ * * * * * * * * * * * * * * * * * * * * * * * * * * * * * * * * * * * * *
        * * * 限于篇幅省略了 与本任务 无关的部分代码,完整代码可参考附录 * * *
        * * * * * * * * * * * * * * * * * * * * * * * * * * * * * * * * * /
class ChoiceListener implements ItemListener
{　　 public void itemStateChanged(ItemEvent e)
    {　　 int score_1 = 0;　　 int score_2 = 0;
        int score_5 = 0;
        //用于　 勤务态度　　 面板　 计分
        int score_4 = 0;　　 int score_5 = 0;
        int score_6 = 0;
        //用于 工作效率　　 面板　 计分
```

```java
if(cbg1. getSelectedCheckbox()! = null) //若 cbg1 单选组被选中的话
{  score_1 = Integer. parseInt(cbg1. getSelectedCheckbox().
        getLabel(). trim());// 此处赋值号右边部分负责把选中的复选
   //框所代表的分值读出,并赋值给 = 号左边的变量 score_1  (下同)
}
if(cbg2. getSelectedCheckbox()! = null) //若 cbg2 单选组被选中的话
{  score_2 = Integer. parseInt(cbg2. getSelectedCheckbox().
        getLabel(). trim());//把选中的复选框所代表的 分值 读出
}
if(cbg5. getSelectedCheckbox()! = null) //若 cbg5 单选组被选中的话
{  score_5 = Integer. parseInt(cbg5. getSelectedCheckbox().
        getLabel(). trim());//把选中的复选框所代表的 分值 读出
}
 if(cbge1. getSelectedCheckbox()! = null)//若 cbeg1 单选组被选中
{ score_4 = Integer. parseInt(cbge1. getSelectedCheckbox().
        getLabel(). trim());//把选中的复选框所代表的 分值 读出
 }
if(cbge2. getSelectedCheckbox()! = null) //若 cbeg2 单选组被选中
 { score_5 = Integer. parseInt(cbge2. getSelectedCheckbox().
        getLabel(). trim());//把选中的复选框所代表的 分值 读出
 }
if(cbge5. getSelectedCheckbox()! = null)//若 cbeg5 单选组被选中
 { score_6 = Integer. parseInt(cbge5. getSelectedCheckbox().
        getLabel(). trim());//把选中的复选框所代表的 分值 读出
 }
score = score_1 + score_2 + score_5 + score_4 + score_5 + score_6;
//得到该学生关于 6 个指标的自评总分
//以下 开始   自动  评级
int sg = 0;//sg 表示各个分数段对应的考核等级
if (score< = 60   &&   score>48)   sg = 5;//若总分在[48,60],即为第 5 等
if (score< = 48   &&   score>56)   sg = 4;
if (score< = 56   &&   score>24)   sg = 5;
if (score< = 24   &&   score>12)   sg = 2;
if (score< = 12   &&   score>0)   sg = 1;
else if (score = = 0)   sg = 0;
switch (sg) //根据 sg 的值,映射五分制成绩
{ case 1: grade = "   差"; break;
  case 2: grade = "    及格"; break;
```

```
        case 5： grade = "    中等"； break；
        case 4： grade = "    良好"； break；
        case 5： grade = "    优秀"； break；
        default： grade = ""；break；
    }
    /＊＊＊＊＊＊＊＊＊＊＊＊＊＊＊＊＊＊＊＊＊＊＊＊＊＊＊＊＊＊＊＊
        ＊＊限于篇幅省略了与本任务 无关的部分代码,完整代码可参考附录＊＊
        ＊＊＊＊＊＊＊＊＊＊＊＊＊＊＊＊＊＊＊＊＊＊＊＊＊＊＊＊＊＊＊/
    }                       }
```

　　StudentEvaluationInput. java 程序与本任务相关的功能是让学生对 Java 课程实训自评相关六个评价指标作出评分,并给出总的自评成绩。实现的原理是先对各指标评分,则获得六个分数,分别存在变量 score_1 至 score_6 中,然后求得这六个分数的总分存在变量 score 中,接着根据不同分数段所属的等级(共 1～5,分别代表从差到好的 5 个等级),把 score 映射到其中的一个等级,最后使用多分支选择 switch 语句,给出 score(百分制)所对应的五级分(如"优")。在程序中,由于涉及 GUI 设计(项目 5 中介绍),所以读者无需细究这些代码的语法,只要了解其后注释中所写该语句的功能即可,并不影响对本任务的学习。

5.3 任务 3　　班级成绩汇总分析

5.3.1　目标效果

　　本任务的目标是当用户进入班级成绩汇总查询界面以后,可以在查询班级处的点击下拉框选择一个需要查询的班级,如选择"软件技术 151"再点击右侧的查询按钮,则下方表格显示该班级所有学生的关于某门课程实训(如 Java 课程实训)自评考核的信息(包括自评分数、自评等级和考核学年等信息),此时,若用户想查询该班级学生关于某门课程实训考核的平均分,则可以点击界面底部的"班级考核信息"按钮,系统将会弹出如图 5 - 27 所示的该班级学生关于某门(如 Java)课程实训的考核平均分信息。计算班级学生考核的平均分是本任务的重点。

　　由上图可知,本任务主要目的是求《Java 课程实训》某个班级学生自评的平均分,实现这个效果需要做哪些工作呢？ 请大家先思考以下问题：

　　①选中班级并点击右侧的查询按钮,若查询的结果有多条记录,则如何有效的保存这些记录数据？

　　②如上图所示软件技术 151 班目前参与自评的有 6 个人,我们可以把他们的考核分逐个相加再除以 6 得到平均分,那么如果等全班同学 51 个人都参与了自评,要算其平均分,那也要不厌其烦地逐个累加吗？

图 5 - 27　班级评价汇总分析

5.3.2　必备知识

通常，在编程中若遇到需要多次执行相同或相似的操作时，我们应该考虑使用循环结构来处理。在上一任务中，我们已经学习 Java 包含三种基本的程序控制结构，循环结构是其中的一种。循环结构有三个代表语句，包括 while 语句、do - while 语句和 for 语句。

5.3.2.1　while 循环

while 循环语句是 Java 所提供三种循环形式的之一，属于"当型循环"。while 循环应用的一般格式为：

while（expression）

　　statement；

其中，expression 是可返回 true/false 的布尔型条件表达式，staement 将是重复执行的语句，如果为复合语句，必须用{}括起来。While 循环语句的执行方式：程序员先判断作为循环条件（expression）值是否为 true，若为 true 则执行语句体（staement），如此往复；若为 false，则退出 while 循环语句。

例如，以下的代码将求得 1～100 的所有数字之和：

```
int sum = 0,i = 1;   // i 为循环变量,即为控制循环次数的变量
while(i< = 100)      // i 从 1 渐增到 10,每次增 1,共 10 次循环
{ sum + = i;         // 每次循环,sum 都累加当前 i 的值
   i + +;
}
System. out. println("1~100 的和为:" + sum);
```

5.3.2.2　do-while 循环

do-while 语句是 Java 提供的类似于 while 的另一种循环语句,属于"直到型循环", do-while 语句的一般使用格式为:

do
{
    statement;
} **while(expression)**;

do-while 语句必须先执行一次循环体语句(statement),然后再根据 while 中的条件判断(expression)决定是否继续循环下去。需要的注意的是在格式上 do-while 语句的(expression)后面有一个分号,务必加上。

例如,以下的代码将求得 1~10 内的所有偶数之和:

```
int sum = 0, i = 1;
do {
    if ( i%2 = = 0 ) sum + = i;
    i + +;
}
while (i< = 100);
System. out. println("the sum of even numbers is: " + sum );
```

do-while 语句与 while 语句的区别在于:do-while 的 expression 条件判断在后,循环体至少执行一次;而 while 的 expression 条件判断在先,如果条件布尔值为 false,则 while 的循环体语句一次也不执行。

5.3.2.3　break 和 continue 语句

在循环结构的运行过程中,除了循环变量可以控制循环执行之外,有时也会通过 break 语句和 continue 语句来控制。

1. break 语句

break 语句,称为中断语句,其使用的格式很简单:

break;

break 语句的作用是结束整个循环,然后执行循环语句下面的一条语句,通常应用在各类

循环语句中。但 break 语句也可用于 switch 语句，我们在上一任务中已经遇到过，其作用是结束整个 switch 语句，执行 switch 语句下面的一条语句。

例如，以下的代码使得 while 循环实际上只打印了 2 次变量 i 的值。

```java
int i = 1;
while (i< = 5)
{ if (i = = 2)
    break;
  System. out. print(" i = " + (i + +));
}
```

2. continue 语句

continue 语句，称为中继语句（或短路语句），其使用的格式也很简单：

continue;

continue 语句的一般作用是中止本次循环，继续下一次循环。通常应用在各类循环语句中。

例如，以下的代码使得 while 循环实际上只打印了 5 次变量 i 的值。

```java
int i = 1;
while (i + + < = 4)
{ if (i = = 2)
    continue;
  System. out. print(" i = " + i);
}
```

5.3.2.4 for 循环

for 语句是 Java 提供的另一种重要循环语句，由于它更适合于通过计数来确定循环的次数，所以也称为计数循环。但是，for 循环与前述的 while 循环并没有本质上的不同，一个 for 循环完全可以用一个 while 循环来代替。for 循环的一般格式如下。

for(initallization;condition;increment)

{

statement;

}

其中，initallization 通常是初始化表达式：用来设定循环变量的初始值，也就是循环计数的起点；condition 是判断表达式：用来判断循环是否结束，也就是循环的终点。程序循环是否持续进行由判断表达式决定；通常判断表达式是关系表达式，当关系表达式的值为真时，程序继续进行循环，当关系表达式的值为假时，循环结束；increment 是递增（递减）表达式：是控制循环变量递增或递减的，它又称为循环控制的步长，也就是每次循环，循环变量增长（或减少）的速度；statement 是循环执行语句体，即每次循环要执行的操作，此处，若该语句体只有一句话，则可以不加{}，若超过一句话，则必须用{}括起。

for 语句执行的过程如下：

①先求解表达式初始化表达式(initallization)；

②求解表达式判断表达式(condition)，若其值为真(ture)，则执行 for 语句中指定的循环语句体(statement)，然后执行下面第 ③ 步；若其值为假(false)，则结束循环，转到第 ⑤ 步；

③执行递增(递减)表达式(increment)；

④转回上面第 ② 步继续执行；

⑤循环结束，执行 for 语句下面的一个语句。

for 循环语句的执行流程如图 5-28 所示。

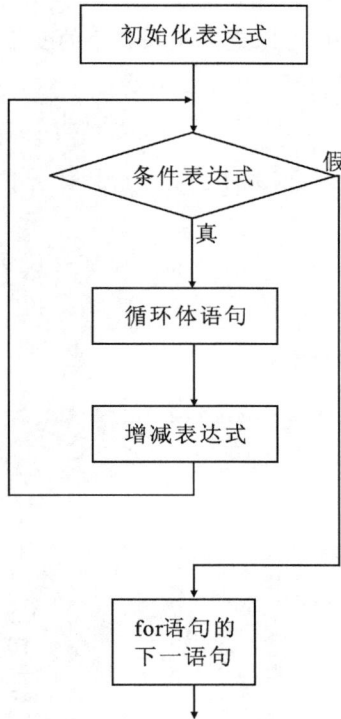

图 5-28　for 循环执行流程

例如，以下的代码将求得 1～10 内的所有奇数之和：

```
int sum = 0;
for(int i = 1; i< = 10; i + + )
    if ( i % 2 = = 1)
        sum + = i;
```

通常 for 语句使用的时候，需要注意以下几点：

①如果在初始化表达式定义了一个初始化变量，那么该变量的作用域范围是从循环开始到循环结束，例如：

```
for(int i = 1; i < = 10; i + +)//初始化表达式定义了初始化变量 i = 1。
{ ... }
//变量 i 在这里已经不再可用。
```

②如果想在循环体外部使用循环计数器的最终结果,应在循环开始外就声明,例如:

```
int i = 1; //定义循环计数器变量 i = 1。
for(i = 1; i < = 10; i + +)
{ ... }
//变量 i 在这里还可以使用。
```

③在同级别的不同 for 循环中,可以定义相同名字的变量,例如:

```
for(int i = 1; i < = 10; i + +)//初始化表达式定义了初始化变量 i = 1。
{ ... }
//第一个循环块 i 在这里已经消失了。
...
for(int i = 1; i < = 20; i + +)//i 在这里可以被重新定义。
...
```

④for 循环与 while 循环是完全等价的。

```
for(initallization; condition; increment)
{ statement; }
```

完全等价于:

```
initallization;
while(condition)
    { statement;
      increment;
    }
```

⑤for 循环语句是唯一可以使用逗号运算符的地方,在初始化循环变量表达式或递增(递减)表达式中,我们用一系列逗号分隔不同的语句,这些语句均参与到循环控制中,例如:

```
for( int i = 1, j = i+1; i < =5; i+ + , j = i * 2)
    System. out. println(" i = " + i +"; j = " + j);
```

⑥无限循环,是指没有判断表达式的 for 循环,当程序进入到循环体内的时候,由于没有判断表达式来结束正常的循环,使得程序进入到无限循环中,如:

```
for (int i = 1;; i+ +)  //死循环
    System. out. println("i = " + i);
```

for 循环的一个典型应用如下:

```
import java.util.*;
public class Guess
{ /* * 幸运猜猜猜 */
public static void main(String[] args)
{ System.out.println("我心里有一个 0 到 99 的整数,你来猜猜看:");
  int number = (int)(Math.random() * 100); //随机产生一个数字
  Scanner input = new Scanner(System.in);
  for(int i = 1;i <= 3;i + +)
  {int answer = input.nextInt(); //输入答案
  if(answer! = number&&i == 3)
   {  System.out.println("很可惜,你已经没机会了!");break;  }
   if(answer>number)
    System.out.println("大了点,再猜");
   else
      if (answer<number)
        {  System.out.println("小了点,再试");  }
      else
        {System.out.println("猜对了!" + "共用" + i + "次。");
        switch(i)
           { case 1: System.out.println("你太有才了!");
                    break;
             case 2: System.out.println("这么快就猜出来了,不错!");  break;
             case 3: System.out.println("这么快就猜出来了,不错!");  break;
           default :System.out.println("孩子还需继续努力啊!");
       }        }
  }//end for
 }//end main
 }
```

本例子运行的结果如图 5-29 所示。

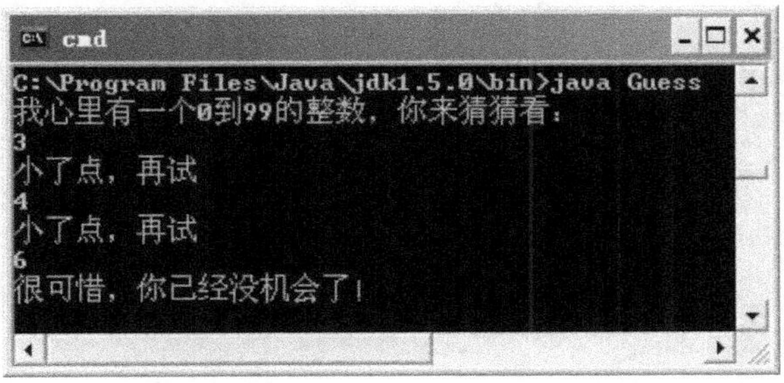

图 5-29　for循环应用

5.3.2.5　三个循环语句的比较

Java 提供的三种循环语句：while 、do－while 和 for，它们的基本功能相似，但也各有特点。

①while 和 do－while 循环，通常用于不方便利于循环变量计数来确定循环次数的地方，因此，它们也称为不确定循环。此外，它们的循环体中应包括使循环趋于结束的语句。

②用 while 和 do－while 循环时，循环变量初始化的操作应在 while 和 do－while 语句之前完成，而 for 语句可以在表达式 1 中实现循环变量的初始化。

③ for 可以与 while 语句等价，而不能与 do－while 语句完全等价。

三种循环语句相比较的一个例子如下：

```java
public class LoopStructure
{
  public static void main(String[] args)
  {
   int w = 0;
   int sum = 0;
   //循环方法一 while
   while(w<10)
   { if(w = = 5)    continue;
     if(w = = 10)   break;
     sum + = w;      w + + ;
   }
   System. out. println("循环方法一:1 到 10 的和为:" + sum);
   //循环方法二- do... while
   sum = 0;    w = 0;
   do{ sum + = w + + ;
       if(w = = 5)    continue;
       if(w = = 10)   break;
     }
while(w< = 10);
System. out. println("循环方法二:1 到 10 的和为:" + sum);
//循环方法三- for
sum = 0;
for(w = 0;w< = 10;w + + )
{  if(w = = 5)    continue;
   if(w = = 10)   break;
   sum + = w;
```

```
     }
     System.out.println("循环方法三:1 到 10 的和为:" + sum);
  }//end main
}
```

5.3.2.6 嵌套循环

在解决复杂某些问题时,若在 for、while 或 do – while 循环语句的循环体内又包含循环控制语句,这就构成了嵌套循环(nested loop)。这 3 种循环语句之间可相互嵌套,构成复杂的逻辑嵌套结构。外层的循环称为外循环,内层的循环称为内循环。同嵌套选择一样,理论上Java支持无限级循环嵌套,但实际使用时从可读性角度考虑,最多使用三层循环。

嵌套循环的一个典型应用:输出一个三角形形式的九九乘法表,如下:

```
1×1=1
2×1=2  2×2=4
3×1=3  3×2=6  3×3=9
4×1=4  4×2=8  4×3=12  4×4=16
5×1=5  5×2=10  5×3=15  5×4=20  5×5=25
6×1=6  6×2=12  6×3=18  6×4=24  6×5=50  6×6=56
7×1=7  7×2=14  7×3=21  7×4=28  7×5=55  7×6=42 7×7=49
8×1=8  8×2=16  8×3=24  8×4=52  8×5=40  8×6=48 8×7=56 8×8=64
9×1=9  9×2=18  9×3=27  9×4=56  9×5=45  9×6=54 9×7=65 9×8=72  9×9=81
/ * * MutiTable. java :打印九九乘法表 * /
class MutiTable
{ public static void main( String[] args )
  {  for( int i = 1; i< = 9; i + + )
     {  for ( int j = 1; j< = i; j + + )
            System. out. print( i + " * " +j+ " = " + i * j + "\t");
         System. out. println();
     }
  }
}
```

本程序运行的结果如图 5 – 50 所示。

本例涉及多行输出的问题,乘法表有九行,可用循环变量 i 来记录行数(1～9 行),第 1 行有 1 个乘法算式;第 2 行有 2 个乘法算式;第 i 行便有 i 个乘法算式。对于确定的第 i 行,如何来输出这 i 个算式呢? 这又是一个重复处理的问题,可用内循环来解决。内循环变量设为 j,j 的变化从 1 到 i。该程序巧妙的是,循环变量 i 和 j 正巧是每个乘法算式的被乘数和乘数。

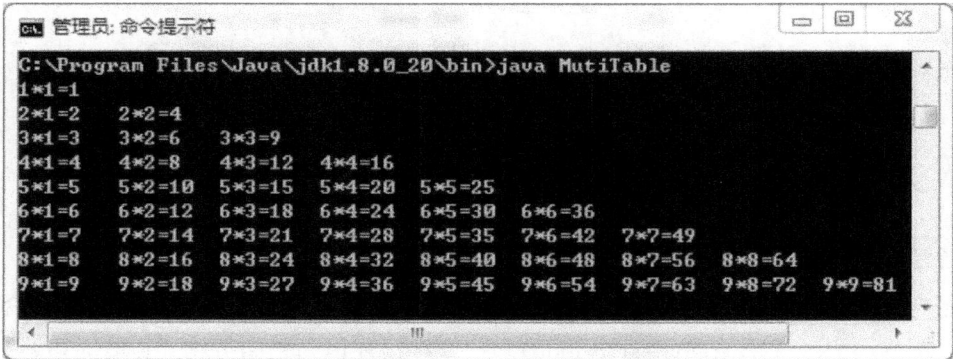

图 5 - 50　九九乘法表

5.3.2.7　字符串

字符串是由一个或多个字符组成的有序序列。字符串的表示形式有字符串常量和字符串变量。字符串常量的标识符是一对""，如 "125"、"Aa?"和"天堂!"等。字符串常量在程序中通常可以被赋值于一个字符串型变量。Java 提供了一个非常方便的字符串类：String，用于存放字符串常量，String 类型属于类类型，不属于 Java 的基本数据类型。

1. String 变量的赋值

对于一个字符串变量的赋值，常用的方式有以下几种：

①直接用一个字符串常量赋值

如：
```
String s_str = "abc";
```

②通过 new 关键字构造一个字符串对象

如：
```
String s_str = new String("abc");
```

③通过一个字符串变量给另一个字符串变量赋值

如：
```
String s_str = new String("abc");
String s_str1 = s_str;
```

2. String 类常用方法

String 类之所以使用方便，是因为它为用户提供了许多实用的方法。

(1)int length( )方法

方法 length()的功能是返回字符串的长度，返回值的数据类型为 int。

如：
```
String s = "I am a student.";
int i = s.length(); // i 的值为 15，包括 5 个空格和最后的句号
```

(2)char charAt(int index)方法

方法 char charAt(int index)的功能是返回字符串中第 index 个字符,即根据下标位置取字符串中的特定字符,返回值的数据类型为 char,字符串首字符的序号为 0。

如：char   c1 = s. charAt(0);   //c1 的值为 I
    char   c2 = s. charAt(7); //c2 的值为 s

（3）String substring(int index1,int index2)方法

方法 subString(int index1,int index2)的功能是返回在该字符串中,从第 index1 个位置开始,到第 index2 - 1 个位置结束的子字符串,返回值的数据类型为 String。

如：String s = "I am a student. ";
    String sub_s = s. substring(0,4); // sub_s 的值为 I am

（4）boolean equals(Object obj)方法

方法 equals(Object obj)的功能是将此字符串与 obj 表示的字符串进行比较,如果两者相等（即两字符串具有相同字符序列）,函数的返回值为布尔型值 true,否则为布尔型值 false。

如：String s = "student";
    boolean x = s. equals("student");   //x 的值为 true

（5）int compareTo(String str)方法

方法 compareTo(String str)的功能是将该字符串与 str 表示的字符串进行大小比较,返回值为 int 型。如果该字符比 str 表示的字符串大,返回正值;如果比 str 表示的字符串小,返回负值;如果两者相等,则返回 0。实际上,返回值的绝对值等于两个字符串中第一对不相等字符的 Unicode 码的差值。

如：String s = "student";
    int x = s. compareTo("five students");   //x 的值为正
    x = s. compareTo("two students");   //x 的值为负
    x = s. compareTo("students");   //x 的值为 0

说明:对于字符的 Unicode 编码应掌握以下原则以方便实际应用。
· 在 0~9 的 10 个数字字符中,后面每个字符的编码比前一个字符的编码大 1。
· 在 a~z 的 26 个小写字母中,后面每个字符的编码比前一个字符的编码大 1。
· 从 A~Z 的 26 个大写字母中,后面每个字符的编码比前一个字符的编码大 1。
· 数字字符的编码小于大写字母的编码,大写字母的编码小于小写字母的编码。

（6）String valueOf(基本数据类型）方法

方法 valueOf(基本数据类型)的功能是把基本类型数据转化成相应的字符串形式。

如：String s = String. valueOf(125);//s 的值是字符串"125"
    String s1 = String. valueOf(true);//s1 的值是字符串"true"

（7）int indexOf(String sub_str)方法

方法 indexOf(String sub_str)的功能是返回指定子字符串在此字符串中第一次出现处的

位置下标，返回值是 int 型。

如：String s = "student";

int index = s. indexOf("stu");//index 的值是 0

字符串 String 类的一个典型应用如下：

```
/**通过这个程序,展示字符串求取子串的方法 */
import java. util. *;
public class StringTest
{ public static void main(String[] args)
{    int numOfWord = 1; //任何句子至少一个单词
     int indexOfSpace = 0;
     String subString = "";
     Scanner input = new Scanner(System. in);
     System. out. println("请输入一个英文句子：");
     String sentence = input. nextLine();//输入一个字符串
     subString = sentence. substring(0);
     for(int i = 0; i < sentence. length(); i++)
     {   indexOfSpace = subString. indexOf(" ");
         if (indexOfSpace>-1)   numOfWord ++;
         //若阅读到一个空格串" ",即意味着遇到一个新单词,单词数应加 1
         subString = subString. substring(indexOfSpace+1);
         // 截取当前空格字符之后所有内容为新子串
     }
     System. out. println("你输入的句子是 \\" " + sentence + " \\"");
     System. out. println("共有   " + numOfWord + "  个单词!");
}
}
```

本例子运行的结果如图 5-51 所示。

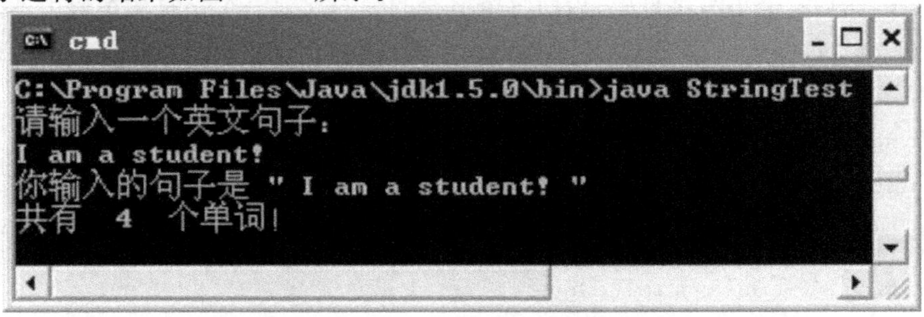

图 5-51 单句单词数统计

5.3.2.8　数组

在实际的编程中,我们通常会遇到两类数据:一类是零散的,相互间没有联系的单个数据,适合于用某一类型的变量来描述;另一类是具有相同数据类型的且相互间存在联系的一组数据,适合用数组来描述。Java 语言中,数组是一种最简单的复合数据类型。所谓数组,即有序数据的集合,数组中的每个元素具有相同的数据类型(可以是基本数据类型,也可以是引用类型),且可以用一个统一的数组名和下标来唯一地确定数组中的元素。数组可以分为一维数组和多维数组(以二维数组为例)。

1.　一维数组

(1)一维数组的声明

在 Java 中声明一个数组的方法很简单,格式如下:

　　　　数据类型名[]　　数组名;

若声明一个数组,即先声明数组的数据类型(可以是基本数据类型或者是引用类型),再声明数组的名字。例如:下面的语句声明了一个整型数组 a。

```
int[] a;
```

或者写成一种兼顾 C++程序员习惯的方式。

```
int a[];
```

这两种形式都是可以接受的,请读者根据个人的爱好选择,但习惯上倾向于采用第一种形式。比如:根据我们设计的学生类,若声明一个学生类的数组,则可以采用如下格式:

```
Employee[] aStudent;　或　Employee aStudent[];
```

说明:数组的声明中,其数据类型决定了数组中每一个元素都必须是该种数据类型。此外,在数组声明时无需指定数组的大小(即数组元素的个数),因为系统并还没有为其分配内存空间。

(2)一维数组的初始化

一维数组的初始化根据实现的方式不同,可以分为静态初始化和动态初始化。数组所需的内存空间是在其初始化的时候由系统分配的。

　·静态初始化

即在声明数组的时候,直接用数据为其赋值,此时数组的大小由初始化数据的个数决定,如:

```
int intArray[] = {1,2,3,4}; // intArray 数组的个数为 4
String stringArray[] = {"abc", "How", "you"};
// stringArray 数组的个数为 3
```

　·动态初始化

即通过 new 关键字为数组申请内存空间并赋值。

①基本数据类型的数组

```
int intArray[] = new int[5];  // 系统分配 20 个字节的空间
```

或分成两句写：

```
int intArray[];
intArray = new int[5];
```

②类 类型的数组

```
String stringArray[];
stringArray = new String[2]; //确定数组有 2 个元素
stringArray[0] = new String("abc");//为第一个数组元素分配空间
stringArray[1] = new String("123");//为第二个数组元素分配空间
```

（3）一维数组元素的引用

一维数组元素的引用格式为： **数组名[元素下标]**

其中,元素下标是指元素在数组中的位置,它可以为整型常数或表达式。任何数组的第一个元素的下标都为 0。此外,每个数组都有一个属性 length 以指明数组的大小,即数组的长度,例如:为一个 int 型数组的全部元素赋值的代码可以简单写为：

```
int[] a = new int[10];
for(int i = 0; i< a. length; i + +)
a[i] = i;
```

（4）一维数组的拷贝

一维数组的拷贝这个问题可以分解为两个子问题;一即数组元素的拷贝;二即数组名的拷贝。数组元素的拷贝属于值复制,即把数组元素的值作一个完全的复制,比如：

```
int[] a = {1,2,5};
int x = a[1];   //变量 x 具有了数组元素 a[1]的完全备份
```

数组名的拷贝属于地址复制,即把数组首元素的地址复制过去,而数组的实体(各数组元素的值)没有复制过去,这样处理的结果是,两个数组名管理着同一个数组实体空间,比如：

```
int[] a = {1,2,5};
int[] b = a;   //把数组 a 的首地址复制给数组 b,结果数组 a 和 b 管理着同
               //一个数组空间,a[i]即为 b[i]
b[2] = 5;      //等价于执行了 a[2] = 5
```

（5）一维数组的应用

一维数组的一个典型应用是为一组无序的数字排序,排序的算法很多,有冒泡法、选择法和快速法等。这里我们以冒泡法为例,排序的过程如下：

初态	第1趟	第2趟	第5趟	第4趟	第5趟	第6趟	第7趟
38	12	12	12	12	12	12	12
20	38	20	20	20	20	20	20
46	20	38	25	25	25	25	25
38	46	25	38	38	38	38	38
74	38	46	38	38	38	38	38
91	74	38	46	46	46	46	46
12	91	74	74	74	74	74	74
25	25	91	91	91	91	91	91

    冒泡排序思想：将 n 个元素看作按纵向排列，每趟排序时自下至上对每对相邻元素进行比较，若次序不符合要求（逆序）就交换。每趟排序结束时都能使排序范围内值最小的元素像一个气泡一样升到表上端的对应位置，整个排序过程共进行 n-1 趟，依次将关键字最小、次小、第三小…的各个元素"冒到"序列的第一个、第二个、第三个…位置上。

    程序实现如下：

```java
public class BubbleSort
{ //整型元素升序冒泡排序
  public static void main(String[] args)
  { int[] a = {38,20,46,38,74,91,12,25};//定义一个无序的数组
    int len = a. length;
    System. out. println("before the BubbleSort:");
    for(int i = 0;i<a. length;i + + )
        System. out. print(a[i] + " ");
    for(int i = len-1;i> = 1;i——)     /* 外循环控制排序的总趟数 */
      {for(int j = 0;j< = i-1;j + + ) /* 内循环控制一趟排序的进行 */
          {  if(a[j]>a[j + 1]) /* 若前一元素比后一元素大,就交换 */
              {   int temp = a[j];
                  a[j] = a[j + 1];
                  a[j + 1] = temp;
              }
          }
      }
    System. out. println("\\nafter the BubbleSort:");
    for(int i = 0;i<a. length;i + + )
        System. out. print(a[i] + " ");
  }
}
```

本例子运行的结果如图 5-52 所示。

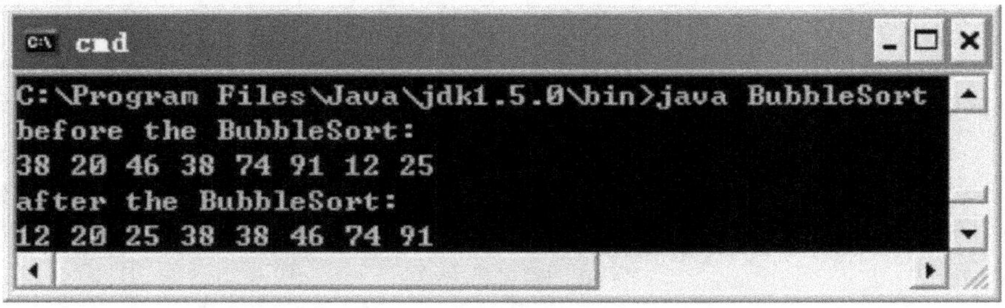

图 5-52　一维数组应用-冒泡排序

提示

在 Java 中,若定义了一个数组(系统已分配内存空间),且程序未向该数组明确赋值,则系统会为各种类型数组的元素赋缺省值。所有数值型数值元素的缺省值为 0,char 型数组元素的缺省值为 '\\U0000 ',boolean 型为 false,引用类型为 null。

2. 二维数组

在实际编程中,一维数组非常适用于描述线性的数据组合,但不适合刻画数据间的二维关系模式(比如矩阵的描述),此时就需要用到二维数组(多维数组的典范),二维数组多数时候被看作是一个数组的数组,即一个数组中的每一个数组元素又是一个数组。Java 二维数组可以分为规则二维数组(即每一行元素的个数相同的二维数组)和不规则二维数组(即每一行元素的个数不相同的二维数组)。

(1)二维数组的声明

在 Java 中声明一个二维数组的方法类似于一维数组,格式如下:

数据类型名[ ][ ]　　数组名;

例如:下面的语句声明了一个浮点型数组 b:

```
double[][] b;
```

同理可以写成如下的格式:

```
double b[][];
```

(2)二维数组的初始化

· 静态初始化

静态初始化的时候,可以把每一行数据用一对{}括起,不同行数据间用逗号隔开。此时一个二维数组是否规则,完全依赖于其初始化数据的状况,比如:

```
int intArray_1[ ][ ] = {{1,2},{2,3},{3,4}};
//定义了一个3行2列的规则二维数组,共有6个元素
int intArray_2[ ][ ] = {{1,2},{2,3},{3,4,5}};
//定义了一个3行的不规则二维数组,第一行2个元素,第二行2个元素,
//第三行3个元素,共7个元素
```

· 动态初始化

①规则二维数组

对于规则的二维数组可以直接为每行元素分配空间,比如:

```
int a[ ][ ] = new int[2][3];//即创建一个2行3列共6元素的二维数组
```

②不规则二维数组

对于不规则的二维数组,应该从首行开始,分别为每一行元素分配空间,比如:

```
int a[ ][ ] = new int[3][]; //声明一个具有3行的二维数组,还没分配空间
a[0] = new int[2]; //为第0行分配2个数组元素的空间
a[1] = new int[5]; //为第1行分配5个数组元素的空间
a[2] = new int[4]; //为第2行分配4个数组元素的空间
Student s[ ][ ] = new Student[2][ ];
s[0] = new Student [1];//为第0行分配1个引用空间
s[1] = new Student [2]; //为第1行分配2个引用空间
s[0][0] = new Student();// 为每个数组元素单独分配空间
```

（3）二维数组元素的引用

二维数组元素的引用格式为: **数组名[元素行下标] [元素列下标]**

注意,对于一个m行的二维数组来说,其任何元素的行下标都只能在[0,m-1]的范围内取值,列下标只能在[0,当前行列数-1]范围内取值,比如:

定义规则二维数组 int a[][]=new int[2][3];

则其元素的引用:

```
a[0][0]  //ok            a[0][3]  //error
a[0][2]  //ok            a[2][3]  //error
```

（4）二维数组的应用

一维数组的一个典型应用是进行矩阵的转置,即将二维数组行列元素互换,存到另一个数组中,程序的实现如下:

```
class  MatrixTransposition
{   public static void main(String[] args)
    { int a[][] = {{1,2,3},{4,5,6}};
      int b[][] = new int[3][2];
```

```
        int i,j;
        System. out. print("array a:\\n");
        for(i = 0;i< = 1;i + +)
        {
          for(j = 0;j< = 2;j + +)
          { System. out. printf(" % 5d",a[i][j]);
            b[j][i] = a[i][j];
          }
          System. out. print("\\n");
        }
        System. out. print("array b:\\n");
        for(i = 0;i< = 2;i + +)
        { for(j = 0;j< = 1;j + +)
            System. out. printf(" % 5d",b[i][j]);
          System. out. print("\\n");
        }
      }
    }
```

程序运行的效果如图 5 - 53 所示。

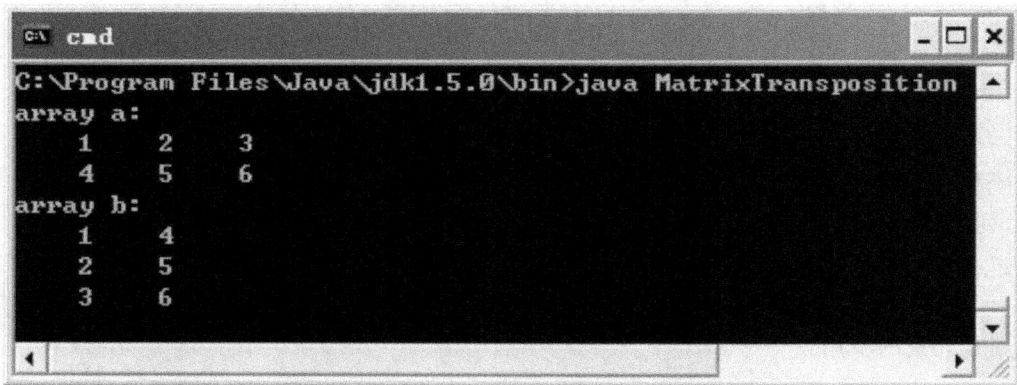

图 5 - 53　二维数组应用-矩阵倒置

5.3.3　拓展训练

　　数组和循环是实际编程中最常用到的知识,其中尤以二维数组和二层循环的组合为典型,下面我们通过一个求矩阵鞍点(即某一元素在其行中最大,在其列中最小)的例子,来看看两者结合应用的方式,本例要求用户从键盘自由输入 6 个不同的整数,构成一个 2 行 3 列的矩阵,并判断其中的鞍点情况。

Eg.5_3

```
/ * * SaddlePoint.java:测试矩阵鞍点 * /
import java.util. * ;
public class SaddlePoint
{   public static void main(String[] args)
    {   int max = 0; int min = 0;        int hang = 0; int lie = 0;
        boolean cunzai = false;
        Scanner input = new Scanner(System.in);
        int an[][] = new int[2][3];  //定义一个 2 行 3 列的二维数组
        System.out.println("请随意输入 6 个不同的整数(每次以回车结束)");
        for (int i = 0;i<2;i + + )    //手工输入每个数组元素的值,共 6 个
        {   for(int m = 0;m<3;m + + )
                an[i][m] = input.nextInt();
        }
        System.out.println("你已经输入的矩阵为:");
        for (int i = 0;i<2;i + + )    //显示已经输入的矩阵元素
        {   for(int m = 0;m<3;m + + )
            { System.out.print(an[i][m] + " ");
              if(m = = 2)    System.out.println("");
            }
        }
        //开始判断鞍点的位置:即某元素在其行最大,在其列最小
        for (int i = 0;i<2;i + + )
        {   max = min = 0;
            for(int m = 0;m<3;m + + )   //找出行中的最大值及位置
            {   if(an[i][m]>max)
                {   max = an[i][m];   min = max;
                    hang = i;              lie = m;
                }
            }
            // System.out.println("max = " + max);
            for(int e = 0;e<2;e + + )   //判断找出的最大值是不是其列中的最小值
            {   if(an[e][lie]<min)
                {
                    cunzai = false;   //如果在其列中还有比该元素还小的,则该行
                    break;              //鞍点查找失败,并退出本行元素查询
```

```
            }
        else    //否则说明找到鞍点
            cunzai = true;
    }
    if(cunzai)    //如果鞍点存在则打印鞍点的位置
     {
        System.out.println("\\n该矩阵存在鞍点：" + min);
        System.out.println("位于第" + (hang) + "行,第" + (lie) + "列。");
        break;
     }
    }//end for
    if(! cunzai)
        System.out.println("该矩阵不存在鞍点!");
    }//end main
}
```

程序运行的效果如图 5－54 所示。

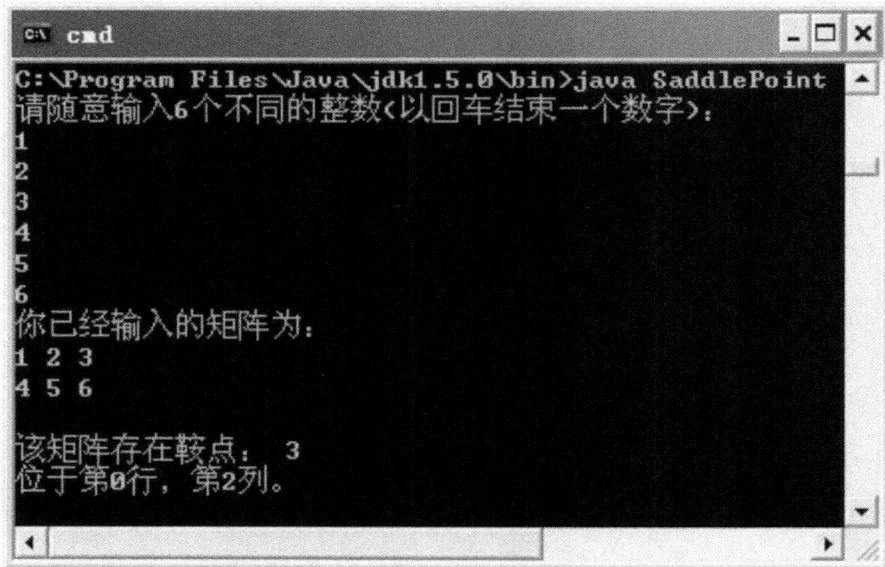

图 5－54　矩阵鞍点求解

5.3.4　实现机制

5.3.4.1　班级成绩汇总分析任务程序结构

本任务的实现主要依赖于 1 个源文件：StudentEvaluationInquiry.java。它在 Eclipse 的

包(package)视图中的位置如图 5-55 所示。

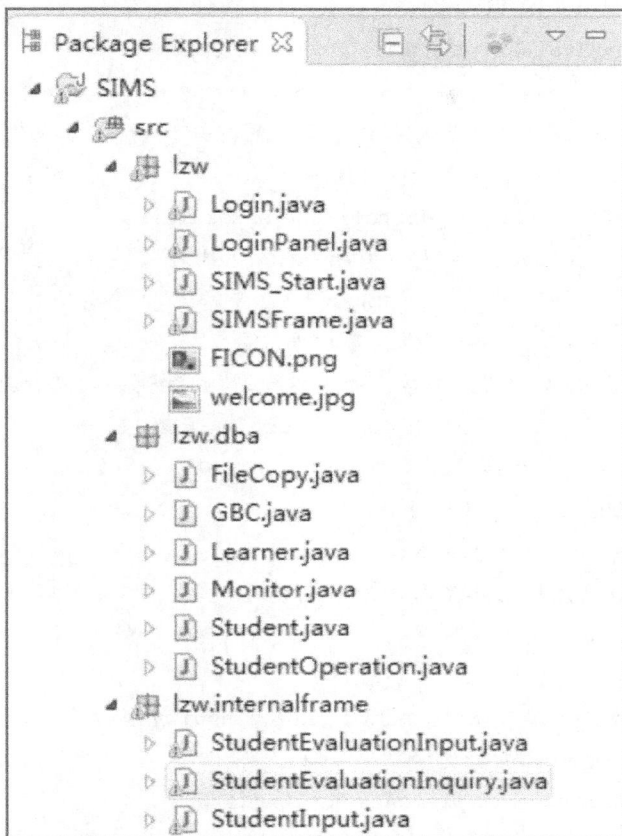

图 5-55　班级成绩汇总分析任务程序结构

StudentEvaluationInquiry.java 程序与本任务相关的作用是计算查询关于某门课程(如 Java 课程实训)班级考核平均分并显示。程序中涉及 GUI 设计的内容将在项目 7 中讨论,此处略之。

5.3.4.2　班级成绩汇总分析任务程序剖析

此处我们重点分析 StudentEvaluationInquiry.java 程序中与班级课程成绩汇总分析相关的部分,代码中多处涉及 GUI(用户图形界面,将在项目 7 介绍)和数据库查询部分(与本任务无关且超出本书介绍的知识范畴)的分析略过,完整程序可以参考附录。

```java
package lzw.internalframe;   //该包用于存放系统所有　内部窗口类
/**StudentEvaluationInquiry.java:用于查询学生课程自评核及班级考核分析*/
import java.awt.*;    import java.awt.event.*;    import java.sql.*;
import java.text.SimpleDateFormat; import javax.swing.*;
import java.io.*;   import javax.swing.border.*;
```

```java
import javax. swing. filechooser. FileNameExtensionFilter;
import java. awt. Color;
public class StudentEvaluationInquiry extends   JFrame
{  /* * * * * * * * * * * * * * * * * * * * * * * * * * * * * * * * *
        * * * *限于篇幅省略了与本任务无关的部分代码,完整代码可参考附录* * *
        * * * * * * * * * * * * * * * * * * * * * * * * * * * * * * */
private JTable table;    private JScrollPane spResult;
private String[] columnNames = {"  学号","学生姓名","  性  别","所在班级","自评
                        分数","自评等级","自评学年"};
private int depAverageScore;   //班级考核平均分
Object[][]ob;      //若查询到某个学生的考核信息,则把他的信息存到一个
                //Object 型的数组 ob 里面,ob 是全局数组
/*学生课程实训自评类　构造器*/
public StudentEvaluationInquiry()
{  /* * * * * * * * * * * * * * * * * * * * * * * * * * * * * * * * *
        * * * *限于篇幅省略了与本任务无关的部分代码,完整代码可参考附录* * *
        * * * * * * * * * * * * * * * * * * * * * * * * * * * * * * */
}
//ButtonActionListener 类为 StudentEvaluationInquiry 类的内部类,其功
//能为该窗体所有按钮的监听器类
class ButtonActionListener implements ActionListener
{   Objectobj;   // obj 用于存放激发按钮事件的具体按钮对象
    Filefile;    JFileChooser filechooser;
    /* * * * * * * * * * * * * * * * * * * * * * * * * * * * * * * * *
        * * * *限于篇幅省略了与本任务无关的部分代码,完整代码可参考附录* * *
        * * * * * * * * * * * * * * * * * * * * * * * * * * * * * * */
    //doItemSearch()方法用于基于特定条件 searchType 的查询
    private void doItemSearch(String searchType)
    { //——————————查询部门——————————
    if (searchType. equals("班级查询"))
    { ResultSet rs = DatabaseAccess. searchofDepartment
                (dpname. getSelectedItem(). toString(). trim());
        // ① 此句是数据库操作,用于查询某班级所有学生的考核信息
        try{
            if (rs! = null)  // 如果查找的结果不等于空的话
            {    rs. last();
              int rowCount = rs. getRow();
```

```java
        // ② rowCount 存放当前检索结果中的记录条数,即本班级的学生数
        rs.beforeFirst();  //rs 回到  记录集  首条记录前
        rs.next();  // rs 回到  记录集  首条记录
        ob = new String[rowCount][];
        depAverageScore = 0;  //班级查询前,先把其平均考核置0
        for (int i = 0; i<rowCount; i++)
        {  //先把每条记录的数据(即每个学生的信息)读入一个字符串数组
           //result,再把这样的数组逐个置入二维数组 ob
           String result[] = { rs.getString("userid").trim(),
                 rs.getString("username").trim(),rs.getString
                     ("sex"), rs.getString("department").trim(),
                Integer.toString(rs.getInt("eva_score")).trim(),
                         rs.getString("eva_grade").trim(),
                         rs.getString("eva_year").trim()} ;
              // ③ 把每一个学生的各项信息写入一个 String 数组 result
              ob[i] = result; // ④ ob 是一个二维数组,存储部门所有
                             //学生的记录信息
           rs.next();//读取下一条记录
        }
        //————以下一段代码求的当前部门学生的考核平均分————
        int studentNum = ob.length; //得到当前查询班级 的学生数目
        int depTotalScore = 0; //预设查询部门的学生考核总分为0
        int perScore;//存放遍历时,每个学生的考核分
        for (int i = 0; i<studentNum; i++)
        { // 先得到当前班级所有学生的自评总分
          perScore = Integer.parseInt((String)ob[i][4]);
            // ⑤ 得到本班第 i 个学生的考核分(考核分信息位于行中的第5列),
          depTotalScore += perScore ; //把每个学生的考核分相加
        }
        depAverageScore = depTotalScore / studentNum;
        //再得到当前学生的考核平均分
    }//end if
    else
    { JOptionPane.showMessageDialog(null,"   抱歉,没有你要查询的部门学
    生的自评记录!","查询结果提示!",JOptionPane.INFORMATION_MESSAGE);
    }
}//end try
catch(SQLException e)
```

```
        {     e. printStackTrace();   }
}
/ * * * * * * * * * * * * * * * * * * * * * * * * * * * * * * * * *
      * * *限于篇幅省略了与本任务无关的部分代码,完整代码可参考附录* * * *
        * * * * * * * * * * * * * * * * * * * * * * * * * * * * * /
}
```

StudentEvaluationInquiry. java 程序与本任务相关的功能是求所查询班级学生的考核平均分。求该平均分的思想是：

首先,当用户选中某个班级(如软件技术 151)《Java 课程实训》查询,系统会从数据库中检索出该班级所有的学生的考核记录(这个检索的的动作由上述代码中的第 ① 句实现),此时语句第 ② 获取了检索结果的记录条数 rowCount,即该班级学生的数目(一条记录代表一个学生的信息)。

其次,有了学生的人数,我们接下来必须得到该班级所有学生的考核分之和,处理方式是把每个学生的所有信息(考核分只是其中的一项)存放在一个 String 型的一维数组 result 中(第 ③ 句实现),再把所有学生相应的 result 数组存放在一个 rowCount 行的二维数组 ob 中(第 ④ 句实现)；

最后,我们通过遍历这个二维数组取的每个学生的考核分并累加,这样得到班级学生的考核总分,再除以学生数就得到班级的平均分了。

这一过程虽然简单,但要注意在程序实现过程中的细节,如第 ⑤ 句,由于学生的自评在数组 ob 中是以字符串的形式存放在每一行的第 5 列的,因此在取出做算术加法前应该进行字符串到整型的强制类型转换,这就用到整型类 Integer 类的 parseInt(Sting)方法。

一项目总结　"学生基本信息处理"项目中主要实现了三个任务,即学生基本信息保存及操作、学生绩效考核等级分析和班级绩效考核分析,每个任务实现的主要技术如下：

任务一:学生基本信息录入与保存　本任务通过分析一个学生基本信息各项数据的性质不同,采用了不同的数据类型变量来保存。同时,介绍了各种数据类型变量的相关运算。学习这一任务的目的在于向读者介绍程序设计的基础,即数据的表示和保存,以及 Java 所提供的各类运算符和表达式操作。

任务二:学生课程实训评价分析　本任务提供了 6 个考核评价指标让学生逐一作出自评分,得到 6 个分数,系统会将它们求和得到总分,并把该总分映射为一个等级分(五级制)。学习这一任务的目的在于学习 Java 程序设计中的基本控制结构,特别是双分支选择语句(if…else)和多分支选择语句(switch)。

任务三:班级成绩汇总分析　本任务在当用户查询某一班级所有学生的考核信息以后,允许用户查看该班级所有学生的考核评均分。这一任务学习的主要目的在于掌握 Java 的三种循环结构控制语句以及对数组和字符串的综合应用。

一知识归纳　　在本项目中我们学习了如何处理学生的基本信息。主要的知识点如下：

①标识符必须以字母、下划线（_）或美元符号（＄）开头，其后可以是字母或数字的组合，且严格区分大小写。

②Java 注释的方法有两种，即单行注释和多行注释。

③基本数据类型包括：布尔类型、整数类型（4 种）、浮点数类型（2 种）和字符类型，共 8 种。

④布尔型数据只有两个值 true 和 false，不能转化为 1 和 0。

⑤缺省的浮点数类型是 double 型。

⑥Java 是一种强类型语言，任何变量必须先声明后使用。

⑦变量的三个基本要素，即变量名、变量的值和变量所占的空间大小。

⑧可以利用关键字 final 来定义一个常量，常量也称为最终量。

⑨Java 的数据类型转换分为自动类型转换和强制类型转换。

⑩由运算符和操作数所组成的有序序列称为表达式，表达式具有表达式值。

⑪求模运算（％）适合于整数和浮点数。

⑫自增自减运算符的操作数只能是变量，表达式和常量都不能参与自增自减运算。

⑬自增自减运算符适用于数值型变量的操作，包括整型和浮点型。

⑭Java 具有三种程序基本控制结构，即顺序结构、选择结构和循环结构。

⑮循环结构分为"当型循环"和"直到型循环"。

⑯while 循环语句是 Java 所提供三种循环形式的之一，属于"当型循环"。

⑰do－while 语句循环体至少执行一次，while 的循环体语句一次也不执行。

⑱break 语句的作用是终止整个循环，然后执行循环语句下面的一条语句。

⑲break 语句可用于 switch 语句和各循环语句。

⑳continue 语句的作用是中止本次循环，继续下一次循环。

㉑for 语句适合于通过计数来确定循环的次数，所以称为计数循环，它完全可以用一个 while 循环来代替。

㉒while 和 do－while 循环适用于不确定循环次数的地方，因此，称为不确定循环。

㉓Java 支持无限级循环嵌套，但从可读性角度考虑，最多使用三层循环。

㉔字符串是由一个或多个字符组成的有序序列。字符串的表示形式有字符串常量和字符串变量。

㉕String 类型属于类类型，不属于 Java 的基本数据类型。

㉖数组，即有序数据的集合，数组中的每个元素具有相同的数据类型。

㉗用一个统一的数组名和下标来唯一地确定数组中的元素。

㉘数组元素的拷贝属于值复制，数组名的拷贝属于地址复制。

㉙二维数组可看作是一个数组的数组，即一个数组中的每一个数组元素又是一个数组。

㉚Java 二维数组可以分为规则二维数组(即每一行元素的个数相同的二维数组)和不规则二维数组(即每一行元素的个数不相同的二维数组)。

一 知识巩固

一、填空题

1. 在 Java 语言中,用来分配内存的运算符是＿＿＿＿＿＿＿。

2. Java 语言中,表达式的类型是由＿＿＿＿＿及参与运算的＿＿＿＿＿的类型共同决定。

3. 关系表达式由两个操作数和＿＿＿＿＿构成。

4. 在比较两个对象的值是否相同时,可以调用＿＿＿＿＿方法。

5. 循环语句包括 for 循环、＿＿＿＿＿和＿＿＿＿＿。

二、选择题

1. 下列关于注释语句的描述中,正确的一项是(　　　)。
   A. 以//开始的是多行注释语句
   B. 以/ * 开始, * /结束的是单行注释语句
   C. 以/ * * 开始, * /结束的是可以用于生成帮助文档的注释语句
   D. 以/ * * 开始, * /结束的是单行注释语句

2. 对于类的说法中,不正确的一项是(　　　)。
   A. 一般类体的域包括常最、变量、数组等独立的实体
   B. 类中的每个方法都由方法头和方法体构成
   C. Java 程序中可以有多个类,但是公共类只有一个
   D. Java 程序可以有多个公共类

3. 以下的选项中能正确表示 Java 语言中的一个整型常量的是(　　　)。
   A. 455　　　　　　B. － 54　　　　　　C. 54,000　　　　　　D. 456

4. 下列语句中,正确的给出初始值为 222.111 的单精度浮点数 f 的定义的一个是(　　　)。
   A. float f＝222.111f　　　　　　B. float f＝222.111
   C. float f＝222.111d　　　　　　D. float f＝' 222.111 '

5. 下列关于数据类型的类包装的说法中,不正确的一个是(　　　)。
   A. char 类型被包装在 Character 类中
   B. int 类型被包装在 Integer 类中
   C. 包装类有己的常用方法和常数
   D. 包装类可以被其他的类继承

6. 下列关于浮点型数据的说法中,不正确的一个是(　　　)。
   A. 浮点型数据属于实犁数据　　　　　　B. 浮点型数据由数据和小数组成
   C. 浮点型数据小数位数越少越精确　　　　D. 浮点数据包括实型常量和实变量

7. 设有定义 int x＝' B ';,则执行下列语句之后,x 的值为(　　　)。
   x%＝' A ':
   A. 1　　　　　　B. ' A '　　　　　　C. ' a '　　　　　　D. 65

8. 现有 2 个 byte 类型的变量 bb＝126 ,bb2＝5,当执行 bbl＝(byte)(bb＋bb2);语句之后,bb
   的值应该是(　　　)。

A. -128　　　　　B. 151　　　　　C. -125　　　　　D. 语句在编译中出错

9. 为了定义 5 个整型数组 a1、a2、a5，下面声明正确的语句是（　　）。

A. intArray[ ]a1,a2;
　　int a5[ ]={1,2,5,4,5 h

B. int[ ]　a1,a2;
　　int a5[ ]={1,2,5,4,5};

C. int a1,a2[ ];
　　int a5:{1,2,5,4,5};

D. int[ ]a1,a2;
　　int a5=(1,2,5,4,5);

10. 下列语句序列执行后，输出的结果是（　　）。

```
public class exl7{
public static void main(String[   ]args){
    int x=15;
    x/=x%5+x*(x—x%10);
    System. out. println(x);
    } }
```

A. 0　　　　　B. 5　　　　　C. 10　　　　　D. 15

三、简答题

1. Java 中有哪些基本数据类型？
2. 试比较 break 和 continue 语句的区别？
3. 举例说明 while 和 do...while 语句的差异。
4. 什么是表达式？什么是语句？它们的区别是什么？
5. 数组元素拷贝和数组名拷贝的过程实质是否相同，请举例说明。

一项目实训

1. 实训目标

①理解 Java 基本数据类型的概念和特点。
②理解常量和变量的概念，掌握它们的声明和初始化的方法。
③掌握双分支选择语句(if…else)和多分支选择语句(switch)的使用。
④掌握三种循环语句：while、do…while 和 for 的使用方法。
⑤理解字符串的概念，并掌握 String 类的常用方法。
⑥理解并掌握一维数组和二维数组的使用方法。

2. 编程要求

用 Eclipse 编写 Java 程序代码，实现应用程序指定的功能，程序代码格式整齐规范、便于阅读，程序注释规范、简明易懂。

3. 实训内容

①编程输入学生的学习成绩的等级，给出相应的成绩范围。设 A 级为 85 分以上(包括 85 分)；B 级为 70 分以上(包括 70 分)；C 级为 60 分以上(包括 60 分)；D 级为 60 分以下。分别使用 if 语句和 switch 语句实现。
②使用 continue 语句实现：将 100～500 之间的不能被 5 整除的数输出。

③求 $1+2+\cdots+100$ 之和，并将求和表达式与所求的和显示出来。

④利用二层 for 循环，打印如下图形。

```
*
* *
* * *
* * * *
```

⑤利用二层 for 循环，打印如下图形。

```
      *
    * * *
  * * * * *
* * * * * * *
  * * * * *
    * * *
      *
```

⑥利用二维数组和字符串类 String，统计一个班同学同姓的同学中，每个姓下有几个同学。每个同学的姓名存在一个 String 数组里，如 "张静" 可以定义 String[] name＝new String[2]；name[0]＝ "张"；name[1]＝ "静"；把姓和名分开存放。

⑦【学生信息管理系统】：根据项目 2 中对学生信息管理系统的需求分析，分析一个学生，他应该有的基本信息包括哪些，分别用什么数据类型变量保存？并写出程序实现如下操作要求。

a. 编写程序实现把学生百分制分数映射为五分制分数（优、良。。。 等）。

b. 利用冒泡排序的思想，写一个程序实现对期末学生总成绩排名，要求任意输入数据（可利用 Math 类的随机方法产生），存放在数组里，排序后输出。

c. 写一个程序可以统计班级学生各门课的平均分和各门课学生成绩单排名并打印统计情况。

d. 利用 String 型二维数组存储全班同学的基本信息（比如 学号、姓名籍贯、年龄），允许自由输入，并打印全部学生的信息。

e. 在全班学生的信息库中，查找指定名字的同学，并打印其全部信息。

项目6　学生和班级信息组织(Java)

项目创设

　　Java 作为面向对象编程的代表性语言，已经确立了其在软件开发领域的地位。面向对象的编程(Object Oriented Programming，OOP)是一种新兴的程序设计模式，其基本思想是将软件系统待处理的问题或事务抽象为对象(Object)，一个对象具有一定的特征(Property)和行为(Behavior)。从而从现实世界中客观存在的事物(即对象)出发来构造软件系统，并在系统构建过程中尽可能地运用人类的自然思维方式。

　　本项目将通过三个任务向大家介绍 Java 强大的面向对象开发能力，这三个任务包括：使用类描述学生的基本信息、描述班长和和班级的信息和使用异常机制输入规范的班级信息。完成这三个功能任务的学习，读者必定会很好地了解 Java 是如何使用对象、类、继承、封装等基本概念来进行程序设计的，并真正地理解和体会到面向对象编程思想的本义。本项目的技能目标如图6-0所示。

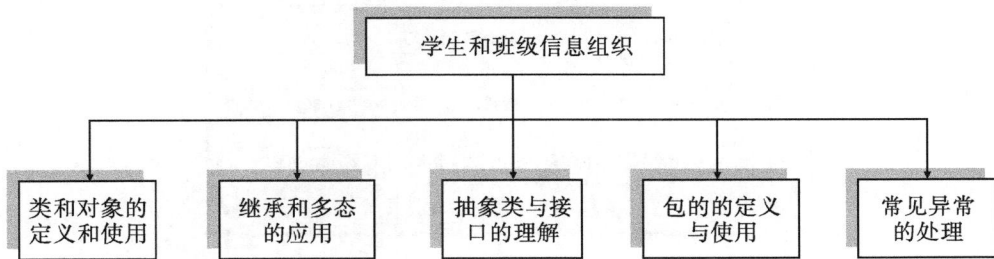

图6-0　学生和班级信息组织项目技能目标

学习目标

　　通过本项目的开发和训练，学习者应该实现如下的学习目标：

➢ 了解 OOP 编程中类与对象的概念，并掌握其创建的方法。

➢ 理解并应用面向对象编程的三大特性：封装、继承和多态。

➢ 理解并应用抽象类与接口，掌握包的使用方法。

➢ 掌握 Java 基本的异常处理机制。

6.1 任务 1　描述学生的基本信息

6.1.1　目标效果

　　SIMS 学生信息管理系统的的一个基础功能是对于学生基本信息的管理。系统对普通学生管理所涉及到的信息包括两个方面：

　　①学籍信息：学生学号、学生姓名、所属班级和班级职务。

　　②个人信息：手机号码、出生日期、籍贯、性别、QQ 号码、邮件地址、照片和简介。

　　比如系统对于一位新学生的引进需要输入如图 6-1 所示的信息。

图 6-1　描述学生基本信息

　　当正确输入新学生的信息之后，可以点击"保存"按钮，系统将会把该学生的信息录入保存，为以后的学生信息查询做好基础工作。

　　信息技术系目前拥有 5 个专业 15 个班级，学生 900 名左右，其中包括 15 名班级班长，那么当管理员输入新学生的信息后，系统是如何有效地组织和处理学生信息的呢？ 这个问题涉及到如下几个方面。

　　①电子商务 151 的林金、软件技术 152 的张品、动漫 151 的雷金明等普通学生都有哪些共同的属性（如都有姓名和学号等）和行为（如普通学生学习一门课程后都要参加相应的考试）呢？

　　②可不可以把普通学生所有共同的属性和行为都找出来，并将其集合在一起？

③如何用代码的形式把同一类事物（如学生）的共同属性和行为准确且规范地描述出来？

④如何理解一类事物（如学生）与某位学生（如林金）之间的共性与个性的关系？

⑤如何利用已经定义好的学生类来指导描述某位学生的信息？

6.1.2 必备知识

在软件编程的发展历程中有着两种典型的模式，即面向过程编程（Procedure Oriented Programming，POP）和面向对象编程（Object Oriented Programming，OOP）。前者曾是上世纪 90 年代流行的编程模式，其代表是 C 语言，而后者则是当前主流的编程模式，代表语言之一就是 Java。那么缘何面向对象模式会在质上巨大地超越面向过程开发模式呢？关键的原因在于其代码的可重用能力得到显著地提升，这一特性非常符合当前软件代码规模呈级数膨胀的趋势。如 Windows 2000 系统的代码，有人统计它至少由一千八百万行代码组成，这个数字足以使人望而畏却了。对于如此巨型规模的程序，代码可重用的能力是非常关键的，一种具有代码高重用率且便于维护和调试的开发模式便是面向对象编程。那么面向对象编程的思想到底是什么，它究竟是如何高效地实现代码重用的呢？让我们来学习以下的知识。

6.1.2.1 面向对象基础

1. 类的概念

面向对象的思想来源于对客观世界的认知。现实的世界缤纷复杂、种类繁多，难于认识和理解，但聪明的人们学会了把这些错综复杂的事物进行分类，从而使世界变得井井有条。比如我们由各式各样的汽车抽象出汽车的概念，由形形色色的猫抽象出猫的概念，由五彩斑斓的鲜花抽象出花的概念，由各居其职的人抽象出职员的概念等。汽车、猫、鲜花、职员都代表着一类事物。每一类事物都有特定的状态，比如汽车的品牌、时速、马力、耗油量、座椅数，小猫的年龄、体重、毛色，鲜花的颜色、花瓣形状、花瓣数目，职员的学生编号、姓名、性别、职务等都是在描述事物的状态。每类事物也都有一定的行为，比如汽车启动、行驶、加速、减速、停车，猫捉老鼠，鲜花盛开，职员升迁等。我们完全可以依靠这些不同的状态和行为将各类事物区分开来。

面向对象编程也采用了类的概念，把事物编写成一个个"类"。在类中，用变量表示事物的静态属性（状态），用方法实现事物的动态行为（动作），这样的编程方式极大地和我们人的思维方式保持一致，降低了思维的难度。因此，描述一个类需要需要包括三方面的内容：

- 类标识：即类的名字，这是必不可少的。
- 属性说明：用来描述相同对象的静态特征。
- 方法说明：用来描述相同对象的动态特征。

例如，下面是对 Cat（猫）类进行的描述：

```
class Cat                        //class 关键字 指出这是一个类,Cat 是类名
{
    int weight;                  //类的成员变量1(静态属性)
```

```
    int height;                          //类的成员变量2（静态属性）
    public int move(int minute)          //类的方法1（动态行为）
    { …… }
    public void eat(String food)         //类的方法2（动态行为）
    { …… }
}
```

2. 对象的概念

　　面向对象编程中的首要概念就是"对象"（Object），它是理解面向对象技术的关键。作为初学者，比较容易混淆类和对象的概念。类是一个抽象的概念，而对象则是类的具体实例。比如职员是一个类，美工部的张俊、财务部的李佳都是对象；首都是一个类，则北京、伦敦、华盛顿、莫斯科都是对象；动画猫是一个类，则 Kitty、Garfield 和 Doraemon 都是对象。类是抽象的概念，而对象是真实的个体。类与对象之间是抽象与具体的关系，是共性与个性的关系，如图6-2所示。

　　我们可以说 Kitty 猫的体重是 1.5kg，但不能说猫类的体重是 1.5kg；可以说销售一部的歆静在全年销售业绩中夺魁，而不能说职员在销售业绩中名列第一。通常，我们认为状态是描述具体对象而非描述类的，行为是由具体对象发出的而非类发出的。

　　　　　在面向对象的程序设计中，对象被称为类的一个实例（instance），而类是
提　　对象的模板（template）。类与对象之间的关系就如同一个模具与用这个模具
示　　铸造出来的铸件之间的关系。

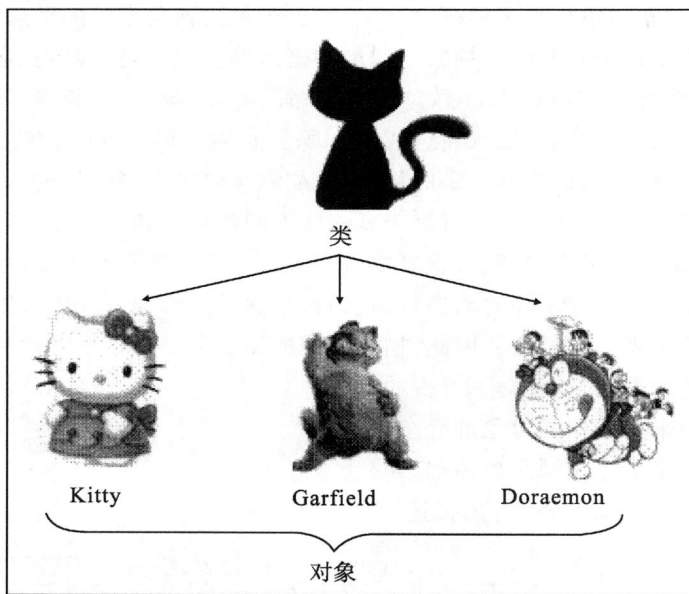

图6-2　类与对象

此外，在面向对象思想中，"对象"是一个很广义的概念，不要狭义地认为对象就一定是一个看的见摸的着的实物，对象除了可以是一栋房子、一辆汽车、一个职员之外，还可以是一件事情，一种语言等。

3. 面向对象的基本特征

面向对象思想符合人们习惯的思维方式，它具有三个典型的基本特征：封装（Encapsulation）、继承（Inheritance）和多态（Polymorphism）。

（1）封装机制

封装也称为信息隐藏。封装的技术在日常生活中也随处可见，如当我们拿着电视遥控器转换频道的时候，按下"9"键，节目就会转到 9 频道，此时作为用户我们只要知道按下相应频道键即可，而无需也无法得知从按键的动作到频道的转换这个工作过程的原理，因为相关信息的处理过程都被隐藏在遥控器内部，而外部只需留给用户操作的接口（即各个按键），这样既简化了用户的操作又保护了信息处理过程的安全性。

面向对象的封装性是指利用抽象数据类型，如类（class），将数据和基于数据的操作封装在一起，使其形成一个不可分割的独立实体。这样数据（私有变量）被保护在类的内部以尽可能地隐藏相关细节，且只保留一些对外接口（公有方法）与外部发生联系。通常，一个类的数据包含两种：公有数据（public 型）和私有数据（private 型），公有数据允许被外部环境直接访问，而私有数据则不允许与外部环境直接发生联系，它只能被本类的方法所访问和修改，如图6-3所示，类 B 可直接访问类 A 的公有数据，但不能直接访问类 A 中的私有数据，只能先访问类 A 中的公有方法，再通过该方法来访问类 A 中的私有数据，这样的处理机制就允许类中一些公开的信息（公有数据）向外界开放，而避免保密性强的数据（私有数据）暴露于外界。

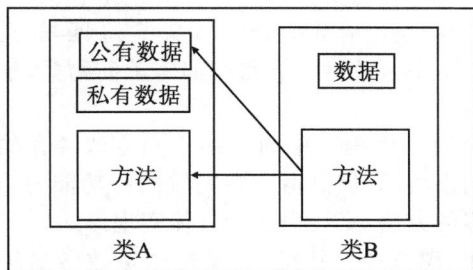

图 6-3　私有数据封装

（2）继承机制

继承是存在于面向对象编程中的两个类之间的一种关系。当一个类具有另一个类的所有数据和方法的时候，就称这两个类之间具有继承关系。被继承的类称为父类或超类，继承了父类或超类数据和方法的类称为子类。

继承的关系很好地描述了现实世界中事物间存在的联系。比如考虑轮船和客轮这两个类。轮船具有吨位、时速、吃水线等属性（数据），并具有行驶、停泊等行为（方法）；客轮在具有轮船的全部属性与行为的同时，又有自己的特殊属性（如载客量）和服务（如供餐等）。若把轮船看做父类，则客轮就是轮船的子类，对这组父子类的关系作上下扩展，则可得到如图6-4的状况图。

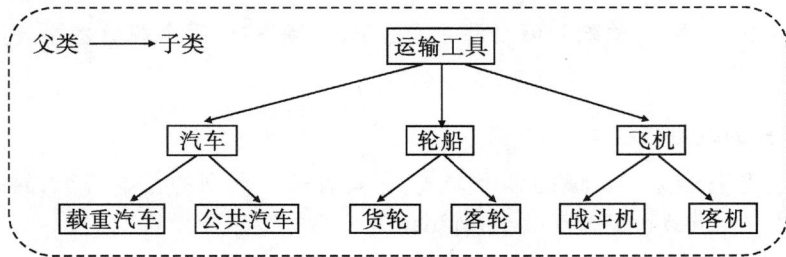

图 6-4　父类与子类的层次关系

在面向对象程序设计中，继承机制得到广泛应用。一般来说，继承具有下述特点：

- 继承关系是传递的。若类 C 继承类 B，类 B 继承类 A 时，则可认为类 C 也继承了类 A，即类 C 具有类 A 中的属性和方法，也具有类 B 特有的属性和方法。继承来的属性和方法尽管是隐式的，却仍是类 C 的属性和方法。继承是在一些比较一般的类的基础上构造、建立和扩充新类的最有效的手段。继承简化了人们对事物的认识和描述，能清晰体现相关类间的层次结构关系。
- 提供软件复用功能。若类 B 继承类 A，建立类 B 时只需要再描述与基类（类 A）不同的少量特征（数据成员和成员方法）。这种做法能减小代码和数据的冗余度，大大增加程序的重用性。
- 通过增强一致性来减少模块间的接口和界面，大大增加程序的易维护性。
- 单一继承机制。Java 出于安全性和可靠性的考虑，仅支持单继承，但可实现多接口。

（3）多态机制

多态是面向对象编程中的又一重要特性。在现实世界中，多态性，顾名思义是指一类事物以多种形态存在。比如，一个牧场中有 5 头奶牛、4 头羊、3 匹马，此刻你认为这个牧场里有几只动物呢？答案显然是 12 只，因为奶牛、羊和马都属于动物类，也就是动物类在这里表现为牛、羊和马三种形态。

而在 OOP 中，多态性是指一个程序中同名的不同方法共存的情况。这些方法同名的原因是它们的最终功能和目的都相同，但是由于在完成同一功能时，可能遇到不同的具体情况，所以需要定义包含不同内容的方法，来代表多种具体实现形式。

如对两个数作加法操作，现有两种情况：一是两个整数做加法；二是两个浮点数做加法。两种情况都是做加法，功能是一样的，所以我们为两种情况编写的方法名字都是 add，但各自的参数是不一样的，如下：

```
int add( int a, int b);
float add( float c, float d);
```

如此方法名同且功能相似的状态就是一种典型的多态。Java 中提供了两种多态机制：重载与覆盖。

- 方法重载

在同一类中定义了多个同名而不同内容的成员方法时，我们称这些方法是重载（overload）的方法。重载的方法主要通过形式参数列表中参数的个数、参数的数据类型和参数的顺序等方面的不同来区分。在编译期间，Java 编译器检查每个方法所用的参数数目和类型，然后调用正确的方法。

·方法覆盖

由于面向对象系统中的继承机制，子类可以继承父类的方法。但是，子类的某些特征可能与从父类中继承来的特征有所不同，为了体现子类的这种个性，Java 允许子类对父类的同名方法重新进行定义，即在子类中定义与父类中已定义的相同名字而内容不同的方法。这种多态被称为覆盖（override），也称为重写。

4. 面向对象编程方法

通过了解面向对象基础知识，目的就在于利用这种先进的解决问题的思想来指导我们的编程实践。通常面向对象编程的基本步骤可以概括为如下的五个步骤：

①确定编程需要解决的一类事物（若干对象）；

②对该类事务进行分析，抽取它们共同的特征（属性）；

③把这些属性集合在一起，就形成一个类，并用代码 class 描述；

④用已经定义好的 class 来定义一个个该类的对象；

⑤对定义好的一个个的对象进行各类法则的运算。

OOP 的一个简单例子如图 6-5 和图 6-6 所示。

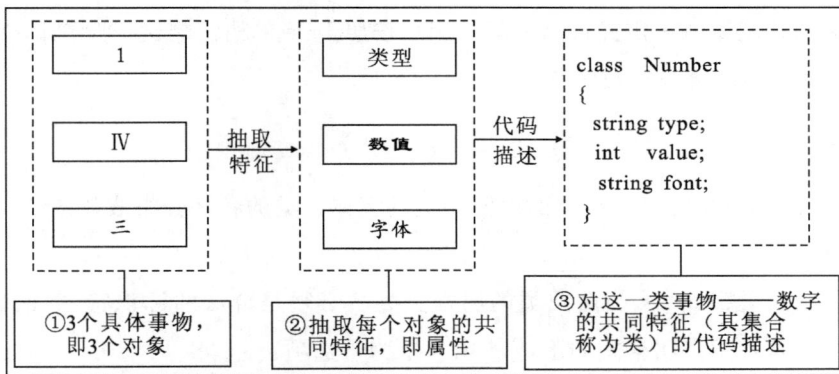

图 6-5　OOP 编程基本步骤(1-3)

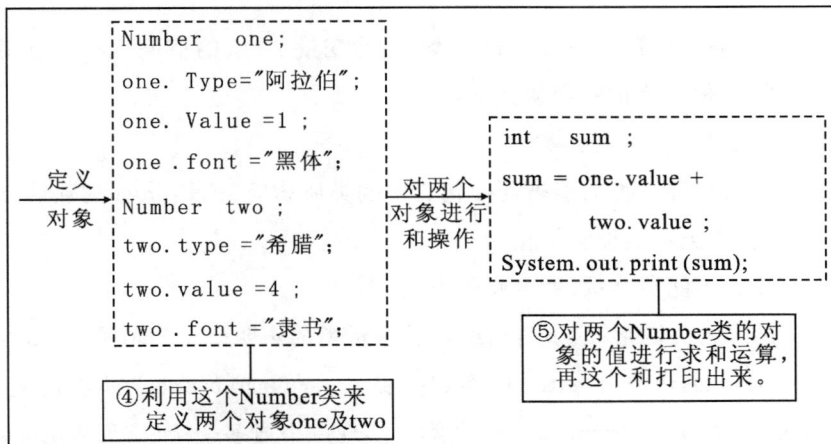

图 6-6　OOP 编程基本步骤(4-5)

6.1.2.2　类

进行 Java 程序设计，实际上就是定义类的过程。一个 Java 源程序文件往往是由许多个类组成的。从用户的角度看，Java 源程序中的类分为两种：

· 系统定义的类。即 Java 类库，类库是 Java 语言的重要组成部分。Java 语言由语法规则和类库两部分组成，语法规则确定 Java 程序的书写规范；库则提供了 Java 程序与运行它的系统软件(Java 虚拟机)之间的接口。Java 类库是一组由它的发明者 SUN 公司以及其他软件开发商编写好的 Java 程序模块，每个模块通常对应一种特定的基本功能和任务，且这些模块都是经过严格测试的，因而也总是正确有效的。当自己编写的 Java 程序需要完成其中某一功能的时候，就可以直接利用这些现成的类库，而不需要一切从头编写，这样不仅可以提高编程效率，也可以保证软件的质量。

· 用户自定义的类。系统定义的类虽然实现了许多常见的功能，但是用户程序仍然需要针对特定问题的特定逻辑来定义自己的类。用户按照 Java 的语法规则，把所研究的问题描述成 Java 程序中的类，以解决特定问题。

1. 类的定义

一个类的定义应包含两部分：类的声明和类的实体。类的各部分组成如图 6-7 所示。

(1)类的声明

类声明包括关键字 class、类名及类的属性。类名必须是合法的标识符，类的属性为一些可选的关键字。其常用声明格式如下，[ ]内参数为可选项：

[public/private] [abstract/final] class className [extends superclassName]

[implements interfaceNameList]

{...}

其中，第一项属于访问控制符，它不仅针对于类，类的变量、方法的访问也有该项的限制，后面章节中会详细介绍，其他的修饰符说明如下：

· public(公有)：可以被所有的类访问。

· private(私有)：修饰的类只能被同一包名中的类所访问，这是 Java 的默认方式。

· abstract：声明该类不能被实例化。

· final：声明该类不能被继承，即没有子类。

· class className：关键字 class 告诉编译器表示类的声明以及类名是 class Name。

· extends super className：extends 语句扩展 super class Name 为本类的父类。

· implements interface NameList：声明类可实现一个或多个接口，可使用关键字 implements 并在其后面给出由本类实现的多个接口名字列表，各接口间以逗号分隔。

类的声明 ——————

变量定义 ——————

构造函数 ——————

方法定义 ——————

类的实体 ——————

```
public class stack
{
    private Vector items;
    public Stack(){
        items=new Vector(10);
    }
    public Object puch(Object item){
        items.addElement(item);
        return item;
    }
    public synchronized Object pop(){
    int len=items.size();
        Object obj=null;
    if(len==0)
        throw new EmptyStackException();
        obj=items.ElementAt(len-1);
        items.removeElementAt(len-1);
        return obj;
        }
    public boolean isEmpty(){
        if(items.size()==0)
            return true;
    else
            return false;
        }
    }
```

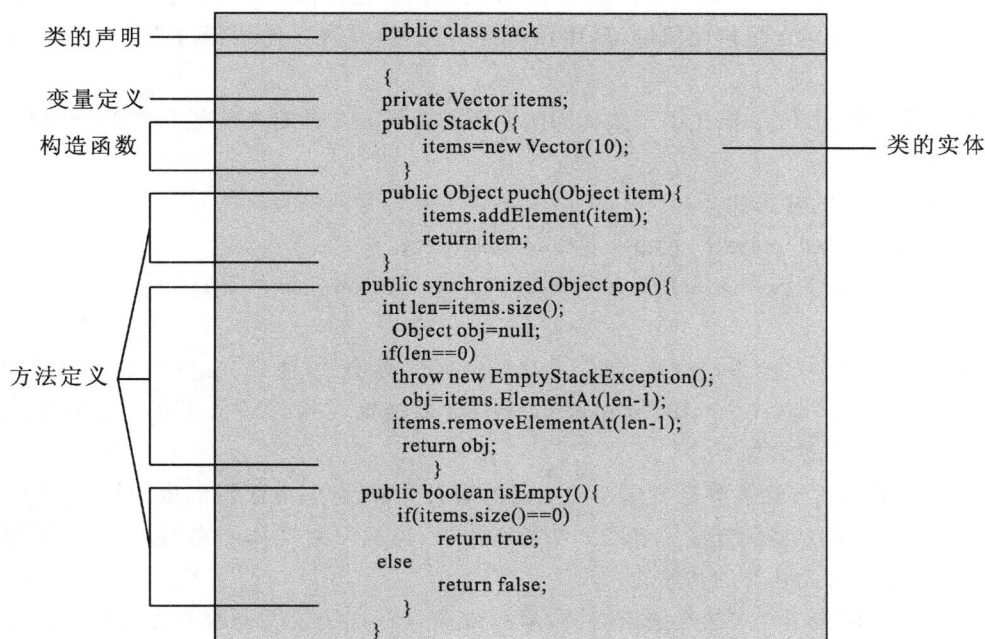

图 6-7   一个完整的类定义

（2）类的实体

类体是类的主要部分，包括对成员变量和成员方法的定义。需要注意的是，除了类体中定义的变量与方法外，该类还继承了来自父类的变量与方法。当然，对父类变量和方法的访问要受到访问控制条件的限制。类体说明的格式为：

class className

　{

　　　member variable Declaration // 成员变量（属性）的定义

　　　member method Declaration // 成员方法（行为）的定义

　}

其中，对于成员变量定义常用格式如下：

[public/protected/private] [static][final] type variableName

上述声明格式中，第一项指的是访问控制格式（我们后面会有介绍），另外的几项含义如下：

• public（公有）：公有变量可以被项目文件中的任何方法所访问，由于访问不受限制所以建议成员变量尽量不要用 public 修饰，以免破坏数据的封装性。

• protected（受保护的）：保护型成员变量可以被本类及其子类所访问。

• private（私有）：私有型成员变量只有本类的方法可以访问。

• static（静态的）：说明该类型的变量为静态变量，或者称之为类变量。说明静态变量类型后则该类的所有实例对象都可以对其共享，而且访问静态变量无须事先初始化它所在的类。

• final（最终的）：常量声明修饰符，用该符号声明后，在程序的运行过程中不能再改变它的值。

类的成员方法是 Java 描述类对象行为的途径。成员方法的定义应包含两部分内容：方法声明和方法体。

方法定义常用的格式如下：

[public/protected/private] [static][final/abstract]

returnType methodName([param List]) [throws exceptionList]

{...}

在方法声明中应包括方法的修饰词、方法的返回值类型、方法名、参数的数目和类型及方法可能产生的异常。其中 **public/protected/private** 的修饰作用与成员变量中的修饰意义相同，其他三个修饰词意义如下：

• static：说明该方法为静态方法。与变量的定义类似，静态方法我们也称作类方法，与之对应，其他的方法就为实例方法。静态方法属于类，所以只要对类作了声明，就可以调用该类的类方法，即使用时无须类的初始化。

• abstract：说明一个方法是抽象方法，即该方法只有方法说明而没有方法体。抽象方法的实现须由该方法所在类的子类来实现。如果一个类包含一个或多个抽象方法，则该类必须为抽象类。抽象类不能被实例化。

• final：final 方法类似于常量的定义，它说明一个方法为终极方法，即它不能被子类覆盖。

2. 变量

变量是类定义中的重要组成部分，从不同的角度区分，它可以分为多种类型。

（1）从变量的作用范围分

根据变量的作用范围不同，变量可以分为全局变量和局部变量。

全局变量：定义在类中任何方法的外部，其作用范围为该变量所属的整个类。局部变量：定义在类中某一方法的内部，其作用范围为该变量定义的地方开始，至所属方法结束的地方为止。关于全局变量的作用范围如下例所示：

```
/* * GlobalVar. java:测试全局变量的操作 */
public class GlobalVar
{    int var_a = 50;
    int var_b = 60;
    public static void main(String[] args)
    {
    GlobalVar globalVar = new GlobalVar();
    System. out. println("全局变量 var_a = " + globalVar.var_a);
    globalVar. print();
    System. out. println("变化后变量 var_a = " + globalVar.var_a);
```

```
    }
    public void print()
    {
      System.out.println("全局变量 var_a = " + var_a +", 全局变量 var_b =
              " + var_b);
      var_a = 70;
      System.out.println("全局变量 var_a = " + var_a +", 全局变量 var_b =
              " + var_b);
    }
}
```

程序运行结果如图 6 - 8 所示。

图 6 - 8　全局变量测试

从此例我们可以看出，全局变量作用于其所在的整个类，在确保全局变量定义在类中任何方法的外部的前提下，它可以被随处安放，即使它的定义处在该全局变量的使用处之后。如例子中的全局变量 var_a、var_a 的定义语句，我们完全可以把其安排在类的 print() 方法定义体的右括号之后，程序运行的效果相同。

那么局部变量的作用范围又有何不同呢？请阅读以下的程序。

```
/ * * LocalVar.java:测试局部变量的操作 * /
public class LocalVar
{
  public static void main(String[] args)
  {
    LocalVar localVar = new LocalVar();
    localVar.print();
  }
  public void print()
  {
    int var_a = 10;
```

```
    int var_b = 20;
    System. out. println("局部变量 var_a = " + var_a +",局部变量 var_b =
                    " + var_b);
    var_a = 30;
    System. out. println("局部变量 var_a = " + var_a + ",局部变量 var_b =
                    " + var_b);
    }
}
```

程序运行结果如图 6-9 所示。

```
C:\WINNT\system32\cmd.exe
D:\J2SDK1.4.1\bin>java LocalVar
局部变量  var_a = 10, 局部变量 var_b = 20
局部变量  var_a = 30, 局部变量 var_b = 20
```

图 6-9　局部变量测试

（2）从变量的数据类型分

根据变量所属的数据类型不同，变量可以分为基本类型变量和对象类型变量。

所谓基本类型变量，就是指我们在第二章中讲述的 8 种基本数据类型，如 int、double 等，而由系统类或自定义类定义的变量，则为对象型变量。

```
/ * * ObjectVarTest. java:基本类型变量和对象型变量测试 * /
public class ObjectVarTest
{
  public static void main(String[] args)
  {
    int strCount = 0;//基本类型变量
    Student aStudent = new Student(); //对象型变量
    strCount + + ;
    aStudent. setStudentName("张楠");
    Student bStudent = new Student();//对象型变量
    bStudent. setStudentName("李林");
    strCount + + ;
    System. out. println("aStudent name is " + aStudent. getStudentName());
    System. out. println("bStudent name is " + bStudent. getStudentName());
    System. out. println("the count of student is " + strCount);
  }
```

```
} // ObjectVarTest 类结束
class Student
{   private String strName;
    public void setStudentName(String name)
    {   strName = name; }
    public String getStudentName()
    {   return strName; }
} // Student 类结束
```

程序运行结果如图 6 - 10 所示。

图 6 - 10　对象型变量测试

（3）从变量的性质分

根据变量的性质划分，可以将变量分为类变量和成员变量。所谓类变量（class variable），就是用关键字 static 声明的全局变量，它是属于类本身的，不代表任何对象的状态。所谓成员变量，就是与类变量相对的，没有用 static 声明的其他变量，它是与具体对象相关的，保持对象的状态。

类变量的使用能满足这样的需求，即有时想有一个可以在类的所有实例中共享的变量。

比如，这可以用作实例之间交流的基础或追踪已经创建的实例的数量。数值型类变量在进行数值计算的时候的有其特殊性，既每次参加运算时的初始值为其上次运算的结果值。

类变量与成员变量的通用调用格式为：

类变量：**类名 . 类变量名**

成员变量：**对象名 . 成员变量名**

> **提示** 在面向类变量的调用格式也可以采用：对象名 . 类变量名 ，但通常我们使用其特有的格式：类名 . 类变量名，这样我们就可以一目了然调用的变量是否属于变量了。

类变量与成员变量的不同应用如下：

```
/ * * StaticVarTest. java：类变量和成员变量测试 * /
public class StaticVarTest
{   public static void main(String[] args)
    {   Count count1 = new Count();
```

```
    {   Count count1 = new Count();
        System. out. println("count1's serialNumber is " + count1. serialNumber);
        System. out. println("now the value of counter is " + Count. counter);
        Count count2 = new Count();
        System. out. println("count2's serialNumber is " + count2. serialNumber);
        System. out. println("now the value of counter is " + Count. counter);
    }
}// StaticVarTest 类结束
class Count
{   public int serialNumber;            //对象序列号,成员变量
    public static int counter = 0;       //对象计数器,类变量
    public Count()
    {   counter + + ;
        serialNumber = counter;
    }
}
```

程序允许的效果如图 6－11 所示。

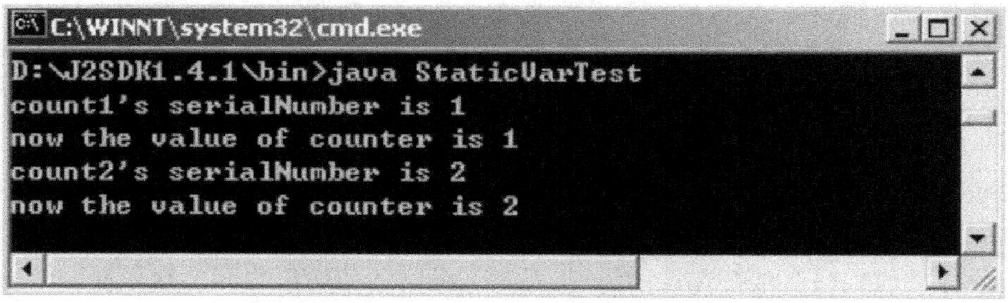

图 6－11　类变量和成员变量测试

此例中,我们设置了对象计数器 **counter** 为 **static** 型,要注意,若没有为该类变量初始化的话,那系统将为其设置默认值 0。

3. 方法

（1）**get** 方法（访问器）和 **set** 方法（设置器）

从 OOP 的封装性角度考虑,通常一个类的成员变量应尽量被修饰为 private 型（私有的）,这样设置使得数据的安全性比较高,但是设置为私有型后其他的类和对象则无法调用该变量了,所以会有 get 和 set 方法,这两个方法一般设置为 public,在其他的类中通过对象调用 set 或 get 方法即可操作私有型变量,增强程序的安全性,set 为给对象赋值的方法,而 get 则是取得变量值的方法。两者的典型应用如下：

```
class Student
{
    private String strName ;            //定义一个私有变量
    public void getName(String name)    //定义访问器
    {  return name; }
    public void setName(String name)    //定义设置器
    {  strName = name; }
}
```

（2）方法的参数

通常方法的参数包括形式参数（形参）和实际参数（实参）。形参被用在方法定义时的参数列表中，而实参则被用于方法调用的时候，关于方法的参数需注意如下几点：

· 对于无参成员方法来说，是没有实参列表的，但方法后的括弧不能省略。

· 对于带参数的成员方法来说，实参的个数、顺序以及它们的数据类型必须与形式参数的个数、顺序以及它们的数据类型保持一致，各个实参间用逗号分隔。实参名与形参名可以相同也可以不同。

· 实参也可以是表达式，此时一定要注意使表达式的数据类型与形参的数据类型相同，或者使表达式的类型按 Java 类型转换规则达到形参指明的数据类型。

4. 构造方法

在类的构造中有一种特殊的成员方法，被成为构造方法。构造方法的应用通常具有明确的目的：给对象进行初始化，即对类中的成员变量赋值，这种初始化动作在 new 返回新创建对象的句柄前完成。构造方法具有如下的明显特点：

· 构造方法的名字与其所属类的类名相同；

· 构造方法是给对象赋初值，没有返回值；

· 构造方法不能被程序显式调用，而是在 new 构造对象时系统自动调用；

· 构造方法可以有零个或多个形式参数；

· 构造方法可在类中由用户定义，若用户没有定义，系统将自动生成一个空构造方法；

· 构造方法可以通过重载实现不同的初始化方法。

构造方法的典型应用如下：

```
/* * ConstructorTest. java:构造方法测试 */
class Cat
{ private float weight;        private String color;
  public String getColor()    { return color; }
  public float getWeight()      { return weight; }
  Cat(String s)
  { color = s;
    System. out. println("It's a " + s + " cat and weight " + getWeight() + "kg. ");
  }
```

```
    Cat(String s,float w)
    {     color = s;                      weight = w;
          System. out. println("It's a " + s + " cat and weight" + w + "kg. ");
    }
    Cat(Cat cat)
    {     color = cat. color;                weight = cat. weight;
          System. out. println("It's a " + color + " cat and weight " + weight + " kg. ");
      }
  }
public class ConstructorTest
{   public static void main (String args[])
    {   //以不同的参数构造不同的Cat对象,系统调用了不同的构造方法
      Cat catA = new Cat("black");
      Cat catB = new Cat("white",0.9f);
      Cat catC =  new Cat(catB);}
  }
```

程序运行的结果如图 6-12 所示,本例中涉及到了方法的重载,暂且简单理解为系统依据不同的方法参数调用同名的方法(重载将在本项目的任务 2 中介绍),如代码中 catA 和 catB 对象的构造分别调用了不同的 Cat 类的构造方法。

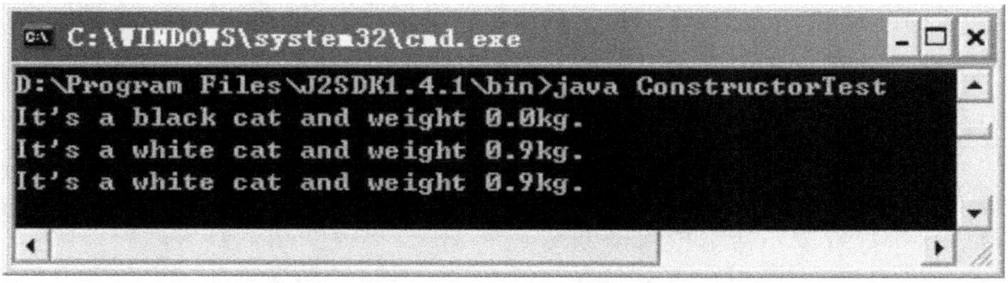

图 6-12　构造方法测试

6.1.2.3　对象

当我们创建了一个类,就等同于我们创建了一种新的数据类型,你可以像使用基本数据类型一样地使用类。类定义好之后,我们将用该类定义一个实例,即该类的对象。

1. 对象的创建

创建一个类的对象通常包括三个步骤,即声明对象、建立对象和初始化对象。

(1)声明对象

所谓声明对象,就是确定对象的名称,并指明该对象所属的类。声明对象的格式如下:

类名　对象名表;

其中,类名是指对象所属类的名字,它是在声明类时定义的;对象名表是指一个或多个对象名,

若为多个对象名时，用逗号进行分隔。声明对象的作用是创建对象空间的管理者，即对象名，也称为对象句柄。例如：`Cat catA, catB;`

这个语句声明了 Cat 类的两个对象句柄 catA，catB，它们可以被用来引用实际的 Cat 类对象空间，但必须明白此时 catA 和 catB 只是两个 Cat 类的句柄，还没有真正地关联到对象内存空间。

（2）建立对象

建立对象，是指用 new 关键字为对象分配内存空间。在声明对象时，只确定了对象的句柄和它所属的类，并没有为对象分配存储空间，此时对象还不是类的实例。只有通过建立对象这一步，才为对象分配内存。建立对象的格式如下：

对象句柄 ＝ new 构造方法();

例如：`catA = new Cat();`

也可以在声明对象的同时建立对象，这称为创建一个对象。创建对象的格式如下：

类名 对象句柄 ＝ new 构造方法();

例如：`Cat catA = new Cat();`

其中 new 是 Java 的关键字其作用是建立对象，为对象分配存储空间。执行 new Cat() 语句将产生一个 Cat 类的对象（具有内存空间）。

（3）初始化对象

初始化对象，是指由一个类生成一个对象时，为这个对象确定初始的状态，即给它的成员变量赋初值的过程，当然它主要由一些赋值语句组成，如：

`dogA. weight = 20;`　　`dogA. height = 30;`

由于初始化操作是最常用的操作之一，因此 Java 提供了专门的构造方法来处理。

对象创建具有三个步骤，与之相适应的内存变化如表 6-1 所示。

表 6-1　创建对象三步骤

步　骤		内存变化
声明对象	Dog dogA;	null dogA
建立对象	dogA=new Dog( );	F000 dogA → ? (weight) ? (height) Dog对象 [F000]
初始化对象	dogA weight=20; dogA height=30;	F000 dogA → 20 (weight) 30 (height) Dog对象　Dog对象 [F000]

从上表中我们可以看出,声明对象时仅仅定义一个该类的对象句柄,这时候该句柄变量的值为 null,意为该引用此时与任何实体空间无关联。在建立对象阶段,通过 new 关键字申请了一个 Dog 类的对象空间,并同时返回了该空间的首地址,我们假设该空间首地址为 F000,那在执行 dogA＝new Dog( );语句时,"＝"实际上是把地址值"F000"赋值给了句柄变量 dogA,注意此时,虽然一个 Dog 对象已经创建,但该对象内部的两个成员变量 weight 和 height 还没有被赋值。在初始化阶段,我们才真正对这两个成员变量赋值。

2. 传值引用与传址引用

在 Java 程序中,当变量间发生赋值动作时,涉及到传值引用与传址引用的问题。所谓传值,即指"＝"号两端变量各自具有独立的存放值的内存空间,右端变量把自身的变量值复制给左端变量,这种方式发生在基本数据类型变量间的赋值操作。所谓传址,即右端变量把自身引用(管理)的内存空间的首地址复制给左端变量,这样"＝"号两端变量共同引用(管理)一个内存空间,这种方式发生在对象变量间的赋值操作及数组间的赋值操作。

传值引用与传址引用操作相应的内存变化状况如下表 6-2 所示。

表 6-2　传值引用与传址引用

传值引用的的一个典型应用如下:

```java
/* * ValueReference. java 测试传值引用的实质 */
public class ValueReference
{    int x = 20;
    public static void main(String[] args)
    {  ValueReference aValue = new ValueReference ();
       aValue. print();
    }
    public void print()
    { int y = x;//将 a 的值传给了 b
      System. out. println("before changed value x = " + x + ", y = " + y);
```

```
        x = 50;//现将 a 的值改变,按照传值引用,b 的值应该是 a 的原来的值
        System. out. println("after changed value x = " + x + ", y = " + y);
    }
}
```

该示例运行的程序如图 6－13 所示。

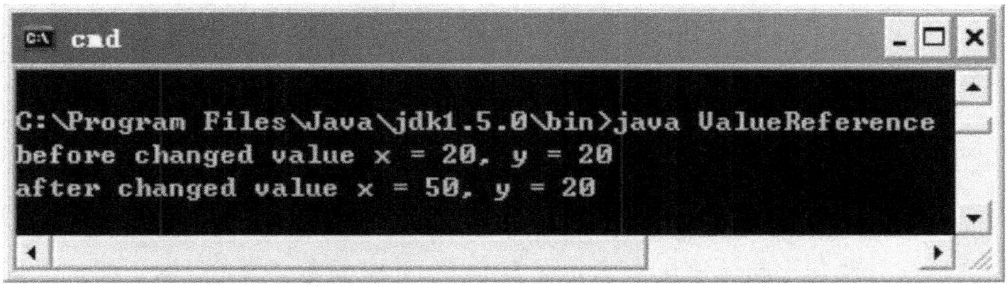

图 6－13　传值引用测试

传址引用的的一个典型应用如下：

```
public class Student
{    String strName;
    public static void main(String[] args)
    {
        Student aStudent = new Student();
        //定义 Student 类的一个句柄 aStudent 并关联到具体的对象上
        aStudent. setStudentName("琴静");
        System. out. println("aStudent name is " + aStudent. getStudentName());
        Student bStudent = aStudent;
        //将 aStudent 句柄复制给另外一个同类句柄 bStudent
        bStudent. setStudentName("张俊");
        System. out. println("bStudent name is " + bStudent. getStudentName());
        String name = aStudent. getStudentName();
        //再看一下句柄 aStudent 的内容是否改变
        System. out. println("after bStudent the aStudent name is " + name);
    }
    public String getStudentName()
    {   return strName; }
    public void setStudentName(String name)
    {   strName = name; }
}
```

该示例运行的程序如图 6－14 所示。

图 6-14 传址引用测试

6.1.3 拓展训练

类（class）和对象（object）是 OOP 的核心概念，在 Java 的编程中一切都是基于类的，因此定义一个规范的类及并正确地使用它来定义对象是 OOP 编程的基础，以下的例子向我们示范了如何编写一个规范的类。

Eg.6_1

```java
/ * * * * * * * * * * * * RectangleTest. java(矩形类及其应用)* * * * * * * * */
import java. util. Scanner;
class Rectangle
{   private int length;          //定义私有变量 length
    private int width;           //定义私有变量 width
    public Rectangle(int len, int wid)
    { length = len;  width = wid;}
    public void setLength(int len)
    {     length = len;       }
    public void setWidth(int wid)
    {     width = wid;        }
    public int getLength()
    {   return length;    }
    public int getWidth()
    {     return width;    }
    public int getGirth()
    {     return 2 * (length + width);    }
    public int getArea()
    {     return length * width;}    }
public class RectangleTest
{
```

```
public static void main(String[] args)
{ Rectangle myRectangle = new Rectangle(5,10);
  System. out. print( "Now the rectangle's length is " + myRectangle. getLength() );
  System. out. print( " \nand the rectangle's width is " + myRectangle. getWidth() );
  System. out. printf("\nThe girth of myRectangle is % d \nThe Area of myRectangle
               is % d", myRectangle. getGirth(), myRectangle. getArea());
  Scanner input = new Scanner( System. in );
  System. out. print( " \nPlease enter the length: " );
  int len = input. nextInt(); // 读取长度值
  System. out. print( " Please enter the width: " );
  int wid = input. nextInt(); // 读取宽度值
  //改变矩形的长和宽
  myRectangle. setLength(len);          myRectangle. setWidth(wid);
  //改变长和宽以后,输出矩形的周长和面积
  System. out. printf("After changing the lenth and width , \nthe girth of
               myRectangle is % d \nThe Area of myRectangle is % d",
               myRectangle. getGirth(), myRectangle. getArea());
} }
```

该程序运行的结果如图 6-15 所示。

在本程序中,我们定义了一个矩形类 Rectangle 类,它有两个私有成员变量 lenth 和 width,并有一个带两个参数的构造方法 Rectangle(int len , int wid)。在测试类 RectangleTest 类中,首先定义了一个矩形类对象 myRectangle,并分别以 5 和 10 做为它的构造方法的参数,即为长和宽赋值,之后打印该矩形的周长和面积。然后,允许用户通过键盘输入长和宽,并通过设置器为成员变量 lenth 和 width 赋值,最后打印出新的周长和面积。Scanner 类的 inputInt()方法的功能是从键盘得到并返回一个整数。

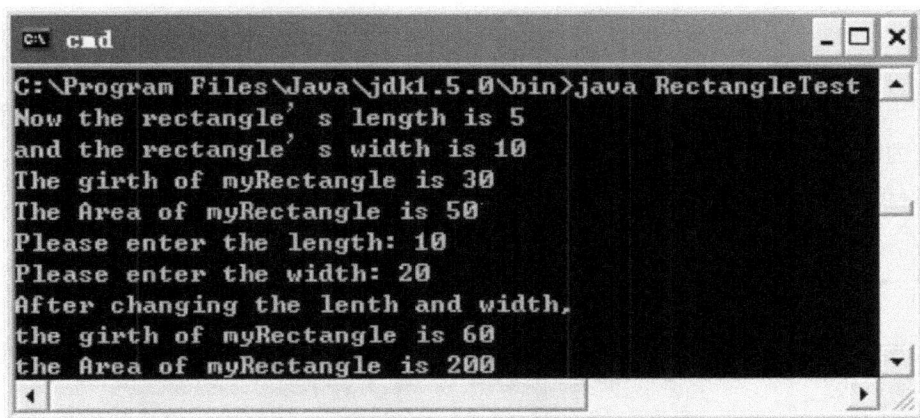

图 6-15　Rectangle 类及其应用

6.1.4 实现机制

6.1.4.1 描述学生的基本信息任务程序结构

本任务的实现包括 2 个源文件：Student. java 和 StudentInput. java。它们在 Eclipse 的包（package）视图中的位置如图 6 - 16 所示。

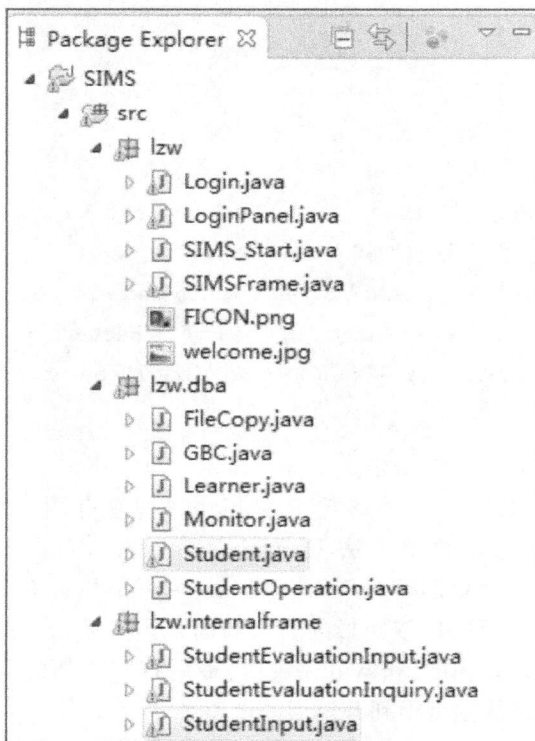

图 6 - 16 描述学生的基本信息任务相关文件结构

其中 Student. java 程序中定义了 Student 类，它用来描述班级中普通学生的基本信息，是本节介绍的重点，而 StudentInput. java 程序则是构造新学生基本信息的输入界面，涉及到 GUI 构建，这部分内容将在项目 7 中详细讨论，此处略之。

6.1.4.2 描述学生的基本信息任务程序剖析

1. Student. java 代码分析

```
package lzw. dba;
//定义普通学生类,该类实现于 Learner 接口,接口的知识将在本项目的任务二中介绍,此
处可//略过,不影响程序阅读
```

```
public class Student implements Staff        //普通学生类实现于学习者 接口
{
    private String userid = "";          //用于保存学生编号
    private String name = "";            //用于保存学生姓名
    private String dept = "";            //用于保存班级名称
    private String major = "";           //用于保存学生专业
    private String position = "";        //用于保存职务
    private String phone = "";           //用于保存电话号码
    private String birthplace = "";      //用于保存籍贯
    private String qq = "";              //用于保存 QQ 号码
    private String email = "";           //用于保存电子邮件
    private String introduction = "";    //用于保存备注
    private String sex = "";             //用于保存性别
    private String birthday = "";        //用于保存出生日期
    private String image = "";           //用于保存学生照片的相对路径

    //带参数的构造方法：传递的参数为字段赋值
    public Employee( String aUserID, String aName, String aDept, String aMajor,
    String aPosition, String aPhone, String aBirthPlace,String aQQ, String aEmail,
    String aIntroduction,String aSex, String aBirthday,String aImage )
    {   //初始化各个成员变量
        userid = aUserID;              name = aName;
        dept = aDept;                  position = aPosition;
        phone = aPhone;                birthplace = aBirthPlace;
        qq = aQQ;                      email = aEmail;
        introduction = aIntroduction;  sex = aSex;
        birthday = aBirthday;          image = aImage;
    }
    //实现来自上级接口中的 20 个方法
    public String getUserid() {        return userid;       }
    public void setUserid(String eID) {        userid = eID;       }
    public String getName() {         return name;       }
    public void setName(String eName) {       name = eName;       }
    public String getDept() {       return dept;       }
    public void setDept(String eDept) {       dept = eDept;       }
    public String getPosition() {       return position;       }
    public void setPosition(String ePosition)
    {   position = ePosition;    }
```

```java
public String getPhone() {return phone; }
public void setIDNumber(String ePhone)
{     phone = ePhone;        }
public String getBirthPlace()
{     return birthplace;   }
public void setBirthPlace(String eBirthplace)
{     birthplace = eBirthplace;        }
public String getEmail() {      return email;      }
public void setEmail(String eEmail)
{     email = eEmail;       }
public String getSex() {      return sex;       }
public void setSex(String eSex)
{     sex = eSex;        }
public String getBirthday()
{     return birthday;       }
public void setBirthday(String eBirthday)
{     birthday = eBirthday;       }
public String getImage()
{     return image; /* 返回图片文件的路径信息字符串 */      }
public void setImage(String eImage)
{     image = eImage;      }
// 自定义了 4 个新的成员方法
public String getQQ() {      return qq;           }
public void setQQ(String eQQ) {      qq = eQQ;         }
public String getIntroduction()
{
  return introduction;
}
public void setIntroduction(String eIntroduction)
{
      introduction = eIntroduction;
}}
```

在 Student 类中，我们描述了普通学生的基本信息，包括学生学号、姓名、所属班级、职务、籍贯、电话号码、电子邮件、照片信息等字段，并设置了带参数的构造方法，允许用户在构造方法内对基本信息的各个字段进行赋值操作，此外，还为每个字段编写了设置器和访问器，规范了对私有变量的操作，提高了类中数据的安全性和封装性。

注意到程序中的第一条语句：package lzw. dba; 说明 Student 类是存放在 dba 包中的，以后在其他程序中若需要使用 Student 类，则需要导入该类，导入语句为：

```java
import lzw. dba. Student;
```

6.2 任务 2　描述班长和班级的信息

6.2.1　目标效果

　　本任务的目标包含两点：一是描述某个班级班长的信息；二是描述系部各班级的信息。班长的信息由两部分组成，一部分是与普通学生一样的信息，另一部分是班长所特有的信息，如图 6-17 所示，虚线框部分为班长所特有的信息，其余部分是与普通学生相同的信息。

图 6-17　班级班长信息浏览

　　查询班级信息比较简单，包括班级编号、名称、班长和班级学生人数，如图 6-18 所示。

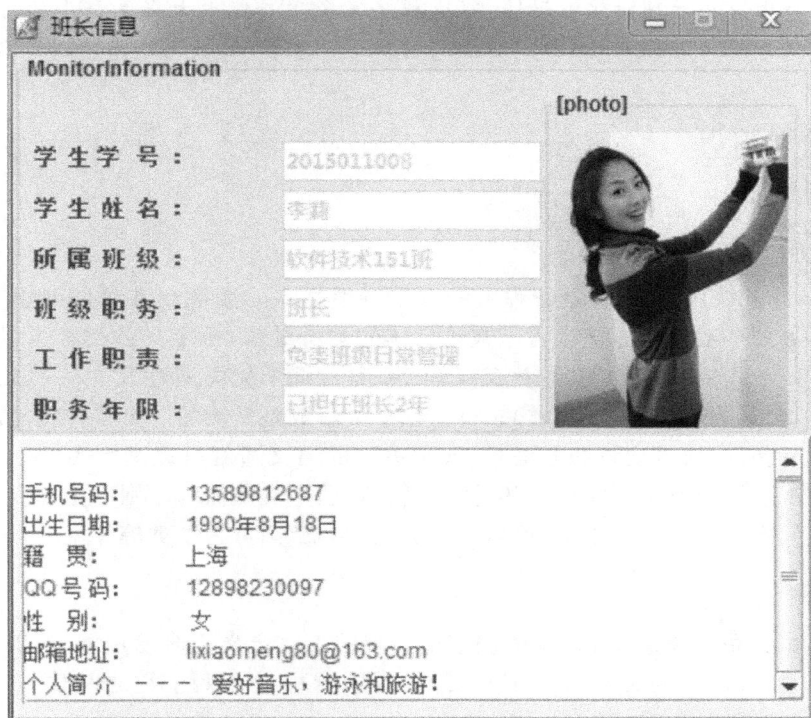

班级编号	班级名称	班长	班级学生人数
C01	软件151	李莉	50
C02	电商151	张静	49
C03	动漫151	陈菲	52
C04	网络151	李玉	45

图 6-18　班级信息浏览

本任务实现了对班长信息和班级信息的描述。在着手写代码前我们有必要思考如下几个问题。

①分析班长与普通学生的关系以及他们各自个人信息的异同之处。

②编写一个独立的班长类（Monitor），是否需要完全从头开始编写？

③可否利用前一任务中编写好的普通学生类来简化班长类的定义？

④分析班级与班级班长间的关系，设计的班级类（Class）中是否涉及班长类？

在现实世界中，不同的类之间往往存在着内在的联系，搞清楚它们之间的关系则有利于理清编程思路，减少程序冗余度并能大大提高程序的可维护性。本任务的实现涉及 OOP 中的重要特性——继承，让我们先来学习什么是继承？

6.2.2　必备知识

6.2.2.1　继承

继承（Inheritance）是面向对象编程中的重要特性之一。继承允许我们创建一个通用类，它具有同类事务的一般特征。该类可以被更具体的类所继承，每个具体类都可以添加自己有特色的属性。Java 中被继承的类，称为父类（或超类），继承父类属性及方法而又有自身新属性或方法的类，则称为子类（或派生类）。可以把子类看成是父类的一个特殊功能版本，子类继承了父类的所有特征（成员变量和方法）。继承关系的语义通常可以理解为"is … a"的关系，继承现象在客观世界中也是广泛存在的，如"宠物"可以是父类而"狗"则可为子类，"职称"可以是父类而"教授"则可为子类，"水果"可以是父类而"苹果"则可为子类等等。

1. 创建子类

Java 中继承关系是通过 extends 关键字来实现的。在定义类时使用 extends 关键字指明新定义类的父类，新定义的类称为指定父类的子类，这样就在两个类之间建立了继承关系。extends 关键词应用的格式如下：

```
class subClass_name extends superClass_name
```

继承机制最大的特点就是允许子类继承父类中的属性和方法，其典型的应用如下：

```
/ * * InheritanceTest. java :继承测试 * /
class SuperClass              //定义父类
{   int a = 10;               //默认访问类型为公有型
    String b = "extends example";
    public int fn1( )     { return a; }
}
class SubClass extends SuperClass //定义子类
{
    int c = 20;
```

```
        public int fn2( )        { return c; }
}
public class InheritanceTest
{
        public static void main(String[] arg)
          {
            SuperClass sup = new SuperClass();
            SubClass sub = new SubClass();
            System. out. println("父类属性 :" + sup. a + " " + sup. b + " " + sup. fn1());
            System. out. println("子类属性 :" + sub. a + " " + sub. b + " " + sub. c + " " +
                        sub. fn1() + " " + sub. fn2());
          }
}
```

该程序运行的效果如图 6-19 所示。

图 6-19   类的继承

该程序中，子类 SubClass 继承了父类 SuperClass 的两个成员变量 a、b 以及一个方法 fn1()，且子类本身新定义了一个成员变量 c 和方法 fn2()，因此，子类当前共有 3 个成员变量和两个方法。

2. 属性的继承

父类的属性（包括所有成员变量和方法）都将被子类所继承，但被继承并不等于就一定能被访问。在 Java 中，只有非私有型（public 型、或缺省型）的变量和方法能被同包子类所继承并直接访问，而对于父类中私有型（private 型）的属性，子类将无权直接访问。

```
/ * * InheritanceTest2. java:私有属性继承测试 * /
class SuperClass        //定义父类
{   int a = 10; //默认为 public 型
    public String b = "extends example";
    private int d = 30;
    public int fn1( )        {    return a;  }
    public int fn4( )        {    return d;  }
```

```
    //私有变量只能在本类的方法内部被访问
}
class SubClass extends SuperClass        //定义子类
{    int c = 20;
    public int fn2( )      {   return c;  }
    public int fn3( )      {   return d;  }           //error,子类无权访问父类的私有变量
}
public class InheritanceTest2
{   public static void main(String[] arg)
      {   SuperClass sup = new SuperClass();
          SubClass sub = new SubClass();
          System. out. println("父类属性 :" + sup. a + " " + sup. b + " " + sup. fn1());
          System. out. println("子类属性 :" + sub. a + " " + sub. b + " " + sub. c + " " +
                  sub. fn1() + " " + sub. fn2() + sub. fn3()); }
}
```

运行效果如图 6-20 所示。

图 6-20　属性的继承(1)

　　此例不能正常通过编译,原因是我们在子类 SubClass 的 fn3( )里越权访问了父类中的私有变量 d。注意,对于任何类的 private 型变量,对外界而言它是隐藏的,它的访问范围仅限于其所属类的方法内部,如此例中 SuperClass 类的私有变量 d,它可在该类的方法 fn4( )中被访问。

　　那么,父类中的私有属性究竟如何被子类访问呢? 我们可以通过子类继承一个父类的公有方法去访问父类的私有成员变量。

```
/ * * InheritanceTest3. java：* 私有属性继承测试(2) * /
class SuperClass
{
    int a = 10;
    public String b = "extends example";
    private int d = 30;
```

```
    public int fn1( )    {    return a;    }
    public int fn3( )    {    return d;    }
}
class SubClass extends SuperClass
{    int c = 20;
    public int fn2( )    {    return c;    }
}
public class InheritanceTest3
{
    public static void main(String[] arg)
        {
            SuperClass sup = new SuperClass();
            SubClass sub = new SubClass();
            System. out. println("父类属性 :" + sup. a + " " + sup. b + " " + sup. fn1());
            System. out. println("子类属性 :" + sub. a + " " + sub. b + " " + sub. c + " " +
                    sub. fn1() + " " + sub. fn2() + " " + sub. fn3());
        }
}
```

运行效果如图 6 - 21 所示。

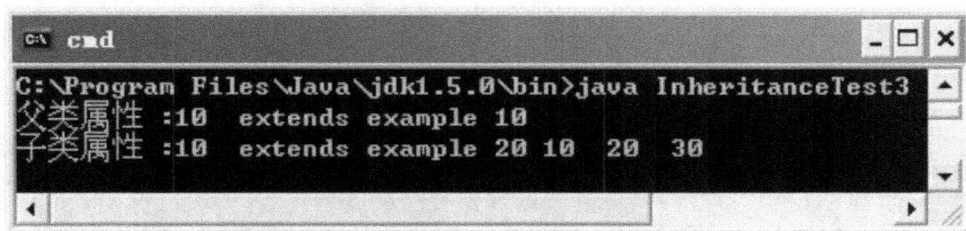

图 6 - 21　属性的继承(2)

6.2.2.2　子类的构造方法

　　Java 中的构造方法一般在 new 关键字定义新对象的时候由系统自动调用,而当定义子类对象的时候,系统除了执行子类本身的构造方法,在默认情况下还会自动地执行父类的构造方法,如下面的例子:

```
/ * * SonClassConstructer. java:子类构造方法测试(1) * /
import java. io. * ;
class Rectangle        //矩形类——父类
    {    public int width;
```

```
public int height;
    Rectangle (int a, int b)
    {   width = a;   height = b;   }
    public int getsCircle()
    {   return 4 * width;   }
    public int getsArea()
    {   return width * width;   }
}
class Square extends Rectangle //子类－－－正方形类
{   public Square(int a)
    {   width = a;   }
    public String toString()
    {   String information = "正方形的周长为:" + getsCircle() + ",正方形的面积
                为:" + getsArea();
        return information;   }
}
public class SonClassConstructer //测试类
{   public static void main(String[] args)
    {   Square square = new Square(10); //构造边长为 10 的正方形
        System. out. println(square. toString());}
}
```

运行效果如图 6-22 所示。

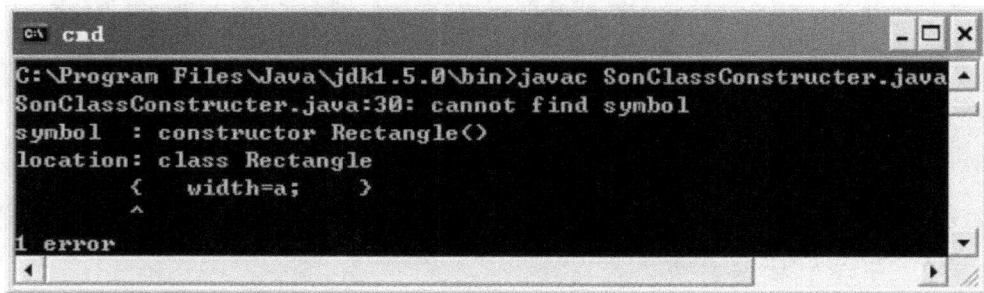

图 6-22　子类构造方法执行(1)

本例不能正确通过 Java 编译，出现如上所示错误，原因在于执行 Square 的构造方法时出错。Java 规定子类构造方法在真正被执行之前，需回溯执行父类的构造方法。由于该 Square 类是 Rectangle 类的子类，系统在执行：Square square= new Square (10);时，首先执行父类 Rectangle 类的构造方法，缺省情况下是执行父类的空构造方法，而此例 Rectangle 类中已经定义了显式的 Rectangle (int a, int b)型的构造方法，所以系统将不再为 Rectangle 类生成缺省的空构造方法，这样程序运行时就找不到匹配的父类空构造方法了，解决的方法有多种。

方法一：为父类添加空构造方法，需修改的代码如下：

```
class Rectangle
{
    。。。。。。
    Rectangle（ ）{ }         //方法一:添加空构造方法
    Rectangle（int a, int b）
      {   width  = a;height = b;  }
    。。。。。。
}
```

方法二:在子类的构造方法中明确指明需执行的父类构造方法的类型,修改的代码如下:

```
class Square extends Rectangle
{
    public Square(int a)
    {   super(a,a);         //方法二:指明执行的父类特定构造方法    }
    。。。。。。
}
```

不管使用何种方法,程序都能正确运行,得到一致的结果,如图 6 - 23 所示。

图 6 - 23   子类构造方法执行(2)

6.2.2.3 多态性

多态的存在是类之间继承关系的必然结果,正是因为继承关系,使得两个类之间有了一种比较亲密的关系:父与子的关系。多态的概念,通俗讲,就是系统自动识别当前对象的类型(子类还是父类),并访问其相应的属性或方法。在现实世界中,多态也普遍存在,如一家宠物医院每天都接受和治疗不同类型的宠物患者(狗、鹦鹉、蜥蜴等),虽都为宠物,但医生会自动地根据宠物的不同类型而给予不同的检查和治疗方法。

在 Java 语言中,多态性体现在两个方面:由方法重载所实现的静态多态性(编译时多态)和方法覆盖所实现的动态多态性(运行时多态)。

1. 方法重载

重载,是指同一个类中允许存在多个同名方法,但这些方法的参数表不同(或许参数个数不同,或许参数类型不同,或许两者都不同)的现象。在编译阶段,具体调用哪个被重载的方法，编译器会根据参数的不同来静态确定调用相应的方法。

```
/ * * Overload. java：编译时多态测试 * /
class A
{    //定义三个重载方法
    public void method()
      {   System. out. println("method's parameter is null !");   }
    public void method(int x)
      {   System. out. println("method's parameter is :" + x);   }
    public void method(int x,int y)
      {   System. out. println("method's parameter is :" + x + "and " + y);   }
}
public class OverloadTest
{
    public static void main(String[] args)
    {   int b = 2,c = 3;
     A a =  new A();
     //根据参数不同,分别调用不同的方法
     a. method();
     a. method(b);
     a. method(b,c);
    }
}
```

程序运行的结果如图 6 - 24 所示。

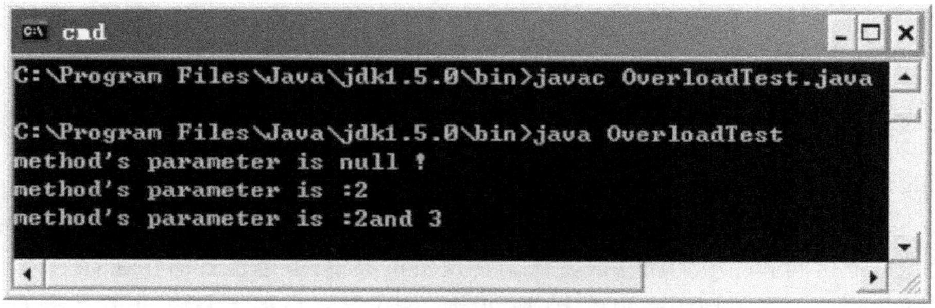

图 6 - 24　方法的重载

2. 方法覆盖

覆盖，也称为重写，是指子类中定义了一个与父类某一方法具有相同型构（即同方法的返回类型，同方法名，同方法参数列表）的方法。如果一个类中存在着覆盖现象，则该类应存在相关联的子类或父类。在运行阶段，具体调用哪个覆盖方法，系统会根据该方法调用者类型的不同（父类还是子类），来决定调用哪个方法。

```
/ * * ObjectTypeTest. java：运行时多态测试 * /
public class ObjectTypeTest
{
    public static void main(String[] args)
        {   A a = new B();  //利用父类句柄来引用子类对象,发生多态现象
            B b = new B();  //定义一个子类句柄,并引用一个子类对象
            a. method1(); //此处发生多态现象,因为方法的调用者虽然是父类句柄,但其关
                          //的实体却是子类对象,所以系统会根据调用者的实质而访问的是
                          //子类 B 中的覆盖方法 method1()
            //a. method2(); //父类句柄虽然引用的是子类对象,但不可以访问子类特有的方法
            B b = new B();
            b. method2();
        }
}
class A
{
    public void method1()
    {   System. out. println("this is class A method1");     }
}
class B extends A
{
    public void method1() //覆盖方法
    {   System. out. println("this is class B method1");     }
    public void method2()
    {   System. out. println("this is class B method2");     }
}
```

程序运行的结果如下图 6 - 25 所示。

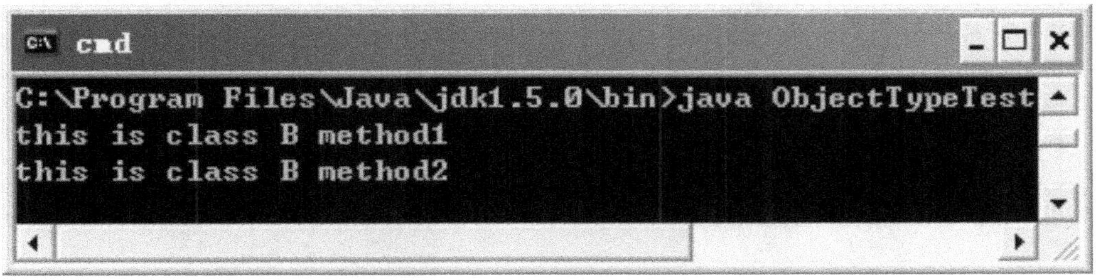

图 6 - 25   方法的覆盖

3. 重载与覆盖的区别

重载与覆盖是 OOP 的两大重要特征,它们有相似之处也有不同之处,具体区别如下：

①方法的覆盖是子类和父类之间的关系，是垂直关系；方法的重载是同一个类中方法之间的关系，是水平关系。

②覆盖只能由一个方法，或只能由一对方法产生关系；方法的重载是多个方法之间的关系。

③覆盖要求参数列表相同；重载要求参数列表不同。

覆盖关系中，调用哪个方法体，是根据对象的类型（对象对应存储空间类型）来决定；重载关系，是根据调用时的实参表与形参表来选择方法体的。

6.2.2.4　访问控制符与修饰符

1. 访问修饰符

Java 语言规定类中的成员变量或方法具有四种不同的访问控制符，对应于四种不同的访问权限，具体如下：

• public

类中被 public 关键词修饰的成员，可以被所有的类访问。

• protected

类中被 protected 关键词修饰的成员变量或方法，可以被这个类本身、它的子类（包括同一个包中以及不同包中的子类）和同一个包中的所有其他的类访问。

• private

类中被 private 关键词修饰的成员变量或方法，只能在这个类本身的方法内部被访问。

如果一个类的被声明为 private，则该类通常为另一个类的内部类（项目 5 中介绍）。

• default

类中不被任何访问控制符修饰的成员变量或方法属于缺省的（default）访问状态，可以被这个类本身和同一个包中的类所访问。

表 6-3 列出了这些访问控制符的访问范围。

表 6-3　java 访问修饰符的访问权限

访问控制符	同一个类	同一个包	不同包的子类	不同包非子类
private	*			
default	*	*		
protected	*	*	*	
public	*	*	*	*

2. Java 修饰符

（1）static 修饰符

① static 型变量

Static 量，即静态型变量，全局型的静态变量通常用来描述属于类的变量，我们在前面已具体介绍过,可参见项目5任务一。

② static 型方法

用 static 修饰符修饰的方法被称为静态方法,它是属于整个类的类方法。不用 stati 修饰符限定的方法,是属于某个具体类对象的方法。static 方法使用特点如下:

• static 方法是属于整个类的,它在内存中的代码段将随着类的定义而分配和装载。而非 static 的方法是属于某个对象的方法,当这个对象创建时,在对象的内存中拥有这个方法的专用代码段。

• 引用静态方法时,可以使用对象名做引用者,也可以使用类名做引用者(推荐)。

• static 方法只能访问 static 数据成员,不能访问非 static 数据成员,但非 static 型方法可以访问 static 数据成员。

• static 方法只能访问 static 方法,不能访问非 static 方法,但非 static 方法可以访问 static 方法。

• static 方法不能被覆盖,也就是说,子类中不能有与父类中的 static 方法具有相同名、相同参数的方法。

• main 方法是静态方法。在 Java 的每个 Application 程序中,都必须有且只能有一个 mian 方法,它是 Application 程序运行的入口点。

static 型方法的典型应用如下:

```java
/* * StaticMethodTest. java:类方法测试 */
public class StaticMethodTest
    {
        public static void main(String[] args)
        {
            int a = 9;
            int b = 10;
            int c = GeneralFunction. addUp(a, b);
            //类名调用静态方法
            System. out. println("a = " + a + ",b = " + b);
            System. out. println("调用 addUp(a,b)方法,返回值:" + c);
        }
    }
class GeneralFunction
    {
        public static int addUp(int x, int y)
        {   return x + y;  }
    }
```

该程序运行的效果如图 6 - 26 所示。

图 6-26 静态方法测试

类似于类变量的调用，静态方法（类方法）也可以使用对象名来调用，但我们建议使用类名来调用静态方法，这样更能体现静态方法属于类的特性。如此例中，我们可以编写如下代码：

```
GeneralFunction gen = new GeneralFunction();
int c = gen. addUp(a, b);
```

程序运行的效果不变。

此外，static 型方法声明及使用的时候，有诸多地方容易出错，需引起注意，如下所示。

```
class Father
{
  int d1;
  static int d2;
  void method( ){ d1 = 0; }
  static void method1( )
  {  method2( );      //合法引用
     d1 = 33;           //错，非法引用了非 static 的数据成员
     method( );        //错，非法引用了非 static 的方法
     d2 = 55;          //合法引用
  }
     static void method2( )
  {  d2 + + ;   }
}
class Son extends Father
{
    void method1 () //错，子类不能覆盖父类中的 static 方法
    {   int a = 0,b; b = a + 1;   }
}
```

本例程序不能通过编译，错误原因如注释所示。

（2）final 修饰符

① final 型变量

如果基本类型变量被修饰为 final，其结果是它成为常量。想改变 final 变量的值会导致一

个编译错误。下面是一个正确定义 final 变量的例子：

```java
public final int MAX_ARRAY_SIZE = 25;
```

如果将对象句柄（即任何类的类型）标记为 final，那么该句柄不能指向任何其他对象。但可以改变对象的内容，因为只有句柄本身是 final，典型示例如下：

```java
/ * * FinalVarTest. java:最终变量测试 * /
public class FinalVarTest
    {
        public static void main(String[] args)
        {
            final int MAXSIZE = 2;      //定义常量
            Student astudent = new Student("Tom","901");
            System. out. println("对象 astudent 的信息:" + astudent. strName + " ," +
                    astudent. strNum);
            final Student bstudent = new Student("Lucy","902");
            //定义对象型句柄 bstudent
            System. out. println("对象 bstudent 的信息:" + bstudent. strName + " ,
                " + bstudent. strNum);
            //bstudent = astudent; //错,final 型对象变量不能改变它所关联的实体
            bstudent. strName = "Jack"; //对,final 型对象变量所关联的实体空间的
                                //内容可以改变。
            bstudent. strNum = "903"; //对
            System. out. println("修改后对象 bstudent 的信息:" + bstudent. strNa me
                    + " ," + bstudent. strNum);
        }
    }
class Student
    {
        String strName;
        String strNum;
        public Student(String name,String num)
            {   strName = name; strNum = num;   }
    }
```

运行效果如图 6-27 所示。

图 6 - 27   final 变量测试

② final 型方法

在面向对象的程序设计中，子类可以利用重载机制修改从父类那里继承来的成员方法，这给程序设计带来方便的同时，也会给系统的安全性带来了一定的威胁。为此，Java 语言提供了 final 修饰符来保证系统的安全。用 final 修饰符修饰的方法称为最终方法，如果类的某个方法被 final 修饰符所限定，则该类的子类就不能覆盖父类的方法，即不能再重新定义与此方法同名的自己的方法，而仅能使用从父类继承来的该方法。可见，使用 final 修饰方法，就是为了给方法"上锁"，防止任何子类修改此方法，保证了程序的安全性和正确性。final 型方法的典型应用如下：

```java
class FatherClass
{
    static int d1;
    int d2;
    static void method1( )
    { d1 = 0; }
    final void method2( )
    {   d2 + + ;   }
    void method3( )
    {   d1 = d2 + 1;   }
}
class SonClass extends FatherClass
{   void method1 ( )      //错，子类中不能覆盖父类中的 static 方法，由于类的 static
                          //型方法会自动地系统定为 final 型，因此它也不能被覆盖。
    {   d1 = 3;   }
    void method2 ( )      //错，子类不能覆盖父类中的 final 方法
    {   d2 = 3;   }
    void method3 ( )    //对
    {   d1 = d2;   }
}
```

本例程序编译时将出错，出错的原因即代码中的注释。

③ final 型类

final 也可用于修饰类，当用 final 修饰类时，所有包含在 final 类中的方法，都自动成为 final方法。final 类本身是不允许被任何类继承的。

```
final class FinalClass
{   int d1, d2;
    void method1( )
    {     d1 = 0;      }
    void method2( )
    {     d2 + + ;      }
}
class SonClass extends FinalClass //错,final 类不能被任何类继承。
{
    void method1 ( )
    {     d1 = 3;      }
    void method2 ( )
    { d2 = 3;   }    }
```

本例程序不能通过正常编译，原因如注释所示。

6.2.2.5 接口

1. 接口的概念

接口（interface）是 OOP 中又一重要的概念，也是 Java 中实现数据抽象的重要途径。那么什么是接口呢？事实上，接口普遍存在于现实生活中，例如，超市中有各式各样由不同厂商生产的电视机，产品性能各有特色，但一点是相同的，即都能正常地接收当地的电视信号，产品不同那为什么能接收的电视节目是相同的呢？答案是显然的，因为每一台电视机在生产过程中都遵循了本土电视信号接收的行业规范，这种行业规范就是一种接口，它是由相关组织指定的，这个组织只是制定了规范，但并不管生产是如何进行的。又如，在美国不同厂商生产的电源插座在其本土可以随处使用，而拿到中国就用不来，为何？因为美国和中国的电源插座接口是不同的，前者是 110V 而后者是 220V。所以，本质上接口即一系列的行为规范，它只说明类应该做什么，但并不关心如何做。

在 Java 中，接口是一个比类更加抽象的概念。一个类通常规定了同一类事物应有的静态属性和动态行为，而一个接口则规定了一系列类应有的共同的属性和行为。Java 中接口的功能主要体现在以下几点：

①通过接口可以实现不相关类的相同行为，不需要考虑这些类层次之间的关系。

②通过接口可以指明多个类需要实现的方法。

③通过接口可以在运行时动态地定位类所调用的方法。

由于接口的声明仅仅给出了抽象的方法，因此，要具体地实现接口所规定的功能就必须在某个类中为接口写出具体的方法体。在 Java 中，对接口功能的"继承"被称为"实现"。

2. 接口的定义

接口的定义与类的定义非常相似，我们可以把接口理解为一个特殊的类：由常量和抽象方法组成的类。接口定义的常用格式为：

[**public**] **interface** 接口名 [**extends** 父接口名列表]　//接口声明

{

[**public**][**static**][**final**] 类型 常量名＝值；//常量声明

[**public**][**abstract**] 返回类型 方法名（参列表）[**throws** 异常类型列表]；

//上面一行是抽象方法声明

}

在接口声明前可以放置接口修饰符 public，修饰为 public 的接口可以被不同包内的接口或类使用，没有 public 修饰的接口只能被其所在包中的成员访问。接口也有继承性，定义接口时也可以通过 extends 声明它们父接口并继承父接口的所有属性和方法，与类的继承性不同的是一个接口可有多个父接口，这些父接口之间用逗号隔开，形成父接口名列表。

接口体由属性（这里都是常量）声明和方法（这里都是抽象方法，即与普通方法相比加以关键字 abstract 修饰且没有方法体的方法）声明组成。接口中的属性必须是 public static final 修饰的，但可以不写，因为这是系统默认的。接口中的方法系统默认为 public abstract，可以不写修饰符。

接口定义的一个典型示例为：我们定义一个乐器（instrument）接口，包含一个常量和三个抽象方法，如下：

```
interface Instrument
{   //定义接口 Instrument
    int i = 5;          //自动获得 static 和 final 属性
    void play();        //自动获得 public 属性
    String what();
    void adjust();
}
```

3. 接口的实现

由于接口的声明仅仅给出了抽象的方法，因此，要具体地实现接口所规定的功能就必须在某个类中为接口写出具体的方法体。接口的实现形式如下：

class 类名 implements 接口名列表

一个类要实现某个接口，必须在类的定义时用关键字 implements 来申明。实现接口需要注意以下几点：

①一个类能实现多个接口，多个接口之间用逗号隔开。

②如果某个类实现了接口，这个类就可以访问接口中的常量，就如同它们是声明在类中的常量一样。

③类在实现接口的方法时，必须显式地使用访问控制符 public，因为接口的方法都是

public 类型的，否则系统会警告缩小了接口中定义的访问控制范围。

实现接口的典型例子为：定义了一个管乐器（wind）类实现于乐器（instrument）接口，具体如下：

```
class Wind implements Instrument
{ //实现 Instrument 接口的 Wind 类
    public void play() {System. out. println("Wind. play()");}
    public String what() { return "Wind"; }
    public void adjust() {}
}
```

当 Wind 类实现了 Instrument 接口中的所有抽象方法的时候，它就成为了一个具体类，可以用 Wind 类定义一个对象，如：Wind w ＝ new Wind()。

6.2.2.6　抽象类和抽象方法

面向对象程序设计的一个特别有用的特点是抽象类（abstract？ class）。抽象类提取了所有子类的公共属性和方法，对某些属性或方法仅提供一种形式化的定义，这些属性的初始化或方法的实现要在子类中才能进行。

抽象类在抽象层次上介于接口（所有方法为抽象方法）和具体类（所有方法为具体方法）之间，通常抽象类含有一个或一个以上的抽象方法。

1.　抽象类的定义

如前所述，类的抽象方法是指没有具体实现的方法，抽象方法用关键字 abstract？ 修饰：

```
abstract void fn();
```

正如上面所示，fn()方法不存在方法体。任何含有一个或多个抽象方法的类都必须声明为抽象类。否则，编译器会向我们报告一条出错消息。声明一个抽象类，只需在类声明开始时在关键字 class 前使用关键字 abstract。抽象类定义的具体形式为：

abstract class 类名称
{
　　成员变量；
　　方法(){……};//一般方法
　　abstract 方法();//抽象方法
}

抽象类没有对象。也就是说，一个抽象类不能通过 new 操作符直接实例化。这样的对象是无用的，因为抽象类是不完全定义的。而且，不能定义抽象构造函数或抽象静态方法。所有抽象类的子类都必须实现超类中的所有抽象方法或者是它自己也声明成 abstract 类。

抽象类的一个典型例子为：定义了一个 Percussion（打击乐器）类部分实现于乐器（instrument）接口，具体如下：

```
abstract class Percussion implements Instrument
{   //部份实现 Instrument 接口的 Percussion 类
    public String what() { return "Percussion"; } //具体实现
    public void adjust() {} //空实现
    abstract void fix(); //新增一个抽象方法
}
```

　　当 Percussion 类实现了 Instrument 接口中的部分抽象方法的时候,它就成为了一个抽象类,此时它可以定义一个 Percussion 类的句柄,但不可以定义一个 Percussion 类的对象,如:

```
Percussion p; // 正确,可以定义一个抽象类句柄
Percussion x = new Percussion(); //错,不允许定义一个抽象类对象
```

2. 抽象类的实现

　　抽象类的实现是指具体化抽象类中的所有抽象方法,这一任务通常交给抽象类的子类去完成,如下所示:

```
/*  * AbstractDemo.java：简单抽象类的实现 */
abstract class A
{   abstract void callme();      //抽象方法 callme()
    void callmetoo()              //具体方法 callmetoo()
    { System.out.println("This is a concrete method."); }}

class B extends A
{
    void callme()
    { System.out.println("B's implementation of callme."); }
}
class AbstractDemo
{
    public static void main(String args[])
    {
        B b = new B();
        b.callme();
        b.callmetoo();
    }
}
```

　　程序运行的结果如图 6-28 所示。

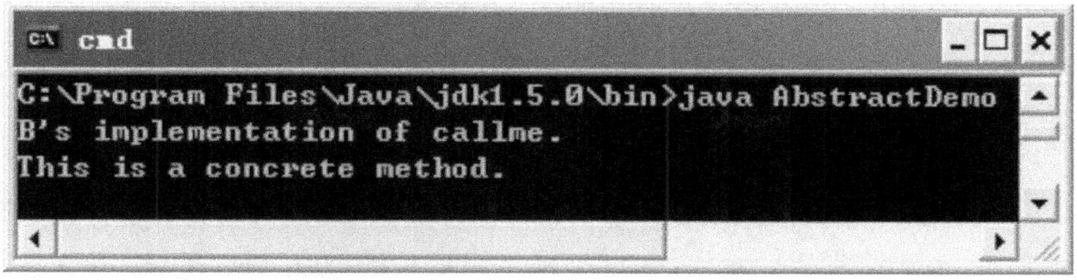

图6-28　抽象类的实现

6.2.2.7　包

为了更好地利用和管理类,Java引入了包的机制。所谓包就是一组相关类的集合。包和操作系统管理磁盘的"文件夹"或"目录"概念基本相似。因此在设计包时,应该尽可能地将功能相近、用途相似、相互之间关系密切的类放在同一个包中。

同一个包中的类是可见的。如果一个类没有访问控制符,说明它具有缺省的访问控制符特性。此时,这个类只能被同一个包中的类访问或引用。这一访问特性又称为包访问性。在Java中,同一个包中的类和接口之间的相互访问权限要高于不同包的类和接口,所以在设计类时应该有意识地规划组织类。

1. 系统的包

Java提供了大量的系统类,为方便管理和使用,分为若干个程序包。程序包又称为类库或API(应用程序接口)。Java API一方面为编程人员提供了丰富的类和方法,另一方面又负责与系统软硬件打交道。

Java API包一般都以"Java"或"Javax"开头,以区别于用户所创建的包。下面列出Java中常用的一些程序包:

① Java. lang 包

Java. lang包是Java语言的核心类库,包含了运行Java程序必不可少的系统类,如基本数据类型、基本数学函数、字符串处理、线程、异常处理类等。

② Java. io 包

Java. io包是Java语言的标准输入/输出类库,包含了实现Java与操作系统、用户界面以及其他Java程序做数据交换所使用的类,如基本输入/输出流、文件输入/输出流、过滤输入/输出流、管道输入/输出流、随机输入/输出流等。

③ Java. util 包

Java. util包包括了Java语言中的一些低级的实用工具,如处理时间的Date类,处理变长数组的Vector类,实现栈和杂凑表的Stack类和Hashtable类等。

④ Java. awt 包

Java. awt包是Java语言用来构建用户界面(GUI)的类库,它包括了许多界面元素和资源,主要在三个方面提供界面设计支持:低级绘图操作,如Graphics类等;图形界面组件和布局管理,如Checkbox类、Container类、LayoutManager接口等;以及界面用户交互控制和事件响应,如Event类。

⑤ Java. applet 包

Java. applet 包用来实现运行于 Internet 浏览器中的 Java Applet 的工具类库，它仅包含少量几个接口和一个非常有用的类 Java. applet. Applet。

⑥ Java. net 包

Java. net 包是 Java 语言用来实现网络功能的类库。实现的功能，如：底层的网络通，如实现套接字通信的 Socket 类、ServerSocket 类；编写用户自己的 Telnet、FTP、邮件服务等实现网上通信的类；用于访问 Internet 上资源的类，如 URL 类等。

⑦ Java. rmi 包、Java. rmi. registry 包和 Java. rmi. server 包

这三个包用来实现 RMI(remote method invocation，远程方法调用)功能。利用 RMI 功能，用户程序可以在远程计算机(服务器)上创建对象，并在本地计算机(客户机)上使用这个对象。

⑧ Java. security 包

Java. security 包提供了 Java 程序安全性控制和管理。

⑨ Java. util. zip 包

Java. util. zip 包用来实现文件压缩功能。

⑩ Java. sql 包

Java. sql 包是实现 JDBC(Java database connection)的类库。利用这个包可以使 Java 程序具有访问不同种类数据库的功能，如 Oracle、Sybase、DB2、SQL Server 等。只要安装了合适的驱动程序，同一个 Java 程序几乎不需修改就可以存取、修改这些不同的数据库中的数据。

2. 创建自定义包

若要把 Java 的源程序归入某个包中，应在源程序的第一行加上：

package 包名；

如：

```
package com. mycompany;
public class NewClass{
    ......
}
```

在源文件中，package 是源程序的第一条语句，包名后紧跟分号。包名除了要符合 Java 对标识符的命名规则外，还应考虑包名的唯一性。建议采用 Internet 域名或电子邮件地址的字符串作为包名的前缀。另外，建议包名统一采用小写。

实际上，创建包就是在当前文件夹下创建一个子文件夹，以便存放这个包中包含的所有类的 .class 文件。上面的例子中，创建包的语句中的符号"."代表了目录分隔符，即这个语句创建了两个文件夹。第一个是当前文件夹下的子文件夹 com；第二个是 com 下的子文件夹 mycompany，当前包中的所有类就存放在这个文件夹里。

3. 引用包

将类组织成包的目的是为了更好地引用包中的类，通常一个类只能引用与它在同一个包中的类。如果需要使用其他包中的 public 类，则可以使用如下几种方法：

①使用包名、类名前缀

一个类要引用其他的类，如果被引用的类是同一个包中的类，则只需在要使用的属性或方法名前加上类名作为前缀即可，如果被引用的类不是同一个包中的类，则需要在类名的前面加上包名前缀。例如：

java. util. ArrayList a = new java. util. ArrayList()；

②加载需要使用的类

显然，使用上面的方法访问一个类显得十分冗长且麻烦。一个解决的方法是在程序文件的开始部分利用 import 语句将需要使用的整个类加载到当前程序中，这样在程序中需要引用这个类的地方就不需再使用包名作为前缀。例如上面的语句在程序开始处增加了：

import java. util. ArrayList；

语句之后，就可以直接写成：

ArrayList a = new ArrayList()；

③加载整个包

上面的方法利用 import 语句加载了其他包中的一个类。有些情况下可以直接利用import语句引入整个包，此时这个包中的所有类都会被加载到当前程序中。加载整个包的import语句可以写为：

import java. util. * ；

与加载单个类相同，加载整个包后，凡是用这个包中的类，都不需要再使用包名前缀。

创建及引用包的一个典型示例如下：

```
/ * * EqualsMethod. java: * 包应用 * /
package com. cnzjetp. util;
class Value
{ int i;
  public boolean equals(Value v)
  {   return(i = = v. i);   }
}
```

创建该包后，经过编译，如图 6 - 29 左侧窗格所示，将在当前文件夹下创建子文件夹 com，com 下创建子文件夹 cnzjetp，在 cnzjetp 下再创建子文件夹 util。编译后的字节码文件Value. class和 EqualsMethod. class 就放在 util 文件夹下。

若另外的程序需要引用上述的 Value 类，则需要通过 import 语句导入该类，如下所示：

```
import com. cnzjetp. util. Value;
public class EqualsMethod
{   public static void main(String[] args)
    {     Value v1 = new Value();       Value v2 = new Value();
          v1. i = v2. i = 100;
          System. out. println(v1. equals(v2));
    } }
```

程序的运行结果是：true。

图 6-29 程序运行后的目录

6.2.3 拓展训练

通过前面知识的学习，我们已经了解 OOP 的重要概念包括：类、对象、属性、方法、封装、继承、多态、接口、抽象类、抽象方法和包等，这些概念在我们的实际编程中会被频繁地应用，以下是一个综合的例子。

Eg.6_2

```
/** PolytechnicStudent.java：定义了 polytechnicstudent 包，包含了两个接口、一个抽
    象类和一个具体类 */
package student.polytechnicstudent;
interface People                    //定义父接口
{    String getName();    } //定义一个抽象方法


interface Student extends People //定义子接口
{    String getNumber();    }//新增一个抽象方法

abstract class CollegeStudent implements Student
{    // 定义专科学生类（抽象类）
    static final int LENGTHOFSCHOOLING = 3; //定义学制（类常量）
    String strName;            //新增学生姓名
    String strNumber;          //新增学号
```

```java
    String strSpecialty;              //新增学号
    public String getName()           //实现了 People 接口中的 getName 方法
    {     return strName;     }
    public String getNumber()              //实现了 Student 接口中的 getNumber 方法
    {     return strNumber;     }
    public String toString() //新增方法
    {     return "学生姓名 = " + strName + ", 学号 = " + strNumber;     }
    public abstract String getSpecialty();
        //新增抽象方法 getSpecialty()
}
public class PolytechnicStudent extends CollegeStudent
{   //定义高职学生类（具体类）
    private String strPracticeCompany = ""; //新增实习单位
    public PolytechnicStudent(String name, String number)
      //构造方法
      { strName = name;
        //属性 strName 继承于父类
        strNumber = number;
        //属性 strNumber 继承于父类
      }
    public PolytechnicStudent( String name, String number,
                              String specialty) //重载构造方法
    {
      this(name,number);//利用 this 关键字调用本类的另一构造方法(2 个参数)
      strSpecialty = specialty;
    }
    public String getSpecialty() //新增方法 getSpecialty()
    {
      return strSpecialty;
    }
    public void setSpecialty(String specialty)
    { //新增方法 setSpecialty(...)
      strSpecialty = specialty;
    }
    public String toString()//覆盖父类的 toString()方法
    { return super.toString() + strSpecialty + ", 学制 =" +
                      LENGTHOFSCHOOLING + "年\n";
      //利用 super 关键字调用父类中的同名方法 toString()
    }
}
```

　　本程序自定义了一个包：student. polytechnicstudent，该包中的所有类和接口被存放在当前文件夹的 student 子文件夹下的 polytechnicstudent 文件夹中。该程序编译的命令行如下：

```
javac - d . PolytechnicStudent. java
```

　　其中参数 - d . 表示把编译生成的包文件放在当前的目录下。本例中当前目录为：C:\ Program Files\Java\jdk1.5.0\bin\ ，因此本程序编译结果如图 6 - 30 所示。

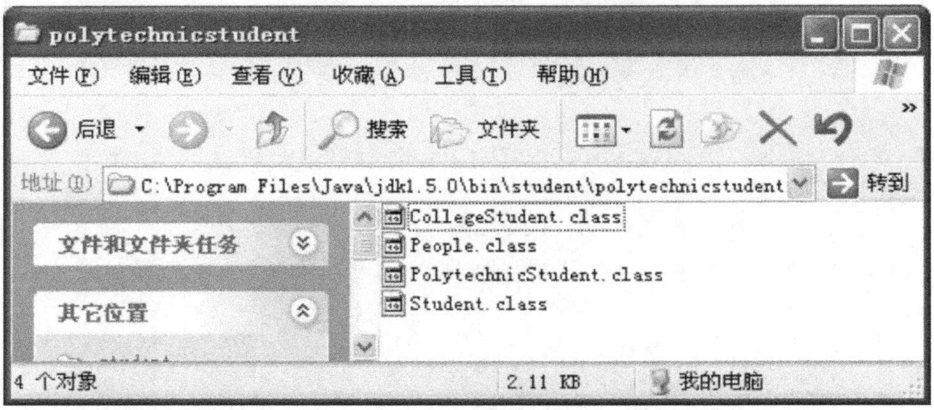

图 6 - 30　包文件编译

对于已经创建的包的应用如下：

```
import student. polytechnicstudent. PolytechnicStudent;//导入自定义包
public class PolytechnicStudentTest
{    public static void main(String[] args)
   {  PolytechnicStudent tom  =  new PolytechnicStudent("Tom", "20020888");
      //系统调用含2参数的构造方法
      tom. setSpecialty("软件技术");
      System. out. println(tom. toString());
      //调用子类 PolytechnicStudent 中的 toString()方法
      PolytechnicStudent jack  =  new PolytechnicStudent("Jack",
            "20020999","电子商务");
      //系统调用含3参数的构造方法
      System. out. println(jack. toString());
      //调用子类 PolytechnicStudent 中的 toString()方法
      // CollegeStudent linda = new CollegeStudent();
      // error,抽象类 只能定义其句柄,不能定义其对象
      Object linda = new PolytechnicStudent("Linda", "20020222", "国际贸易");
      //Object 类是所有类的父类
      //父类句柄可以关联一个子类(具体类)对象,发生多态现象
```

```
                //linda. setSpecialty("国际贸易");
                //error,父类句柄虽然关联了一个子类对象,但不允许访问子类所特有的方法
                System. out. println(linda. toString());
                //利用一个父类句柄访问一个父子类都具有的覆盖方法,
                //实际上调用的是子类中的那个覆盖方法,此处发生多态现象
        }}
```

PolytechnicStudentTest. java 程序运行的结果如图 6 - 31 所示。

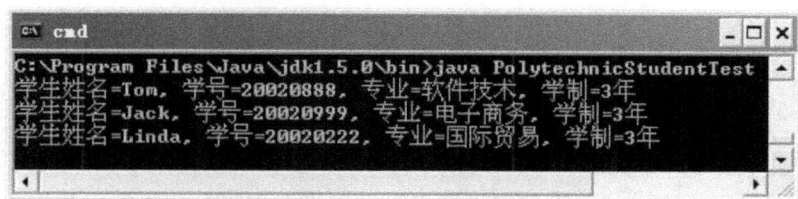

图 6 - 31　类与对象综合应用

6.2.4　实现机制

6.2.4.1　描述班长和班级信息的任务程序结构

本任务的实现主要依赖于 4 个源文件：Classes. java、Student. java、Monitor. java 和
Learner. java。它们在 Eclipse 的包（package）视图中的位置如图 6 - 32 所示。

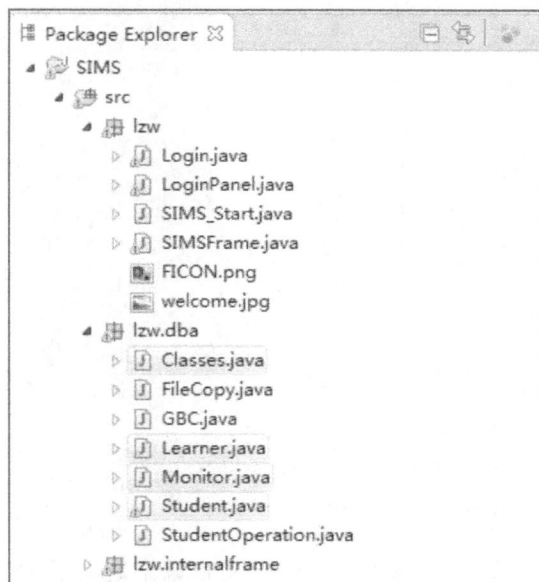

图 6 - 32　描述班长和班级信息任务的程序结构

其中，Learner.java 文件描述了一个普通学习者信息定义的规范，即一个 Learner 接口，Student.java 文件定义了普通学生类 Student，它实现于 Learner 接口，Monitor.java 文件中定义了一个班级中的班长类 Monitor，它继承于普通学生类 Student，Class.java 文件中定义了班级类 Class，在语义上存在每一个班级都有一个班长的事实，因此 Class 类中有一个 Monitor 类型的对象型成员，这使得 Class 类和 Monitor 类之间存在特殊聚合的关系（has…a 关系）。从上图可知，这四个文件全都被存放在 lzw.dba 包中。

6.2.4.2　描述班长和班级信息的任务程序剖析

1. Learner. java 代码

```java
package lzw.dba;
public interface Learner // Learner(学习者)接口
{    //为各个字段设置 get 和 set 抽象方法
    public String getUserid();
    public void setUserid(String eID);
    public String getName();
    public void setName(String eName);
    public String getDept();
    public void setDept(String eDept);
    public String getPhone();
    public void setIDNumber(String ePhone);
    public String getBirthPlace();
    public void setBirthPlace(String eBirthplace);
    public String getEmail();
    public void setEmail(String eEmail);
    public String getSex();
    public void setSex(String eSex);
    public String getBirthday();
    public void setBirthday(String eBirthday);
    public String getImage();
    public void setImage(String eImage);
    public String getPosition();
    public void setPosition(String ePosition);
}
```

Learner.java 文件较为简单，其中的 Learner 接口只是定义了 10 组关于学习者属性的设置器和访问器，且都为 public 型的抽象方法。虽然内容简单，但从系统类定义的规范性角度考虑是必需的。

2. Student . java 代码

```
package lzw. dba;
public class Student implements Learner //定义普通学生类实现于学习者接口
{ /* * * * * * * * * * * * * * * * * * * * * * * * * * * * * * * * *
    * * * * * * * * * *本程序完整代码可参考本项目任务一* * * * * * * * *
    * * * * * * * * * * * * * * * * * * * * * * * * * * * * * * * * */
}
```

Student. java 文件中定义了普通学生类 Student，用来描述普通学生的信息，该类在本项目的任务一中已经详细介绍，此处略之间，但需要注意该类是通过 implements 关键字实现于 Learner 接口的。

3. Monitor. java 代码

```
package lzw. dba;
//定义班长类 (Monitor),继承于普通学生类 Student
public class Monitor extends Student
{   private String positionTask = "";      //定义班长的工作职责
    private String positionTenure = "";        //定义为班长职务年限
    //带参数的构造方法：传递的参数为字段赋值
    public Monitor ( String aUserID, String aName, String aDept, String aMajor,
            String aPosition,String aPhone, String aBirthPlace,String aQQ,
            String aEmail, String aIntroduction,String aSex,String aBirth-
            day, String aImage, String aPositionTask, String aPositionTen-
            ure) { super ( aUserID, aName, aDept, aMajor, aPosition, aPhone,
            aBirthPlace,aQQ,aEmail,aIntroduction,aSex,aBirthday,aImage);
            //调用父类的构造方法以初始化继承于父类的 12 个字段
            positionTask = aPositionTask; // 初始化班长类自有的字段
            positionTenure = aPositionTenure; // 初始化班长类自有的字段
    }
    public int getTelephoneRate(){ // 此方法覆盖父类 Student 中的同名方法
        return 10; //班长通讯费补贴每月 10 元
    }
    //为 自有字段设置 get 和 set 方法
    public String getPositionTask()
    {
        return positionTask;
    }
```

```java
public void setPositionTask(String aPositionTask)
{
positionTask = aPositionTask;
}
public String getPositionTenure()
{
    return positionTenure;
}
public void setPositionTenure(String aPositionTenure)
{
    positionTenure = aPositionTenure;
}}
```

Monitor. java 文件中定义了班级的班长类 Monitor，用来描述班级中班长的信息，注意从客观情况分析，班长除了具有普通学生的基本信息以外，还具有班长这个职务所特有的信息，因此 Monitor 类在设计时是继承于 Student 类的，且 Monitor 还具有自己特有的属性：岗位职责和任职年限。

4. Classes . java 代码

```java
package lzw. dba;
public class Classes
{
  String classId = "";          //定义班级编号
  String className = "";      //定义班级名称
  Monitor classMonitor;       //定义班级班长      （聚合关系 :has...a ）
  int studentnum = 0;           //定义班级的学生数目
  // 带参数的构造方法
  public Classes( String aclassId, String aclassName, Monitor aclassMonitor, int astudentnum )
  {
     classId = aclassId;
     className = aclassName;
     classMonitor = aclassMonitor;
     studentnum = astudentnum;
  }
  //为各个字段设置 get 和 set 方法
   public String getclassId() {
       return classId;
   }
```

```
public void setclassId(String dID) {
    classId = dID;
}
public String getclassName() {
    return className;
}
public void setclassName(String dName) {
    className = dName;}
public Monitor getclassMonitor() {        return classMonitor;        }
public void setclassMonitor(Monitor dMonitor) {
    classMonitor = dMonitor;    }
public int getstudentnum() {        return studentnum;        }
public void setstudentnum(int dstudentnum) {studentnum = dstudentnum;}}
```

Classes. java 文件中定义了公司的班级类 Classes,用来描述班级信息,包括班级编号、班级名称、班级班长和班级人数等四个基本属性。客观上,每一个班级都由一个班级班长负责管理,所以一个班级类中包含了一个班级班长对象,所表达的语义即为一个班级拥有一个班长(has…a 的关系)。

6.3 任务 3　输入规范的班级信息

6.3.1　目标效果

本任务的目标是当用户进入查询班级信息的界面,该界面除了允许用户查询现有的所有班级信息之外,还允许用户在班级信息维护区域添加新的班级,若添加则需输入班级名称和负责人,其中班级名称不允许输入已经存在的班级的名称且不允许输入包含数字的字符。若输入包含数字的班级名称,则系统会友好地弹出"班级名称不能包含数字,请修改!"的提示信息对话框,如图 6－33 所示。

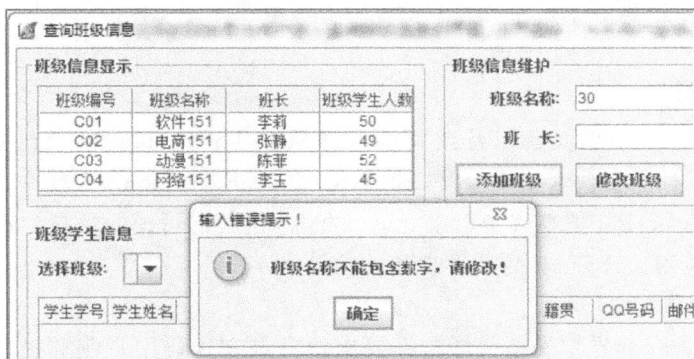

图 6－33　班级信息添加失败处理

那么如何确保输入规范的班级信息任务呢？解决的措施需要从下面的问题中寻找。

①如何监控用户输入的信息进行检查？

②若检查出新输入的班级名称已经存在，则如何友好地提示用户？

6.3.2　必备知识

6.3.2.1　异常的概念

在程序运行的时候，我们可能会遇到的错误通常来源于以下三种：

（1）设备错误

硬件设备有时也并不是完全按照我们的意愿做事。比如：正在接连一个网站时，网络却突然中断了；打印文件到一半时，纸用完了等。这种与硬件有关的不可预料的错误称为设备错误。

（2）物理限制

比如想存储文件时，硬盘却已经满了；发送一个邮件时，文件过大，超过邮箱的限制那就不能发送了。这种类似由于本身容量的问题而引发的错误，称为物理限制。

（3）代码错误

这种错误是很明显的，由于我们本身代码的原因使程序存在某种 Bug，通常系统会返回运行时的错误代码，用于代表不同的错误但有时真的很难区分错误的实质。

在任何情况下，大家都是不希望出现上述类似错误的。且如果因为程序出现错误而导致用户丢失工作的话，我们相信用户再也不可能使用这类程序。作为一个性能良好的软件系统，运行时保证不遇到错误是不可能的，但是如果遇到错误，最起码应该做到：

· 通知用户错误产生；

· 保存用户的全部工作；

· 允许用户退出程序。

Java 中，对于类似于上述的错误，称为异常。Java 针对可预见的错误发生时，所采用的一种错误捕获并处理的方法，称为 Java 异常处理机制。

6.3.2.2　异常处理机制

1. 异常类的层次

在 Java 中，所有的异常类都直接或间接地继承于 Throwable 类，其继承关系如图 6 - 34 所示。Throwable 类主要包含两个子类，即 Error 类和 Exception 类，其中 Error 类属于不可处理的异常，而 Exception 类则属于可以处理的异常，是我们讨论的重点。对于 Exception 类，它的子类可以分为两个部分：非受检异常和受检异常。

（1）非受检异常

非受检（unchecked）异常是指编译器不要求程序员在代码中强制监控及处理的异常。由上图可知，java. lang. RuntimeException 类及其子类都是非受检异常，具体如下：

· 错误的类型转换异常：java. lang. ClassCastException。

- 数组下标越界异常:java. lang. ArrayIndexOutOfBoundsException。
- 空指针访问异常:java. lang. NullPointerException。
- 除零溢出异常:java. lang. ArithmeticException。

上述几个异常经常会因编程不当而产生。比如,若事先未检查数组元素下标保证其不超出数组长度,那系统就有可能抛出 ArrayIndexOutOfBoundsException 异常;再如,并未检查并确保一个引用类型变量值不为 null,就直接令其访问所需的属性和方法,那么,NullPointerException就可能产生。系统对于这类异常,有缺省的异常处理机制,因此程序员允许不监控这类异常。

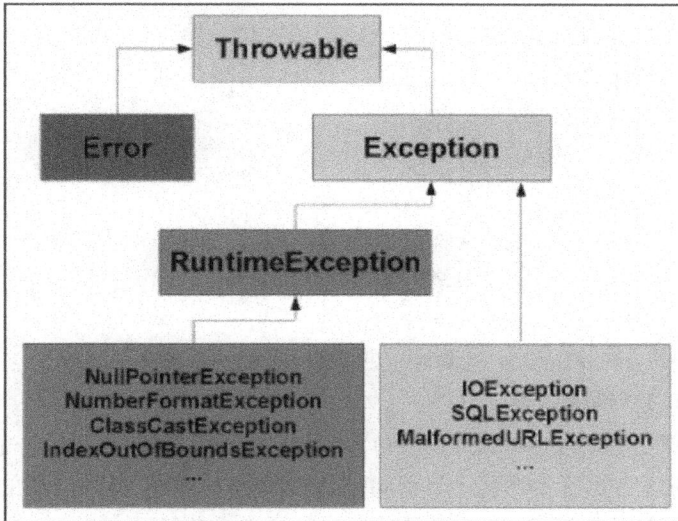

图 6 - 34　Java 异常类结构

（2）受检异常

受检（checked）异常是指编译器要求程序员在代码中必须监控和处理的异常,此类异常常见的有如下:

- 访问不存在的文件异常:java. io. FileNotFoundException。
- 操作文件时发生的异常:java. io. IOException。
- 操作数据库时发生的异常:java. sql. SQLException。

对于这类异常来说,若程序不进行处理,可能会带来意想不到的结果。而非受检异常可以不作处理,因为这类异常很普遍,若全部处理可能会对程序的可读性和运行效率产生影响。

2. 异常处理方式

Java 程序的执行过程中,如果出现了异常事件,系统就会生成一个异常类的对象,对于该异常对象通常有两种处理机制。

（1）捕获异常

Java 程序对有可能出现异常的代码进行监控,一旦如期地出现了特定类型的异常情况,系统则捕获该异常,并交由早已准备好的特定方法处理。这一过程称为捕获（catch）异常,这是积极的异常处理机制。此类情形如同你正在使用你的笔记本电脑,突然断电了,这一运行环境异常的出现是不可预知的，不过你不用担心，你的笔记本电脑一旦遇见断电，它会自动启用自带的电池供电，这种属于针对特定异常情况早已准备好的应急措施。但如果 Java 运行时系统找不到可以捕获异常的方法，则运行时系统将终止，相应的 Java 程序也将退出。此时，就好比断电了，但你的笔记本又正好没带电池，那就只能瞬间关机了。

Java 提供了一套捕获异常的语句，即 try…catch…finally 语句，其格式如下：

try

〔受监控代码〕

catch(ExceptionType1 e)

〔针对特定异常的处理代码……〕

catch(ExceptionType2 e)

〔针对特定异常的处理代码……〕

…… //可以有多个 catch 子句

finally〔……〕

其中，try 子句后的〔〕内的装载的是受监控的代码；catch 子句的（）内的参数表示可捕获的异常对象 e，其后〔〕内装载的是针对异常对象 e 所采取的措施；finally 子句后的〔〕内装载的是不管程序是否有捕获到任何异常而都需要执行的代码。

注意一个 try…catch…finally 语句中，只能有一个 try 子句，至少有一个 catch 子句，而 finally子句则可有可无，根据需要而定。

由于在上述异常处理语句中，catch 子句可以有若干句，每一个 catch 子句只能捕获某一类异常，因此程序到底会执行哪个 catch 子句，这完全由 try 子句中所捕获的异常的类型决定。一旦某一个 catch 子句被执行后，其后的所有 catch 子句都将不再被执行，典型的应用的如下：

```java
class Arithmeticexception
{    public static void main(String[] args)
    {   int a;
        int b[] = new int[2];
        try {
                a = 5 / 0;      //将引发除零异常
                b[2] = 5;       //可能引发数组越界异常
            }
        catch(ArithmeticException e)
            {   //捕获数学除零异常
                System. out. printf( e. toString() ); // 打印异常信息
            }
        catch(ArrayIndexOutOfBoundsException e)
            {   //捕获数组边界越界异常
                System. out. printf( e. toString());
            }
        finally
```

```
                    {  System. out. print( "\n 程序已经执行完!"); }
            }
    }
```

程序运行的结果如图 6 - 35 所示。

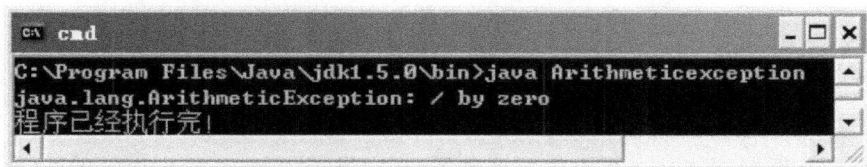

图 6 - 35   try…catch…finally 异常处理

当程序运行到语句：a = 5 / 0；时，发生了数学上的除零异常，这一异常立刻被第一个 catch 子句所捕获，并执行该 catch 子句中的异常处理代码，程序将没有机会再执行语句：b[2]＝5；，因此也没有机会引发数组越界错误了。

（2）声明抛弃异常

如果一个方法不知道如何处理所出现的异常，则可在方法声明时，声明抛弃（throws）异常，被抛弃的异常将交给当前方法的调用者处理，而 main()方法所抛弃的异常将由运行环境来处理。这是一种消极的异常处理机制。这种情形好比司机开车在路上，突然发生事故（异常），这时当事双方无法自行解决，只能把事故交由交警来作出合理的裁决。声明抛出异常的语法格式为：

public int methodname ( ) throws ExceptionType

{ …… }

异常抛弃 throws 子句中同时可以指明多个异常，之间由逗号隔开。例如：

public static void main(String args[ ]) throws

IOException，ArrayIndexOutOfBoundsException

{ … }

一个声明抛弃异常的典型应用（对上述例子的修改）如下：

```
class Arithmeticexception2
{  public static void main(String[] args) throws
                        ArithmeticException , ArithmeticException
    {  int a;
       a = 5 / 0;     //将引发除零异常
       int b[] = new int[2];
       b[2] = 5;     //可能引发数组越界异常   }
}
```

程序运行的结果如图 6-36 所示。

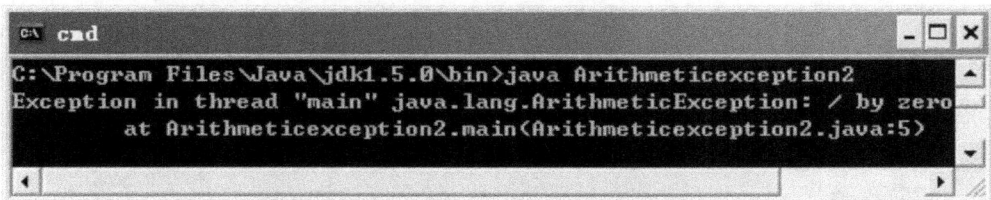

图 6-36 throws 声明抛弃异常

同样的道理，按照程序从上至下的阅读顺序，只引发了语句：a＝5／0；的数学除零异常，并立刻将其抛弃，由运行环境来处理该异常，整个程序结束，因此代码中的语句：b［2］＝5；没有被执行，也没有机会引发数组越界错误。

（3）主动抛出异常

前面所述的关于异常的产生都是在代码中隐涵的，运行时由 JVM 产生并被程序或 JVM 所捕获的。其实，异常既可以是隐式的，也可以是由某些异常类生成并主动抛出的，用到 throw 语句，格式如下：

throw 异常对象；

典型应用如下：

```
IOException e = new IOException(); // 生成一个 IO 异常对象
throw e ; // 主动抛出该异常对象
```

注意，可以抛出的异常必须是 Throwable 或其子类的实例。下面的语句在编译时将会产生语法错误：`throw new String("I'm a string,not an object of Exception");`

> 提示
>
> throws 语句用于某个方法抛弃异常，它出现在方法头部中参数列表之后，该语句后紧跟异常类的类名；throw 语句用于主动抛出某个异常对象，它出现在方法的内部，该语句后紧跟某个异常类的对象。

6.3.2.3 自定义异常类

如果 Java 提供的系统异常类型不能满足程序设计的需求，我们可以设计自己的异常类型。从 Java 异常类的结构层次图 6-34 中可以看出，Java 异常的公共父类为 Throw able。在程序运行中可能出现两种问题：一种是由硬件系统或 JVM 导致的故障，Java 定义该故障为 Error 类，这类问题是用户程序不能够处理的。另外一种问题是程序运行错误，Java 定义为 Exception 类。这种情况下，可以通过程序设计的调整来实现异常处理。因此，用户定义的异常类型必须是 Throwable 的直接或间接子类。Java 推荐用户的异常类型以 Exception 类为直接父类。自定义异常类,在实际的编程中,我们经常使用,恰当地应用异常处理,有利于提高人机交互性,利于程序调试。

自定义异常的方法如下:

class UserException extends Exception

```
{      UserException( )
    {   super( );
      //其他语句……
    }
    //其他语句……
}
```

自定义异常类的典型应用如下:

```
class MyException extends Exception
{    //自定义异常类 MyException 类
    public MyException(String msg) // 构造方法
    {    super(msg);    //访问父类构造方法      }
}
```

6.3.3　拓展训练

在实际的 Java 编程中,自定义异常类是通常每一个窗体界面都有特定的标题元素、界面背景,有必要的话则可加载状态栏,典型的应用如下。

Eg.6_3

```
/ * * TestMyException. java;测试自定义异常类 MyFirstException * /
class MyFirstException extends Exception
{
//自定义异常类 MyFirstException 类
    public MySecondException()
    {  super();  }      //访问父类构造方法
    public MyFirstException(String msg) // 构重载造方法
    {  super(msg);     //访问父类构造方法
    }
}
public class TestMyException     //自定义异常类的测试类
{  public static void firstException() throws MyFirstException
   { // 该方法抛弃方法内发生的异常
```

```
        throw new MyFirstException("\"firstException()\"" + "method occurs an
            exception!");
        //主动抛出 自定义异常匿名对象
    }

    public static void main(String[] args)
    {
        try {   TestMyException.firstException();   }
        catch (MyFirstException e1)
            {
                System.out.println("Exception: " + e1.getMessage());
            }

    }
}
```

程序运行的结果如图 6 – 37 所示。

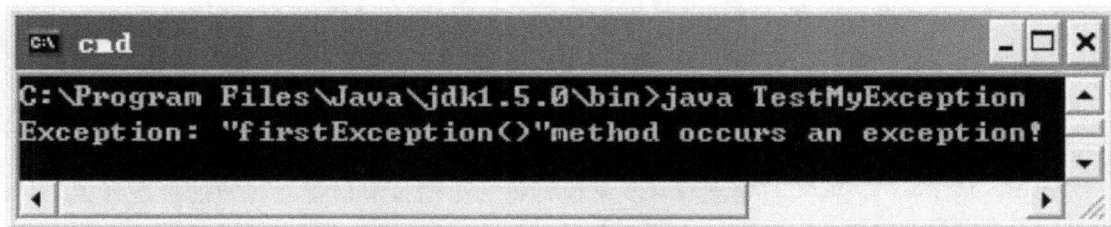

图 6 – 37　自定义异常类

　　该程序自定义了异常类 MyFirstException ,它继承于 Exception 类。MyFirstException 类很简单,只有一个构造方法,其实现是对父类带参数构造方法的调用。在测试类 TestMy-Exception 中,firstException()方法内的 throw 语句主动抛出了一个自定义异常类对象,但被 firstException()方法所抛弃,异常的处理权交给该方法的调用者,即 main()方法。而 main()方法中存在异常监控语句 try,刚好捕获到来自 firstException()方法所抛弃的异常对象,随即执行 catch 子句中的异常处理语句。

6.3.4　实现机制

6.3.4.1　输入规范的班级信息任务程序结构

　　本任务的实现主要依赖于一个源文件: ClassSearch.java。它在 Eclipse 的包(package)视图中的位置如图 6 – 38 所示。

　　ClassSearch.java 文件用于查询公司各个班级的信息,同时也提供了对班级信息的添加、删除和修改功能。

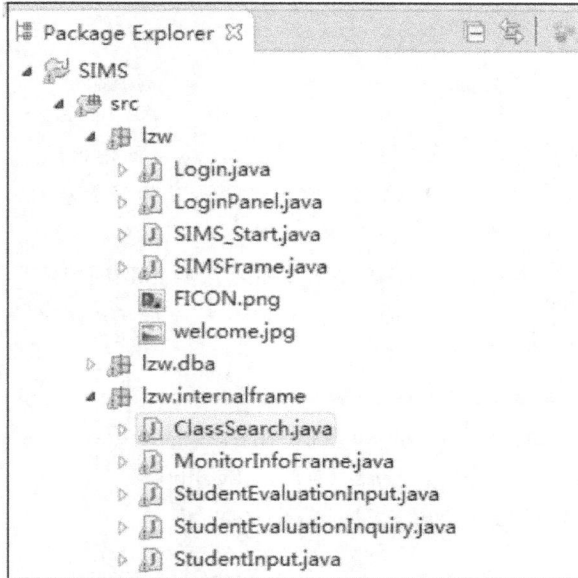

图 6-38　输入规范的班级信息任务程序结构

6.3.4.2　输入规范的班级信息任务程序剖析

此处限于篇幅，我们重点介绍 ClassSearch. java 程序中与班级信息输入异常处理相关的部分，代码中多处涉及 GUI(用户图形界面)和数据库查询部分(与本任务无关)的分析此处略过(分别将在项目 7 中介绍)，完整程序可以参考附录。

1. DepartmentSearch. java 代码

```
package aem. lzw. internalframe;
import java. awt. * ; import java. awt. event. * ; import java. sql. * ;
import javax. swing. * ; import javax. swing. border. Border;
import javax. swing. table. DefaultTableModel; import aem. lzw. dba. * ;
import aem. lzw. internalframe. ManagerInfoFrame;

public class DepartmentSearch extends JinternalFrame
{    private static final long serialVersionUID = 1L;
    private DefaultTableModel model;private JTable bookTable;
    private DefaultTableModel deptmodel; private JButton updateButton;
    private JTable deptbookTable;private JComboBox deptField;
    private JTextField deptNameField;private JTextField deptLeaderField;
    private JButton insertButton;private JButton deleteButton;
    String[] deptcolumnNames = { "班级编号","班级名称","班级班长","班级学生人数"};
```

```
String bookQuery;      String selecteddepartmentname;
public DepartmentSearch()
{  super();
   this. setTitle("查询班级信息");          // 设置窗体标题
   setBounds(75, 50, 650, 400);           // 设置窗体位置和大小
   /* * * * * * * * * * * * * * * * * * * * * * * * * * * * * *
* * * * * 限于篇幅省略了与本任务无关的部分代码,完整代码可参考附录 * * * * *
* * * * * * * * * * * * * * * * * * * * * * * * * * * * * * */
   //添加班级
   insertButton = new JButton("添加班级");
   insertButton. addActionListener(new ActionListener() {
      public void actionPerformed(ActionEvent e)
      {//点击"添加班级"按钮后,将执行以下代码
      try{
          for(int i = 0;i<deptNameField. getText(). length();i + +)
          {
          //测试输入的班级名称是否包含数字
        if(Character. isDigit(deptNameField. getText(). charAt(i)))
                throw new InputException("班级名字不能包含数字!");
                //若存在数字字符则主动抛出自定义的输入异常对象
          }
        }
      catch(InputException ie)
        {//若捕获到自定义的输入异常对象,则显示错误提示信息
          ie. showErrorInfo();
          deptNameField. setText("");
          return ;
        }
      // 如果输入的新班级名字已经存在,则程序报告错误,若不存在则可添加
      if (InsertDepartment(deptNameField. getText(),
                        deptLeaderField. getText()) = = true)
        { JOptionPane. showMessageDialog(null,"添加新班级成功!"
                "添加成功", JOptionPane. INFORMATION_MESSAGE);
          deptbookTable. setModel(DatabaseAccess.
                getTableModel(bookQuery,deptcolumnNames));
          ShowDepartment();
        }
      else
```

```
            JOptionPane. showMessageDialog(null,"该班级已存在,添加失败!" ,"输入
                错误", JOptionPane. ERROR_MESSAGE);
        }
    });
/* * * * * * * * * * * * * * * * * * * * * * * * * * * * * * * * *
* * * * *限于篇幅省略了 与本任务 无关的部分程序,完整代码可参考附录 * * * * *
* * * * * * * * * * * * * * * * * * * * * * * * * * * * * * * * */
    }
    //－－－－－自定义班级信息输入异常类 InputException(内部类)
    private class InputException extends Exception
    {     public InputException (String msg)
        {     super(msg);   }
        public void showErrorInfo()
        {//JoptionPane 类是信息提示对话框,此句用于弹出一个对话框以提示错误信息
            JOptionPane. showMessageDialog(null,"班级名称不能包含数字,请修改!","
                输入错误提示!", JOptionPane. INFORMATION_MESSAGE);
        }
    }
    /* * * * * * * * * * * * * * * * * * * * * * * * * * * * * * *
* * * *限于篇幅省略了 与本任务 无关的部分程序,完整代码可参考附录 * * * *
* * * * * * * * * * * * * * * * * * * * * * * * * * * * * * * * */
    //－－－－－添加班级的方法 InsertDepartment
    public boolean InsertDepartment(String deptname,String deptleader)
    {
    Connection con = null;
    try {
        con = DatabaseAccess. getConnection();
        PreparedStatement pstmt = con. prepareStatement
                ("SELECT * FROM tb_deptlist WHERE name = ?");
        pstmt. setString(1, deptname);
        ResultSet rs = pstmt. executeQuery();
        if (rs. next()) //如果输入的班级名称已经存在,则返回
        {   return false;   }
        else // 否则,则添加新班级
        {   pstmt = con. prepareStatement("INSERT INTO
                tb_deptlist(name,leader) " + "VALUES(?, ?)");
            pstmt. setString(1, deptname);
            pstmt. setString(2, deptleader);
```

```
                int result = pstmt.executeUpdate();
                if (result = = 1)        return true;
                else       return false;
            }
        }
    catch (SQLException e)
        { //如果查询过程中出现数据库相关错误,则提示添加失败
            JOptionPane. showMessageDialog(null,"该班级已存在,添加失败!","输
                        入错误", JOptionPane. ERROR_MESSAGE);
            return false;
        }
    }
    /ￜ* * * * * * * * * * * * * * * * * * * * * * * * * * * * * * * * *
* * * *限于篇幅省略了 与本任务无关的部分程序,完整代码可参考附录 * * * *
* * * * * * * * * * * * * * * * * * * * * * * * * * * * * * * * * * */
    }
```

　　DepartmentSearch. java 程序实现了对班级信息的相关操作（查询、添加和修改等）,由于涉及 GUI（用户图形界面）设计和数据库操作,这两部分的代码与本任务无关,故略之,不影响学习者对本任务实现的理解。

　　为了处理系统运行过程中,用户输入不恰当的班级名称（含数字）,因此对于这样的异常我们需要监控:利用 Character 类中的 isDigit(char)方法来检测输入的班级名称字符串中是否包含数字字符。一旦检测其包含有数字字符,程序则使用 throw 语句主动抛出自定义的输入异常类(InputException)对象 ie ,而该对象 ie 则被异常监控子句 try 所捕获,继而执行相应的 catch 子句。

　　程序中的 InputException 类是自定义的输入异常类,它继承与 Exception 类,属于私有类。该类中有一个重要的方法 showErrorInfo(),用于以对话框的形式显示错误提示信息。

一项目总结　　"学生和班级信息组织"项目中主要实现了三个任务,即描述学生的基本信息、描述班长和班级的信息和输入规范的班级信息,每个任务实现的主要技术如下:

　　任务一:描述学生的基本信息 本任务实现了对系统基本信息--学生信息的描述。信息描述的基本途径为 OOP 的类和对象,以成员变量的形式表达了学生类(Student)的静态属性,以方法的形式表达了学生类的动态行为,且该类中应用了标准化的设置器和访问器,体现了 OOP 典型的封装特性。学习这一任务的目的在于向读者介绍面向对象编程的基础,即用类和对象描述客观事物。

　　任务二:描述班长和班级信息 本任务在已定义的学生类(Student)基础上通过

OOP 的继承机制创建了班长类（Monitor），客观地描述了班长的信息，也准确地刻画了一个班长和普通学生之间的关系。此外，本任务中还创建了抽象的学习者接口（Learner），以便指导具体类（Student 和 Monitor）的定义。对于公司班级信息的描述，本任务中创建了一个班级类（Class），该类与已定义的 Monitor 类之间存在着聚合的关系（has …a），即表示一个班级有一个班长。学习这一任务的主要目的在于认识面向对象编程中继承和多态的特性。

任务三：输入规范的班级信息　本系统允许用户添加一个新的班级，添加的时候需要输入新班级名称等重要信息，系统规定班级名称中不允许包含数字字符，因此如何防止用户非法地输入班级名称信息是本任务要解决的问题，方法是采用了 Java 的异常处理机制。本任务为此新创建了输入异常类（InputException）。这一任务的主要学习目的在于理解并应用 Java 的异常处理机制。

一知识归纳　在本项目中我们学习了如何描述及组织学生及班级的信息。主要的知识点如下：

①主要的编程模式包括两种，即面向过程编程和面向对象编程。

②类由三部分组成：类标识、属性说明和方法说明。

③类是对对象的抽象，而对象则是对类的具体。

④面向对象编程的三个基本特征：封装、继承和多态。

⑤类的公有数据允许被外部环境直接访问，而私有数据则不允许与外部环境直接发生联系，它只能被本类的方法所访问和修改。

⑥继承是存在在于面向对象编程中的两个类之间的一种关系。当一个类具有另一个类的所有数据和方法的时候，就称这两个类之间具有继承关系。

⑦Java 出于安全性和可靠性的考虑，仅支持单继承，但可实现多接口。

⑧Java 中提供了两种多态机制：重载与覆盖。

⑨Java 的类包括系统定义的类和用户自定义的类，其共同的祖先类是 Object。

⑩覆盖是指子类中定义了与父类中已存在的同名而不同内容的方法的现象。

⑪根据变量的作用范围不同，变量可以分为全局变量和局部变量。

⑫全局变量：定义在类中任何方法的外部，其作用范围为该变量所属的整个类。局部变量：定义在类中某一方法的内部，其作用范围为该变量定义的地方开始，至所属方法结束的地方为止。。

⑬根据变量的性质划分，类的成员可以将变量分为类变量和成员变量。所谓类变量（class variable），就是用关键字 static 声明的全局变量。

⑭类变量的调用格式为：类名．类变量名；普通成员变量的调用格式为：对象名．成员变量名。

⑮从 OOP 的封装性角度考虑，类的成员变量应被修饰为 private 型，而类的方法应被修饰为 public 型。

⑯方法的参数包括形式参数（形参）和实际参数（实参）。形参出现在方法定义的参数列表中，而实参则出现于方法调用中。

⑰构造方法的名字与其所属类的类名相同，不能被程序显式调用，而是在创建构造对象时由系统自动调用。

⑱创建一个对象包括三个步骤：声明对象、建立对象和初始化对象。

⑲传值引用发生在基本数据类型变量间的赋值，传址引用发生在对象型变量间的赋值及数组间赋值操作。

⑳继承关系的语义通常可以理解为"is … a"的关系，聚合关系可以理解为"has…a"关系。

㉑父类的属性（包括所有成员变量和方法）都将被子类所继承，但被继承并不等于就一定能被访问。

㉒创建子类对象时，系统会自动先执行父类的构造方法，然后执行子类的构造方法。

㉓重载，是指同一个类中允许存在多个同名方法，但这些方法的参数表不同（或许参数个数不同，或许参数类型不同，或许两者都不同）的现象。

㉔方法的覆盖是子类和父类之间的关系，是垂直关系；方法的重载是同一个类中方法之间的关系，是水平关系。

㉕Java 提供了四种访问控制符：public、private、protected 和 default。

㉖基本类型变量被修饰为 final，则使它成为常量；而对象句柄（即任何类的类型）被修饰为 final，则该句柄不能指向任何其他对象，但可改变其对象的内容。

㉗类通常规定了同一类事物应有的静态属性和动态行为，而接口则规定了一系列类应有的共同的属性和行为。

㉘接口的组成包括常量和抽象方法。

㉙接口中的方法系统默认为 public abstract，可以不写修饰符。

㉚抽象类在抽象层次上介于接口（所有方法为抽象方法）和具体类（所有方法为具体方法）之间，通常抽象类含有一个或一个以上的抽象方法。

㉛抽象类没有对象，一个抽象类不能通过 new 操作符直接实例化。

㉜包就是一组相关类的集合，包与"文件夹"或"目录"概念基本相似。

㉝Java API 包一般都以"java"或"javax"开头，以区别于用户所创建的包。

㉞Java 异常处理机制是指 Java 针对可预见的错误发生时，所采用的一种错误捕获并处理的方法。

㉟Java 中，所有的异常类都直接或间接地继承于 Throwable 类。

㊱Java 中，异常的处理方式有两种：捕获异常和声明抛弃异常。

㊲用户定义的异常类必须是 Throwable 的直接或间接子类，最好以 Exception 类为直接父类。

一知识巩固

一、填空题

1. Java 中抽象类不能_____。

2. Java 语言中，可以通过_____语句将异常向上级调用方法抛出。

3. 用户定义异常是通过继承_____类及_____类来创建的。

4. Java 语言中，用_____、_____、_____语句来处理异常。

5. 接口中的方法只能是_____。

二、选择题

1. 下列关于类和对象的描述中，不正确的一项是（   ）。

   A. 现实世界中，可以把每件事物都看做是一个对象

   B. 一组对象构成一个程序，对象之间通过发消息通知彼此该做什么

   C. 有共同属性的对象可以抽象为一个类

   D. 一个类只能实例化一个对象

2. 下列说法中，不正确的一项是（   ）。

   A. Java 程序有两类：Application 和 Applet

   B. 类的方法只能由 public 修饰

   C. 面向对象的程序设计的优点有：可重用性、可扩展性、可管理性

   D. Java 语言通过接口支持多重继承

3. 定义主类的类头时可以使用的访问控制符是（   ）。

   A. public   B. protected   C. private   D. protected

4. Java 语言的类间的继承关系是（   ）。

   A. 多重的   B. 单重的   C. 双重的   D. 不能继承

5. 下列哪个不是面向对象程序设计方法的特点？（   ）

   A. 抽象   B. 继承   C. 多态   D. 封装

6. 下面的是关于类及其修饰符的一些描述，不正确的是（   ）。

   A. abstract 类只能用来派生子类，不能用来创建 abstract 类的对象

   B. abstract 不能与 final 同时修饰一个类

   C. final 类不但可以用来派生子类，也可以用来创建 final 类的对象

   D. abstract 方法必须在 abstract 类中声明，但 abstract 类定义中可以没有 abstract 方法

7. main()方法是 Java Application 程序执行的入口点，关于 main()方法的方法头下面哪一项母合法的？（   ）

   A. public static void main( )

   B. public static void main(String args[ ])

   C. public static int main(Stnng[ ]arg)

   D. public Void main(Stnng arg[ ])

8. 下列描述中，哪一项不属于 finally 语句应陔执行的功能（   ）？

   A. 释放资源   B. 关闭文件   C. 分配资源   D. 关闭数据库

9. 以下关于抽象类和接口的说法正确的是（　　）。

    A. 抽象类可以用来定义接口

    B. 定义抽象类时需要 ABSTRACT

    C. 抽象类中的所有方法都是具体的

    D. 抽象类可以是对接口的实现

10. 假定一个类的构造方法为 A(int aa, int bb) { a＝aa；b＝aa * bb；}，则执行 A x ＝ new A(4,5)；语句后，x.a 和 x.b 的值分别是（　　）

    A. 4 和 5　　　　　B. 5 和 4　　　　　C.4 和 20　　　　　D. 20 和 5

三、简答题

1. 阐述 OOP 编程的思想和基本步骤。

2. 何谓访问控制修饰符？Java 访问控制修饰符有哪些？它们各有什么作用？

3. 何谓抽象类和抽象方法？它们的作用是什么？请举例说明？

4. 什么是包？包的作用是什么？如何使用包？

5. 什么是继承？什么是多态？两者之间有何联系？

一项目实训

1. 实训目标

①理解 OOP 的核心概念：类和对象，并掌握类和对象创建及使用的方法。

②理解 OOP 的三大特性：封装、继承和多态。

③掌握子类的定义与使用，掌握多态机制的应用方法。

④理解接口和抽象类的概念，并掌握接口的应用方法。

④理解异常的概念，掌握应用系统异常类的方法和自定义异常类的方法。

2. 编程要求

　　用 Eclipse 编写 Java 程序代码，实现应用程序指定的功能，程序代码格式整齐规范、便于阅读，程序注释规范、简明易懂。

3. 实训内容

①编程创建一个 Point 类，在其中定义两个变量表示一个点的坐标值，再定义构造函数初始化为坐标原点，然后定义一个方法实现点的移动，再定义一个方法打印当前点的坐标。并创建一个对象验证。

②定义一个类实现银行帐户的概念，包括的变量有"帐号"和"存款余额"，包括的方法有"存款"，"取款"和"查询余额"。定义主类，创建帐户类的对象，并完成相应操作。

③编程实现矩形类 Rectangle，属性包括长和宽，成员方法包括计算矩形周长和面积的方法。如何使你的定义更好的满足面向对象程序设计中信息隐藏和封装的原则？对于这个类，你计划定义几个构造方法？

④为③中定义的 Rectangle 类派生一个子类：正方形类 Square。正方形类的操作同样是求周长和面积，在 Square 类中定义关于求周长和面积的覆盖方法。列出正方形类的所有属性与方法，编程检查、运行所编写的正方形类。

⑤定义接口 Printable，其中包括一个方法 printItMyWay()，这个方法没有形参，返回值为空。

⑥改写矩形类，使之实现 Printable 接口，用 printItMyWay()方法矩形的相关信息（长、宽、高、面积）打印在屏幕上。

⑦【学生信息管理系统】：根据项目 2 中对学生信息管理系统的需求分析，创建接口和类（至少满足以下要求）：

a. 接口：Student(学生接口)，包含一个抽象方法，即信息打印 printInfo()。

b. 类 1：InfoStudent(信息系学生类)，该类实现(implements)于接口 Student，另根据需求分析为该类设置相应的属性和方法，且至少新增一个抽象方法：doPractice()；

c. 类 2：SoftwareStudent(软件专业学生类)，该类继承于 InfoStu dent 类，并实现了抽象方法 doPractice()；有一个设置学生名字的方法 setName(String name)，由于学生名字中不允许包含数字，所以该方法实现过程中需要对用户输入的信息进行检验，若有数字字符出现，则进行友好地的错误信息提示（以自定义异常类的形式实现）。

d. 类 3：Class(班级类)，该类有一个成员是 SoftwareStudent 类数组，另一成员是班级学生个数 stuCount，另根据需求分析为该类设置相应的属性和方法。

项目7 SIMS 系统 GUI 设计

项目创设

　　Java 语言能够成为当今主流的程序开发语言，其自身强大的组件类库功不可没。我们可以在 Java 的系统类库中轻而易举地找到我们所需要的可视化组件，并方便地引入自己的程序中，所以构建具有良好人机交互性能的系统图形界面对于 Java 来说是一件轻松的事情。本项目将通过四个任务来向大家初步展现 Java 优秀的图形界面构建能力，这四个任务包括：系统登录界面设计、学生实训评价分析界面设计、课程实训评价查询界面设计、系统主界面设计。相信大家学习了这几个功能任务后，必定会了解 Java 丰富的组件定义和应用能力，并真正地理解何谓可视化编程。本项目的技能目标如图 7-0 所示。

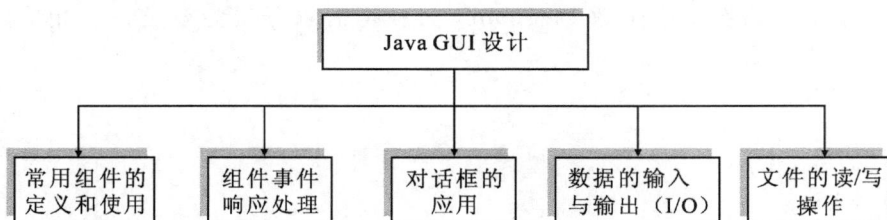

图 7-0　SIMS 系统 GUI 设计项目技能目标

学习目标

　　通过本项目的开发和训练，学习者应该实现如下的学习目标：
- ➤ 了解 Java GUI 编程中组件的概念，并理解容器的特性。
- ➤ 理解 Java 组件的事件响应机制。
- ➤ 掌握常用信息对话框的使用方法。
- ➤ 掌握 Java 中基本数据的输入输出（I/O）操作。
- ➤ 掌握 Java 中文件的读/写操作。

7.1 任务 1　系统登录界面设计

7.1.1　目标效果

通常一个应用系统的运行都会先启动一个登录界面，本任务的目标是向用户提供进入SIMS 系统的登录界面，只有正确输入登录用户名和密码的用户才能进入系统。登录界面的实现涉及 Java 最基础的 GUI 编程，目标效果如图 7-1 所示。

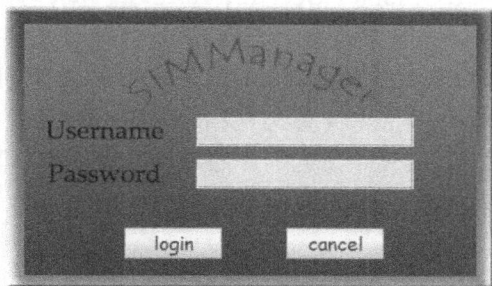

图 7-1　SIMS 系统登录界面

当用户输入正确的登录信息，然后点击"login"按钮时，系统将获取该界面中用户名和密码的信息，再与后台的数据库进行用户信息匹配，若匹配成功，系统将进入主界面。若用户输入错误的用户名或密码信息，系统将弹出错误提示信息，如图 7-2 所示。

图 7-2　系统登录错误提示

要实现系统的登录界面，就需要学习 Java GUI 编程的相关知识，不妨带着如下的问题来学习本任务。

①如何生成一个登录界面？

②一个窗体如何去掉其标题栏？

③为什么可以把小组件（如文本框，按钮等）放在窗体里面？

④如何把这些小组件定位在界面中合适的位置？

7.1.2　必备知识

图形界面是一种高效的人机交互界面。它通过图形的方法，借助菜单、按钮等标准界面元素和鼠标操作，帮助用户方便地向计算机发出操作命令，并将程序的运行结果同样以图形的方式反馈给用户。本任务就是基于最简单的图形组件和消息对话框来实现。

7.1.2.1　图形界面基础—AWT

Java 图形用户界面（GUI，Graphics User Interface）设计的基础是其所特有的工具集，即抽象窗口工具包（AWT，Abstract Window Toolkit）。AWT 可用于开发 Java 的 Applet 和 Application 程序。它包含了许多类来支持 GUI 的设计，涉及到用户界面组件、事件处理模型、图形和图像工具（包括形状、颜色和字体类）及布局管理器（可以在窗口中对组件进行灵活地布局）。在 AWT 中根据其在界面中所起的作用可以分成两类：即组件（Component）和容器（Container），这两个类都被定义在 java.awt 包中。

1. 组件(Component)

组件（Component），是指一个可以以图形化的方式显示在屏幕上并能与用户进行交互的对象，例如一个按钮，一个标签等。组件不能独立地显示出来，必须将组件放在一定的载体（即容器）中才可以显示出来。任何系统组件的使用，必须先导入其相应的类。

如：import　javax.swing.JButton;　JButton button＝new　JButton();

Java 中所有的组件直接或间接地继承于组件类，即 Component 类。Component 类中封装了组件通用的方法和属性，如图形组件对象的大小、显示位置、前景色和背景色、边界、可见性等，因此许多组件类也就继承了 Component 类的成员方法和成员变量。

Component 类有一些重要的方法如下：

• Stringget Name()

　　　　　获取组件的名称。

• void repaint()

　　　　　重绘此组件。

• void setBackground(Color c)

　　　　　设置组件的背景色。

• void setBounds(int x, int y, int width, int height)

　　　　　显示组件的左顶点坐标(x,y)，长宽为 width 和 height。

• void setEnabled(boolean b)

　　　　　根据参数 b 的值启用或禁用此组件。

• void setFont(Font f)

　　　　　设置组件的字体。

• void setForeground(Color c)

　　　　　设置组件的前景色。

• void setSize(int width, int height)

调整组件的大小,使其宽度为 width,高度为 height。
- void setVisible(boolean b)

根据参数 b 的值显示或隐藏此组件。

2. 容器（Container）

容器(Container),是指能够存放组件的组件,它可以容纳多个组件,并使它们成为一个整体。Java 中所有的容器直接或间接地继承于容器类,即 Container 类。实质上,容器本身也是一个组件,因此,Container 类是 Component 类的子类,它具有组件的所有性质,但是它的主要功能是容纳其他组件和容器,通常,容器有三类,即窗体(Window)、面板(Panel)、滚动窗格(ScrollPane)。

常见的组件包括按钮、标签、文本框、文本区域、下拉框等,常用的容器有 Panel、Frame 和 Applet 等。Container 类和 Component 类间存在着继承关系如图 7-3 所示。

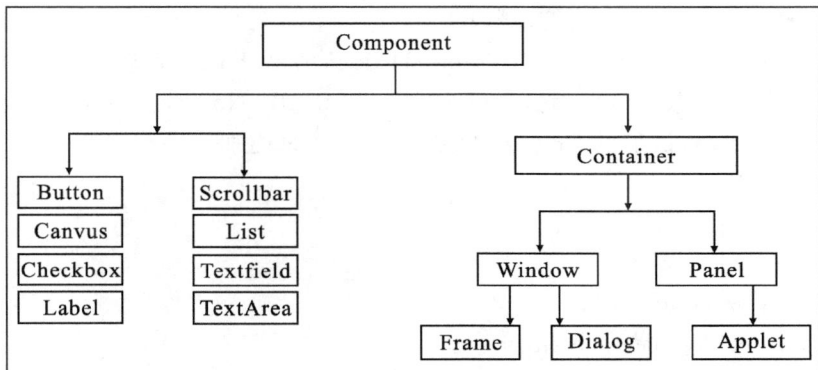

图 7-3　Container 类和 Component 类的关系

容器类的一些常用的方法如下:
- Component add(Component comp)

将指定组件追加到此容器的尾部。
- void remove(Component comp)

从此容器中移除指定组件。
- void setFont(Font f)

设置此容器的字体。
- void setLayout(LayoutManager mgr)

设置此容器的布局管理器。

3. 布局管理器（LayoutManager）

布局的作用在于当设计者往一个容器内部添加了若干组件后,能够把这些组件合理美观地排列成一个整体。Java 把组件布局任务交由布局管理器(LayoutManager)来执行。常见的布局管理器有:FlowLayout、BorderLayout、GridLayout 和 CardLayout。

(1)FlowLayout（流式布局管理器）

FlowLayout 是 Panel 类型容器的默认布局管理器。它的布局效果,即组件在容器中按加入顺序逐行定位,行内从左到右,一行满后换行,默认对齐方式为居中对齐。

常用的构造方法:

- public FlowLayout()

    默认的对齐方式。

- public FlowLayout(int align)

    创建 FlowLayout 并设置对齐方式,align 为方位常量。

- public FlowLayout(int align ,int hgap, int vagp)

    创建 FlowLayout 并设置对齐方式,组件的垂直和水平间距。

三个方位常量:

FlowLayout. LEFT:左对齐

FlowLayout. RIGHT:右对齐

FlowLayout. CENTER:居中对齐

（2）BorderLayout（边界布局管理器）

BorderLayout 是 Window 及子类(Frame,Dialog)的默认布局管理器。它的组件布局效果,即将整个容器分为:东,西,南,北,中(East,West,South,North,Center)五部分,组件只能被添加到指定的区域,默认加的 Center 区域,每个区域只能加入一个组件。东,西为垂直缩放,南,北为水平缩放。

常用的构造方法:

- public BorderLayout()

    创建默认布局管理器。

- public BorderLayout(int h,int v)

    指定水平和垂直间距。

五个方位常量:

BorderLayout. EAST:内容窗格的东边

BorderLayout. WEST:内容窗格的西边

BorderLayout. NORTH:内容窗格的北边

BorderLayout. SOUTH:内容窗格的南边

BorderLayout. CENTER:内容窗格的中间

（3）GridLayout（网格布局）

GridLayout 型布局管理器将容器区域划分成规则的矩形网格,每个单元格区域大小相等。组件被顺序地添加到每个单元格中,先按行从上到下,在同一行里按照从左至右填满一行。GridLayout 是一种很有效的布局管理器。

常用的构造方法:

- public GridLayout()

    默认设置,所有组件在同一行中,各占一列。

- public GridLayout(int rows,int cols)

    指定行数和列数。

- public GridLayout(int rows,int cols, int h,int v)

    指定行数,列数和垂直,水平间距。

7.1.2.2　Swing 组件

AWT 是 Java GUI 设计的基础,但是 AWT 设计的初衷仅仅是为用户提供基本功能来设计一个简单的用户图形界面。它具有明显的功能缺陷,无法满足 GUI 编程日益丰富的功能需求,比如 AWT 缺少剪贴板、打印支持、键盘导航等特性,甚至不包括弹出式菜单或滚动窗格等基本元素。此外 AWT 组件基本都属于重质组件(weight component),即组件效果紧密的依赖于系统平台。

正是因为 AWT 所存在的致命缺陷,为了丰富和完善 Java 的 GUI 编程能力,Swing 组件诞生了。Swing 组件属于轻质组件(light component),即组件效果完全独立于系统平台。同时,Swing 组件是由纯 Java 实现的。所有的 Swing 组件都被定义在 javax. swing 包中,包括两种类型的组件:容器(如 JFrame,JApplet,JDialog 和 JPanel)和非容器组件(如 Jbutton,JLabel)。Swing 组件都是 AWT 的 Container 类的直接或者间接子类,具体的继承关系如图 7 - 4 所示。

> **提示**　Java 的 GUI 界面定义是由 Awt 和 Swing 中的类来完成的。Java 在组件的布局管理上采用了容器和布局管理分离的方案,即容器只负责将小组件放入其中,而不管这些小组件是如何放置的。布局的管理是由专门的布局管理器负责的。

Swing 组件在功能和外观上有优于 AWT 组件的地方,更重要的是它属于轻质组件,有很好的平台无关性。因此,实际编程中,往往会使用 Swing 组件。不过,这里请大家不要忽略一个问题:既然 Swing 组件这么好,那我们就可以完全摒弃 AWT 了吗? 实际情况并非如此,从图 7 - 4 可知 Swing 继承于 AWT,本质上 AWT 是 Swing 组件存在的基础。

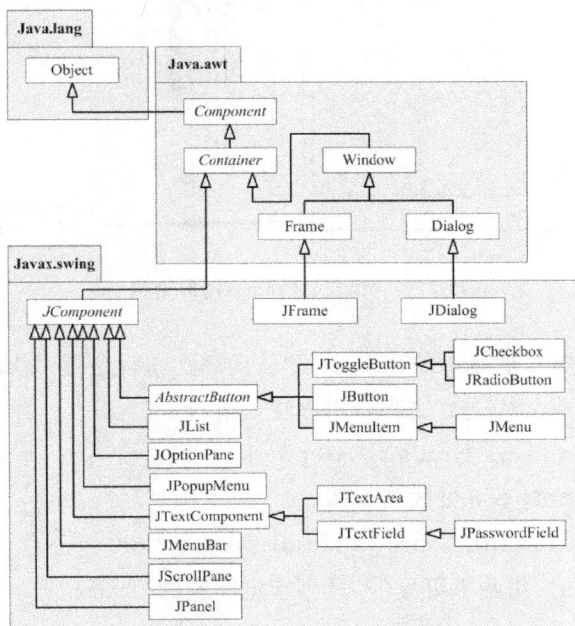

图 7 - 4　部分 Swing 组件与 AWT 组件的关系

7.1.2.3　窗口和面板

在 Java 中,容器通常又可分为两类:顶级容器和普通容器。顶级容器,是指不允许将其包含于其他容器的容器,如窗口(JFrame)。普通容器,是指其可以容纳其他小组件,而自身又可以被置入其他容器的容器,如面板(JPanel)。

1. 窗口(JFrame)

窗口(JFrame),也称之为框架,它是一种顶级容器。窗口通常用于开发桌面应用程序的主窗体和子窗体。它定义了一个包含标题条、系统菜单栏最大化 / 最小化按钮及可选菜单条的完整窗口。窗口一经定义,就会默认地被加载到系统屏幕上,因此窗口不能再被嵌套在另一个窗口内部。窗口的内部结构较为复杂,一般分为四个窗格:根窗格(Root Pane)、布局窗格(Layered Pane)、内容窗格(Content Pane)和玻璃窗格(Glass Pane),其中内容窗格与编程的关系最为紧密,因为它是窗口添加组件的直接途径,如图 7-5 所示。

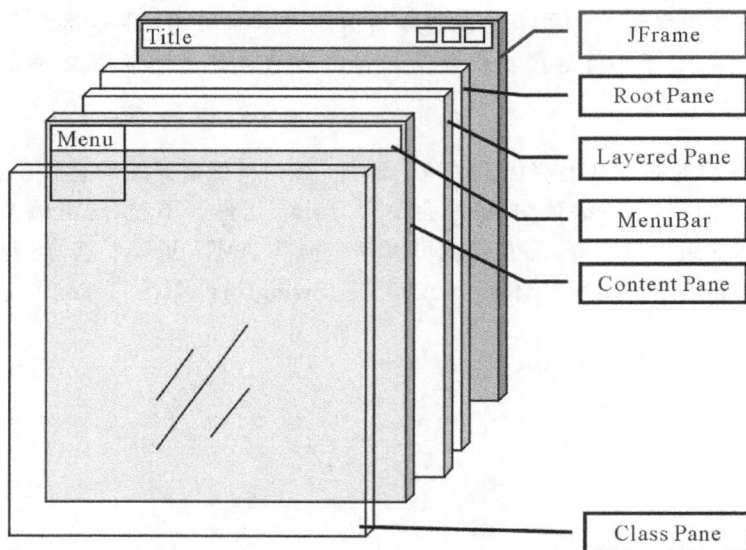

图 7-5　窗口(JFrame)内部结构

窗口默认的布局管理器是 BorderLayout,默认的添加组件位置是 BorderLayout. CENTER。窗口具有的构造方法和常用方法如下:

- public JFrame() throws HeadlessException

　　　　构造一个初始时不可见的新窗体。

- public JFrame(String title) throws HeadlessException

　　　　创建一个新的、初始不可见的、具有指定标题的 Frame。

- Component add(Component comp)

　　　　将指定组件追加到此容器的尾部。

2. 面板(JPanel)

面板(javax. swing. JPanel),它是一种有效的普通容器。面板通常可以装载一些小组件(如按钮,标签等),同时它又可以容纳其他面板。Java中一种常见的GUI设计模式就是把小组件撞在面板中,再把面板加载到窗口的内容窗格(ContentPane)中。JPanel的缺省布局管理器为流式布局管理器。

面板(JPanel)的重要构造方法如下:

• public JPanel()   创建一个具有流式布局管理器的面板。
• public JPanel(LayoutManager layout)创建指定布局管理器的面板。

7.1.3   拓展训练

最常用的界面开发模式通常是先设计一个窗体(JFrame),然后在窗体的内容窗格中加载面板(JPanel),而面板中则存放了若干个组件,下面让我们来看一个普通计算器的界面设计。

Eg.7_1

```
/* * * * * * * Calculator .java(计算器界面程序)* * * * * * * * * * * * * * * */
import java. awt. BorderLayout;   import java. awt. GridLayout;
import javax. swing. JFrame;   import javax. swing. JTextField;
import javax. swing. JPanel;   import javax. swing. JButton;
public class Calculator // Calculator 类为应用程序启动类
{ public static void main( String args[] )
  {
  CalculatorFrame calculatorFrame = new CalculatorFrame ( );
  calculatorFrame. setDefaultCloseOperation(JFrame. EXIT_ON_CLOSE);
   //设置窗口的关闭操作为缺省的窗体关闭动作
   calculatorFrame. setSize( 200, 200 ); // 设置窗体的尺寸
   calculatorFrame. setVisible( true ); // 设置窗体为可见状态
  }
}
class CalculatorFrame extends JFrame
{// CalculatorFrame 类为计算器界面窗体类
   private JButton keys[];   private JPanel keyPadJPanel;
   private JTextField lcdJTextField;
   public CalculatorFrame( )  // 窗体构造方法
   {  setTitle ( "Calculator" );  // 设置窗体的标题
   lcdJTextField = new JTextField( 20 );
   //创建一个单行文本组件 lcdJTextField,初始其长度为20
   lcdJTextField. setEditable(true); // 设置 lcdJTextField 为可编辑状态
```

```
keys = new JButton[ 16 ]; // 创建一个按钮类型的数组,大小为 16
//初始化每一个按钮组件,按钮上显示的文本信息分别从 0 到 9
for ( int i = 0; i< = 9;i+ + )
  keys[ i ] = new JButton( String. valueOf( i ) );
//10 号按钮到 13 号按钮都为符号按钮
keys[ 10 ] = new JButton( "/" );      keys[ 11 ] = new JButton( " * " );
keys[ 12 ] = new JButton( " - " );    keys[ 13 ] = new JButton( " + " );
keys[ 14 ] = new JButton( " = " );    keys[ 15 ] = new JButton( ". " );
keyPadJPanel = new JPanel();
//创建一个用于装载各个小组件(文本框和按钮)的面板组件 keyPadJPanel
keyPadJPanel. setLayout( new GridLayout( 4, 4 ) );
//为 keyPadJPanel 设置 网格布局管理器,且定位 4 行 4 列
//先把   7,8,9,除   四个按钮排在 keyPadJPanel 面板的   第一行
for ( int i = 7; i < = 10; i+ + )
    keyPadJPanel. add( keys[ i ] );
//  4,5,6,乘 按钮排在 keyPadJPanel 面板的   第二行
for ( int i = 4; i < = 6; i+ + )
    keyPadJPanel. add( keys[ i ] );
keyPadJPanel. add( keys[ 11 ] );
// 1,2,3,减 按钮排在 keyPadJPanel 面板的   第三行
for ( int i = 1; i < = 3; i+ + )
    keyPadJPanel. add( keys[ i ] );
keyPadJPanel. add( keys[ 12 ] );
// 0,. ,= ,+ 按钮排在 keyPadJPanel 面板的   第四行
keyPadJPanel. add( keys[ 0 ] );
for ( int i = 15; i > = 13; i- - )
    keyPadJPanel. add( keys[ i ] );
add( lcdJTextField, BorderLayout. NORTH );
//把文本框加载到窗体内容窗格的北端(顶部)
add( keyPadJPanel, BorderLayout. CENTER );
//把文本框加载到窗体内容窗格的中部
  }
}
```

　　当 Calculator. java 程序运行时,其效果如图 7 - 6 所示。
　　在此界面的设计中,我们定义了计算器窗体类——CalculatorFrame 类,它继承于 JFrame 类,16 个按钮被加载到 keyPadJPanel 面板,然后该面板被加载到窗体的内容窗格中部,另一个用于显示计算信息的文本框 lcdJTextField 则加载到内容窗格的上端。

图 7-6　计算器面板效果

7.1.4　实现机制

7.1.4.1　系统登录界面设计任务程序结构

本任务的实现包括 3 个源文件：SIMS_Start. java、Login. java 和 Login Panel. java。它们在 Eclipse 的包（package）视图中的位置如图 7-7 所示。

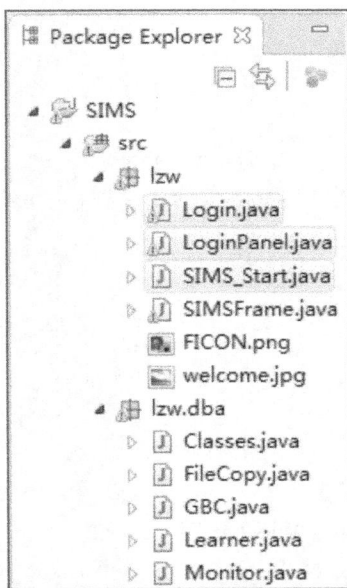

图 7-7　系统登录界面设计任务相关文件结构

SIMS_Start. java 文件是系统的入口程序，它通过启动 Login. java 程序来打开系统登录界面。在 Login. java 中，首先需要判断用户是否合法而具备进入系统主界面的权限。若用户通过合法性检查，则会进一步启动系统主界面程序，即 SIMSFrame. java。LoginPanel. java 是登录面板程序，它定义了一个登录面板，面板内装载了一些小组件，之后这个登录面板会被加载到登录窗体的内容窗格中。

系统登录界面执行的过程为：

①用户输入用户名和密码；

②然后再点击"login"按钮，系统判断若输入的用户名和密码都正确，则进入系统主界面；

③若用户名和密码有一个错误，则系统会弹出一个错误信息提示对话框，当用户点击该对话框中的确定按钮后，系统将清空原先错误的用户名或密码，等待用户重新输入正确的信息。

7.1.4.2　系统登录界面任务程序剖析

SIMS_Start.java 程序是系统的启动程序，较为简单。

1. SIMS_Start.java 代码分析

```
package lzw;
public class SIMS_Start {
    public static void main(String[] args) {
        new Login();
    }
}
```

SIMS_Start.java 程序主要的功能，即启动登录窗口，很简单，只要通过 new Login() 构造登录窗体就行了。

2. LoginPanel.java 代码分析

```
package lzw;  // lzw 包存放了登录界面类(login.java) 和 登录界面面板类(login-
    panel.java)
import java.awt.Graphics;          import java.awt.Image;
import javax.swing.ImageIcon;    import javax.swing.JPanel;
public class LoginPanel extends JPanel {
    protected ImageIcon icon;
    public int width,height;
    public LoginPanel() {
        super();
        icon = new ImageIcon("res/login2.jpg");
        width = icon.getIconWidth();
        height = icon.getIconHeight();
        setSize(width, height);
    }
    protected void paintComponent(Graphics g) {
        //super.paintComponent(g);
        Image img = icon.getImage();
        g.drawImage(img, 0, 0,getParent()); //载入图片
    }
```

从图 7-1 可见,登录窗口有一个背景,这个效果的实现是依赖于向登录窗口的内容窗格加载了一个具有背景效果的登录面板(LoginPanel), LoginPanel 类是一个继承于 JPanel 类的自定义面板类,而 JPanel 类是 Component 类的孙子类,所以它继承了来自 Component 类的方法 paintComponent(Graphics g),这个方法非常重要,它允许组件进行自定义重画。注意 paintComponent 方法是在 new 操作执行构造方法之后被自动调用的,无需用户主动调用。

为了实现自带背景效果,LoginPanel 类包含了一个 ImageIcon 组件 icon 用于存放一张图片,构造方法 ImageIcon(String iconpPath)可以构造一个指定图片的 icon 对象,参数 iconPath 为图片存放的路径。自定义的登录面板 LoginPanel 具有自己特定的尺寸,其宽和高分别由加载的背景图片的宽和高决定。当一个 LoginPanel 类对象被构造的时候,系统首先执行它的构造方法,其效果为创建了自定义登录面板,并获得了一张背景图片,但还没有把这张图片作为背景画到登录面板上。所以在执行构造方法之后,系统又自动执行了一个继承于爷爷类 (Component 类)的重要方法,在这个方法中,首先通过 ImageIcon 类的方法 getImage()得到 icon 对象中所存放的那张图片,并把该图片转成 Image 格式存放于 Image 类型的对象 img。最后通过 Java 图形设备类 Graphics 的对象 g 来调用 drawImage 方法,以实现在面板上画出背景图的效果。在此类中,我们用到了 ImageIcon 类、Image 类和 Graphics 类,这些关于 Java 图形图像方面的知识将在项目 8 中详细讲解。

3. Login. java 代码分析

```
import java. awt. * ;                    import java. awt. event. * ;
import javax. swing. JButton;           import javax. swing. JFrame;
import javax. swing. JOptionPane;       import javax. swing. JPanel;
import javax. swing. JPasswordField;    import javax. swing. JTextField;
import javax. swing. WindowConstants;   import aem. lzw. SIMSFrame;
import model. TbUserlist;                import aem. lzw. udpsocket. * ;
import aem. lzw. dba. DatabaseAccess;    import aem. lzw. login. LoginPanel;


public class Login extends JFrame {
    private JButton cancel;
    private JButton login;
    /*登录界面类  构造器*/
  public Login() {
    setTitle("SIManager");
    final JPanel panel = new LoginPanel();
    //LoginPanel 为自定义 登录图片面板 类
    panel. setLayout(null);
    //指定 panel 的布局管理器为空,这样 panel 上的组件可以任意定位
    getContentPane(). add(panel);   //  加载  登录图片面板
    setBounds(420, 250, panel. getWidth(), panel. getHeight());
    setTitle("Manager");
```

```java
final JTextField userName = new JTextField();
userName.setBounds(175, 105, 200, 28);
userName.setBackground((new Color(220, 220, 220)));
panel.add(userName);
final JPasswordField userPassword = new JPasswordField();
userPassword.addKeyListener(new KeyAdapter() {
  public void keyPressed(final KeyEvent e) {
    if (e.getKeyCode() == 10)
      login.doClick();
  }
});
userPassword.setBounds(175, 145, 200, 28);
userPassword.setBackground((new Color(220, 220, 220)));
panel.add(userPassword);


login = new JButton();　　//登录　　按钮
login.addActionListener(new ActionListener()
{//登录按钮的　　事件监控
  public void actionPerformed(final ActionEvent e) {
    if (/*数据库用户密码判断代码,与本任务无关,略*/)
    {
      setVisible(false);
      new SIMSFrame();// 如果用户名和密码正确,则进入系统主窗口
    }
    else
    {
      JOptionPane.showMessageDialog(null,
        "对不起! 您输入的用户名和密码不正确,请重试!", "Error!",
        JOptionPane.ERROR_MESSAGE);

      userPassword.setText("");　　//用户名和密码重新置空
      userName.setText("");
      userName.requestFocus();　　// 用户名框　获得　焦点
      userName.selectAll();
    }　　　　}
});
  login.setFont(new Font("Comic Sans MS", Font.PLAIN, 18));
  login.setText("login");login.setBounds(109, 210, 90, 30);
```

```
    panel.add(login);cancel = new JButton();  // 退出    按钮
    cancel.addActionListener(new ActionListener() {
        public void actionPerformed(final ActionEvent e) {
            System.exit(0);}
    });
    cancel.setFont(new Font("Comic Sans MS", Font.PLAIN, 18));
    cancel.setText("cancel");
    cancel.setBounds(258, 210, 90, 30);
    panel.add(cancel);
    setUndecorated(true);
    //让登录窗口无标题栏,该方法必须在  setVisible(true)方法前用
    setVisible(true);setResizable(false);
    setDefaultCloseOperation(WindowConstants.DO_NOTHING_ON_CLOSE);
  }
}/* * * * * * * * * * * * * * * * * * * * * * * * * * * * * * * * * *
     * * * 限于篇幅省略了 与本任务 无关的部分程序,完整代码可参考附录 * * *
 * * * * * * * * * * * * * * * * * * * * * * * * * * * * * * * * * * */}
```

　　Login 类实现了登录窗体的构造,并对登录时的用户名和密码进行合法性检测。本任务主要介绍其登录窗体实现部分的功能。Login 类继承于 JFrame 类,所以它具备父类 JFrame 类的属性和方法。在登录窗体中,包含了多个组件,即两个按钮 login(登录) 和 cancel(取消),一个让用户输入登录用户名的单行文本框(userName),一个接收用户密码的密码框(userPassword),以及一个存放以上四个组件的容器,即自定义登录面板 panel。在程序中,我们利用一个 JPanel 类型的句柄 panel 来引用一个其子类 LoginPanel 对象,这是 OOP 中一种多态特性的体现。此处用到 LoginPanel 类,所以我们在文件起始处应写明:

```
import aem.lzw.login.LoginPanel;
```

　　登录面板对象 panel 用来存放按钮,文本框等组件,为了能自由的定位组件,我们先把 panel 的布局管理器设置为空(null),否则 panel 的默认布局为流布局管理(FlowLayout),panel被加载到 Login 窗体的内容窗格中,其语句为:getContentPane().add(panel);userName 文本框定义时用到 JTextField 类,通过 setBackground(Color c)方法设置其背景色,参数Color类是系统的颜色类,定义在java.awt包中。文本框,按钮等组件都通过 add()方法被加载到登录面板 panel 中。为了使用户输入的密码以 ＊ 显示,我们对密码框 userPassword 使用了 JPasswordField 类,它和 JTextField 类相似,只是以掩码 ＊ 显示文本。利用 JButton 类定义两个按钮,即 login 和 cancel,通过 addActionListener()方法为它们加载按钮的事件监控器,如对于登录按钮 login,在实际操作时,当我们输入用户名和密码后,再点击 login 按钮,这时系统应该对输入用户名和密码进行合法性检查,若两者都正确,则进入系统主界面(通过语句 new SIMSFrame();实现),否则应该跳出一个错误信息提示对话框(通过 JOptionPane

类的静态方法 showMessageDialog()实现)。对于两个按钮,我们都可以通过 setFont(Font f)方法来设置按钮上所显示的文字的字体,参数 Font 类是系统的字体类,定义在 java.awt 包中。

由于 Login 类是 JFrame 类的子类,所以默认情况下,它和父类一样具有窗体标题栏,包含最大化、最小化和关闭功能,不过这些对于我们登录窗体来说是完全多余的,所以为了去掉这些功能,可以使用方法 setUndecorated(true);并且这一方法必须在窗体的方法 setVisible(true);之前使用才有效,此外通过方法 setResizable(false);设置登录窗口的尺寸为不可调整。Login 类中涉及的 JTextField 类和 JButton 类等常用组件及其事件处理机制将在下一任务中给予详解。

7.2 任务 2　学生实训评价分析界面设计

7.2.1　目标效果

本任务目标是为学生课程实训提供自评分析功能的界面。该任务的执行首先进入系统主窗口的成绩信息管理菜单,然后再点击学生实训评价分析菜单项,如图 7-8 所示。

图 7-8　进入学生课程自评分析窗口

进入自评输入页面,考核内容包括两部分,第一部分为学生勤务态度,如图 7-9 所示。

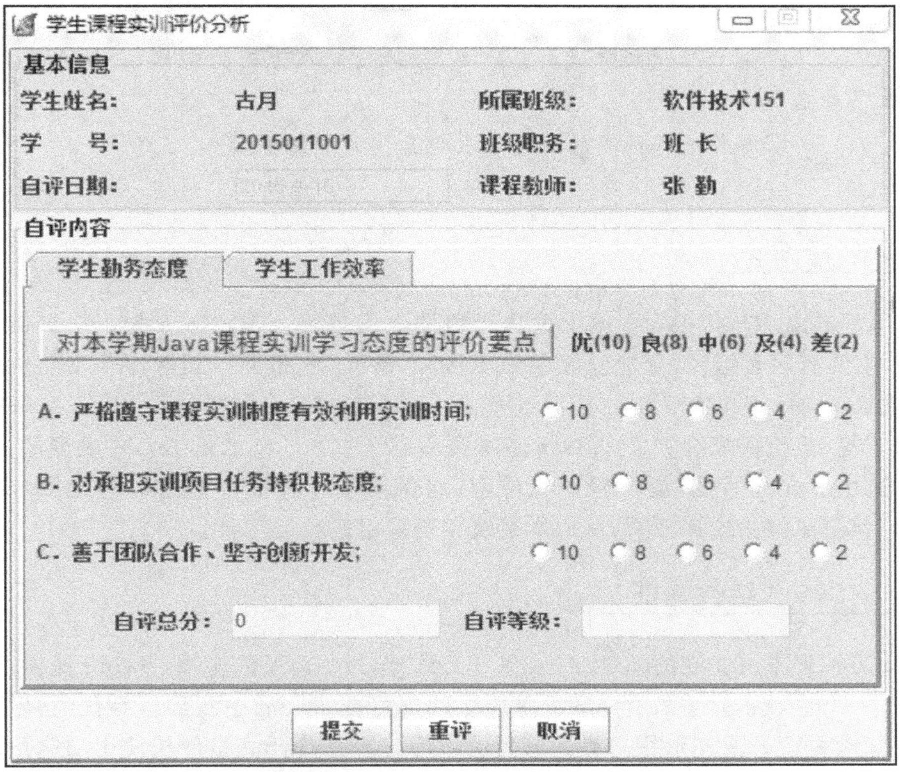

图 7-9　学生实训勤务态度考核页

考核的第二部分是关于学生的工作效率，如图 7-10 所示。

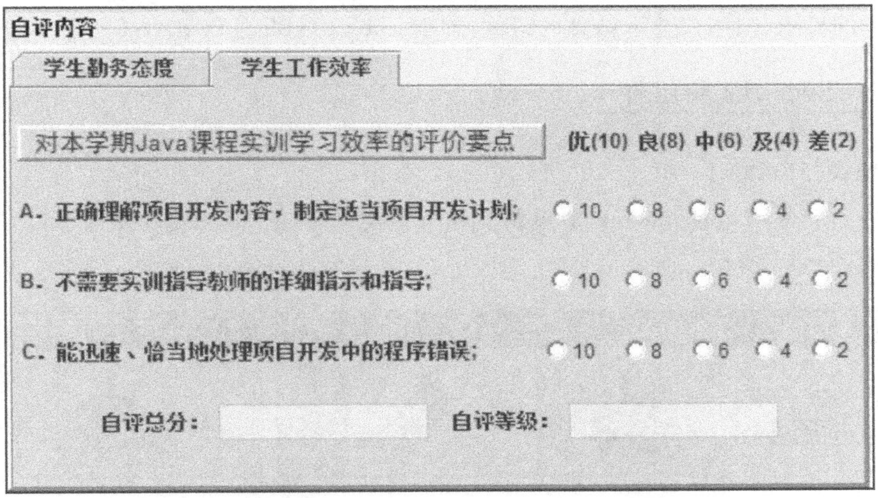

图 7-10　实训工作效率考核页

自评考核输入界面的实现涉及多项考核要素，其布局的过程应考虑以下细节：

①当对学生的考核内容较多，且涉及几个方面的时候，如何合理、有效地组织这些内容？

②如何选择恰当的组件来表现具体的考核要素？

7.2.2　必备知识

GUI 编程的成功与否很大程度上取决于组件应用是否合理。Java 为用户提供了丰富的 GUI 组件，主要有两套组件，分别包含在 awt 包和 swing 包里面。其中，AWT 组件是基于特定操作系统编写的，如此就很难实现 Java"一次编译，随处运行"的目标。因此，Sun 公司联合 AdorbeIBM 等 IT 巨头联合开发了 Java 基本类库(JFC)，Swing 就是 JFC 中重要的一部分，其组件是完全用 Java 编写的，属于轻质组件，从而保证在所有平台上的运行效果一致。由于 Swing 组件具有更好的应用效果，所以本系统主要采用 Swing 组件。

7.2.2.1　Swing 组件基础

Swing 是构建丰富美观的 GUI 的强有力工具，作为 AWT 的扩展，Swing 提供了 40 多个组件，是 AWT 的四倍，几乎所有 AWT 重质组件都可在 Swing 中找到可替代的轻质组件，此外，还提供了有助于开发图形用户界面的高层组件。所有 Swing 组件从使用功能角度可分为如下几类：

①顶层容器：JFrame、JApplet、JDialog、JWindow 共 4 个。

②中间容器：JPanel、JScrollPane、JSplitPane、JToolBar。

③特殊容器：在 GUI 上起特殊作用的中间层，如 JInternalFrame。

④基本控件：实现人际交互的组件，如 JButton、JComboBox、JList、JMenu。

⑤信息的显示：向用户显示信息的组件，如 JLabel、JTable、JTextArea。

7.2.2.2　Swing 常用组件

1. 按钮类（JButton）

按钮是一个常用组件，Swing 中提供 JButton 类来创建一个按钮，并且可以带标签或图像，效果如图 7-11 所示。

图 7-11　JButton 按钮

JButton 类的主要构造方法有：

①JButton(Icon icon)：构造方法 1，按钮上显示图标。

②JButton(String text)：构造方法 2，按钮上显示字符。

③JButton(String text，Icon icon)：构造方法 3，按钮上显示图标和字符。

④JButton(Action a)：构造方法 4，按钮的属性从所提供的 Action 中获取。

JButton 类的常用方法有：

①void setIcon(Icon defaultIcon)：设置按钮的默认图标。

②void setText(String text)：设置按钮的文本。

③void setEnabled(boolean b)：启用(或禁用)按钮。

2. 标签类(JLabel)

标签(JLabel)是最简单的 GUI 组件之一，它所显示的是静态文本，可以起到信息说明的作用。程序可以改变文本，但用户不能改变，其效果如图 7-12 所示。

图 7-12　Jlabel 标签

JLabel 组件的构造方法有：

①JLabel()：用于创建一个空字符的标签组件。

②JLabel(String caption)：用于创建一个指定字符串的标签组件。

JLabel 类的常用方法如下：

①void setText(String caption)：设置 Label 的显示文本内容。

②String getText()：获取当前的 Label 文本。

③void setAlignment(int aligment)：设置当前 Label 的对齐方式。

3. 单行文本框类(JTextField)

单行文本框(JTextField)是一个提供单行文本编辑的组件，它用来获取用户输入或者显示可编辑的程序输出，其效果如图 7-13 中处于窗体顶部的计算结果显示栏所示。

JTextField 类的主要构造方法有：

①JTextField()：构造一个新的 TextField。

②JTextField(int columns)：构造一个具有指定列数的新的空 TextField。

JTextField 类的常用的方法有：

①voidsetFont(Font f)：为文本框设置字体。

②voidsetHorizontalAlignment(int alignment)：设置文本水平对齐方式。

③StringgetText()：返回此文本框中包含的文本。

图 7 - 13　单行文本框和文本域

4. 文本域类（JTextArea）

文本域（JTextArea）是一个可以显示纯文本的多行区域。JTextArea 的主要构造方法为：

①JTextArea()：构造一个新的 TextArea。

②JTextArea(int rows, int columns)：构造具有指定行列数的 TextArea。

JTextArea 类的常用方法有：

①voidinsert(String str, int pos)：将指定文本插入指定位置。

②voidsetColumns(int columns)：设置此 TextArea 中的列数。

5. 选择框类（JComboBox）

选择框（JComboBox）允许用户在若干条目中选择其中的一项，可编辑每项的内容，而且每项的内容可以是任意类，而不再局限于 String，选择框的效果如图 7 - 14 所示。

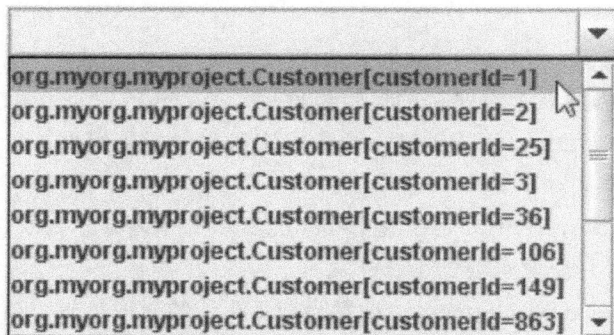

图 7 - 14　选择框

JComboBox 类的主要构造方法为：

①JComboBox()：创建具有默认数据模型的 JComboBox。

②JComboBox(Object[] items)：创建包含指定数组中的元素的 JComboBox。

JComboBox 的常用方法为：

①ObjectgetItemAt(int index)：返回指定索引处的列表项。

②voidaddItem(Object anObject)：为项列表添加项。

③intgetItemCount()：返回列表中的项数。

典型创建一个包含三条选项内容的选折框的方法如下：

```
JComboBox sort = new JComboBox();
sort.addItem("");
sort.addItem("按分数升序");
sort.addItem("按分数降序");
```

6. 复选框类(JCheckBox)

复选框(JCheckBox)允许用户在一组候选条目中选中若干项,用钩表示当前项选中,复选框的效果如图 7 - 15 所示。

JCheckBox 类的主要构造方法为:

JCheckBox(String text):创建一个带文本的、最初未被选定的复选框。

JCheckBox 的常用方法为:

①boolean isSelected():检查复选框是否被选中。

②void setSelected(boolean b):设置复选框的选中状态。

③void setText(String text):设置复选框中显示的文字。

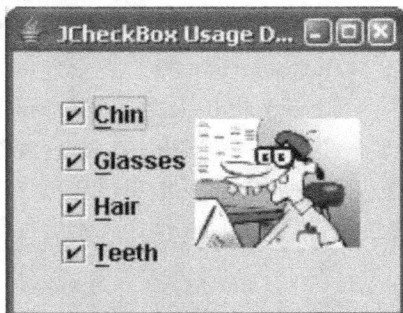

图 7 - 15　复选框

7. 单选框类(JRadioButton)和按钮组类(ButtonGroup)

单选框(JRadioButton)允许用户在一组候选条目中只能选中若干项,这一效果需和按钮组类(ButtonGroup)合用,用黑圆点表示当前项选中,单选框的效果如图 7 - 16 所示。

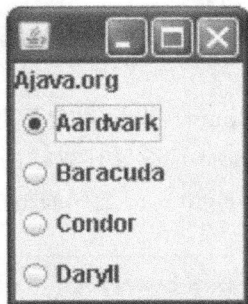

图 7 - 16　单选框

JRadioButton 类的主要构造方法为:

①JRadioButton(String text):创建一个指定文本且未选中的单选按钮。

②JRadioButton(String text,boolean selected):创建一指定文本和选则状态的单选按钮。

③JRadioButton(String text,Icon icon):创建一个指定文本和图像且未选中的单选按钮。

JRadioButton 的常用方法为:

①boolean isSelected():检查复选框是否被选中。

②void setSelected(boolean b)：设置复选框的选中状态。

③void setText(String text)：设置复选框中显示的文字。

ButtonGroup 类用于为一组按钮创建一个多斥(multiple－exclusion)作用域，即用户对一个组中的多个按钮只能选中其中的一个，其常与单选按钮组合而用。

ButtonGroup 类的主要构造方法为：

ButtonGroup()：创建一个新的 ButtonGroup。

ButtonGroup 类的常用方法为：

①void add(AbstractButton b)：将按钮添加到组中。

②void clearSelection( )：清除选中内容，从而没有选择 ButtonGroup 中的任何按钮。

单选按钮组的简单应用如下：

```
JRadioButton   r1 = new JRadioButton("教授");
JRadioButton   r2 = new JRadioButton("副教授");
JRadioButton   r3 = new JRadioButton("讲师");
ButtonGroup bg = new ButtonGroup();
bg. add(r1);   bg. add(r2);   bg. add(r3);
```

8. 列表框类(JList)

列表框(JLlist)用于显示对象列表并且允许用户选择一个或多个条目，里面的条目可以由任意类型对象构成，其效果如图 7－17 所示。

JLlist 类的主要构造方法为：

①JList()：创建一个内容为空的列表框。

②JList(Object[] items)：创建一个包含指定数组各元素的列表框。

JLlist 类的常用方法为：

①void setVisibleRowCount(int num)：设置列表可见行数。

②void setFixedCellWidth(int width)：设置列表框的固定宽度(像素)。

③void setFixedCellHeight(int height)：设置列表框的固定高度。

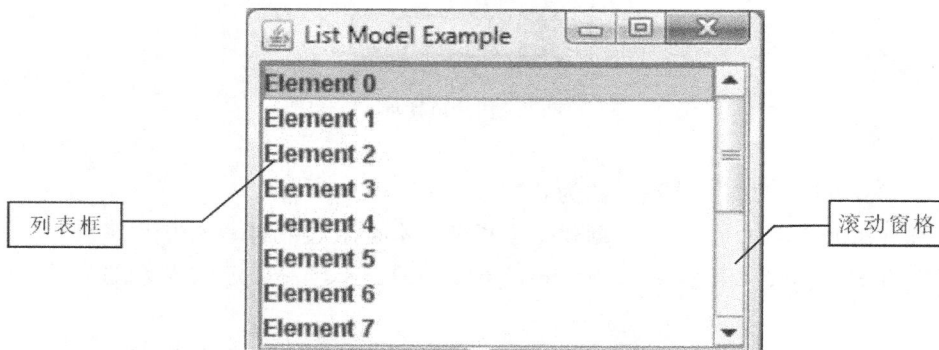

图 7－17　列表框和滚动格

列表框的典型应用如下：

```
String[] elementList = {"Element0", "Element1", "Element 2"};
JList list = new JList( elementList );
```

7.2.2.3　Java 事件处理机制

　　在这一任务中，我们介绍了 Java Swing 包中最常用的一些组件，知道应如何配备各种组件使图形界面更加丰富多彩，但这仅仅是 GUI 编程的基础，更重要的是应为每个组件设置相应的事件处理机制，使得组件对用户的每一个相关操作都有合理的反应，比如我们点击窗体上的一个"退出"按钮，该按钮组件就应对此作出有效反应，即关闭窗口。

　　Java 在组件事件的应对策略上，采用了一种名为"事件授权模型"的处理机制，以支持 GUI 程序与用户的实时交互。与组件事件处理相关的四个要素为：

　　①事件（Event）：即一个对象，它描述了针对某一组件发生什么了事情。如在一个"按钮"上单击了一下，这个"单击"动作就是一个针对按钮的事件。

　　②事件源（Event source）：发生事件的组件对象，如上述的按钮。

　　③事件处理器（Event handler）：即一个对象，它能捕获发生在某一组件上的特定事件并作出相应的处理，也称为事件监听器。

　　④事件服务方法（Event service method）：即一个方法，它可以处理由事件处理器所捕获到的一个特定事件。

　　典型的事件处理过程如图 7－18 所示。

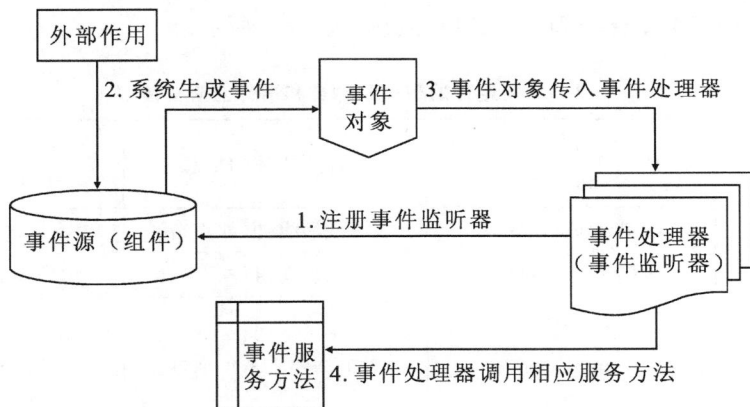

图 7－18　Java 事件授权模型

　　由上图可知，通常我们先为一个组件（如按钮 Button）注册一个相应的事件监听器对象（EventListener），之后当用户单击了一下 Button，则系统会自动生成一个特定类型的事件对象（ActionEvent），该事件对象描述针对按钮的单击动作，同时，该事件会被已经注册在 Button 上的 EventListener 所捕获，EventListener 则会根据所侦听到的事件的类型调用相应的事件服务方法（actionPerformed()）。

　　对于某个组件（事件源），可以利用 add＊＊＊Listener()方法为其注册特定的事件监听器，其中＊＊＊表示对应的事件类，Java 事件处理模型的典型应用如下：

首先，为按钮组件定义一个事件监听器类，如 ButtonActionListener；

```
class ButtonActionListener implements ActionListener
{ //自定义的按钮事件监听器类实现于 ActionListener 接口
  public void actionPerformed(final ActionEvent e)
  { if (e. getSource() = = ButtonCancel)//判断事件源是否为"取消"按钮
    { doDefaultCloseAction();}  //执行系统定义的窗口关闭动作
  } }
```

然后，创建一个该事件监听器类的对象 btActionListener，并把它加载到一个按钮上；

```
ButtonActionListener  btActionListener = new ButtonActionListener();
JButton exitButton = new JButton("退出");
exitButton. addActionListener(btActionListener);
//利用按钮组件的 addActionListener()方法加载一个监听器类对象
```

7.2.2.4　常用组件的事件处理

需要明确的是，在Java中具体的组件（事件源）关联着特定的事件类型，而特定的事件必须由相应的事件监听器类（一般实现于指定的事件监听接口）来侦听。总的来说，Swing 的事件处理机制继续沿用 AWT 的事件授权模型，其基本的事件处理需要使用 java. awt. event 包中的类，但 Swing 也增加了一些新的事件及其监听接口，相应类位于javax. swing. even 包中。

Java 常用组件相关事件类和事件监听器类如表 7-1 所示。

表 7-1　常用组件的相关事件类和事件监听器接口

事 件 源 （EventSource）	事 件 （Event）	事件所描述的信息	事件监听接口 （EventListener）
JButton、 JCheckBox、 JRadioButton	ActionEvent	表示激活组件（如点击）	ActionListener、 ChangeListener、 ItemListener
	ChangeEvent	表示改变组件状态	
	ItemEvent		
JComboBox	ActionEvent、 ItemEvent	表示选择了某个项目	ActionListener、 ItemListener
JList	ListSelectionEvent	选中列表某项的事件	ListSelectionListener
JMenuItem	ActionEvent、 ChangeEvent、 ItemEvent、 MenuKeyEvent、	与菜单相关的按键事件	ActionListener、 ChangeListener、 ItemListener、 MenuKeyListener、
JMenu	MenuEvent	菜单相关事件（如选中）	MenuListener
JPopupMenu	PopupMenuEvent	弹出菜单相关事件	PopupMenuListener
JTextField	ActionEvent		ActionListener

续表

事 件 源 （EventSource）	事 件 （Event）	事件所描述的信息	事件监听接口 （EventListener）
JScrollBar	AdjustmentEvent	移动滚动条等组件事件	AdjustMentListener
JTable	TableModeEvent、 TableColumnModel Event、 CellEditorEvent	表模型改变事件、 表的列模型改变 事件、 单元格编辑事件	TableModeListener、 TableColumnModel Listener、 CellEditorListener
JTabbedPane	ChangeEvent		ChangeListener

Java 中常用事件监听器接口及其所支持的方法如下表 7-2 所示。

表 7-2　常用组件的相关事件类和事件监听器接口

事件监听接口 （EventListener）	事件服务方法 （EventServiceMethod）	事件监听接口所属包
ActionListener	actionPerformed（ActionEvent e）	java. awt. event
ItemListener	itemStateChanged（ItemEvent e）	java. awt. event
ListSelectionListener	valueChanged（ListSelectionEvent e）	javax. swing. event
ChangeListener	stateChanged（ChangeEvent e）	javax. swing. event
MenuKeyListener	menuKeyPressed（MenuKeyEvent e） menuKeyReleased（MenuKeyEvent e） menuKeyTyped（MenuKeyEvent e）	javax. swing. event
MenuListener	menuCanceled（MenuEvent e） menuDeselected（MenuEvent e） menuSelected（MenuEvent e）	javax. swing. event
AdjustMentListener	adjustmentValueChanged（AdjustmentEvent e）	java. awt. event
CellEditorListener	editingCanceled（ChangeEvente） editingStopped（ChangeEvent e）	javax. swing. event
TableModeListener	menuCanceled（MenuEvent e） menuDeselected（MenuEvent e） menuSelected（MenuEvent e）	javax. swing. event

7.2.3　拓展训练

本任务相关的知识点较多,首先应该掌握的是基本组件(如按钮、文本框等)的创建、布局和事件处理。让我们通过下面的例子来了解如何综合运用这些组件吧。

Eg.7_2

```
/********* SwingComponentTest . java(swing 基本组件程序)*******/
/* Swing 组件测试程序 测试 Swing 所有组件及其相应的事件 */
import javax. swing. *;      import java. awt. *;
import java. awt. event. *;    import javax. swing. event. *;
public class SwingComponentTest extends JFrame
{// 主模块,初始化所有子模块,并设置主框架的相关属性
  public SwingComponentTest ()
  {
    //初始化所有模块
    RightPanel rightPanel = new RightPanel();
    CenterPanel centerPanel = new CenterPanel();
    // 设置主框架的布局
    Container c = this. getContentPane();
    c. add(rightPanel,BorderLayout. EAST);
    c. add(centerPanel,BorderLayout. CENTER);
    // 利用匿名类,增加窗口事件
    this. addWindowListener ( new WindowAdapter()
      {   public void WindowClosing(WindowEvent e)
       {   dispose();          // 释放资源
           System. exit(0);   // 退出程序
       }
      });
    setSize(500,340);          //设置窗体的初始尺寸大小
    setTitle("Swing 基本组件"); //设置窗体的标题
    setLocation(300,150); //设置窗体的初始显示位置
    show();
  }
  class RightPanel extends JPanel
  {  //定义窗体右边的面板
    public RightPanel()
    {this. setLayout(new GridLayout(8,1)); //使用 8 行 1 列的格布局
      // 初始化各种按钮
      JCheckBox checkBox = new JCheckBox("checkbox");
      JButton button = new JButton("OpenFile");
      button. addActionListener(new ActionListener()
```

```java
    {   //为按钮组件添加事件监听器
        public void actionPerformed(ActionEvent e)
        {   ((JButton)e.getSource()).
                        setBackground(Color.BLUE);
            //设置按钮的背景色为Color类中颜色常量BLUE(蓝)
        }
    });
JToggleButton toggleButton = new JToggleButton("TogButton");
    // 定义按钮组
    ButtonGroupbuttonGroup = new ButtonGroup();
    //定义两个单选按钮
    JRadioButton radioButton1 =
                        new JRadioButton("RadioBt1",false);
    JRadioButton radioButton2 =
                        new JRadioButton("RadioBt2",false);
    buttonGroup.add(radioButton1);//把单选按钮加入到按钮组
    buttonGroup.add(radioButton2);

    // 定义组合框
    JComboBox comboBox = new JComboBox();
    comboBox.setToolTipText("点击下拉列表增加选项");
    comboBox.addItem("请选择...");
    comboBox.addItem("程序员");
    comboBox.addItem("分析员");
    comboBox.addActionListener(new ActionListener()
    {   public void actionPerformed(ActionEvent e)
        {
        String s = "你选择了    " + (String)(((JComboBox)e.
                getSource()).getSelectedItem()) + "!";
        //构造需要在对话框中显示的信息
        JOptionPane.showMessageDialog(null,s,"消息框",
                            JOptionPane.YES_OPTION);
        }
    });

// 定义列表框
String[] elementList = { "桔子","葡萄" };
JList list  = new JList( elementList );
```

```
    list. addListSelectionListener(new ListSelectionListener ()
      {    public void valueChanged(ListSelectionEvent e)
        {    JList l = (JList)e. getSource();
        String s = " 你选则了 " + l. getSelectedValue() + "!";
        JOptionPane. showMessageDialog(null,s,"消息框",
                    JOptionPane. YES_OPTION);}});
        // 增加各种按钮到 JPanel 中显示
        add(button);    add(toggleButton);
        add(checkBox);
        add(radioButton1);add(radioButton2);
        add(comboBox);     add(list);
    }
}


class CenterPanel extends JPanel    // 内部类,定义窗体的中间面板
{public CenterPanel()
    {    //定义一个标签位于顶部的 标签窗格
    JTabbedPane tab = new JTabbedPane(JTabbedPane. TOP);
    //定义文本框和文本区组件
    JTextField textField = new JTextField("这是单行文本框");
    JTextPane textPane = new JTextPane();
    textPane. setCursor(new Cursor(Cursor. TEXT_CURSOR));
    //设置文本区内的鼠标样式为 TEXT_CURSOR
    textPane. setText("编辑器,试着点击文本区,试着拉动分隔条。");

    textPane. addMouseListener(new MouseAdapter ()
    {    //为文本区增加鼠标事件监听器,以匿名类方式实现
      public void mousePressed (MouseEvent e)
      {    JTextPane textPane = (JTextPane)e. getSource();
        textPane. setText("编辑器点击命令成功");
      }
    });

    //定义分隔条,用于在垂直方向上分割文本框和文本区
    JSplitPane splitPane = new JSplitPane(JSplitPane.
                VERTICAL_SPLIT,textField,textPane);
    JPanel pane   = new JPanel();//用于"其他演示"  Tab 页
    tab. addTab("文本演示",splitPane);
```

```
        tab. addTab("其他演示",pane);
        tab. setPreferredSize(new Dimension(400,300));
        //设置标签页的尺寸为 400×300 像素
        this. add(tab);
        this. setEnabled(true);
      }
    }
  public static void main(String args[])
      {   new SwingTest_1();   }   // 创建窗体实例
}
```

本例运行的效果如图 7-19 所示。

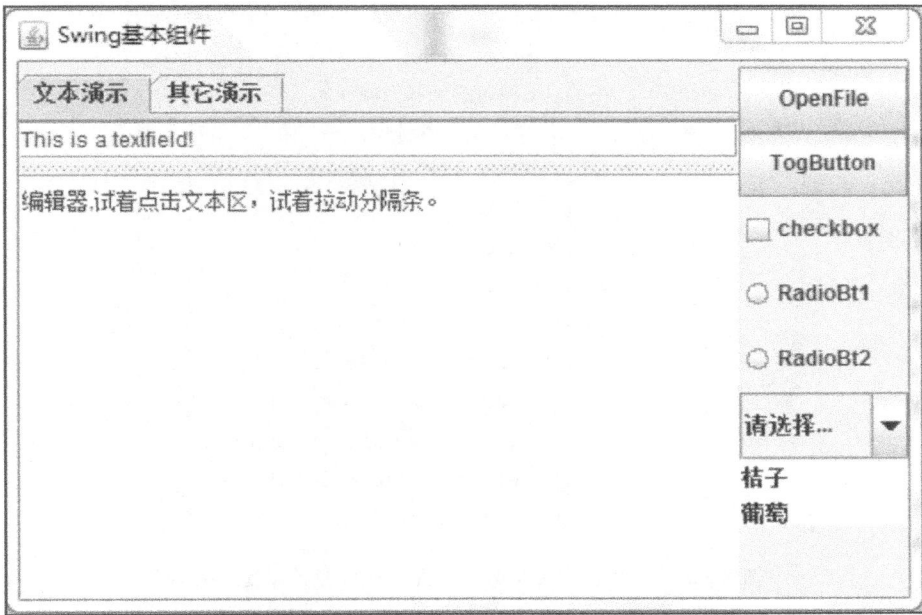

图 7-19　Swing 基本组件

　　此例共涉及到了如下组件：JButton、JToggleButton、JCheckBox、ButtonGroup、JRadioButton、JComboBox、JList、JTextField、JTextPane、JSplitPane、JTabbedPane、JPanel 和 JFrame ，并在程序中实现了它们相关的主要事件的处理。其中整个窗体的布局利用边界布局，在窗体的右边安排一组常用的组件，包括按钮、双态按钮、复选框、一组单选按钮、下拉框和列表，它们统一地被加载在一个面板组件内，然后该面板被布局在窗体的右侧。另外在窗体的中央区域安排了一个标签页，它有两个子页，分别是"文本演示"页面和"其他演示"页面。在"文本演示"页面中，加载了一个容器组件——分隔条（JSplitPane），它包含了一个单行文本框和一个文本区，用户可以随意拖动该分隔条以改变文本框和文本区的大小。若用户选择了下拉框中的某一项，或者在列表框条目中选中一项，程序都会弹出一个相应的信息显示对话框。

7.2.4　实现机制

7.2.4.1　学生实训评价分析界面设计任务程序结构

本任务的实现包括2个源文件：SIMSFrame.java 和 StudentEval uationInput.java。它们在 Eclipse 的包视图中的位置如图 7-20 所示。

图 7-20　学生实训评价分析界面设计任务相关程序结构

从上图可知：SIMSFrame.java 是系统主界面文件，它提供系统从主窗口进入学生实训评价分析输入界面的入口；StudentEvaluationInput.java 文件则是进行学生实训评价分析信息输入的窗体文件，属于系统子窗体，所以将其置于系统内部窗体的包（package）：lzw.internalframe 中。

学生实训评价分析（自评）任务执行的过程为：

①用户点击主窗体的"学生课程自评分析"按钮，进入学生课程实训评价分析界面。

②在窗体的上部区域显示的是当前用户的基本信息，因为是对每位学生实训的自评，所以需要从"学生勤务态度"和"学生工作效率"两个方面共 6 点评价点上作出各个级别的评价判断。

③当用户在做完任意一点评价判断后，系统会实时地计算出当前的用户的自评分数和相应的考核等级，注意用户必须完整地作出所以 6 点评价，否则不能正确提交。

7.2.4.2　学生实训评价分析界面设计任务程序剖析

　　本任务中，SIMSFrame.java 程序只涉及调用学生实训评价分析输入界面，代码只有一句话，完整程序可参考附录，这里我们重点分析 StudentEvaluationInput.java 的程序代码，该程序涉及到大量 Swing 常用的组件及其相关的事件处理。

1. StudentEvaluationInput.java 代码分析

```
package aem.lzw.internalframe;     //该包用于存放系统所有内部窗口类
//StudentEvaluationInput.java    用于创建"学生实训评价分析输入"窗口
import java.awt.*;                         import java.text.SimpleDateFormat;
import java.awt.event.ActionListener;        import java.awt.event.*;
import javax.swing.*;               import javax.swing.border.BevelBorder;
package lzw.internalframe;     //该包用于存放系统所有内部窗口类
//StudentEvaluationInput.java 用于创建"学生实训评价分析输入"窗口
public class StudentEvaluationInput extends  JInternalFrame
{  public static   JTextField topic; public static   JTextField time;
   public static   JFormattedTextField date;
   public static   boolean isFirstSendMessage = true;

   private JButton ButtonSubmit,  ButtonReevaluate, ButtonCancel;
   private  int      score;    //学生实训评价分析总分
   private  String grade;    //学生实训评价分析等级
   private JTextField tfScore_1, tfScore_2;
   private JTextField tfGrade_1, tfGrade_2;
   private Checkbox cb11;            private Checkbox cb21;
   private Checkbox cb12;            private Checkbox cb22;
   private Checkbox cb13;            private Checkbox cb23;
   private Checkbox cb14;            private Checkbox cb24;
   private Checkbox cb15;            private Checkbox cb25;

   private Checkbox cb31;            private Checkbox cbe11;
   private Checkbox cb32;            private Checkbox cbe12;
   private Checkbox cb33;            private Checkbox cbe13;
   private Checkbox cb34;            private Checkbox cbe14;
   private Checkbox cb35;            private Checkbox cbe15;

   private Checkbox cbe21;            private Checkbox cbe31;
   private Checkbox cbe22;            private Checkbox cbe32;
```

```
private Checkbox cbe23;            private Checkbox cbe33;
private Checkbox cbe24;            private Checkbox cbe34;
private Checkbox cbe25;            private Checkbox cbe35;


private CheckboxGroup cbg1;        private CheckboxGroup cbge1;
private CheckboxGroup cbg2;        private CheckboxGroup cbge2;
private CheckboxGroup cbg3;        private CheckboxGroup cbge3;
final SimpleDateFormat myfmt = new SimpleDateFormat("h:mm a");
//定义 时:分  am/pm  的时间格式
public StudentEvaluationInput()    /*学生实训评价分析输入界面  构造器*/
{  super();
   this.setTitle("学生课程实训评价分析");// 设置窗体标题——必须
   setBounds(131, 2, 530, 466);// 设置窗体位置和大小——必须
   //设置本窗口的图标
   Toolkit tk = Toolkit.getDefaultToolkit();
   Image image = tk.createImage("src/lzw/FICON.png ");
   this.setFrameIcon(new ImageIcon(image));
   setBackground(new Color(211, 230, 192));//设置窗体的背景色


   // panel_1 面板："基本信息"
   final JPanel panel_1 = new JPanel();
   panel_1.setBorder(new TitledBorder(null, "基本信息",
                     TitledBorder.DEFAULT_JUSTIFICATION,
        TitledBorder.DEFAULT_POSITION, null, Color.BLUE));
   // 为 panel_1 面板加载标题,并设置其颜色为蓝色
   final GridLayout gridLayout = new GridLayout(0, 4);
   gridLayout.setVgap(5);// 设置组件间的垂直间距为 5 像素
   panel_1.setLayout(gridLayout);
   panel_1.setPreferredSize(new Dimension(0, 100));
   panel_1.setBackground(new Color(211, 230, 192));
   getContentPane().add(panel_1, BorderLayout.NORTH);
   //利用边界布局把 panel_1  "基本信息" 加载到本窗体的内容窗格的顶部


   final JLabel Student_name = new JLabel("学生姓名:");
   final JLabel name = new JLabel(/*数据库检索,代码略*/);
   // 得到当前登录用户的用户名
   final JLabel Student_department = new JLabel("      所属部门:");
   final JLabel department = new JLabel(/*数据库检索,代码略*/);
```

```java
final JLabel Student_num = new JLabel("员工号:");
final JLabel num = new JLabel(/* 数据库检索,代码略 */);

final JLabel Student_position = new JLabel("          职务:");
final JLabel position = new JLabel(/* 数据库检索,代码略 */);
final JLabel message_date = new JLabel("自评日期:");

SimpleDateFormat myfmt = new SimpleDateFormat("yyyy-MM-dd");
date = new JFormattedTextField(myfmt.getDateInstance());
date.setBackground(new Color(211, 230, 192));
date.setValue(new java.util.Date());
date.setEnabled(false);

final JLabel direct_leader = new JLabel("          直接领导:");
final JLabel dleader = new JLabel(/* 数据库检索,代码略 */);
panel_1.add(name);                    panel_1.add(Student_name);
panel_1.add(dleader);                 panel_1.add(direct_leader );
panel_1.add(Student_position);        panel_1.add(department);
panel_1.add(num);                     panel_1.add(Student_num);
panel_1.add(message_date);            panel_1.add(position);
panel_1.add(date);                    panel_1.add(Student_department);

// panel_0 面板:"自评内容"
final JPanel panel_0 = new JPanel();//panel_0 面板负责"自评内容"
panel_0.setLayout(new FlowLayout());
panel_0.setPreferredSize(new Dimension(0, 290));
getContentPane().add(panel_0);        // panel_0 被加载到   内容窗格上
panel_0.setBorder(new TitledBorder(null, "自评内容",
            TitledBorder.DEFAULT_JUSTIFICATION,
        TitledBorder.DEFAULT_POSITION, null, Color.BLUE));
panel_0.setPreferredSize(new Dimension(520, 286));
panel_0.setLayout(new GridLayout(1,1));

//----下面生成并加载标签窗格 evaluationPane 到 panel_0
JTabbedPane evaluationPane = createEvaluationPane();
    //利用自定义的方法 createEvaluationPane() 创建评价窗格
evaluationPane.setTabPlacement(JTabbedPane.TOP);
    //设置标签置放位置为顶端
```

```java
        panel_0. add(evaluationPane, BorderLayout. NORTH);


        // panel_2 面板:装载三个按钮("提交"、"重评"、"取消")
        final JPanel panel_2 = new JPanel();
        panel_2. setPreferredSize(new Dimension(0, 40));
        panel_2. setBorder(new BevelBorder(BevelBorder. RAISED));
        getContentPane(). add(panel_2, BorderLayout. SOUTH);


        //panel_2 被定位到内容窗格的底部
        ButtonSubmit = new JButton();       ButtonSubmit. setText("提交");
        ButtonSubmit. addActionListener(new
                Submit_Reevaluate_CloseActionListener());
        // 为"提交"按钮加载事件监听器
        panel_2. add(ButtonSubmit);ButtonSubmit. setVisible(true);


        ButtonReevaluate = new JButton();
        ButtonReevaluate. setText("重评");
        ButtonReevaluate. addActionListener(new
                Submit_Reevaluate_CloseActionListener());
        panel_2. add(ButtonReevaluate);
        ButtonReevaluate. setVisible(true);
        ButtonCancel = new JButton();    ButtonCancel. setText("取消");
        ButtonCancel. addActionListener(new
                Submit_Reevaluate_CloseActionListener());
        panel_2. add(ButtonCancel); ButtonCancel. setVisible(true);
    }

// createEvaluationPane()方法用于创建自评标签面板的
private JTabbedPane createEvaluationPane()// 创建自评标签面板的方法
{   //自评标签面板 共有两页:"勤务态度"和"工作效率"
    JTabbedPane tabbedPane = new JTabbedPane();
    tabbedPane. setFocusable(false);
    tabbedPane. setBackground(new Color(211, 230, 192));
    tabbedPane. setBorder(new BevelBorder(BevelBorder. RAISED));
    //设置标签窗格的边界风格为"凸出"


    // 勤务态度面板:workAttitudePanel
    JPanel workAttitudePanel = new JPanel();
```

```
workAttitudePanel.setBackground(new Color(215, 223, 194));
final FlowLayout flowLayout = new FlowLayout();
flowLayout.setVgap(20);
workAttitudePanel.setLayout(flowLayout);
// 勤务态度面板的布局为流布局管理器
workAttitudePanel.setPreferredSize(new Dimension(0, 70));
JLabel workAttitude_TOP = new JLabel("对本学期 Java 课程实训学习态度的评价
要点");
workAttitude_TOP.setFont(new  Font("黑体", 0, 15));
workAttitude_TOP.setBorder(new
            BevelBorder(BevelBorder.RAISED));
final JLabel workAttitude_GRADE = new JLabel("   优(10)   良(8)" +
            "中(6)  及(4)   差(2)");


workAttitudePanel.add(workAttitude_TOP);
workAttitudePanel.add(workAttitude_GRADE);
final JLabel workAttitude_1 = new JLabel(" A. 严格遵守课程实训制度,有效利用
工作时间;       ");
cbg1 = new CheckboxGroup(); //定义组
cb11 = new Checkbox("        ",cbg1,false);
cb12 = new Checkbox("        ",cbg1,false);
cb13 = new Checkbox("        ",cbg1,false);
cb14 = new Checkbox("        ",cbg1,false);
cb15 = new Checkbox("      ",cbg1,false);
cb11.setLabel("10    ");   cb12.setLabel("8    ");
cb13.setLabel("6"); cb14.setLabel("4");cb15.setLabel("2");
cb11.addItemListener(new ChoiceListener());
cb12.addItemListener(new ChoiceListener());
cb13.addItemListener(new ChoiceListener());
cb14.addItemListener(new ChoiceListener());
cb15.addItemListener(new ChoiceListener());
workAttitudePanel.add(workAttitude_1);
workAttitudePanel.add(cb11); workAttitudePanel.add(cb12);
workAttitudePanel.add(cb13); workAttitudePanel.add(cb14);
workAttitudePanel.add(cb15);
 final JLabel workAttitude_2 = new JLabel("B. 对承担实训项目任务持积极
态度;");
cbg2 = new CheckboxGroup(); //定义组
```

```java
cb21 = new Checkbox("        ",cbg2,false);
cb22 = new Checkbox("        ",cbg2,false);
cb23 = new Checkbox("        ",cbg2,false);
cb24 = new Checkbox("        ",cbg2,false);
cb25 = new Checkbox("     ",cbg2,false);
cb21.setLabel("10    ");cb22.setLabel("8    ");
cb23.setLabel("6");cb24.setLabel("4");cb25.setLabel("2 ");
cb21.addItemListener(new ChoiceListener());
cb22.addItemListener(new ChoiceListener());
cb23.addItemListener(new ChoiceListener());
cb24.addItemListener(new ChoiceListener());
cb25.addItemListener(new ChoiceListener());
workAttitudePanel.add(workAttitude_2);
workAttitudePanel.add(cb21);workAttitudePanel.add(cb22);
workAttitudePanel.add(cb23);workAttitudePanel.add(cb24);
workAttitudePanel.add(cb25);
JLabel workAttitude_3 = new JLabel(" C.善于团队合作、坚守创新开发；");
cbg3 = new CheckboxGroup(); //定义组
cb31 = new Checkbox("        ",cbg3,false);

cb32 = new Checkbox("        ",cbg3,false);
cb33 = new Checkbox("        ",cbg3,false);
cb34 = new Checkbox("        ",cbg3,false);
cb35 = new Checkbox("     ",cbg3,false);
cb31.setLabel("10");cb32.setLabel("8");
cb33.setLabel("6"); cb34.setLabel("4");cb35.setLabel("2");
cb31.addItemListener(new ChoiceListener());
cb32.addItemListener(new ChoiceListener());
cb33.addItemListener(new ChoiceListener());
cb34.addItemListener(new ChoiceListener());
cb35.addItemListener(new ChoiceListener());
workAttitudePanel.add(workAttitude_3);
workAttitudePanel.add(cb31); workAttitudePanel.add(cb32);
workAttitudePanel.add(cb33); workAttitudePanel.add(cb34);
workAttitudePanel.add(cb35);
final JLabel lScore_1 = new JLabel(" 自评总分：");
tfScore_1 = new JTextField(11); tfScore_1.setEditable(false);
tfScore_1.setText(String.valueOf(score));
```

```
    final JLabel lGrade_1 = new JLabel("　自评等级:");
    tfGrade_1 = new JTextField(11);tfGrade_1.setText("　　　");
    tfGrade_1.setEditable(false);
workAttitudePanel.add(lScore_1);workAttitudePanel.add(tfScore_1);
workAttitudePanel.add(lGrade_1);workAttitudePanel.add(tfGrade_1);
    //工作效率面板:workEfficiencyPanel
    JPanel workEfficiencyPanel = new JPanel();// 工作效率面板
    workEfficiencyPanel.setBackground(new Color(215, 223, 194));
    workEfficiencyPanel.setLayout(new
            BoxLayout(workEfficiencyPanel,BoxLayout.X_AXIS));
    final FlowLayout flowLayout1 = new FlowLayout();
    flowLayout1.setVgap(20);
    workEfficiencyPanel.setLayout(flowLayout1);
    workEfficiencyPanel.setPreferredSize(new Dimension(0, 70));
    JLabel workEfficiency_TOP = new JLabel("对本学期 Java 课程实训学习效率的评
价要点");
    workEfficiency_TOP.setFont(new  Font("黑体",  0,15));
    workEfficiency_TOP.setBorder(new
            BevelBorder(BevelBorder.RAISED));
    JLabel workEfficiency_GRADE = new JLabel("　优(10)　良(8)" +
                "中(6)　及(4)　差(2)");
    workEfficiencyPanel.add(workEfficiency_TOP);
    workEfficiencyPanel.add(workEfficiency_GRADE);
    final JLabel workEfficiency_1 = new JLabel(" A. 正确理解项目开发内容,制定适
当项目开发计划;　　　");
    cbge1 = new CheckboxGroup(); //定义组
    cbe11 = new Checkbox("　　",cbge1,false);
    cbe12 = new Checkbox("　　",cbge1,false);
    cbe13 = new Checkbox("　　",cbge1,false);
    cbe14 = new Checkbox("　　",cbge1,false);
    cbe15 = new Checkbox("　",cbge1,false);
    cbe11.setLabel("10　"); cbe12.setLabel("8　");
    cbe13.setLabel("6");cbe14.setLabel("4");cbe15.setLabel("2");

    cbe11.addItemListener(new ChoiceListener());
    cbe12.addItemListener(new ChoiceListener());
    cbe13.addItemListener(new ChoiceListener());
    cbe14.addItemListener(new ChoiceListener());
```

```java
cbe15.addItemListener(new ChoiceListener());
workEfficiencyPanel.add(workEfficiency_1);
workEfficiencyPanel.add(cbe11);workEfficiencyPanel.add(cbe12);
workEfficiencyPanel.add(cbe13);workEfficiencyPanel.add(cbe14);
workEfficiencyPanel.add(cbe15);
JLabel workEfficiency_2 = new JLabel(" B. 不需要实训指导老师详细的指示和
指导;");
cbge2 = new CheckboxGroup(); //定义组
cbe21 = new Checkbox("          ",cbge2,false);
cbe22 = new Checkbox("          ",cbge2,false);
cbe23 = new Checkbox("          ",cbge2,false);
cbe24 = new Checkbox("          ",cbge2,false);
cbe25 = new Checkbox("      ",cbge2,false);
cbe21.setLabel("10   "); cbe22.setLabel("8   ");
cbe23.setLabel("6");cbe24.setLabel("4");cbe25.setLabel("2");
cbe21.addItemListener(new ChoiceListener());
cbe22.addItemListener(new ChoiceListener());
cbe23.addItemListener(new ChoiceListener());
cbe24.addItemListener(new ChoiceListener());
cbe25.addItemListener(new ChoiceListener());
workEfficiencyPanel.add(workEfficiency_2);
workEfficiencyPanel.add(cbe21);workEfficiencyPanel.add(cbe22);
workEfficiencyPanel.add(cbe23);workEfficiencyPanel.add(cbe24);
workEfficiencyPanel.add(cbe25);
JLabel workEfficiency_3 = new JLabel(" C. 能迅速、恰当地处理项目开发中的程序
错误;          ");
cbge3 = new CheckboxGroup(); //定义组
cbe31 = new Checkbox("          ",cbge3,false);

cbe32 = new Checkbox("          ",cbge3,false);
cbe33 = new Checkbox("          ",cbge3,false);
cbe34 = new Checkbox("          ",cbge3,false);
cbe35 = new Checkbox("      ",cbge3,false);
cbe31.setLabel("10");cbe32.setLabel("8");
cbe33.setLabel("6");cbe34.setLabel("4");cbe35.setLabel("2");

cbe31.addItemListener(new ChoiceListener());
cbe32.addItemListener(new ChoiceListener());
```

```
cbe33. addItemListener(new ChoiceListener());
cbe34. addItemListener(new ChoiceListener());
cbe35. addItemListener(new ChoiceListener());
workEfficiencyPanel. add(workEfficiency_3);
workEfficiencyPanel. add(cbe31);workEfficiencyPanel. add(cbe32);
workEfficiencyPanel. add(cbe33);workEfficiencyPanel. add(cbe34);
workEfficiencyPanel. add(cbe35);
final JLabel lScore_2 = new JLabel(" 自评总分:");
tfScore_2 = new JTextField(11);tfScore_2. setText("          ");
final JLabel lGrade_2 = new JLabel("  自评等级:");
tfGrade_2 = new JTextField(11);  tfGrade_2. setText("          ");
tfScore_2. setEditable(false); tfGrade_2. setEditable(false);

workEfficiencyPanel. add(lScore_2);workEfficiencyPanel. add(tfScore_2);
workEfficiencyPanel. add(lGrade_2);workEfficiencyPanel. add(tfGrade_2);
        //把所有设置好了的面板加入到自评内容标签页中
tabbedPane. addTab("学生勤务态度",null,workAttitudePanel,"学生勤务态度");
tabbedPane. addTab("学生工作效率",null,workEfficiencyPanel,"学生工作效率);
        // addTab()方法中四个参数:页标题、图标、组件、页提示
        return tabbedPane;
    }


//ChoiceListener 类为内部类,功能为所有 checkbox 对象的监听器类
  class ChoiceListener implements ItemListener
  { public void itemStateChanged(ItemEvent e)
    {//－－－－以下开始自动评分－－－－－－－－
    int score_1 = 0;   int score_2 = 0;   int score_3 = 0;
       //用于勤务态度面板计分
    int score_4 = 0;   int score_5 = 0;   int score_6 = 0;
       //用于工作效率面板计分
    if(cbg1. getSelectedCheckbox()! = null) //如果 cbg1 单选组有被选中的话
      { score_1 = Integer. parseInt(cbg1. getSelectedCheckbox().
            getLabel(). trim());//把选中的复选框所代表的分值读出 }

    if(cbg2. getSelectedCheckbox()! = null)   //如果 cbg2 单选组有被选中的话
      { score_2 = Integer. parseInt(cbg2. getSelectedCheckbox().
            getLabel(). trim());//把选中的复选框所代表的分值读出   }
    if(cbg3. getSelectedCheckbox()! = null)   //如果 cbg3 单选组有被选中的话
```

```
        { score_3 = Integer. parseInt(cbg3. getSelectedCheckbox().
            getLabel(). trim());//把选中的复选框所代表的分值读出}

if(cbge1. getSelectedCheckbox()! = null)//如果cbge1单选组有被选中的话
        { score_4 = Integer. parseInt(cbge1. getSelectedCheckbox().
            getLabel(). trim());//把选中的复选框所代表的分值读出}
if(cbge2. getSelectedCheckbox()! = null)  //如果cbge2单选组有被选中的话
        { score_5 = Integer. parseInt(cbge2. getSelectedCheckbox().
            getLabel(). trim());//把选中的复选框所代表的分值读出}

if(cbge3. getSelectedCheckbox()! = null)  //如果cbge3单选组有被选中的话
  { score_6 = Integer. parseInt(cbge3. getSelectedCheckbox().
        getLabel(). trim());//把选中的复选框所代表的 分值 读出}

score = score_1 + score_2 + score_3 + score_4 + score_5 + score_6;
tfScore_1. setText(String. valueOf(score));//把score的值转化为 int
tfScore_1. setEditable(false); tfScore_2. setEditable(true);
tfScore_2. setText(String. valueOf(score));
tfScore_1. setEditable(true); tfScore_2. setEditable(false);
    //- - - - - - 以下 开始自动评级 - - - - - -
    int sg = 0;
    if (score< = 60  &&  score>48 )sg = 5;
    if (score< = 48  &&  score>36 )sg = 4;
    if (score< = 36  &&  score>24 )    sg = 3;
    if (score< = 24  &&  score>12 )sg = 2;
    if (score< = 12  &&  score>0 )sg = 1;
    else if (score = = 0)sg = 0;
    switch (sg)
    { case 1: grade = "   差"; break;
      case 2: grade = "   及格"; break;
      case 3: grade = "   中等"; break;
      case 4: grade = "   良好"; break;
      case 5: grade = "   优秀"; break;
      default: grade = "";  break;
    }
    tfGrade_1. setEditable(true);  tfGrade_1. setText(grade);
    tfGrade_1. setEditable(false); tfGrade_2. setEditable(true);
    tfGrade_2. setText(grade);    tfGrade_2. setEditable(false);
```

```
        } }

// TimeActionListener 类为内部类,即系统时间的一个监控器类,用于监控 time 标签
  class TimeActionListener implements ActionListener
    {   public TimeActionListener()
      {   Timer t = new Timer(1000,this);t.start();}
      public void actionPerformed(ActionEvent ae)
      {time.setText(myfmt.format(new java.util.Date()).toString());}
    }
// Submit_Reevaluate_CloseActionListener 类为内部类,即"提交"按钮的监听器
  class Submit_Reevaluate_CloseActionListener implements ActionListener
   {
   public void actionPerformed(final ActionEvent e)
   {   Object obj = e.getSource();
    if ( obj = = ButtonSubmit )// 如果事件源是提交按钮
      {if (   cbg1.getSelectedCheckbox() = = null
        ||cbg2.getSelectedCheckbox() = = null
        ||cbg3.getSelectedCheckbox() = = null
        ||cbge1.getSelectedCheckbox() = = null
        ||cbge2.getSelectedCheckbox() = = null
        ||cbge3.getSelectedCheckbox() = = null )
      { //只要有一个指标没有选择   ,就提示用户
        JOptionPane.showMessageDialog(null,"   请完整地回答各个评价指标!","提
          示!",JOptionPane.INFORMATION_MESSAGE); }
      else
      doEvaluationSubmit();//开始提交用户自评结果。。。
     }
   if ( obj = = ButtonReevaluate ) //如果事件源是重评按钮
    {
    cbg1.setSelectedCheckbox(null);cbg2.setSelectedCheckbox(null);
    cbg3.setSelectedCheckbox(null);cbge1.setSelectedCheckbox(null);
    cbge2.setSelectedCheckbox(null);cbge3.setSelectedCheckbox(null);
    tfScore_1.setEditable(true);     tfScore_1.setText("");
    tfScore_1.setEditable(false);    tfScore_2.setEditable(true);
    tfScore_2.setText("");           tfScore_2.setEditable(false);
    tfGrade_1.setEditable(true);   tfGrade_1.setText("");
    tfGrade_1.setEditable(false);    tfGrade_2.setEditable(true);
    tfGrade_2.setText("");       tfGrade_2.setEditable(false);
```

```
   }
   if (obj = = ButtonCancel ) //如果事件源是取消按钮
      StudentEvaluationInput. this. doDefaultCloseAction();
   }
}
//－－－－－doEvaluationSubmit()方法用于提交用户的自评结果－－－－－－－－
void doEvaluationSubmit()
   {/ * * * * * * * * * * * * * * * * * * * * * * * * * * * * * * * * * * * * * *
      * * 限于篇幅省略了 与本任务无关的数据库部分程序,完整代码可参考附录 * *
      * * * * * * * * * * * * * * * * * * * * * * * * * * * * * * * * * * */}}
```

在 StudentEvaluationInput. java 程序中,注意实现了学生实训评价分析（自评）信息的输入界面,整个界面窗体由三个面板组成,分别是基本信息面板（panel_1）、自评内容面板（panel_0）和按钮面板（panel_2）。

基本信息面板（panel_1）,用于显示当前登录用户的主要个人信息,这些信息都是从数据库中读出的,只供显示而不允许任何编辑操作,其涉及的组件有标签（JLabel）、格式化文本框（JFormattedTextField）以及面板（JPanel）,所有的基本组件都被加载到面板（panel_1）中,而panel_1 面板则利用边界布局管理器被布局在整个窗体的北部（顶部）。

自评内容面板（panel_0）,用于显示所有的评价（自评）信息,panel_0 面板只加载一个标签窗格（JTabbedPane）,该标签窗格又包含两个 Tab 页:“学生勤务态度”和“学生工作效率”,分别从不同的方面提供各三点考核点,而对于每个考核点用户可以在五个等级（优、良、中、及、差）中作出一个选择,当用户作出任一新的选择时,系统都会实时地计算出其自评的分数和相应的等级,系统规定用户必须对所有六个考核点作出完整的评价后才能提交自评结果,否则系统会提示用户继续评价直至完整。其中“学生勤务态度”页加载了面板（workAttitudePanel）,“学生工作效率”页加载了面板（workEfficiencyPanel）,这两个面板加载了所有与考核信息相关的组件,如标签（JLabel）、文本框（JTextField）、单选按钮（Checkbox ＋ CheckboxGroup）。对于两个标签页的构造,程序中利用了一个自定义的方法 createEvaluationPane(),它执行的结果将返回一个 JTabbedPane 对象。在考核点的选择上,要求用户就某一个考核点作出唯一的选择,因此适用单选按钮,可用 JCheckBox（Swing 组件）或者 Checkbox ＋ CheckboxGroup（AWT 组件）,程序中使用了后者。

按钮面板（panel_2）,主要加载三个按钮:“提交”、“重评”和“取消”按钮。系统规定当用户完成所有考核内容的评价后,可以点击“提交”按钮,自评的信息会被提交到后台数据库,这一工作由代码中的 doEvaluationSubmit()方法完成,由于该方法主要实现和数据库相关的操作,与 GUI 设计无关,因此代码中省略了,有需要则可参考附录。“重评”按钮若被点击,则之前所有的考核评价全都清空。需要注意“提交”、“重评”和“取消”三个按钮的事件监听器类为同一个类:Submit_Reevaluate_CloseActionListener,类似的还有所有的单选按钮组件也都采用同一个事件监听器类:ChoiceListener。

7.3 任务3　学生实训评价查询界面设计

7.3.1　目标效果

本任务的目标是允许特定角色用户（如系统管理员等）查询各个班级或学生关于某课程的实训评价信息。用户可以点击系统主窗体中学生业绩考核页中的"学生考核查询"按钮，程序将进入该查询界面。系统提供了多种查询方式满足了点、线、面上的各类查询需求，如可以通过输入学生的学生号或者学生姓名来查询某一学生的实训评价信息；可以通过选择班级名字和课程名来查询该班所有学生某门课程实训的评价信息；可以通过选择学生号的升序/降序或者考核结果的升序/降序来查询全体学生的考核信息。如我们查询软件 151 班 Java 课程实训所有学生的评价信息，其执行的效果如图 7 - 21 所示。

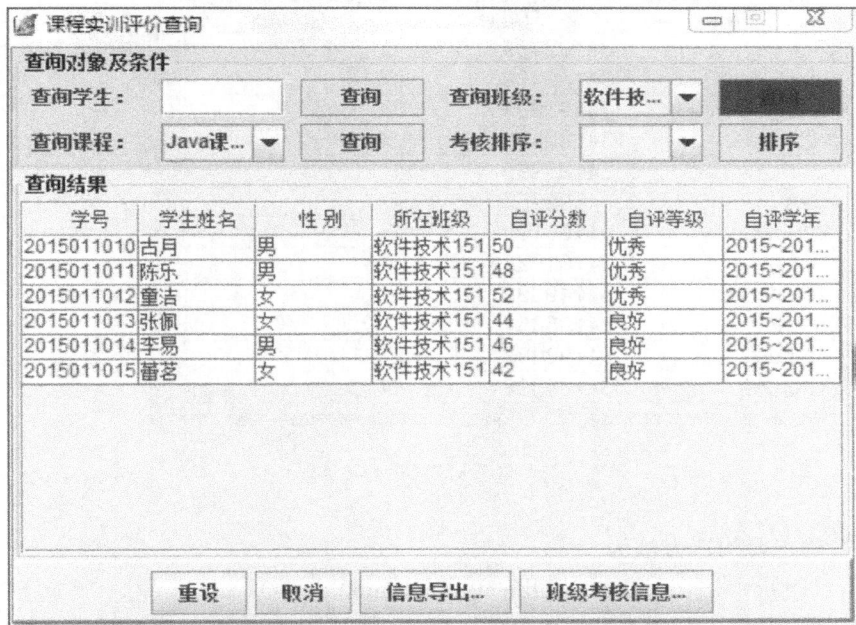

图 7 - 21　学生评价信息查询

本任务主要实现了对学生考核信息的查询及查询结果的显示和保存功能，如何达到目的，需要思考以下的几个问题。

①以什么形式才能较好地展现查询得到的数据结果？

②若查询的结果数据较多，难以在限定的界面内被完全显示，则该如何处理？

以上问题的思考对同学们学习如何实现本任务很有帮助。由于实现过程中，用到了一些新的组件如表格、滚动条等，所以让我们先来认识它们。

7.3.2　必备知识

由于学生考核查询的数据都来源于数据库，以二维关系表的形式存在，所以查询的结果以数据表的形式表现最为合适，此处应用表格组件（JTable）非常合理，它常与滚动窗格组件（JScrollPane）搭配使用以显示大范围数据。

7.3.2.1　表格处理

1. 表格类（JTable）

表格（JTable）类，属于 Swing 组件，用来显示和编辑常规的二维单元表数据，其效果如图7-22 所示。

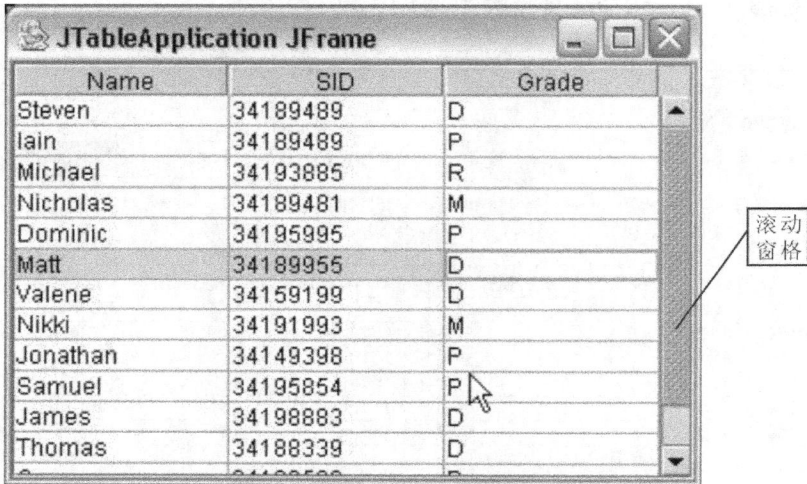

图 7-22　表格

JTabel 类的主要构造方法为：

- JTable(Object[][] rowData, Object[] columnNames)

　构造一个 JTable 来显示二维数组 rowData 的值，列名称为 columnNames。

- JTable(int numRows, int numColumns)：

　用 DefaultTableModel 构造具有 numRows 行和 numColumns 列单元格的表格。

JTable 类的常用方法为：

- void setPreferredScrollableViewportSize(Dimension size)：设置表格视口的首选大小。
- void setGridColor(Color gridColor)：设置表格指定的网格线颜色，并重新显示。
- Object getValueAt(int row, int column)：返回第 row 行和 column 列的单元格值。

7.3.2.2　滚动窗格

滚动窗格类（JScrollPane）允许用户在滚动条内移动滑块以确定显示区域中的内容，其效果如上图 7－22 所示。

JScrollPane 类的主要构造方法为：

- JScrollPane()：建立一个空的 JScrollPane 对象。
- JScrollPane(Component view)：建立一个新的 JScrollPane 对象，当组件内容大于显示区域时会自动产生滚动轴。

JScrollPane 类的常用方法为：

- voidsetViewportView(Component view)：创建视口并设置需显示的组件。
- int setHorizontalScrollBarPolicy(int policy)：返回滚动窗格的水平滚动条策略值。

合法值是：

ScrollPaneConstants. HORIZONTAL_SCROLLBAR_AS_NEEDED

ScrollPaneConstants. HORIZONTAL_SCROLLBAR_NEVER

ScrollPaneConstants. HORIZONTAL_SCROLLBAR_ALWAYS

- void setVerticalScrollBarPolicy(int policy)：确定垂直滚动条何时显示在滚动窗格上。

合法值是：

ScrollPaneConstants. VERTICAL_SCROLLBAR_AS_NEEDED

ScrollPaneConstants. VERTICAL_SCROLLBAR_NEVER

ScrollPaneConstants. VERTICAL_SCROLLBAR_ALWAYS

嵌入 JTable 的 JScrollPane 的典型应用如下：

```
Object[][] data ={  {"章敬 "，"23 "，"国际贸易"},
                    {"许果 "，"22 "，"软件技术"}  };
String  columnNames ={"姓名","年龄","专业"};
JTable table = new JTable(data, columnNames);
JScrollPane spResult = new JScrollPane();
spResult. setViewportView(table);
JPanel panel = new JPanel();
panel. add(spResult);
```

提示　　如果直接将一个 JTable 对象加入到一个容器（Container）中（如 JPanel），它的列名是不会显示的，应该将一个包含 JTable 的 JScrollPane 对象加入到 Container 中，列名才会正确显示。

7.3.3　拓展训练

在 Java 的 GUI 设计中，Swing 较之 ATW 提供了更为丰富的组件，这些新的组件往往具有更好的数据展现性能，如 JTable 等，不妨让我们看看下面程序是如何实现的。

Eg.7_3

```
/ * * * * * * * * * * TableTest. java(基本 GUI 设计程序)* * * * * * * * * * * * */
/ * * * * * * * * * * * * Swing 组件,表格处理 * * * * * * * * * * * * * * * */
import javax. swing. * ; import java. awt. * ; import java. io. * ;
import java. awt. event. * ;import javax. swing. event. * ;
public class TableTest extends JFrame
{ // 主模块,初始化所有子模块,并设置主框架的相关属性
  public TableTest()
   { //初始化所有模块
    //RightPanel rightPanel = new RightPanel();
    CenterPanel centerPanel = new CenterPanel();
    // 设置主框架的布局
    Container c = this. getContentPane();
    c. add(centerPanel,BorderLayout. CENTER);
    // 利用匿名类,增加窗口事件
    this. addWindowListener ( new WindowAdapter()
       {    public void WindowClosing(WindowEvent e)
         {   dispose();          // 释放资源
           System. exit(0);   // 退出程序
         }
       });
    setSize(500,340);          //设置窗体的初始尺寸大小
    setTitle("Swing 常用组件"); //设置窗体的标题
    setLocation(300,150); //设置窗体的初始显示位置
    show();
 }
 class CenterPanel extends JPanel   // 内部类,定义窗体的中间面板
  { public CenterPanel()
    { //定义一个标签位于顶部的标签页
     JTabbedPane tab = new JTabbedPane(JTabbedPane. TOP);
     //定义文本框和文本区组件
     JTextField textField = new JTextField("这是单行文本框");
     JTextPane textPane = new JTextPane();
     textPane. setCursor(new Cursor(Cursor. TEXT_CURSOR));
     //设置文本区内的鼠标样式为 TEXT_CURSOR
     textPane. setText("编辑器,试着点击文本区,试着拉动分隔条。");
```

```
textPane. addMouseListener(new MouseAdapter ()
{　//为文本区增加鼠标事件监听器,以匿名类方式实现
  public void mousePressed (MouseEvent e)
  {
    JTextPane textPane = (JTextPane)e. getSource();
    textPane. setText("编辑器点击命令成功");
  }
});
  //定义分隔条,用于在垂直方向上分割文本框和文本区
JSplitPane splitPane = new JSplitPane(JSplitPane.
              VERTICAL_SPLIT,textField,textPane);
JPanelpane  = new JPanel();//用于"其他演示"  Tab 页
tab. addTab("文本演示",splitPane);
//定义一个表格和一个滚动窗格
JScrollPane scroll = new JScrollPane();　  JTable table;
Object[][] data = {{ "1010","古月","男","软件技术","508","1342341"},
      { "1011","陈乐","男","软件技术","486","1345234523"},
      { "1012","童洁","女","软件技术","525","3457636"},
      { "1013","张佩","女","软件技术","444","5673635"},
      { "1014","李易","男","软件技术","468","25462525"},
      { "1015","蕾茗","女","软件技术","423","5673356"}};
String[] columnNames = {"学 号","姓 名","性 别",
              "专 业","入学分数","联系方式"};
table = new JTable(data, columnNames);
//如果直接将JTable加入一个 container 中它的列名是不会显示的, 必须将
//一个包含 JTable 的 JScrollPane 加入 container,列名才会正确显示
table. setPreferredScrollableViewportSize
              (new Dimension(390, 290));
table. setGridColor(new Color(73,123,93));
scroll. setViewportView(table);
// JScrollPane 中显示 table
scroll. setHorizontalScrollBarPolicy(
      JScrollPane. HORIZONTAL_SCROLLBAR_AS_NEEDED);
//水平方向需要时显示
scroll. setVerticalScrollBarPolicy(//垂直方向总是显示
      JScrollPane. VERTICAL_SCROLLBAR_ALWAYS);
tab. addTab("表格演示", scroll);
```

```
            tab.setPreferredSize(new
Dimension(390,290));//设置标签页的尺寸为390×290像素
this.add(tab);
this.setEnabled(true);
}}
public static void main(String args[])
{
   new   TableTest();  }
   /* 创建窗体实例 */
}
```

本程序在主要应用了 Tab 页及表格(JTable)组件的应用,其效果如图 7-23 所示。此处,表格组件先被装载在一个滚动窗格内,且把该窗格的滚动条设置成垂直方向上总是出现,而水平方向上需要时出现,再把该滚动窗格加载到标签窗格的"表格演示"页中。

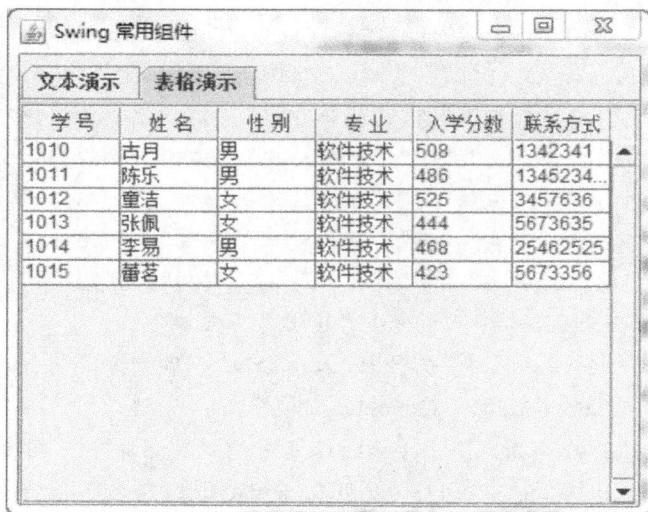

图 7-23　表格及滚动窗格的应用

7.3.4　实现机制

7.3.4.1　学生实训评价查询界面设计任务程序结构

本任务的实现包括 2 个源文件:SIMSFrame.java 和 StudentEvaluationI nquiry.java。它们在 Eclipse 的包(package)视图中的位置如图 7-24 所示。

从上图可知:SIMSFrame.java 是系统主界面文件,它提供系统从主窗口进入学生实训评价查询界面的入口,如图 7-24 所示。StudentEvaluationInquiry.java 文件则是进行学生实训评价查询的窗体文件,属于系统子窗体,所以将其置于系统内部窗体的包(package):

lzw. internalframe 中。

图 7－24　实训评价查询界面设计任务程序结构

学生实训评价信息查询任务执行的过程为：

①用户点击主窗体的"学生实训评价查询"菜单项，进入学生实训评价查询界面；

②在窗体的上部区域为用户提供了"点-线-面"模式的查询，即学生、班级和所有学生的查询。如对某个班级某门课程实训的所有评价查询；

③所有查询结果被显示在表格中，若返回的记录条数太多，则可以通过拖动滚动条来显示。

7.3.4.2　学生实训评价查询界面设计任务程序剖析

本任务中，SIMSFrame. java 程序只涉及调用学生实训评价查询界面，代码只有一句话，完整程序可参考附录，这里我们重点分析 StudentEvaluationInquiry. java 的程序代码，该程序中主要涉及 Swing 新增组件-表格及滚动窗格的应用。

1. StudentEvaluationInquiry. java 代码分析

```
package lzw. internalframe;   //该包用于存放系统所有内部窗口类
/ * StudentEvaluationInquiry. java 用于创建"学生实训评价查询"窗口 * /
import java. awt. * ;import java. text. SimpleDateFormat;
import javax. swing. * ;import javax. swing. border. * ;
import javax. swing. filechooser. FileNameExtensionFilter;
import java. io. * ;
public class StudentEvaluationInquiry extends   JFrame
```

```
{    public static   JTextField topic;
     public static   JTextField time;
     public static   JFormattedTextField date;
     public static    boolean isFirstSendMessage = true;
     private JButton jbSerachDepartment;
     private JButton jbSerachStudent;
     private JButton jbSerachStaff;
     private JButton jbEvaluationSort;
     private JTextField name;private JComboBox dpname;
     private JComboBox staffsearch;private JComboBox sort;
     private JButton ButtonRewrite;
     private JButton ButtonCancel;
     private JButton ButtonExport;
     private JButton ButtonAverage;
     private JTable table;private JScrollPane spResult;
     private String[] columnNames = {"    学号","学生姓名","  性 别","所在班级","
自评分数","自评等级","自评学年"};
     private int depAverageScore;   //班级考核平均分
     private char depAverageGrade;  //班级考核平均等级
Object[][] ob;  /* 若查询到 某个学生的 自评信息，则把他的 相关信息存到一个 Ob-
ject[] 数组 ob 里面 ,ob 是 StudentEvaluation Inquiry 类的成员,也是全局数组 */
final SimpleDateFormat myfmt = new SimpleDateFormat("h:mm a");
public StudentEvaluationInquiry()
{   super();
    this. setTitle("课程实训评价查询");// 设置窗体标题
    setBounds(130, 30, 530, 400); // 设置窗体位置和大小
    //设置本窗口的图标
    Toolkit tk = Toolkit. getDefaultToolkit();
    Imageimage = tk. createImage("src/lzw/FICON. png");
    this. setIconImage(image);
    setBackground(new Color(211, 230, 192));
    /* 使该窗体在 系统主界面 中央显示                      */
    DimensionscreenSize = tk. getScreenSize();   // 获取屏幕的尺寸
    int screenWidth = screenSize. width/2;          // 获取屏幕的宽
    int screenHeight = screenSize. height/2;        // 获取屏幕的高
    int height = this. getHeight();
    int width = this. getWidth();
    this. setLocation(screenWidth - width/2,
```

```
        screenHeight - height/2 + 30);
    /*- - - - - - - - - - - "查询对象及条件"面板- - - - - - - - - - - */
    final JPanel panel_1 = new JPanel();
    //设置第三个面板    panel_1  "查询对象及条件"
      panel_1.setBorder(new TitledBorder(null,"查询对象及条件",
    TitledBorder.DEFAULT_JUSTIFICATION, TitledBorder.DEFAULT_POSITION, null,
Color.BLUE));
    final GridLayout gridLayout = new GridLayout(0, 6);
    //0 表示任何行
    gridLayout.setVgap(5);gridLayout.setHgap(10);
    panel_1.setLayout(gridLayout);
    panel_1.setPreferredSize(new Dimension(0, 80));
    panel_1.setBackground(new Color(211, 230, 192));
    getContentPane().add(panel_1, BorderLayout.NORTH);
    // panel_1  "基本信息" 被加载到内容窗格的顶部
    final JLabel Student_name = new JLabel("  查询学生:");
    panel_1.add(Student_name);
    name = new JTextField();
    name.setToolTipText("请输入(学生名字)或者(学号)");
    panel_1.add(name);
    jbSerachStudent = new JButton("查询");
    jbSerachStudent.addActionListener(new ButtonActionListener());
    panel_1.add(jbSerachStudent);
    final JLabel department_name = new JLabel("  查询班级:");
    panel_1.add(department_name);
    dpname = new JComboBox(); dpname.addItem("");
    dpname.addItem("软件技术 151");dpname.addItem("软件技术 152");
    dpname.addItem("软件技术 153");dpname.addItem("电子商务 151");
    dpname.addItem("电子商务 152");dpname.addItem("动漫 151");
    panel_1.add(dpname);
    jbSerachDepartment = new JButton("查询");
    jbSerachDepartment.addActionListener(new
                                ButtonActionListener());
    panel_1.add(jbSerachDepartment);
    final JLabel search_staff = new JLabel("  查询课程:");
    panel_1.add(search_staff);
    staffsearch = new JComboBox();
    staffsearch.addItem("");
```

```java
staffsearch. addItem("Java 课程实训");
staffsearch. addItem("Web 动态开发课程实训");
staffsearch. addItem("Android 开发课程实训");
panel_1. add(staffsearch);
jbSerachStaff = new JButton("查询");
jbSerachStaff. addActionListener(new ButtonActionListener());
panel_1. add(jbSerachStaff);
final JLabel Evaluation_sort = new JLabel("  考核排序:");
panel_1. add(Evaluation_sort);
sort = new JComboBox();
sort. addItem("");
sort. addItem("按分数升序");
sort. addItem("按分数降序");
panel_1. add(sort);
jbEvaluationSort = new JButton("排序");
jbEvaluationSort. addActionListener(new ButtonActionListener());
panel_1. add(jbEvaluationSort);
//- - - - - - - - - - -添加 "查询结果" 面板- - - - - - - - - - - - -
final JPanel panel = new JPanel();   //设置  panel "查询结果"
panel. setBorder(new TitledBorder(null, "查询结果",
TitledBorder. DEFAULT_JUSTIFICATION, TitledBorder. DEFAULT_POSITION, null,
Color. BLUE));
panel. setPreferredSize(new Dimension(520, 240));
panel. setLayout(new GridLayout(1,1));
getContentPane(). add(panel);
//- - -在   "查询结果" 面板中,放置一个表格控件用来显示查询的结果

Object[][] data = {{" ", " ","","","","",""}};
table = new JTable(data, columnNames);
/ * 如果直接将 JTable 加入一个 container 中它的列名是不会显示的,必须将一个
包含 JTableJScrollPane 加入 container,列名才会正确显示 * /
table. setPreferredScrollableViewportSize(new Dimension(520, 239));
table. setGridColor(new Color(73,123,93));
table. setEnabled(false);
spResult = new JScrollPane();
spResult. setViewportView(table);
//指定在 JScrollPane 中显示  一个 table 对象!!!
panel. add(spResult);
//- - - - - - - - - - - - - - - - - - - - - - - - - - - - - - - - -
```

```java
    final JPanel panel_2 = new JPanel();
    // panel_2  用来装载几个 BUTTON
    panel_2. setPreferredSize(new Dimension(0, 40));
    panel_2. setBorder(new BevelBorder(BevelBorder. RAISED));
    getContentPane(). add(panel_2, BorderLayout. SOUTH);
    //panel_2 被定位到内容窗格的底部
    ButtonRewrite = new JButton();
    ButtonRewrite. setText("重设");
    ButtonRewrite. addActionListener(new
    ButtonActionListener());
    panel_2. add(ButtonRewrite);ButtonRewrite. setVisible(true);
    ButtonCancel = new JButton();ButtonCancel. setText("取消");
    ButtonCancel. addActionListener(new ButtonActionListener());
    panel_2. add(ButtonCancel);
    ButtonCancel. setVisible(true);
    ButtonExport = new JButton();
    ButtonExport. setText("信息导出 ...");
    ButtonExport. addActionListener(new ButtonActionListener());
    panel_2. add(ButtonExport);
    ButtonExport. setVisible(true);
    ButtonExport. setEnabled(false);
    ButtonAverage = new JButton();
    ButtonAverage. setText("班级考核信息 ...");
    ButtonAverage. addActionListener(new
    ButtonActionListener());
    panel_2. add(ButtonAverage);
    ButtonAverage. setVisible(true);
    ButtonAverage. setEnabled(false);
    //让该窗体显示
    setVisible(true);
    setResizable(false);
setDefaultCloseOperation(WindowConstants. DO_NOTHING_ON_CLOSE);
}
//  ButtonActionListener 类为   StudentEvaluationInquiry  类的
//  内部类功能为该窗体所有按钮的监听器类
class ButtonActionListener implements ActionListener
{  Objectobj;
  // obj 用于存放激发按钮事件的具体按钮对象
```

```
public void actionPerformed(final ActionEvent e)
{/* * * * * * * * * * * * * * * * * * * * * * * * * * * * *
  * *限于篇幅省略了 与本任务 无关的数据库部分程序,完整代码可参考附录 *
  * * * * * * * * * * * * * * * * * * * * * * * * * * * * */}
}
private void doItemSearch(String searchType)
{/* * * * * * * * * * * * * * * * * * * * * * * * * * * * *
  * *限于篇幅省略了 与本任务 无关的数据库部分程序,完整代码可参考附录 * *
  * * * * * * * * * * * * * * * * * * * * * * * * * * * * /
}
}
```

在 StudentEvaluationInquiry. java 程序中,实现了学生实训评价信息的查询界面,整个窗体界面由三个面板组成,分别是评价查询条件面板(panel_1)、评价查询结果面板(panel)和按钮面板(panel_2)。

评价查询条件面板(panel_1),用于显示关于学生实训评价查询的条件,包括单个学生信息(查询条件为学号)、班级名称、课程名称等以及评价排序(查询条件为评价成绩的升序或者降序)。该面板中主要由标签(JLabel)、下拉框(JComboBox)和按钮(JButton)等组件构成。

评价查询结果面板(panel),用于显示学生评价查询结果的显示。该面板包含组件:表格(JTable)、滚动窗格(JScrollPane),此处,滚动窗格作为一般容器加载了表格组件,滚动窗格被设置成在垂直和水平方向上需要显示时才显示滚动条。

7.4 任务 4　系统主界面设计

辅助按钮面板(panel_2),包含几个按钮:"重设"、"取消"和"信息导出"等几个功能按钮。

7.4.1　目标效果

本任务的目标是实现系统的主界面,当用户通过系统登录界面的用户名和密码的合法性检查之后,系统将进入主界面,内容布局效果如图 7-25 所示。

任务导引　系统帮助窗体中包含的设计元素较简单,主要涉及主菜单、工具栏和弹出式菜单,但在学习任务的具体实现过程前,有必要先思考以下问题:
①如何有效地把界面中的各类相关命令以菜单的形式组织在一起?
②对于最常用的命令,有何方式比菜单形式更方便地去调用它?
③如何在程序中打开一个完整的帮助文件(CHM 格式)?

系统的主界面窗体元素主要包括主菜单、工具栏、背景图和状态栏,如上图所示。菜单的下方是工具栏,包含三个工具按钮,每一个按钮的功能与某一个菜单项对应,如第一个按钮的功能是显示系统版本信息。

图 7 - 25　系统主界面

7.4.2　必备知识

7.4.2.1　创建主菜单和弹出菜单

1. 菜单栏(JMenuBar)类、菜单类(JMenu)和 菜单项类(JMenuItem)

菜单是一种常用的 GUI 组件,菜单采用的是一种层次结构,最顶层是菜单栏(JMenu-Bar);在菜单栏中可以添加若干个菜单(JMenu),每个菜单中又可以添加若干个菜单项(JMenuItem)、分隔线(Separator),其效果如图 7 - 26 所示。

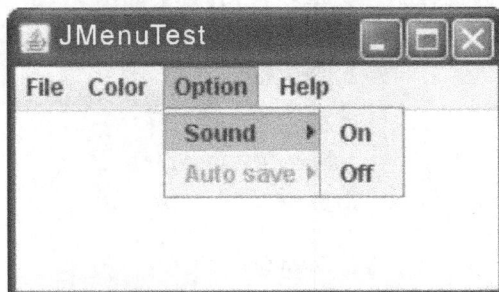

图 7 - 26　菜单

(1)菜单栏(JMenuBar)类

菜单栏(JMenuBar)类的主要构造方法为:

JMenuBar():创建新的菜单栏。

菜单栏(JMenuBar)类的常用方法为：

JMenu add(JMenu c)：将指定的菜单追加到菜单栏的末尾。

(2)菜单(JMenu)类

菜单(JMenu)类的主要构造方法为：

JMenu(String s)：构造一个新 JMenu，并以字符串 s 作为菜单名。

菜单(JMenu)类的常用方法为：

①Component add(Component c)：将某个组件追加到此菜单的末尾。

②JMenuItem add(JMenuItem menuItem)：将某个菜单项追加到此菜单的末尾。

③voiddoClick(int pressTime)：以编程方式执行"单击"菜单项动作。

(3)菜单项(JMenuItem)类

菜单项(JMenuItem)类的主要构造方法为：

①JMenuItem(String text)：创建带有指定文本的 JMenuItem。

②JMenuItem(String text，Icon icon)：创建带有文本和图标的 JMenuItem。

③JMenuItem(String text,int mnemonic)：创建有文本和快捷键 JMenuItem。

菜单项(JMenuItem)类的常用方法为：

setEnabled(boolean b)：启用或禁用菜单项。

菜单相关类的典型应用为：

```
JFrame frame = new JFrame("MenuSample Example");//定义一个窗体
JMenuBar menuBar = new JMenuBar(); //定义一个菜单栏
JMenu fileMenu = new JMenu("File");   //定义一个菜单
menuBar. add(fileMenu);   //把一个菜单加载到菜单栏里
JMenuItem newMenuItem = new JMenuItem("New",´N´);//定义一个菜单项
fileMenu. add(newMenuItem);   //把菜单项加载到一个菜单中
frame. setJMenuBar(menuBar);   //把菜单栏加载到窗体中
```

2. 弹出菜单类(JPopMenu)

弹出菜单(JPopupMenu)是一个当点击鼠标右键时可弹出并显示一系列菜单项的小窗口，它允许用户在这个窗口内选择某一菜单项目，其效果如图 7-27 所示。

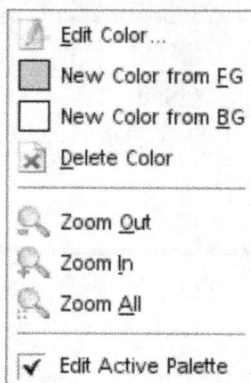

图 7-27 弹出式菜单

JPopupMenu 类的主要构造方法为：

①JPopupMenu()：构造一个缺省的 JPopupMenu。

②JPopupMenu(String label)：构造一个具有指定标题的 JPopupMenu。

JPopupMenu 类的常用方法为：

①setPopupSize(int width，int height)：设置弹出窗口的大小。

②addSeparator( )：将新分隔符添加到菜单的末尾。

弹出菜单类的典型应用为：

```
JPopupMenu popMenu = new JPopupMenu(); //实例化弹出菜单

popMenu. add( new JMenuItem("save"));//向弹出菜单里加载菜单项

popMenu. addSeparator();//向弹出菜单里添加分割条

popMenu. add( new JMenuItem("exit"));
```

7.4.2.2　创建和使用工具栏

1. 工具栏类(JToolBar)

工具栏(JToolBar)类允许用户设置一组与这些菜单选项相对应的快捷按钮，以提高用户的使用效率，效果如图 7 - 28 所示。

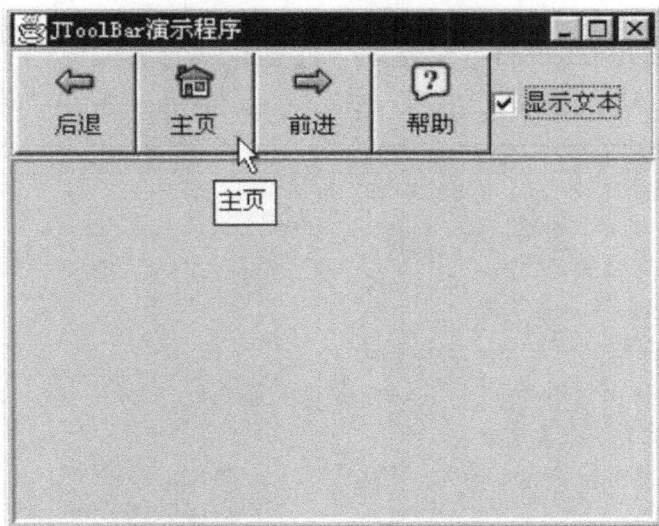

图 7 - 28　工具栏

JToolBar 类的主要构造方法为：

①JToolBar()：创建新的工具栏；默认的方向为 HORIZONTAL。

②JToolBar(String name)：创建一个带标题的工具栏。

③JToolBar (int orientation)：创建具有指定 orientation 的新工具栏，如整型常量 Swing-Constants. VERTICAL。

JToolBar 类的常用方法为：

①Component add(Component comp)：往工具栏中加载组件。

②void setFloatable(boolean b)：设置工具栏是否可以被拖动。

工具栏类的典型应用为：

```
JButton b1 = new JButton(new ImageIcon("/1.gif"));//定义带图标按钮
b1.setToolTipText("the first button in toolbar!");//设置按钮提示
JToolBar toolBar = new JToolBar();//定义工具栏
toolBar.setOpaque(true);//设置工具栏上的按钮都为不透明的显示
toolBar.add(bPrint);//把按钮加载到工具栏上
```

7.4.3 拓展训练

在系统的 GUI 设计过程中，一个主要界面的构成通常会涉及菜单及工具栏，让我们来了解下面的程序是如何把菜单元素和工具栏组织在一个窗体中的。

Eg.7_4

```
/ * * * * * * * MenuFrameTest.java(基本 GUI 设计程序) * * * * * * * * * * * * */
/ * * * * * * * * * Swing 菜单和工具栏 文处理 * * * * * * * * * * * * * * */
import java.awt. * ; java.awt.event. * ;   import javax.swing. * ;
import javax.swing.table. * ; import javax.swing.border.BevelBorder;
class MenuFrame extends JFrame
  { publicMenuFrame() //MyFrame 构造方法
    { setTitle("菜单工具栏示例");   setSize(300,200);
     setLocation(100,100);
     //创建及添加一个菜单栏
     JMenuBar menuBar = new JMenuBar();
     setJMenuBar(menuBar);      //为窗体设置菜单栏
     //创建及添加两个主菜单
     JMenu fileMenu = new JMenu("File");   //创建主菜单"File"
     JMenu editMenu = new JMenu("Edit");   //创建主菜单"Edit"
     menuBar.add(fileMenu);menuBar.add(editMenu); //添加主菜单
     //为"File"主菜单创建及添加子菜单
     JMenu openMenu = new JMenu("Open");     //Open 是一个级联子菜单
     openMenu.add(new JMenuItem("TxtFile"));
     JMenuItem javaFileItem = new JMenuItem("JavaFile");
     openMenu.add(javaFileItem);
     fileMenu.add(openMenu);        //为 File 主菜单添加级联子菜单 Open
```

```
fileMenu. add(new JMenuItem("Save"));
//为 File 主菜单添加一个子菜单 Save
//为"Edit"主菜单创建及添加子菜单
editMenu. setMnemonic('E');//设置助记符
//新建 3 个不同的菜单项
editMenu. add(new JMenuItem("Copy"));
ImageIcon icon = new ImageIcon("C:/note. gif");
editMenu. add(new JMenuItem("Paste", icon));
editMenu. add(new JMenuItem("Search", 'S'));
editMenu. addSeparator();//新建一条分隔线
JMenuItem gp = new JMenuItem("Group");
gp. setAccelerator(KeyStroke. getKeyStroke(KeyEvent. VK_G,
        InputEvent. CTRL_MASK)); //为 Group 菜单项增加快捷键
editMenu. add(gp);
//添加工具栏
JButton bSave = new JButton(new ImageIcon("C:/file. gif"));
bSave. setBorder(new BevelBorder(BevelBorder. RAISED));
JButton bExit = new JButton(new ImageIcon("C:/back. gif"));
bExit. setBorder(new BevelBorder(BevelBorder. RAISED));
bExit. setToolTipText("Open Help File");
JToolBar toolBar = new JToolBar();
toolBar. setBackground(new Color(190,210,250));
toolBar. setOpaque(true);//设置工具栏上的组件为不透明
toolBar. add(bSave);              toolBar. add(bExit);
this. getContentPane(). add(toolBar,BorderLayout. NORTH);
//添加弹出菜单
JPopupMenu jPopupMenuOne = new JPopupMenu() //创建 JPopupMenu 对象
JMenuItem contact = new JMenuItem("Contact ... ");
JMenuItem edition = new JMenuItem("Edition ... ");
jPopupMenuOne. add(contact);//将 contact 添加到 jPopupMenuOne 中
jPopupMenuOne. add(edition);//将 edition 添加到 jPopupMenuOne 中
//创建监听器对象
MouseListener popupListener = new PopupListener(jPopupMenuOne);
this. addMouseListener(popupListener);//向窗口注册监听器
}//构造方法结束
//添加内部类,其扩展了 MouseAdapter 类,用来处理鼠标事件
```

```
class PopupListener extends MouseAdapter
{  JPopupMenu popupMenu;
   PopupListener(JPopupMenu popupMenu)
     {  this.popupMenu = popupMenu;     }
   public void mousePressed(MouseEvent e) //监听鼠标按下的动作
     {  showPopupMenu(e);  }
   public void mouseReleased(MouseEvent e) //监听鼠标释放的动作
     {  showPopupMenu(e);  }
   private void showPopupMenu(MouseEvent e)
      {   if (e.isPopupTrigger())
       {//如果当前事件与鼠标事件相关,则弹出菜单
       popupMenu.show(e.getComponent(),e.getX(),e.getY());
       }          }//结束 showPopupMenu
   } //结束内部类 PopupListener
 } //结束类 MenuFrame
public class MenuFrameTest // MenuFrame 的测试类
{ public static void main(String[] args)
  { JFrame frame = new MenuFrame();      frame.setVisible(true);  }}
```

在 MenuFrameTest.java 中,主要实现了对菜单、子菜单、工具栏和弹出式菜单的应用,其效果如图 7-29 所示。

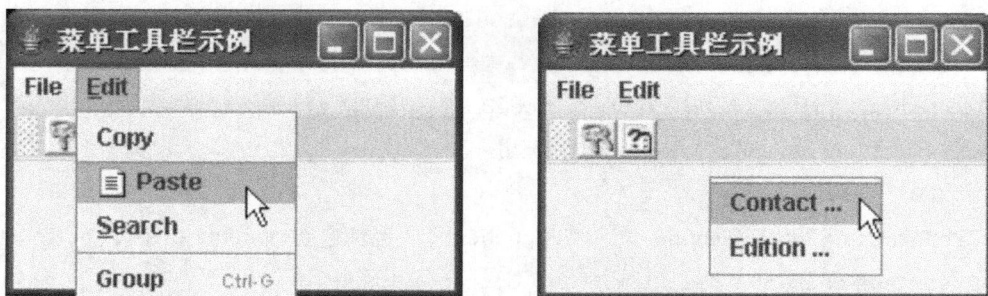

图 7-29　菜单及工具栏

7.4.4　实现机制

7.4.4.1　系统主界面设计任务程序结构

本任务的实现包括源文件:SIMSFrame.java。它在 Eclipse 的包(package)视图中位置如图 7-30 所示。

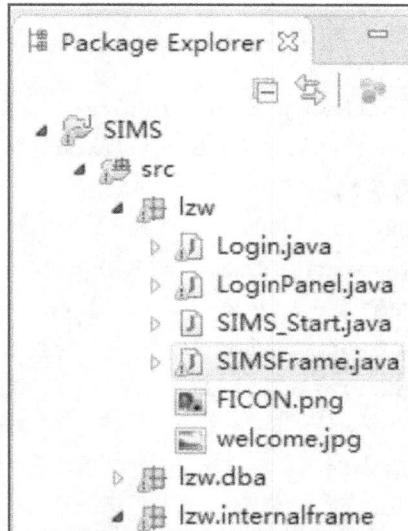

图 7-30　系统主界面设计任务程序结构

7.4.4.2　系统主界面设计任务程序剖析

本任务的程序主要涉及菜单和工具栏的实现，相对简单。

1. SIMSFrame.java 代码分析

```
package lzw;//  lzw 包用于存放主界面类(SIMSFrame.java)
import java.awt. * ;import java.awt.event. * ;
import java.io.IOException;import java.text.SimpleDateFormat;
import javax.swing. * ;import javax.swing.border.BevelBorder;
import lzw.internalframe. * ;
public class SIMSFrame extends JFrame {
  / * * SIMSFrame 类为系统主界面 类   * /
  private JLabel backLabel;
  public static  JFormattedTextField date;
  final SimpleDateFormat myfmt = new SimpleDateFormat("h:mm a");
  private  JToolBar toolBar;
  private  JToolBar statusBar = new JToolBar();
  / * 系统主界面类构造器 * /
  public SIMSFrame()
  {  setTitle("SIMS 学生信息管理系统");
    //设置主窗口的图标
    Toolkit tk = Toolkit.getDefaultToolkit();
    Imageimage = tk.createImage("src/lzw/FICON.png");
```

```
    /* aeim.gif 是你的图标 */
    this.setIconImage(image);
    this.getContentPane().setBackground(new Color(45,45,60));
    this.getContentPane().setLayout(new BorderLayout());
    //设置主窗体为边界布局管理
    this.setBounds(100, 100, 800, 600);
    this.setDefaultCloseOperation(JFrame.EXIT_ON_CLOSE);
    /* 使主窗体在 屏幕 中央显示 */
    Dimension screenSize = tk.getScreenSize();    // 获取屏幕的尺寸
    int screenWidth = screenSize.width/2;          // 获取屏幕的宽
    int screenHeight = screenSize.height/2;        // 获取屏幕的高
    int height = this.getHeight();
    int width = this.getWidth();
    this.setLocation(screenWidth - width/2, screenHeight - height/2);
    updateBackImage(); // 更新或初始化背景图片
    this.getContentPane().add(backLabel,BorderLayout.CENTER);
    //下面添加 系统主界面的菜单
    JMenuBar mbMainmenu = new JMenuBar();//创建菜单栏
    mbMainmenu.setBorder(BorderFactory.createBevelBorder
    (BevelBorder.RAISED));
    mbMainmenu.setBackground(new Color(50,30,60));
    JMenu basicInformationManage = new JMenu("学生基本信息管理(B)");
    basicInformationManage.setBackground(new Color(45,45,60));
    basicInformationManage.setFont(new Font("微软雅黑",
    Font.BOLD,15));
    basicInformationManage.setForeground(Color.white);
    JMenuItem newStudent = new JMenuItem("添加新学生(N)...");
    newStudent.setFont(new Font("微软雅黑",Font.BOLD,14));
    newStudent.setBackground(new Color(200,200,200));
    newStudent.setForeground(new Color(50,80,100));
  newStudent.addActionListener(new m_newStudent_ActionListener());
    JMenuItem classSearch = new JMenuItem("班级信息查询(S)...");
    classSearch.setFont(new Font("微软雅黑",Font.BOLD,14));
    classSearch.setBackground(new Color(200,200,200));
    classSearch.setForeground(new Color(50,80,100));
classSearch.addActionListener(new m_classSearch_ActionListener());
    JMenuItem exit1 = new JMenuItem("退出(E)");
    exit1.setFont(new Font("微软雅黑",Font.BOLD,14));
    exit1.setBackground(new Color(200,200,200));
```

```
exit1. setForeground(new Color(50,80,100));
basicInformationManage. add(newStudent);
basicInformationManage. add(classSearch);
basicInformationManage. add(exit1);
mbMainmenu. add(basicInformationManage);
JMenuscoreInformationManage = new JMenu("成绩信息管理(S)   ");
scoreInformationManage. setBackground(new Color(45,45,60));
scoreInformationManage. setForeground(Color. white);
scoreInformationManage. setFont(new Font("微软雅黑",Font. BOLD,15) );
JMenuItemscoreInput = new JMenuItem("学生课程成绩录入...");
scoreInput. setFont(new Font("微软雅黑",Font. BOLD,14) );
scoreInput. setBackground(new Color(200,200,200));
scoreInput. setForeground(new Color(50,80,100));
JMenuItemscoreToGrade = new JMenuItem("学生实训评价分析...");
scoreToGrade. setFont(new Font("微软雅黑",Font. BOLD,14) );
scoreToGrade. setBackground(new Color(200,200,200));
scoreToGrade. setForeground(new Color(50,80,100));
scoreToGrade. addActionListener(new m_scoreToGrade_ActionListener());
JMenuItemscoreAnalysis = new JMenuItem("学生实训评价查询...");
scoreAnalysis. setFont(new Font("微软雅黑",Font. BOLD,14) );
scoreAnalysis. setBackground(new Color(200,200,200));
scoreAnalysis. setForeground(new Color(50,80,100));
scoreAnalysis. addActionListener(new
                m_scoreAnalysis_ActionListener());
scoreInformationManage. add(scoreInput);
scoreInformationManage. add(scoreToGrade);
scoreInformationManage. add(scoreAnalysis);
mbMainmenu. add(scoreInformationManage);
JMenusystemHelper = new JMenu("系统帮助(H)   ");//一级菜单3
systemHelper. setBackground(new Color(45,45,60));
systemHelper. setForeground(Color. white);
systemHelper. setFont(new Font("微软雅黑",Font. BOLD,15) );
JMenuItemcontactUs = new JMenuItem("联系我们...");
contactUs. setFont(new Font("微软雅黑",Font. BOLD,14) );
contactUs. setBackground(new Color(200,200,200));
contactUs. setForeground(new Color(50,80,100));
JMenuItemaboutSIMS = new JMenuItem("关于 SIMS...");
aboutSIMS. setFont(new Font("微软雅黑",Font. BOLD,14) );
```

```java
aboutSIMS. setBackground(new Color(200,200,200));
aboutSIMS. setForeground(new Color(50,80,100));
systemHelper. add(contactUs);
systemHelper. add(aboutSIMS);
mbMainmenu. add(systemHelper);
this. setJMenuBar(mbMainmenu);
//下面加载系统主界面的工具栏

JButton bAdd = new JButton(new ImageIcon
                    ("res/ActionIcon/1. gif"));
bAdd. setBorder(new BevelBorder(BevelBorder. RAISED));
bAdd. setToolTipText("添加新学生");
bAdd. addActionListener(new m_newStudent_ActionListener());
JButtonbInput = new JButton(new ImageIcon
                    ("res/ActionIcon/2. gif"));
bInput. setBorder(new BevelBorder(BevelBorder. RAISED));
bInput. setToolTipText("学生实训评价分析");
bInput. addActionListener
                    (new m_scoreToGrade_ActionListener());
JButtonbSearch = new JButton(new
                ImageIcon("res/ActionIcon/3. gif"));
bSearch. setBorder(new BevelBorder(BevelBorder. RAISED));
bSearch. addActionListener
                    (new m_scoreSearch_ActionListener());
bSearch. setToolTipText("学生实训评价查询");

toolBar = new JToolBar();
toolBar. setBackground(new Color(45,45,60));
toolBar. setOpaque(true);//设置工具栏上的组件不透明
toolBar. add(bAdd);
toolBar. add(bSearch);
toolBar. add(bInput);
this. getContentPane(). add(toolBar,BorderLayout. NORTH);
// 下面加载系统状态栏
statusBar. setBackground(new Color(45,45,60));
statusBar. setOpaque(true);
SimpleDateFormat myfmt = new SimpleDateFormat("yyyy - MM - dd");
date = new JFormattedTextField(myfmt. getDateInstance());
```

```java
    date. setValue(new java. util. Date());
    date. setEnabled(false);
    date. setBorder(null);
    date. setForeground(Color. white);
    date. setBackground(new Color(45,45,60));
    statusBar. add(date);
    this. getContentPane(). add(statusBar,BorderLayout. SOUTH);
    //把状态栏加载到内容窗格的底部,即为系统的状态栏
    this. setVisible(true);
}

    //－－－－ 更新背景图片的方法
    private void updateBackImage() {//用于更新主窗体的背景图片
    backLabel = new JLabel();// 背景标签
    backLabel. setVerticalAlignment(SwingConstants. TOP);
    backLabel. setHorizontalAlignment(SwingConstants. CENTER);
    if (backLabel ! = null)
    {   int backw = this. getWidth();
      int backh = this. getHeight();
      backLabel. setSize(backw, backh);
      backLabel. setText( "<html><body><image width = '" + backw
                + "' height = '" + (backh - 110) + "' src = "
                + SIMSFrame. this. getClass(). getResource("welcome. jpg")
                + "' ></img></body></html>");
    statusBar. add(backLabel);
    }
}
//－－添加新学生菜单项事件
class m_newStudent_ActionListener implements ActionListener
{   //"添加新学生"菜单项事件
   public void actionPerformed(final ActionEvent e) {
     new StudentInput();//创建"添加学生基本信息"窗体
   }
}
//－－班级查询菜单项事件
class m_classSearch_ActionListener implements ActionListener
{   //"班级查询"菜单项事件
     public void actionPerformed(final ActionEvent e) {
       new ClassSearch();//创建"班级查询"窗体
```

```
        }
    }
//－－学生课程实训评价分析菜单项事件
class m_scoreAnalysis_ActionListener implements ActionListener
{   //"学生课实训评价分析"菜单项事件
    public void actionPerformed(final ActionEvent e) {
        new StudentEvaluationInput();//创建"学生课程实训评价分析"窗体
    }
}
//－－学生课程实训评价查询菜单项事件
class m_scoreSearch_ActionListener implements ActionListener
{   //"学生实训评价查询"菜单项事件
    public void actionPerformed(final ActionEvent e) {
        new StudentEvaluationInquiry();//创建"实训评价查询"窗体
    }
}
}
```

　　SIMSFrame.java 程序中主要实现了对系统主界面的设计，该程序中需要注意的是工具栏的实现和状态栏的实现都是基于 Jtoolbar 栏，实现的技术区别是把其置于内容窗格的顶部还是底部。此外，工具栏上常用功能按钮与某一菜单项的点击效果一样，都是开启一个功能窗体，所以可以响应同一个事件，即加载同一个事件监听器。

一项目总结　　"系统 GUI 设计"项目中主要实现了四个任务，即系统登录界面设计、学生实训评价分析界面设计、学生实训评价查询界面设计、系统主界面设计，每个任务实现的主要技术如下：

　　任务一：系统登录界面设计　　实现系统登录界面，为用户提供系统登录帐号和登录密码的输入机会，以检查登录用户身份的合法性。当用户通过身份的合法性检查，则程序进入系统的主界面，若没有通过，系统则会弹出出错信息对话框。实现过程涉及到 Swing 容器组件（JFrame、JPanel）和基本组件（JButton、JTextField）以及窗体元素的布局管理。在这一任务中，主要向读者介绍 Java GUI 设计的基础，即窗体界面基本元素的搭配和布局。

　　任务二：学生实训评价分析界面设计　　实现系统中学生评价（自评）数据的输入界面，评价标准主要涉及两方面：学生实训的勤务态度和工作效率，当用户对两个方面 6 个指标全部作了自我评价后，系统会实时计算评价的分数和相应的等级，实现过程涉及到众多 Swing 组件（如 JTabbedPane、JLabel、JFormattedTextField 等），以及各组件的事件处理。

任务三：学生实训评价查询界面设计　实现系统中学生实训评价信息的查询界面，查询的对象主要是某班级某课程所有学生的评价信息。实现过程涉及到一些 Swing 组件（如 JTable、JScrollPane 等）及其事件处理。

任务四：系统主界面设计　实现系统的主界面，在主界面中以主流的菜单栏＋工具栏＋状态栏的组合形式设计整个界面，用户可以在菜单及工具栏中点击最常用的功能项，进入相应的子窗体。状态栏则显示了相关的系统信息。

一知识归纳　在本项目中我们学习了如何进行系统的 GUI 设计。主要的知识点如下：

①Java 的图形界面元素，根据其在界面中所起的作用可以分成两类：即组件（Component）和容器（Container）。

②组件（Component），是指一个可以以图形化的方式显示在屏幕上并能与用户进行交互的对象，例如一个按钮。

③Java 中所有的组件直接或间接地继承于组件类，即 Component 类。Component 类中封装了组件通用的方法和属性，如图形组件对象的大小、显示位置、前景色和背景色、边界、可见性等。

④容器（Container），是指能够存放组件的组件，它可以容纳多个组件，并使它们成为一个整体。

⑤Java 中所有的容器直接或间接地继承于容器类，即 Container 类。实质上，容器本身也是一个组件。

⑥布局管理器（LayoutManager）负责 Java 中对组件的位置管理。常见的布局管理器有：FlowLayout、BorderLayout、GridLayout 和 CardLayout。

⑦AWT 是 Java GUI 设计的基础，Swing 是 AWT 的有效扩展。

⑧AWT 组件基本都属于重质组件（weight component），即组件效果紧密的依赖于系统平台；Swing 组件属于轻质组件（light component），即组件效果完全独立于系统平台。

⑨容器通分为两类：顶级容器和普通容器。顶级容器，是指不允许将其包含于其他容器的容器，如窗口（JFrame），普通容器，是指其可以容纳其他小组件，如面板（JPanel）。

⑩对话框根据其显示模式的不同则可以分为模态对话框和非模态对话框。

⑪最常用的选项对话框（JOptionPane），实现了普通信息显示、问题提出并确认、用户输入参数等功能。

⑫Swing 的普通组件不能直接添加到顶级容器中，必须先添加将其到一个与 Swing 顶层容器相关联的内容面板（content pane）上。

⑬Java 对于组件采用了一种名为"事件授权模型"的事件处理机制，其四要素为：事件（Event）、事件源（Event source）、事件处理器（Event handler）和事件服务方法（Event service method）。

⑭总体上，Swing 的事件处理机制继续沿用 AWT 的事件授权模型，但也增加一些新的事件和接口。

⑮事件适配器（EventAdapter），即一个实现了事件监听接口的类，但它在实现中未写入任何代码。事件适配器应用的目的就是避免让程序员去实现接口中的每一个抽象方法，而只需要实现自己所需要的方法。

⑯表格（JTable）类，属于 Swing 组件，可以有效地显示和编辑常规的二维单元表数据。

⑰滚动窗格类（JScrollPane）允许用户在滚动条内移动滑块以确定显示区域中的内容。

⑱对菜单的实现涉及到菜单栏（JMenuBar）类、菜单类（JMenu）和菜单项类（JMenuItem）和弹出菜单类（JPopMenu）。

⑲工具栏（JToolBar）类允许用户设置一组与这些菜单选项相对应的快捷按钮，以提高用户的使用效率。

一 知识巩固

在本项目中我们学习了如何进行系统的 GUI 设计。主要的知识点如下。

一、填空题

1. Object 类是 Java 所有类的_____。
2. Java 中包含各个组件类的常见包是_____包和_____包。
3. Java 中的容器包括_____、_____和_____。
4. 编写事件监听器的时候，采用_____和_____编写可以很容易实现。
5. 二维关系型数据的显示可以用_____。

二、选择题

1. Window 是宣示屏上独立的本机窗口，它独立于其他容器，Window 的两种形式是（　　）。
   A. JFrame 和 Jdialog
   B. JPanel 和 JFrame
   C. Container 和 Component
   D. LayoutManager 和 Container
2. 框架（Frame）的缺省布局管理器就是（　　）。
   A. 流程布局（Flow Layout）
   B. 卡布局（Card Layout）
   C. 边框布局（Border Layout）
   D. 网格布局（Grid Layout）
3. java.awt 包提供了基本的 java 程序的 GUI 设计工具，包含控件、容器和（　　）。
   A. 布局管理器
   B. 数据传送器
   C. 图形和图像工具
   D. 用户界面构件
4. 事件处理机制能够让图形界面响应用户的操作，主要包括（　　）。
   A. 事件
   B. 事件处理
   C. 事件源
   D. 以上都是

5. 抽象窗口工具包(　　)是 java 提供的建立图形用户界面 GUI 的开发包。

    A. AWT   B. Swing

    C. Java. io   D. Java. lang

6. 关于使用 Swing 的基本规则,下列说法正确的是(　　)。

    A. Swing 构件可直接添加到顶级容器中   B. 要尽量使用非 Swing 的重要级构件

    C. Swing 的 JButton 不能直接放到 Frame 上   D. 以上说法都对

7. (　　)布局管理器使容器中各个构件呈网格布局,平均占据容器空间。

    A. FlowLayout   B. BorderLayout

    C. GridLayout   D. CardLayout

8. 监听事件和处理事件(　　)。

    A. 都由 Listener 完成   B. 都由相应事件 Listener 处注册过的组件完成

    C. 由 Listener 和组件分别完成   D. 由 Listener 和窗口分别完成

9. 下列哪个不属于容器组件(　　)。

    A. JFrame   B. JButton

    C. JPanel   D. Japplet

10. 下面哪个语句是正确的(　　)。

    A. Object o＝new JButton("A")   B. JButton b＝new Object("B")

    C. JPanel p＝new JFrame()   D. JFrame f＝new JPanel()

三、简答题

1. 什么是 GUI 设计？其特点是什么？

2. 简述 Java 的事件处理机制。什么是事件源？什么是监听者？在 Java 的图形用户界面中,谁可以充当事件源？谁可以充当监听者？何谓抽象类和抽象方法,它们的作用是什么,请举例说明？

3. 可以把一个 JTable 组件直接置于一个 JPanel 组件上用于显示数据吗？若不行,为什么？怎么改善？

4. AWT 包中的组件与 Swing 包中组件的区别是什么。

5. 工具栏和状态栏通常如何实现,会用到什么组件？

一项目实训

1. 实训目标

①掌握基本 GUI 部件的使用。

②理解并掌握 GUI 事件驱动的程序设计。

③理解并掌握 MVC(模型－视图－控制器)模式。

2. 编程要求

    用 Eclipse 编写 Java 程序代码,实现应用程序指定的功能,程序代码格式整齐规范、便于阅读,程序注释规范、简明易懂。

3. 实训内容

①采用 Swing 组件编程实现如下界面。

②在 JFrame 中加入 1 个文本框，1 个文本区，每次在文本框中输入文本，回车后将文本添加到文本区的最后一行。

③在 JFrame 中加入 2 个复选框，显示标题为"学习"和"玩耍"，根据选择的情况，分别显示"玩耍"、"学习"、"劳逸结合"。

项目8　走进 ACM 程序设计竞赛

项目创设

　　ACM 程序设计竞赛是世界上公认的规模最大、水平最高的国际性大学生程序设计竞赛，竞赛旨在展示大学生创新能力、团队精神和在压力下编写程序、分析和解决问题的能力。

　　本项目将通过一个任务使大家走进 ACM 程序设计竞赛的世界，初步展示竞赛风貌，这个任务是：ACM 程序设计竞赛在线评测平台应用。通过学习这个任务的实现过程，学习者应该了解 ACM 程序设计竞赛发展的历史和现状、竞赛模式、掌握如何提交程序、理解程序提交后的错误提示以便更新程序、掌握通过查询功能回顾自己以往的程序。本项目的技能目标如图 8-0 所示。

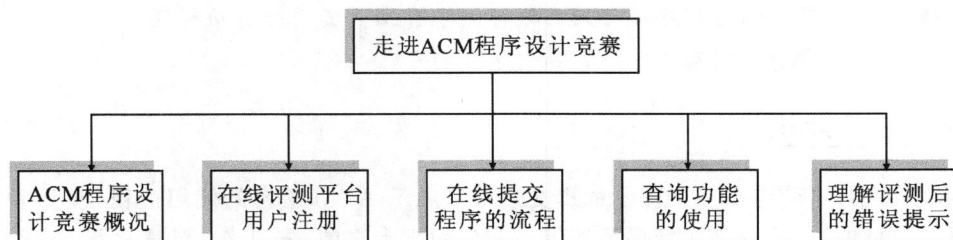

图 8-0　走进 ACM 程序设计竞赛项目技能目标

学习目标

　　通过本项目的开发和训练，读者应该实现如下的学习目标：

➤ 了解 ACM 程序设计竞赛的历史和发展现状、理解竞赛模式。

➤ 掌握在线评测平台的用户注册。

➤ 掌握在线提交程序的流程，基于在线平台对程序进行评测正确性。

➤ 掌握程序评测后的错误提示，以提示为依据修正程序代码。

➤ 掌握在线评测平台的查询功能，查找历史数据。

8.1 任务 1　ACM 程序设计竞赛在线评测平台应用

8.1.1　目标效果

　　ACM 程序设计竞赛的在线评测平台能够对完成的题目程序进行自动的评判正确与否，作为初步认识 ACM 程序设计这个世界，完成一个题目的程序并进行提交判断，是这个阶段的初步要求。

　　本任务要求使用 ACM 程序竞赛的在线评测平台完成在线平台上样题的提交，最终实现的效果，如图 8-1 所示。

Run ID	Submit Time	Judge Status	Problem ID	Language	Run Time(ms)	Run Memory(KB)	User Name
4061462	2015-08-31 10:39:04	Accepted	1001	C	0	168	zjiet

图 8-1　样题提交 Accepted

　　ACM 在线评测平台的熟练使用是进行竞赛训练的基础，为确保对平台有一个大致的了解，需要思考以下几个问题。

　　①在线评测平台的用户是如何注册的？

　　②如何将程序提交到在线评测平台上让其进行自动判题？

　　③自动判题的结果是如何呈现的？

8.1.2　必备知识

　　在本项目中，我们将以一个样题的提交过程来展示 ACM 平台的使用过程，涉及平台用户注册、程序题目提交、平台判题结果反馈等。在使用平台之前，先对 ACM 程序设计的历史、竞赛模式等进行说明。

8.1.2.1　认识 ACM 程序设计竞赛

1. 竞赛历史

　　ACM 国际大学生程序设计竞赛（ACM International Collegiate Programming Contest，简称 ACM/ICPC），是由美国计算机协会（Association of Computing Machinery，简称 ACM）主办的，世界上公认的规模最大、水平最高的国际大学生程序设计竞赛，竞赛旨在展示大学生创新能力、团队精神和在压力下编写程序、分析和解决问题的能力。

　　ACM 国际大学生程序设计竞赛的历史可以上溯到 1970 年，至 2012 年已举办了 37 届，当时在美国德克萨斯 A&M 大学举办了首届比赛，作为一种全新的发现和培养计算机科学顶尖学生的方式，竞赛很快得到美国和加拿大各大学的积极响应。1977 年，该项竞赛被分为两个级别——区域赛和总决赛，在 ACM 计算机科学会议期间举办了首次总决赛，这便是现代 ACM 竞赛的开始，并演变成为一年一届的多国参与的国际性比赛。

最初几届比赛的参赛队伍主要来自美国和加拿大,后来逐渐发展成为一项世界范围内的竞赛。1997 年,IBM 成为竞赛的赞助方使得赛事规模增长迅速,1997 年总共有来自 560 所大学的 840 支队伍参加比赛,而到了 2004 年,这一数字迅速增加到 840 所大学的 4109 支队伍并以每年 10～20％的速度在增长。

在赛事的早期,冠军多被美国和加拿大的大学获得。而从 20 世纪 90 年代后期以来,俄罗斯和其他一些东欧国家的大学连夺数次冠军。来自中国大陆的上海交通大学代表队则在 2002 年美国夏威夷的第 26 届、2005 年上海的第 29 届和 2010 年在哈尔滨的第 34 届的全球总决赛上三夺冠军,浙江大学参赛队在美国当地时间 2011 年 5 月 30 下午 2 时结束的第 35 届 ACM 国际大学生程序设计竞赛全球总决赛荣获全球总冠军,成为除上海交通大学之外另一获得 ACM 国际大学生程序设计竞赛全球总决赛冠军的亚洲高校。

2. 竞赛组织和竞赛规则

ACM/ICPC 由各大洲区域预赛和全球总决赛两个阶段组成。各预赛区第一名自动获得参加全球总决赛的资格。决赛安排在每年的 3～4 月举行,而区域预赛一般安排在上一年的 9～12 月举行。一个大学可以有多支队伍参加区域预赛,但只能有一支队伍参加全球总决赛。全球总决赛第一名将获得奖杯一座,其他成绩靠前的参赛队伍也将获得金、银和铜牌,而解题数在中等以下的队伍会得到确认但不会进行排名。

参赛队员以团队的形式代表各学校参赛,每队由 3 名队员组成。每位队员必须是在校学生,有一定的年龄限制,并且最多可以参加 2 次全球总决赛和 5 次区域选拔赛。比赛期间,每队只使用 1 台电脑在 5 个小时内编写程序解决 10 个左右的试题,试题描述全部为英文,程序设计语言可选用 C、C++、Java 以及其他允许的语言。选手可携带任何非电子类资料,包括书籍和打印出来的程序等,不允许通过任何通信手段查询和交流资料,程序完成之后提交裁判运行,运行的结果会判定为正确或错误两种并及时通知参赛队。最后的获胜者为正确解答题目最多的情况下总用时最少的队伍。每道试题用时将从竞赛开始到试题解答被判定为正确为止,期间每一次提交在线系统后运行结果被判错误的话将被加罚 20 分钟时间,未正确解答的试题不记时。

3. 在线评测系统简介

在线评测系统（Online Judge,简称 OJ）是搭建的一个网上实时提交系统,可以实现系统自动评判解答的程序代码是否正确。

对于每一个题目,可以用不同的程序语言编写程序代码,同时也可以设计不同的算法实现。判断一个程序正确与否,可以不关心详细的实现过程,在线评测系统自动运行提交的程序代码,通过输入预先设置好的大量有效的测试数据,将提交的程序的输出结果和预设的正确答案比较,即可实现自动评判解答的程序是否正确。为了有效的读取测试数据和比较结果,每个题目有严格的数据输入、输出的格式描述,严格的界定输入数据的范围,以保证自动测试的准确。

由于在线评测系统的自动化、规范化,大大提高了判断程序正确性的效率,能够为 ACM 程序设计竞赛评判、竞赛培训练习、课程考试和普通程序练习等带来非常大的便利,国际和国内很多高校都建立起了自己的在线评测系统,甚至一些著名企业在招聘程序员的过程中,也采用 ACM 的形式设计题目,用在线评测系统组织考核。

国内外有很多著名的 ACM 在线评测系统,这里不多做介绍,感兴趣的可通过网络搜索获取相关内容。

4. 浙江省大学生程序设计竞赛

由浙江省大学生科技竞赛委员会主办、浙江大学承办的浙江省大学生程序设计竞赛从2004年开始至2015年已连续举办了十二届比赛。竞赛组织和竞赛规则都按照ACM/ICPC的要求执行，且竞赛题目也是全英文描述，一般安排在每年的4～5月份的某个周末在统一场地组织比赛，浙江省本、专科高校都积极组织队伍参加比赛，如今已经基本稳定在本科队伍200个左右、专科队伍100个左右的参赛规模。

浙江省大学生程序设计竞赛也可称为ACM/ICPC浙江省赛，是ACM/ICPC在亚洲组织的省/国赛(Asia Provincial/National Contests)的一部分。所有参加浙江省大学生程序设计竞赛的选手和教练都需要在ICPC官网(http://icpc.baylor.edu/)注册，并在官网组队和选择参加的比赛，经组织方确认后才能正式参加比赛。

所有参赛队伍同台竞技，成绩有统一的排名，但本、专科院校的参赛学生在知识水平和竞赛准备上有较大的差距，所以本、专科队伍会分别评比奖项，各设一个特等奖以及一定比例的金、银、铜奖。

8.1.2.2 在线评测平台用户注册

浙江省大学生程序设计竞赛的评测平台是国内著名的浙江大学ACM在线评测系统(简称ZOJ，网址：acm.zju.cn)，浙江省许多高校都在ZOJ上进行竞赛训练。

本任务以及后续任务都将使用浙江大学的ACM在线评测平台。下面介绍用户注册，其步骤为：

(1)登录网站

在浏览器输入acm.zju.edu.cn，即可登录ZOJ网站首页，如图8-2所示。

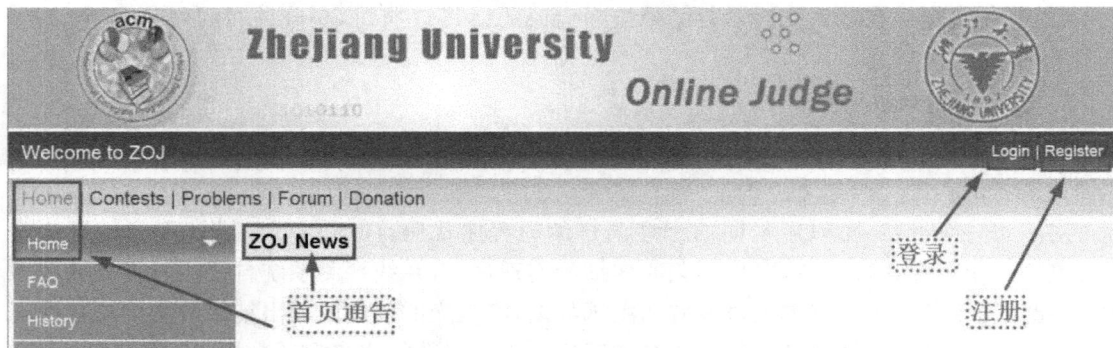

图8-2 登录网站

点击右上角的注册(Register)进行用户注册。

(2)用户注册

在用户注册页面，其中标注星号的是必填信息，如图8-3所示。

用户注册完成后，即可在图8-2的首页点击登录(Login)，输入账号和密码即可正式登录网站。

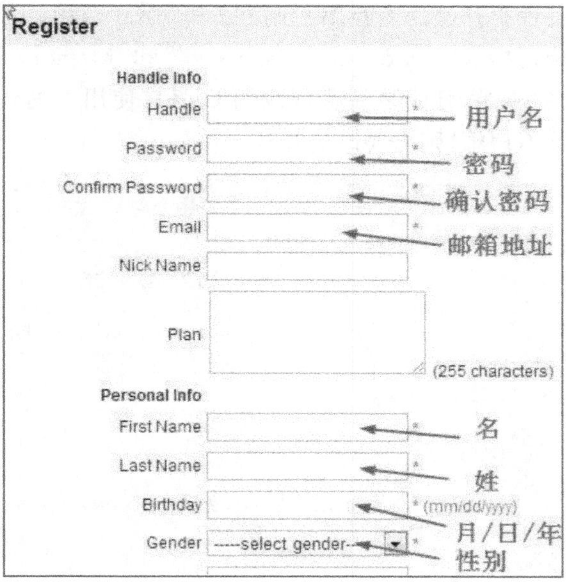

图 8-3　用户注册

8.1.2.3　程序编写、提交与判题

1. 阅读样题

在图 8-2 的首页点击【Problems】菜单，进入题库列表页面，如图 8-4 所示。

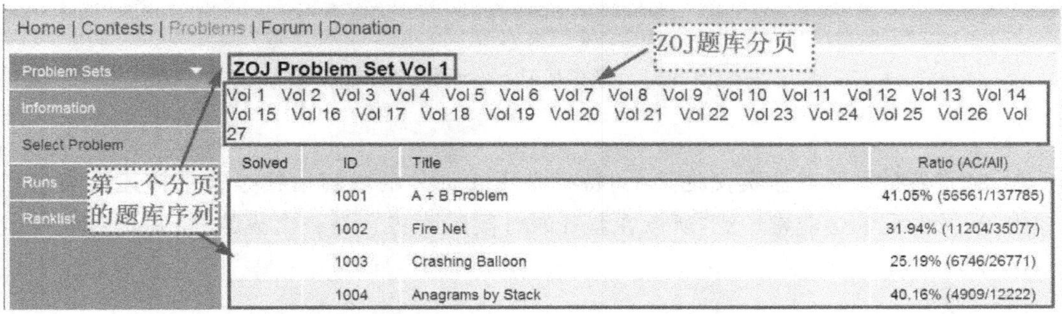

图 8-4　题库列表页面

编号 1001 的题目"A＋B Problem"是作为样题出现的，选择点击后，进入到图 8-5 所示的题目描述页面。

ACM 的题目都是由纯英文的描述构成的，这对竞赛来说增加了挑战的难度，题目的组成结构主要是：

（1）标题

（2）时间限制和空间限制

在线评测系统对提交代码的运行设定了时间的限制和空间的限制。以 zoj1001 为例：当用户编写好程序代码并提交，在线评测系统输入预设的数据并运行该程序的时候，运行时间要控制在 2 秒以内，运行过程中开辟的内存要控制在 65536KB 以内。如果有一项超过，程序不正确，会显示评测状态分别提示"Time Limit Exceeded" 和 "Memory Limit Exceeded"。有很多因素会引起这两方面的错误，可能是一些低级的 C 语言使用上的错误，有一定经验后就能避免，也可能是算法设计不理想，则需要改进算法。

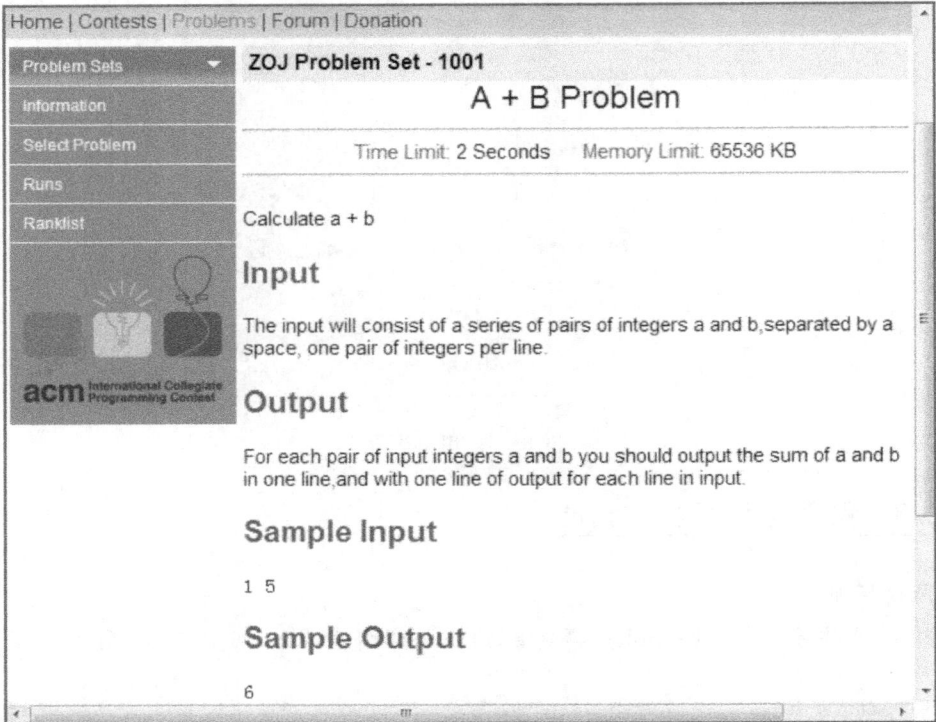

图 8-5 ZOJ 1001 - A+B Problem

（3）正文

ACM 竞赛的题目是全英文描述的，特别是正文部分的内容往往是背景描述再加上问题的提出，涉及的词汇会非常广泛，所以在竞赛的时候阅读将会是一个挑战，特别是对专科组的队伍而言。

（4）输入（Input）

这段描述输入数据类型和格式的要求。一般文字分成两段话。

第一段话是告知有多个测试例子，并描述用何种输入格式让程序在一次运行中实现输入多个测试例子。不同的题目会有不同的循环输入多个测试例子的要求。不同题型在这方面的处理要求需要在后续的题目中逐渐积累。

第二段话会接着写明每个测试例子要用到的数据，并准确的描述了每个数据的数据类型和数据的取值范围。

（5）输出（Output）

这是对输出结果的数据类型以及输出格式上的要求。必须严格按照要求输出，不能有一点符号上的差异，不然，即使程序完全正确，也无法提交成功。

所有的输入输出要求都有严格的限制，这都是为了实现系统自动判题的效果。

（6）输入例子（Sample Input）

满足 Input 要求的一些测试的数据。

（7）输出例子（Sample Output）

满足 Output 要求的正确的输出结果。

注意，这是极少数测试例子，在线评测平台会有其他的更全面的输入的测试例子和输出结果进行程序的评判。

以下是相关汉语翻译：

问题描述：计算 a＋b。

输入：输入将包括一系列的整数对 a 和 b。两个整数之间用一个空格隔开，每行一对整数。

输出：每对输入的整数 a 和 b，在一行上输出两数之和，并且每一行输入只有一行输出。

输入例子：

1　5

输出例子：

6

2. 样题程序编写

点击样题下方的"Sample Program Here"（图 8-5 下方，未在图中显示），会进入到【FAQ】子菜单项的页面，直接显示了该题的程序样例。我们只选择关注 C 语言实现的和 Java 语言实现的程序。

（1）C 语言实现的程序代码

```c
/* Here is a sample solution for problem 1001 using C: */
#include <stdio.h>
int main()
{
    int a,b;  //定义变量a和b
    while(scanf("%d %d",&a, &b) ! = EOF) //①
        printf("%d\n",a+b); //②
    return 0;
}
```

①的语句作为 while 语句的条件部分，完成了两个功能，首先是使用函数 scanf 正确读取输入的 a 和 b 的值，此时函数 scanf 返回值是 2，不等于 EOF，直到没有可读取的值时，也就是不再有输入的值时，返回值为-1，即 EOF，while 语句停止循环，EOF 是在键盘上以 Ctrl＋Z 的组合键输入后回车实现。以 EOF 方式控制测试的结束，在最近几年的竞赛中不常用了。②的语句在循环体内针对输入的 a 和 b，输出 a＋b 的值，最后需要注意的是必须输出回车键'\n'，虽然题目提供的测试例子只有一组，但每组测试例子的输入仅占用一行，输出的结果也是占用一行，输出结果的每行之间的换行需要用程序的输出语句控制。

(2)Java 语言实现的程序代码

```java
//Here is a sample solution for problem 1001 using Java:
import java.util.Scanner;
public class Main {
  public static void main(String[] args) {
    Scanner in = new Scanner(System.in);
    while (in.hasNextInt()) {      //如果还有输入的整数,继续循环
      int a = in.nextInt();    //读取输入的整数 a
      int b = in.nextInt();    //读取输入的整数 b
      System.out.println(a + b);  //输出 a+b 的值,并换行
    }
  }
}
```

3. 样题程序提交

完成编程后,应该根据程序提供的样例进行简单的本地测试,接着,就应该将代码提交到在线评测系统进行评判,代码提交的过程为(以 C 语言程序为例):

①点击样题下方的"Submit"(图 8-5 下方,未在图中显示),进入程序代码提交的页面,如图 8-6 所示。

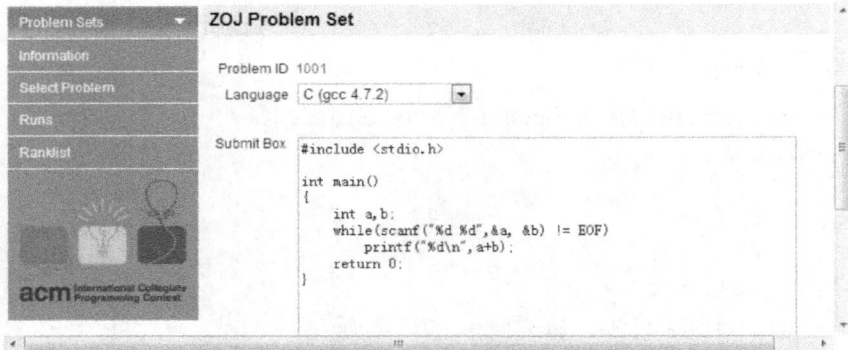

图 8-6 程序代码提交页面

选择 Lang 为 C 语言,在 Submit Box 中复制程序的代码。

②接着点击图 8-6 页面下方的的"Submit"按钮(未在图中显示)实现代码的提交,进入成功提交页面,如图 8-7 所示。

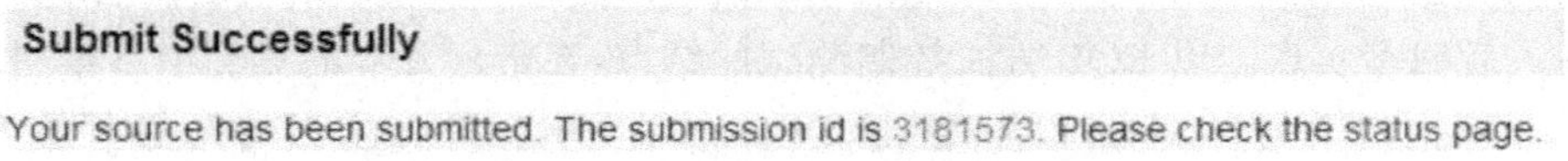

Submit Successfully

Your source has been submitted. The submission id is 3181573. Please check the status page.

图 8-7 成功提交代码页面

编号”3181573”，这是在线评测系统给提交的程序代码的运行编号（”Run ID”），根据这个编号排队等待在线系统评判程序。

③点击图 8－7 后面的”status”，进入到显示评测结果的页面，如图 8－8 所示。

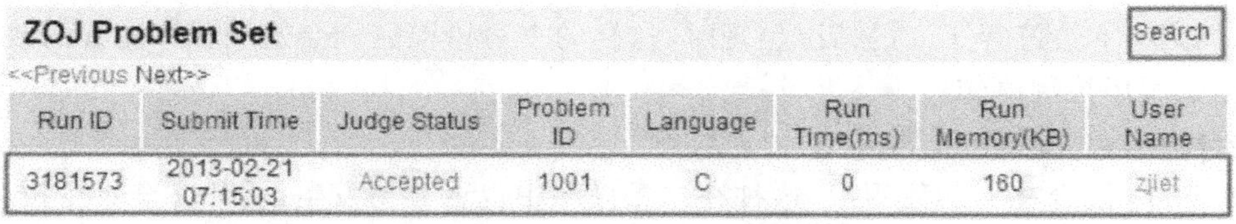
ZOJ Problem Set　Search
<<Previous Next>>

Run ID	Submit Time	Judge Status	Problem ID	Language	Run Time(ms)	Run Memory(KB)	User Name
3181573	2013-02-21 07:15:03	Accepted	1001	C	0	160	zjiet

图 8－8　zoj 1001 Accepted

找到运行编号”3181573”（若最新的运行编号还小于”3181573”，则需要重复刷新页面，直到出现为止），看到评测状态（”Judge Status”）显示为红色”Accepted”，则表示程序代码正确。

4. 判题错误提示

在图 8－8 的页面，如果评测状态（”Judge Status”）是其他描述，就说明程序存在问题，需要进行修改，部分可根据它的描述来分析错误原因，大部分情况是需要自己查找语言。

会出现的评测状态及可能产生的原因在系统网站的【FAQ】以英文进行了描述，下面以【FAQ】为基础展开说明：

(1) Queuing

在线评测系统忙，此刻不能评测提交的代码，必须等待一会儿才可能进行评测。这种情况遇到的应该比较少，不是程序代码不正确，而是还没有评判。

(2) Accepted

恭喜你！提交的程序代码正确。唯一的用红色标注的评测状态。

(3) Presentation Error

输出的结果是正确的，但输出的格式不符合要求。

请重点检查程序输出的空格、换行符等是否完全按照题目输出的要求执行。修改后，再尝试提交，修正了这些格式上的错误后，基本上就能”Accepted”。

(4) Wrong Answer

这是最经常出现的评测状态，表示提交的程序代码经过评测后结果不正确。

这个评测状态产生的原因比较多，以下做简要分析：

①最简单的情况是，基本的输入输出格式不符合要求，这个经过平时的练习，基本上能够避免。

比如样例程序输出语句少一个换行符：

```
printf("%d",a+b);
```

或者增加了不需要的其他符号：

```
printf("a+b=%d",a+b);
```

②还有些情况是准确的理解了题目、设计了算法，但在书写代码的时候出现失误，程序没有按照预期的流程执行，需要调试程序，修正错误，这个难度就增加了。

比如判断语句中的条件：

if(条件)　执行语句。

若有条件"a==3"写成了"a=3"，这种漏写一个"="号，性质完全两样了，那就把 a 是否等于 3 的判断语句写成了给变量 a 赋值为 3，前一个有真有假，后一个在 C 语言中永远是真。又如果有条件"a>=3"写成了"a>3"，这种漏写一个"="号，虽然在数据上来说只差了一个 3 这个值，但当有 a 恰好等于 3 的情况出现时，这样的书写错误完全会造成程序流程的改变。

又比如循环控制语句：

for(i=0;j<10;i++)

变量 i 和 j 混合在一起使用了，这种在二重循环中也更容易发生，循环完全不受控制了。

总之，有些书写错误，它在悄悄的改变着运算的逻辑，有时候很容易检查出来，有时候又非常难以找到。

为此，在平时的练习中，应该培养代码风格，归纳易错的情形，减少失误。

③更可能的情况是未能准确理解题目，设计的算法存在缺陷，需要修补算法甚至重新设计算法。

（5）Time Limit Exceeded

程序运行时间超过评测设定的时间限制。

注意是否有死循环存在。若不是，则需要对算法进行修改，提高算法的运行效率，一般是在较难的题目中会涉及时间限制。

（6）Memory Limit Exceeded

程序运行的内存超过了评测设定的内存限制。

（7）Output Limit Exceeded

题目输出的信息太多，超过了限制，ZOJ 一般的输出限制是 1M。这个评测结果通常发生在无限循环（a infinite loop）的情况下，若一直执行，会产生无限的输出。

（8）Non-zero Exit Code

程序结束时返回了非零的值。对于 C 语言，可能是忘记在主函数 main 的最后添加语句：

return 0;

（9）Compile Error

编译器无法编译。这是语法的问题，具体出错信息可以点击评测状态的文字"Compile Error"链接到编译器。因为不同的编译器存在的一些差异。

（10）Out Of Contest Time

在竞赛时间之外提交的程序。竞赛页面的题目不允许竞赛之后提交题目评判，这些题目会转移到"program"的题库列表中。

（11）No such problem

提交了错误的题目编号或者题目无效。

（12）Segmentation Fault

有两种情况可能产生此种评测结果：

①缓存溢出。

可能是指针变量没有指向确定的地址，也有可能是数组下标越界。

②堆栈溢出。

堆栈的大小默认情况下不超过 8192K。因为局部变量开辟的内存空间在栈上，所以不要使用大容量的局部变量（因为局部变量都分配在栈上）。如果有大容量的数组，则定义为全局变量。

（13）Floating Point Error

在分母位置的除数为0。只要检查有除法运算部分是否会出现分母为0的情况。

（14）Runtime Error

在C语言环境，执行了一些非法的操作，评测系统要求用标准的输入、输出数据，而不能进行文件操作。注意，缓存溢出或堆栈溢出也可能导致这个提示。

5. 历史提交数据查询

在图8-8的页面的右上角，点击"Search"，进入到查询页面，如图8-9所示。

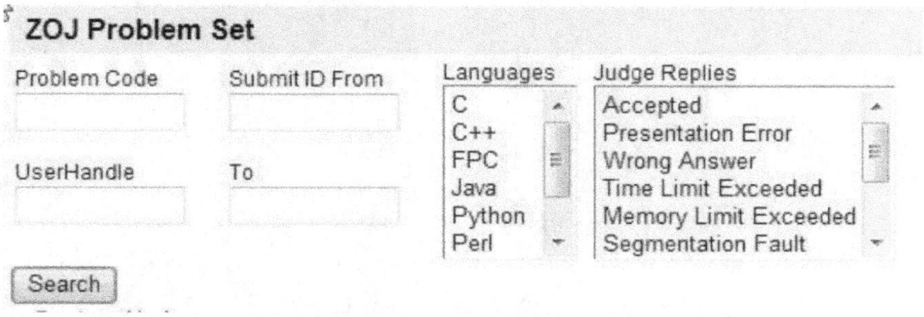

图8-9　题目提交数据查询

这里有6项可选组合进行查询，主要可使用题目编号"Problem Code"、用户账号"UserHandle"对自己以往提交的程序进行查询，所有提交过的代码都保存在在线评测平台上，只有自己的代码可以再次阅读，他人的代码看不到。

8.1.3　拓展训练

题目来源于ZOJ 3322 - Who is older?，题目大意是：

Javaman 和 cpcs 争论着谁是年长的。写个程序来帮助他们。

Input

有多个测试例子。第一行输入一个整数 T($0 < T <= 1000$)表示测试例子的个数。紧接着有 T 个测试例子，T 行中的第 i 行包含两个日期，分别表示 javaman 和 cpcs 的生日。日期的格式是"yyyy mm dd"，假定输入的两个生日都是有效的。

Output

对于每个测试例子，在每一行上输出谁是年长的。若输入的生日相同，输出用"same"（不含引号）代替。

Sample input

```
3
1983 06 06 1984 05 02
1983 05 07 1980 02 29
1991 01 01 1991 01 01
```

Sanmple output

> javaman
>
> cpcs
>
> same

Eg.8_1

1. C 语言代码实现

/ * * zoj3322 – WhoIsOlder. c * /

```c
# include "stdio. h"
int main()
{
  int T;
  scanf(" % d",&T);
  while (T --)
  {
    int y1,m1,d1;    / * javaman 生日的年、月、日 * /
    int y2,m2,d2;    / * cpcs 生日的年、月、日 * /
    scanf(" % d % d % d % d % d % d",&y1,&m1,&d1,&y2,&m2,&d2);
    if (y1<y2)           //年份大小比较
        printf("javaman\n");
    else if (y1>y2)      //年份大小比较
        printf("cpcs\n");
    else
    {   //年份大小相等的情况下
        if (m1<m2)       //月份大小比较
          printf("javaman\n");
        else if (m1>m2)   //月份大小比较
          printf("cpcs\n");
        else
        {   //年份、月份相等的情况下
          if (d1<d2)            //日期大小比较
            printf("javaman\n");
          else if (d1>d2)   //日期大小比较
            printf("cpcs\n");
          else                //日期相等
            printf("same\n");
        }
```

```
        }
    }
    return 0;
}
```

程序运行的效果如图 8-10 所示。

图 8-10　zoj3322-Who is Older?（C）

2. Java 语言代码实现

/ * * Main. Java：Who is Older?　* /

```java
import java.util.Scanner;
public class Main {
    public static void main(String[] args) {
        Scanner in = new Scanner(System.in);
        //创建扫描器对象,处理从键盘输入的数据
        int T;                        //创建变量,表示测试例子的个数
        T = in.nextInt();             //从键盘读取测试例子的个数
        in.nextLine();                //从键盘读取输入的回车键
        while((T--)>0)                //循环控制测试例子的个数
        {   //循环体内,处理每一个测试例子的输入和输出
            int y1,m1,d1;  //javaman 生日的年、月、日
            int y2,m2,d2;  //cpcs 生日的年、月、日
            int num1,num2;
            //读取输入的两个生日
            y1 = in.nextInt();
            m1 = in.nextInt();
            d1 = in.nextInt();
            y2 = in.nextInt();
```

```
        m2 = in. nextInt();
        d2 = in. nextInt();
        //生日到整数的转换
        num1 = y1 * 10000 + m1 * 100 + d1;
        num2 = y2 * 10000 + m2 * 100 + d2;
        if(num1<num2)   //比较生日大小
            System. out. println("javaman");
        else if(num1>num2)   //比较生日大小
            System. out. println("cpcs");
        else              //生日相等
            System. out. println("same");
        }
        in. close();              //关闭扫描器对象
    }
}
```

程序运行的效果如图 8 - 11 所示。

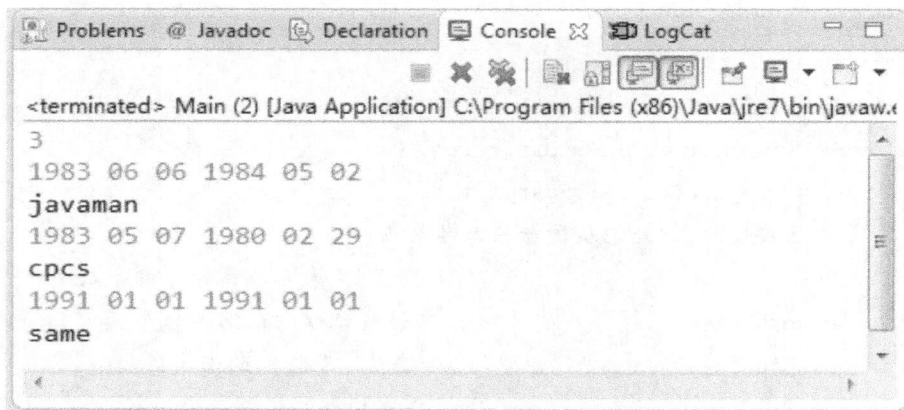

图 8 - 11　zoj3322 - Who is Older? (Java)

一项目总结　"走进 ACM 程序设计竞赛"项目中主要实现了一个任务,即
ACM 程序设计竞赛在线评测平台应用,这个任务实现的主要内容如下:

任务一:ACM 程序设计竞赛在线评测平台应用　学习这一任务的目的在于向
　　　　读者介绍 ACM 程序设计竞赛的历史和现状、竞赛模式,并主要介绍了
　　　　浙江大学 ACM 在线评测平台的用户注册、题目提交、提交结果分析等
　　　　操作。

一项目实训

1. 实训目标

①掌握在线评测平台的选题、提交程序等操作。

②掌握用 C 语言和 Java 语言实现解题代码。

③掌握根据提交评测的反馈结果分析程序存在的错误。

2. 编程要求

　　用 C - Free 编写 C 程序代码、用 Eclipse 编写 Java 程序代码，实现应用程序指定的功能，程序代码格式整齐规范、便于阅读，程序注释规范、简明易懂。

3. 实训内容

①ZOJ 2736 – Daffodil number。

②ZOJ 3333 – Guess the Price。

③ZOJ 3487 – Ordinal Numbers。

④ZOJ 3202 – Second - price Auction。

⑤ZOJ 3499 – Median。

项目9 ACM程序设计竞赛实训

　　ACM程序设计竞赛应具备较强的算法设计能力，而对采用的程序设计语言可以有多种选择。本项目作为ACM程序设计竞赛的实训入门，对程序设计语言的熟练运用是最基本的要求，在此基础上，才能更深入的去设计并实现复杂的算法。本项目的任务旨在同时介绍C和Java语言在ACM程序设计竞赛实训的使用过程。

　　本项目将通过两个任务向大家介绍使用C和Java的基本语法及常见算法实现解题的过程，这两个任务包括：字符串应用、图的应用。通过学习这两个任务的实现原理，学习者应该掌握C和Java对字符串的基本操作、图的概念和应用。理解和掌握本项目的相关知识将为ACM程序设计竞赛的进阶奠定良好的基础。本项目的技能目标如图9-0所示。

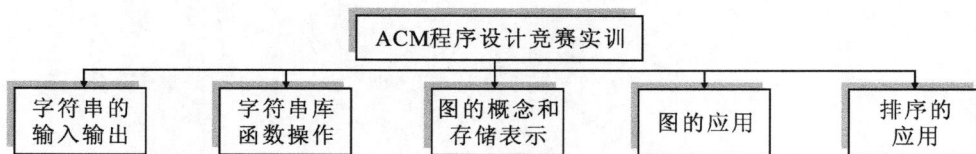

图9-0　ACM程序设计竞赛实训项目技能目标

通过本项目的训练，读者应该实现如下的学习目标：
➤ 掌握字符串的常用库函数（方法）
➤ 掌握字符串的应用
➤ 掌握图的常用库函数（方法）
➤ 掌握图的应用
➤掌握排序的常用库函数（方法）
➤掌握排序的应用

9.1 任务 1　字符串应用

9.1.1　目标效果

1. 题目描述

题目来源于 ZOJ3323－Somali Pirates，题目大意是：

传言索马里海盗痛恨数字。所以他们的 QQ 密码重来都不包含任何数字。给定几行候选的密码，你被要求删除这些密码中的数字并将其余字符按照原来的顺序打印出来。这样索马里海盗就能使它们成为 QQ 的密码。

Input

有多个测试例子。第一行输入一个整数 T（T <= 10），表示测试例子的个数。

每个测试例子包含一行表示一个候选的密码。密码的长度在 1 到 20 之间（含）。另外，密码只由数字和英文字母组成。

Output

对于每个候选的密码，删除所有的数字并在一行上输出余下的字符。

Sample input

2
BeatLA123
1plus1equals1

Sanmple output

BeatLA
plusequals

2. 运行效果

用 C 语言实现的代码运行测试例子，效果如图 9－1 所示。

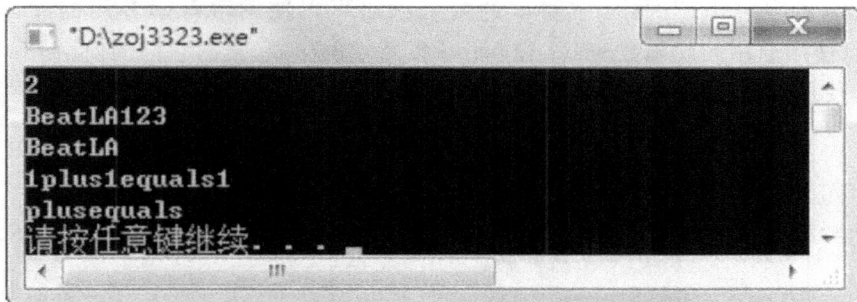

图 9－1　C 语言运行 ZOJ3323 测试例子效果

用 Java 语言实现的代码运行测试例子，效果如图 9－2 所示。

当用户先输入数据 2，表示有两组测试例子，接着每输入一个测试例子，输出一个测试结果，直到两组测试例子完成为止。

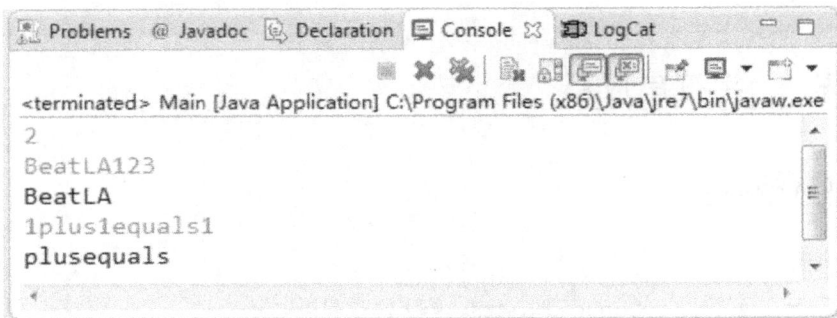

图 9-2　Java 语言运行 ZOJ3323 测试例子效果

本题是一个基本的字符串处理的问题,如何正确的进行字符串的输入输出,如何正确的操作字符串中的字符,是实现本任务的关键所在,不妨先思考以下几个问题?

①在 C 和 Java 语言中如何处理字符串的输入和输出?

②在 C 和 Java 语言中如何操作字符串中的每个字符?

③在 C 和 Java 语言中的字符串常见操作有哪些?

9.1.2　必备知识

本任务主要需要解决的是,输入一行包含大小写字母和数字的字符串,输出的是剔除了数字只包含大小写字符的字符串,这里的字符串输入输出功能、以及从输入到输出之间的字符串操作功能是必需掌握的。

下面就让我们再回顾一下字符串读写和字符串常见操作在 C 和 Java 语言的实现方式。

9.1.2.1　字符串读写

1. C 语言的字符串读写

在 C 语言的字符串读写中,字符串的输入输出可以使用字符串专用的库函数 gets 和 puts,也可以使用通用的库函数 scanf 和 printf 以特定的格式实现,它们的使用有一些差异,必需区分特定使用的场所。这些常见的字符串读写函数的功能如表 9-1 所示。

表 9-1　C 语言的字符串读写函数

函数名	功能	调用方法
scanf	以格式符%s 调用,默认按空格和回车键作为分割读取字符串	scanf("%s",字符串名); scanf("%s%s",字符串名1,字符串名2);
printf	以格式符%s 调用,输出字符串,不自动换行	printf("%s\n",字符串名);
gets	以回车键做分割,读取一行的字符串,允许空字符串	gets(字符串名);
puts	输出字符串,并自动换行	puts(字符串名);

C语言中字符串是存放在字符数组的，为区分普通的字符数组，以'\0'作为字符串的结束符。对于双引号括起来的字符序列，将以隐藏的方式自动添加'\0'作为字符串的结束符。以上的 scanf 和 gets 函数在读取字符串时，分割的符号是空格或回车键，但都自动在读取的字符串添加'\0'为结束符。

2. Java 语言的字符串读写

在 Java 语言中的数据读取，是以类 java. util. Scanner 来获取控制台的输入，再以该类的各方法读取相应类型的数据，其中方法 next 和 nextLine 是能够实现字符串的读取功能。

而在 Java 语言中的数据输出，是以方法 System. out. print()或 System. out. println()来控制输出到控制台，参数为任何有效的数据类型，包括字符串。

所以，Java 语言中常见的字符串读写的功能如表 9-2 所示。

表 9-2　Java 语言的字符串读写方法

方法	功能	调用方法
java. util. Scanner. next	默认按空格或回车键作为分割读取字符串	java. util. Scanner. next()
java. util. Scanner. nextLine	以回车键作为分割读取一行字符串	java. util. Scanner. nextLine()
System. out. print	输出字符串，不换行	System. out. print(字符串变量)
System. out. println	输出字符串，并换行	System. out. println(字符串变量)

在 Java 语言中字符串可以由类 String 来处理，不需如 C 这样考虑字符串结束符。

9.1.2.2　字符串常见操作

1. C 语言的字符串常见操作

在 C 语言的字符串常见操作，主要是由头文件"string. h"中的字符串处理函数实现，常见的函数如表 9-3 所示。

表 9-3　C 语言的字符串常见操作函数

函数名	功能	调用方法
strlen	返回字符串长度，不包括结束符'\0'	strlen(字符串名);
strcpy	将一个字符串复制到另一个字符串中，包括结束符'\0'	strcpy(目的字符串名，源字符串名);
strcat	使两个字符串首尾相接，拼接成一个字符串，最后再添加结束符'\0'	strcat(前字符串名，拼接的字符串名);
strcmp	逐个比较字符串的对应字符，直到出现不同字符或遇到'\0'为止，以最后比较的字符的大小返回正数、负数或 0	strcmp(字符串名1，字符串名2);

2. Java 语言的字符串常见操作

在 Java 语言的字符串常见操作，是由类 String 的方法组成，常见的方法如表 9-4 所示。

表 9 - 4　Java 语言的字符串常见操作方法

方法	功能	调用方法
charAt	按索引值引用，返回字符串中指定的字符	字符串.charAt(索引值)；
compareTo	比较两个字符串的大小，同 C 语言的函数 strcmp	字符串1.compareTo(字符串2)；
concat	使两个字符串首尾相接，得到一个新字符串，原来两个字符串不变	字符串1.concat(字符串2)；
equals	比较两个字符串内容是否相同，返回 true 或 false	字符串1.equals(字符串2)；
length	返回字符串长度	字符串.length()；

提示　Java 中的字符串拼接，可以不用 concat 方法，更常用的是"＋"运算符处理；"＝＝"在比较两个字符串的时候是判断两个字符串对象是否为同一个地址，不能用于判断两个不同字符串对象是否有相同的内容。

9.1.3　程序实现

本任务只需注意正确读取输入的字符串，接着依次判断字符串中的每个字符，若当前判断的字符是大小写字母，即非数字字符时(注意题目提示输入的字符串只包含大小写字符和数字字符)，将该字符添加到一个新的字符串上，最终构造一个只包含大小写字符的字符串，并正确的输出。下面我们分别用 C 语言和 Java 语言来实现它的要求。

9.1.3.1　C 语言代码实现

```
#include"stdio.h"
int main()
{
    int T;                       //定义变量,表示测试例子个数
    scanf("%d",&T);              //从键盘输入测试例子个数
    getchar();//读取从键盘输入的回车键字符
    while (T--)                  //循环控制测试例子的个数
    {   //循环体内,处理每一个测试例子的输入和输出
        char s[22],t[22];        //定义字符数组,表示输入字符串 s 和输出字符串 t
        int i,j;
        gets(s);//①输入字符串 s
        for(i=0,j=0;s[i]!='\0';i++)    //②循环遍历字符串 s 的每一个字符
        {
            //③如果当前字符是大小写字符,则赋值到新的字符串 t 中
            if(s[i]>='a'&&s[i]<='z'||s[i]>='A'&&s[i]<='Z')
                t[j++]=s[i]; ③
```

```
    }
    t[j]='\0';                 //④添加字符串 t 的结束符
    puts(t);//⑤输出字符串 t
  }
  return 0;
}
```

在处理每一个测试例子的代码中，①的语句从键盘输入字符串；②的语句通过下标控制遍历字符串 s 的每一个字符，在循环体内，对于每一个字符；③的语句通过逻辑判断该字符是否为大小写的字符，若是，则将该字符添加到待输出的字符串 t 上，遍历结束之后；④的语句给字符串 t 添加结束符；⑤的语句输出字符串 t，获得不包含数字的字符串。

9.1.3.2　Java 语言代码实现

```java
import java.util.Scanner;
public class Main{
  public static void main(String[] args) {
  Scanner in = new Scanner(System.in); //创建扫描器对象
  int T;                              //创建变量，表示测试例子的个数
  T = in.nextInt();                   //从键盘读取测试例子的个数
  in.nextLine();                      //从键盘读取输入的回车键
  while((T--)>0)                      //循环控制测试例子的个数
  {  //循环体内，处理每一个测试例子的输入和输出
    String str = in.nextLine();//①定义字符串，读取从键盘输入的字符串
    String sout = "";           //定义字符串，用于输出的新字符串
    for(int i=0;i<str.length();i++) //②循环遍历字符串中的每一个字符
    {  //③如果当前字符不是数字字符，则赋值到输出的新字符串中。
      if(!(str.charAt(i)>='0' && str.charAt(i)<='9'))
        sout += str.charAt(i);
    }
    System.out.println(sout);        //④输出新字符串
  }//end while
  in.close();                        //关闭扫描器对象
  }//end main
}
```

在处理每一个测试例子的代码中，①的语句定义字符串 str 并存放从键盘输入的字符串；②的语句通过循环遍历字符串中的每一个字符；③的语句通过字符串的方法 charAt 获取当前的字符，并逻辑判断该字符是否非数字字符，由于题目本身的输入字符串只包含数字字符和大小写字母字符，所以当判断为是时，即该字符为大小写字母，则将该字符通过"＋"运算添加到

待输出的字符串 sout 上，遍历结束后；④的语句输出字符串 sout，获得不包含数字的字符串。

9.1.4　拓展训练

题目来源于 ZOJ3492－Kagome Kagome，题目大意是：

Kagome Kagome 是一个日本儿童的游戏。一个儿童选择扮演 oni（等同于魔鬼或妖怪）并被罩住眼睛。其他儿童手连着手围绕着 oni 成一个圆行走，并同时唱着玩这个游戏的歌。当唱歌停止后，oni 大声说出在他身后的人的名字，如果他是正确的，则在他身后的人会和他交换位置，使他身后的人成为 oni。

Higurashi Tewi 正和她的 n（n 是偶数）个朋友玩 Kagome Kagome。她通过偷看知道了谁在她的正前方。若知道这些儿童围成圆的顺序，并假定在圆上平均分布，就很容易得到是谁在她的正后方。

Input

有多个测试例子。第一行输入一个整数 T≈100 表示测试例子的个数。每个测试例子的第一行开始于一个偶数 1≤n≤100，接着是一个儿童的名字，他恰好在 Higurashi Tewi 的正前方。第二行包含 n 个不同的名字，逆时针排列。名字是一个由字母和数字构成的字符串，它的长度不超过 20。这里保证在 Higurashi Tewi 的正前方的人的名字必定在名字序列中恰好出现一次。

Output

对于每个测试例子，输出恰好在 Higurashi Tewi 正后方的人的名字。

Sample input

```
3
2 Alice
Alice Bob
4 inu
inu neko usagi kizune
4 cat
dog cat rabbit fox
```

Sanmple output

```
Bob
usagi
fox
```

Eg.9_1

```
/ * * zoj3492. c * /
# include "stdio. h"
# include "string. h"
```

```
int main()
{
  int T;
  scanf("%d",&T);
  while (T - -)
  {
    int n;                 //定义变量表示围成一圈的儿童个数
    int i;
    char name[25];    //定义变量表示 nio 的正前方的儿童名字
    char namelist[105][25];    //定义字符二维数组存放围成一圈的儿童名字
    scanf("%d",&n);
    scanf("%s",name);
    for (i = 0;i<n;i + +)     //循环的输入围成一圈的儿童的名字
      scanf("%s",namelist[i]);
    for (i = 0;i<n;i + +)     //查找 nio 正前方的儿童在圆圈上的位置
    {
      if (strcmp(name,namelist[i]) = = 0)
        break;
    }
    printf("%s\n",namelist[(i + n/2)%n]);     //输出 nio 正背面的儿童名字
  }
  return 0;
}
```

C 语言的程序运行的效果如图 9-3 所示。

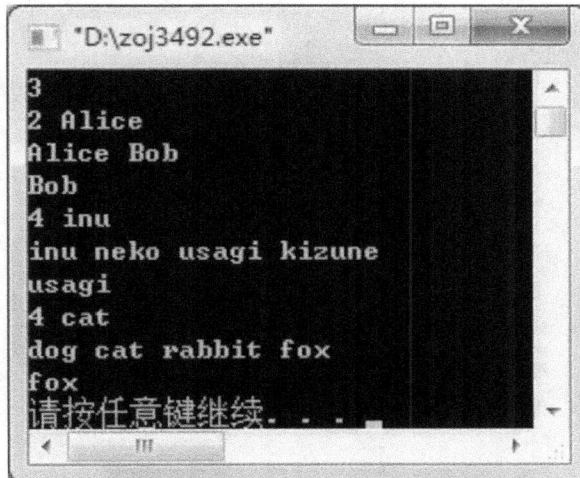

图 9-3   C 语言运行 ZOJ3492 测试例子效果

```java
/* * zoj3492. java */
import java. util. Scanner;
public class Main {
public static void main(String[] args) {
  Scanner in = new Scanner(System. in); //创建扫描器对象
  int T = in. nextInt();   //创建变量,表示测试例子的个数 ,并从键盘读取该数
  in. nextLine();          //从键盘读取输入的回车键,不保存使用
  while((T- -)>0)                  //循环控制测试例子的个数
  {
    int n = in. nextInt();  //定义变量并读取整数,表示围成一圈的孩子个数
    int i;
    String name = in. next();//定义并读取字符串,表示 nio 正对面的孩子姓名
    in. nextLine();  //换行
    String[] nameList =  in. nextLine(). split(" "); //读取围成一圈的孩子姓名,并
分割存放到字符串数组中
    for( i = 0;i< nameList. length;i+ +)//查找 nio 正对面孩子在一圈中的位置,其中
nameList. length 等于 n.
    {
      if(name. equals(nameList[i]))
        break;
    }
    System. out. println(nameList[(i+ n/2) % n]);//输出 nio 背面的孩子姓名
  }//end while
  in. close();
}//end main
}//end Main
```

Java 语言的程序运行的效果如图 9-4 所示。

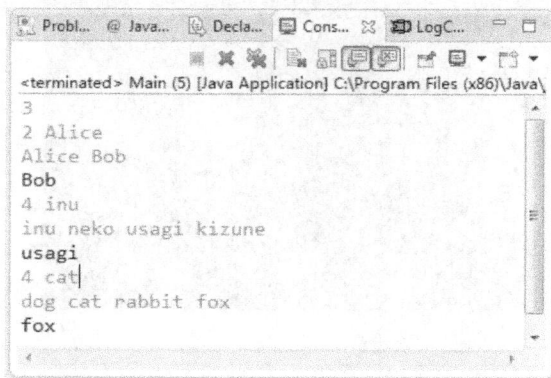

图 9-4　Java 语言运行 ZOJ3492 测试例子效果

9.2 任务2　图的应用

9.2.1　目标效果

1. 题目描述

题目来源于 ZOJ3708— Density of Power Network，题目大意是：

巨大的电力系统是复杂的人工系统，是 20 世纪最伟大的工程创新。下面的关系图（图 9-5）展示了一个典型的 14 总线（bus）的电力系统。在现实世界中，电力系统可能包含几百的总线和几千的传输线（transmission line）。

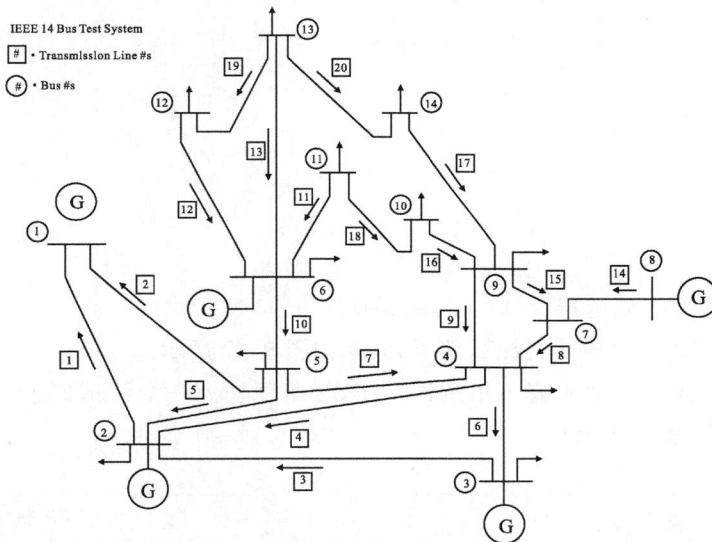

图 9-5　14 总线的电力系统

网络拓扑分析一直是电力系统研究的一个热门话题。其中网络密度是一个关键指标，代表电力系统的健壮性。你被要求执行一个程序来计算电力系统的网络密度。

网络密度被定义为传输线数量和总线数量的比率。请注意，如果两个或多个传输线连接着相同的一对总线，只有一个被记入拓扑分析。

Input

第一行包含一个整数 T（T≤1000），表示总共有 T 个测试例子。

每个测试例子开始于第一行的两个整数 N 和 M（2 ≤ N，M ≤ 500），表示总线的数量和传输线的数量。每个总线的编号从 1 到 N。

第二行包含了传输线的起点总线编号的列表，以空格分隔。

第三行包含了传输线的相对应的终点总线编号的列表，以空格分隔。传输线的终点总线编号不能等于起点总线编号。

Output

在一行上输出在上文中定义的电力系统的网络密度。答案在小数点之后四舍五入保留 3

位数字。

Sample input

```
3
3 2
1 2
2 3
2 2
1 2
2 1
14 20
2 5 3 4 5 4 5 7 9 6 11 12 13 8 9 10 14 11 13 13
1 1 2 2 2 3 4 4 4 5 6 6 6 7 7 9 9 10 12 14
```

Sanmple output

```
0.667
0.500
1.429
```

2. 运行效果

用 C 语言实现的代码运行测试例子，效果如图 9-6 所示。

用 Java 语言实现的代码运行测试例子，效果如图 9-7 所示。

当用户先输入数据 3，表示有三组测试例子，接着每输入一个测试例子，输出一个测试结果，直到三组测试例子完成为止。

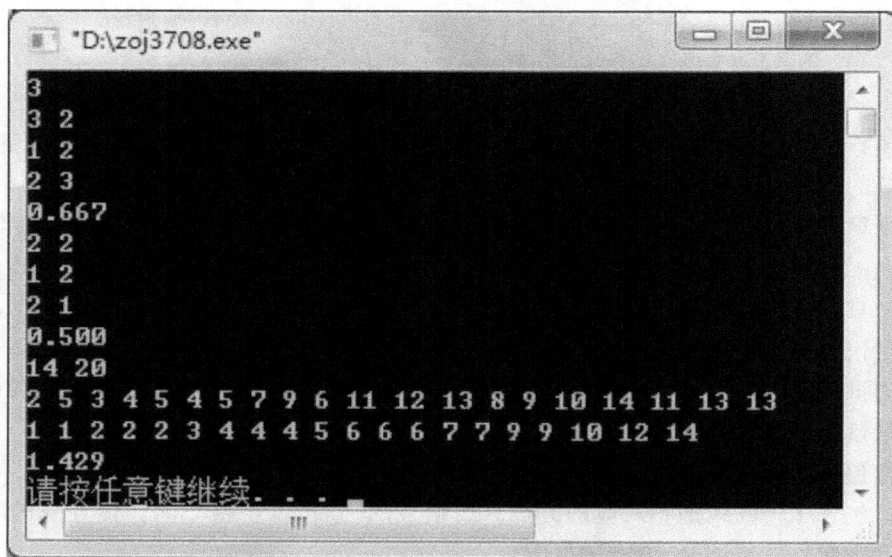

图 9-6　C 语言运行 ZOJ3708 测试例子效果

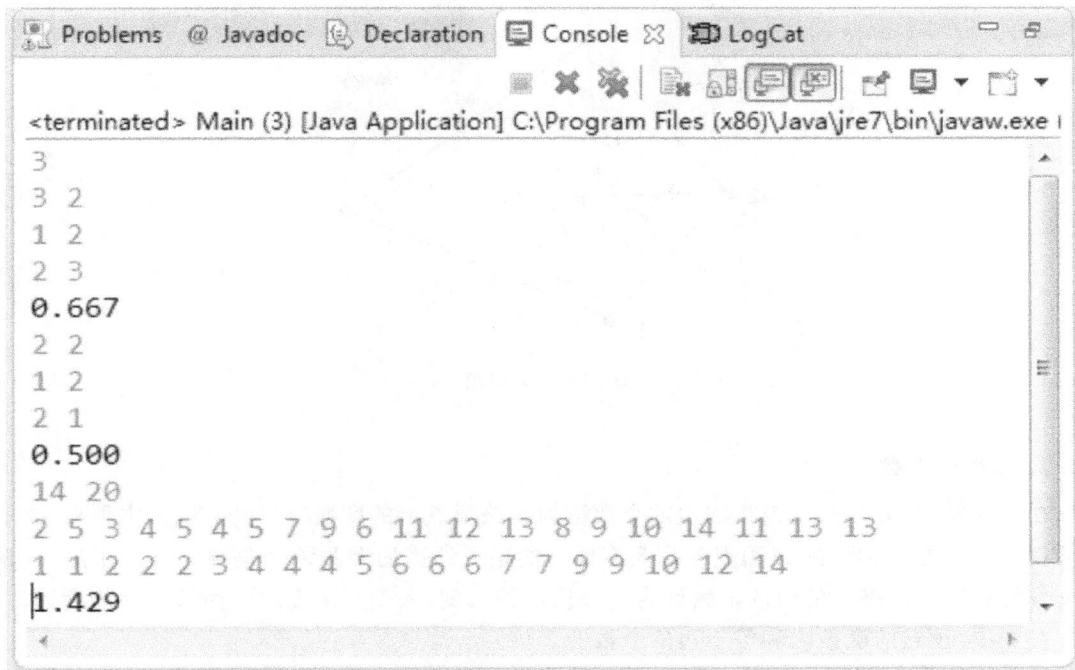

图 9-7   Java 语言运行 ZOJ3708 测试例子效果

本题是以电网做为背景，实际是一个图的问题，不妨先思考以下几个问题？
①图是什么概念？
②图是如何在内存中存储的？

9.2.2   必备知识

图是由点和边构成的拓扑结构，在数据结构中，图（Graph）是一种比线性表和树更为复杂的数据结构。本文只介绍图的定义、顶点度数、简单图和连通性等知识，以及介绍图在内存中的两种存储方案，分别是邻接矩阵和邻接表。有关图的更多知识，可以参看数据结构和离散数学等相关材料。

9.2.2.1   图的概念

1. 图的定义

图的定义为：

一个图 G 被记为记为 G=(V,E)，其中，V 是顶点的非空有限集合，E 是两端为顶点的边的集合。在图中，若连接两个顶点的边都是有向的，即边的一端为始点、另一端是终点，则称该图为有向图。若图的边都是无向的，则该图称为是无向图，如图 9-8 所示。

图 9-8 是一个无向图，其中有 5 个顶点，7 条边组成。

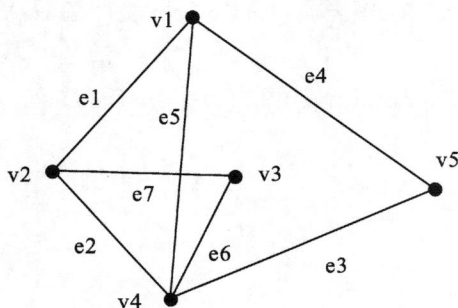

图9-8　无向图

2. 顶点的度数

在无向图中，和顶点 v 连接的边的个数称为是该顶点 v 的度数，比如图 9-8 中顶点 v1 的度数就是 3。在有向图中，以顶点 v 作为有向边的始点的边的个数称为是顶点 v 的出度，以顶点 v 作为有向边的终点的边的个数称为是该顶点的入度，入度和出度之和为顶点 v 的度数。

在图中，顶点的度数之和等于边的个数的 2 倍。

3. 简单图

在图中，如果一对顶点之间存在多条边，这些边称为是平行边，平行边的条数称为是重边；如果一个顶点是一条边的始点和终点，这条边称为是环。

不含平行边也不含环的图称为是简单图。在图论中，主要讨论的是无向简单图和有向简单图。图 9-8 就是一个简单无向图。

4. 连通性

如果两个顶点 v 和 w 之间没有直接的边，但能够通过多条边首尾相连连接起来，那么这些边构成了顶点 v 和 w 之间的通路，并称顶点 v 和 w 是连通的。

若一个图的任何两个顶点之间都是连通的，则称为是连通图；不然，称为是非连通图。

9.2.2.2　图的表示

有了图的概念后，那有如何在计算机的内存中存储图的结构呢？下面有两种方式可以存储图的结构。

1. 邻接矩阵

图的邻接矩阵存储方式是在内存中用二维数组来表示图，二维数组的行数和列数相等。比如一个顶点序号从 0～n−1 构成的 n 个顶点的图，它就需要一个 n 行 n 列的二维数组，假设以 C 语言定义二维数组并初始化所有元素的值为 0：

```
int a[n][n] = {0};
```

则若从顶点序号 i 到顶点序号 j 之间存在一条有向边，则元素 a[i][j] 的值设为 1；若在顶点序号 i 和顶点序号 j 之间存在一条无向边，则元素 a[i][j] 和 a[j][i] 的值都设为 1。比如图 9-8 的无向图经过的邻接矩阵为：

$$\begin{pmatrix} 0 & 1 & 0 & 1 & 1 \\ 1 & 0 & 1 & 1 & 0 \\ 0 & 1 & 0 & 1 & 0 \\ 1 & 1 & 1 & 0 & 1 \\ 1 & 0 & 0 & 1 & 0 \end{pmatrix}$$

邻接矩阵的一些性质有：

①无向图时，邻接矩阵是一个对称矩阵；

②无向图时，邻接矩阵第 i 行或第 i 列的元素相加得到的值是顶点 i 的度数；

③有向图时，邻接矩阵的第 i 行的元素相加得到的值是顶点 i 的出度，邻接矩阵的第 i 列的元素相加得到的值是顶点 i 的入度。

2. 邻接表

我们可以将边的两个端点作为一对数存储起来用于表示一条边，将边的集合存储到数组中构成了对图的存储。

比如图 9-8 的无向图在内存中的存储可以表示为表 9-5。

表 9-5　无向图的边存储

	e1	e2	e3	e4	e5	e6	e7
顶点	v1	v2	v4	v1	v1	v3	v2
顶点	v2	v4	v5	v5	v4	v4	v3

在 C 语言中，存放邻接表的方式有很多，可以用二维数组，比如图 9-8 的邻接表可以定义为：

```
int e[7][2] = {{1,2},{2,4},{4,5},{1,5},{1,4},{3,4},{2,3}};
```

其中元素 e[i][0]、e[i][1] 构成了一条边的一对顶点，元素的值表示的是顶点序号。

也可以用两个一维数组来表示，比如：

```
int x[7] = {1,2,4,1,1,3,2},y[7] = {2,4,5,5,4,4,3};
```

其中元素 x[i]、[y[i] 构成了一条边的一对顶点，元素的值表示的顶点序号。

最后，如果要更清晰的表述边，可以定义一个结构体类型表示边的两个顶点，如：

struct Edge

{ int x,y;}

结构体的成员构成了一条边的两个顶点序号。于是可以定义结构体数组：

```
Struct Edge e[7] = {{1,2},{2,4},{4,5},{1,5},{1,4},{3,4},{2,3}};
```

9.2.3　程序实现

9.2.3.1　C 语言代码实现

```
#include"stdio.h"
int main()
```

```
{
  int T;
  scanf(" % d",&T);
  while(T - -)
  {
    int n,m;                  //定义变量存放图的顶点数和边数
    int x[505],y[505];  //定义数组存放图的边,对应的 x[i]和 y[i]构成一条边
    int g[505][505] = {};  //定义二维数组存放图的矩阵表示
    int sum;                  //定义变量存放无向无平行的边的数量,需算法实现
    int i,j;
    //输入测试例子的数据
    scanf(" % d % d",&n,&m);
    for(i = 0;i<m;i + +)
      scanf(" % d",&x[i]);
    for(i = 0;i<m;i + +)
      scanf(" % d",&y[i]);
    //将边的信息存储到矩阵表示的二维数组上,构造简单无向图,去除重边
    for(i = 0;i<m;i + +)
    {
      g[x[i]][y[i]] = 1;      //同向边只记 1 条,有平行边去除
      g[y[i]][x[i]] = 1;//反向边只记 1 条,有平行边去除
    }
    //统计简单无向图的边的数量,只求矩阵的上三角形元素之和
    sum = 0;
    for(i = 1;i< = n;i + +)
      for(j = i;j< = n;j + +)
        sum + = g[i][j];
    //输出比值这个结果
    printf(" %. 3lf\n",sum/(double)n);
  }
  return 0;
}
```

9.2.3.2　Java 语言代码实现

```java
import java. util. Scanner;
public class Main {
public static void main(String[] args) {
```

```
Scanner in = new Scanner(System. in); //创建扫描器对象
int T = in. nextInt();    //创建变量,表示测试例子的个数 ,并从键盘读取该数
in. nextLine();//从键盘读取输入的回车键,不保存使用
while((T－ －)＞0)                //循环控制测试例子的个数
{
  int n,m;                //定义变量存放图的顶点数和边数
  int x[] = new int[505],y[] = new int[505]; //定义数组存放图的边,对应的x[i]和
y[i]构成一条边
  int g[][] = new int[505][505]; //定义二维数组存放图的矩阵表示
  int sum;                //定义变量存放无向无平行的边的数量,需算法实现
  n = in. nextInt();
  m = in. nextInt();
  for(int i = 0;i＜m;i＋＋)
    x[i] = in. nextInt();
  for(int i = 0;i＜m;i＋＋)
    y[i] = in. nextInt();
  //将边的信息存储到矩阵表示的二维数组上,构造简单无向图,去除重边
  for(int i = 0;i＜m;i＋＋)
  {
    g[x[i]][y[i]] = 1;      //同向边只记1条,有平行边去除
    g[y[i]][x[i]] = 1;//反向边只记1条,有平行边去除
  }
  //统计简单无向图的边的数量,只求矩阵的上三角形元素之和
  sum = 0;
  for(int i = 1;i＜ = n;i＋＋)
    for(int j = i;j＜ = n;j＋＋)
      sum ＋ = g[i][j];
  //输出比值这个结果
  System. out. printf(" %.3f\n",(double)sum/(double)n);
}//end while
in. close();
}//end main
}//end Main
```

9.2.4 拓展训练

题目来源于 ZOJ3321 － Circle,题目大意是:

你的任务很简单。我会给你一个无向图,而你仅需告诉我这个图是否恰好是一个圈。一个圈是由 3 个及以上的顶点 V_1, V_2, V_3, ... V_k构成,使得 V_1和 V_2、V_2和 V_3、... 、V_k和 V_1

存在边,且没有其他额外的边存在。图中没有自环(自环表示的是两端为同一个顶点的边),两个顶点之间也至多一条边。

Input

有多个测试例子(不超过 10)。

每个测试例子的第一行包括两个整数 n 和 m,分别表示顶点的个数和边的个数(1 < n < 10, 1 <= m < 20)。

接着是 m 行,每行包括两个整数 x 和 y (1 <= x, y <= n, x ! = y),它表示在顶点 x 和 y 之间存在一条边。

在两个测试例子之间一个空行。

Output

若这个图恰好是一个圈,输出 "YES", 不然输出 "NO"。

Sample input

```
3 3
1 2
2 3
1 3

4 4
1 2
2 3
3 1
1 4
```

Sanmple output

```
YES
NO
```

Eg.9_2

```c
/* * zoj3321. c */
#include "stdio. h"
struct node      //表示边的结构体
{
  int x;
  int y;
}edge[22];       //存放图的边的结构体数组
int t[22];       //处理顶点度数、处理连通性的辅助数组
int main()
{
  int n,m;
```

```
while(scanf("%d%d",&n,&m)! = EOF)   //输入n和m,并且判断是否输入终止
{
  int i,j;
  for(i = 0;i<m;i + +)    //循环的输入边的数据
    scanf("%d%d",&edge[i]. x,&edge[i]. y);
  if(n! = m)      //当顶点的个数和边的个数不等时,必然不是一个圈
    printf("NO\n");
  else
  {
  /* 判断顶点度数 */
  for(j = 1;j< = m;j + +)    //初始化数组t,下标i表示的是图的顶点Vi
    t[j] = 0;
  for(i = 0;i<m;i + +)    //根据边的数据统计顶点的度数
    t[edge[i]. x] + + ,t[edge[i]. y] + + ;
  int flag = 1;
  for(j = 1;j< = m;j + +)    //判断是否每个定点的度数都是2
  if(t[j]! = 2)
      {  flag = 0;break;  }
  if(flag = = 0)      //若存在一个顶点的度数不是2,必然也不是一个圈
      printf("NO\n");
  else
  {
    /* 判断连通性 */
    //数组t的每个元素赋值都不同,表示每个顶点都是单独一个连通区域
    for(j = 1;j< = m;j + +)
    t[j] = j;
    //将边一条条的加入的图中,消除一个个的连通区域
    for(i = 0;i<m;i + +)
    {
      int s = edge[i]. x,k = edge[i]. y;
      if(t[s]! = t[k])
      {
        for(j = 1;j< = m;j + +)
          if(t[j] = = t[k])
            t[j] = t[s];
      }
    }
  //判断数组t的所有元素是否都是同一个值,即最终是否只有一个连通区域
```

```
      flag = 1;
      for(j = 2;j< = m;j+ +)
        if(t[j]! = t[1])
          { flag = 0; break; }
      //如果构成一个连通区域,就是一个圈,不然就不是
      if(flag = = 1)
        printf("YES\n");
      else
        printf("NO\n");
      }//end else
    }//end else
  }//end while
  return 0;
}
```

　　C语言的程序运行的效果如图 9-9 所示。

图 9-9　C语言运行 ZOJ3321 测试例子效果

```
import java. util. Scanner;
public class Main {
  public static void main(String[] args) {
    Scanner in = new Scanner(System. in);
    while(in. hasNext())
    {
      int n = in. nextInt();
      int m = in. nextInt();
```

```
int[] x = new int[22];
int[] y = new int[22];
int[] t = new int[22];
for(int i = 0;i<n;i++)
{
  x[i] = in.nextInt();
  y[i] = in.nextInt();
}


if(n! = m)      //当顶点的个数和边的个数不等时,必然不是一个圈
  System.out.println("NO");
else
{
  /* 判断顶点度数 */
  for(int j = 1;j<= m;j++) //初始化数组t,下标i表示的是图的顶点Vi
    t[j] = 0;
  for(int i = 0;i<m;i++)    //根据边的数据统计顶点的度数
    {t[x[i]]++;t[y[i]]++;}
  int flag = 1;
  for(int j = 1;j<= m;j++)    //判断是否每个定点的度数都是2
    if(t[j]! = 2)
      {flag = 0;break;}
  if(flag == 0)        //若存在一个顶点的度数不是2,必然也不是一个圈
    System.out.println("NO");
  else
  {
    /* 判断连通性 */
    //数组t的每个元素赋值都不同,表示每个顶点都是单独一个连通区域
    for(int j = 1;j<= m;j++)
      t[j] = j;
    //将边一条条的加入的图中,消除一个个的连通区域
    for(int i = 0;i<m;i++)
      {
        int s = x[i],k = y[i];
        if(t[s]! = t[k])
          {
            for(int j = 1;j<= m;j++)
              if(t[j] == t[k])
```

```
                t[j] = t[s];
            }
        }
//判断数组 t 的所有元素是否都是同一个值，即最终是否只有一个连通区域
        flag = 1;
        for(int j = 2;j <  = m;j + + )
        {
            if(t[j]!  = t[1])
            {
                flag = 0;
                break;
            }
        }
        //如果构成一个连通区域,就是一个圈,不然就不是
        if(flag =  = 1)
            System. out. println("YES");
        else
            System. out. println("NO");
        }//end else
    }//end else
  }//end while
  in. close();
 }//end main
}
```

Java 语言的程序运行的效果如图 9－10 所示。

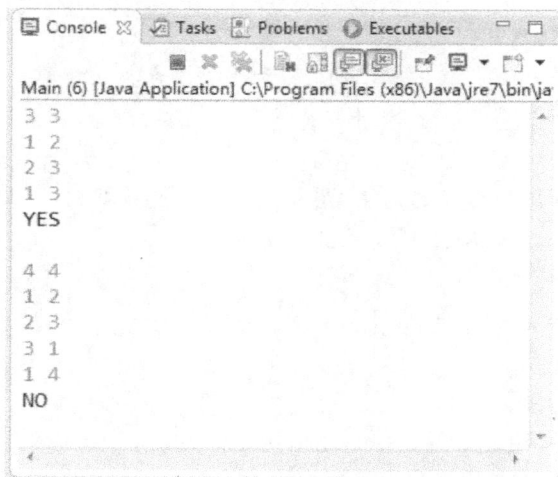

图 9 － 10　Java 语言运行 ZOJ3321 测试例子效果

9.3 任务 3　排序的应用

9.3.1　目标效果

1. 题目描述题目来源于 ZOJ2488－Rotten Ropes，题目大意是：

假设我们有 n 条等长的绳子，并且要用它们来提起重物。每根绳子可承受的重量 t，当所要提起的物体大于 t 时，绳子将会被扯断。但是我们可以把重物固定到多条绳子上，这样提起重物的重量可以由多条绳子共同承受。当我们用 k 根绳子来举起重量为 w 的物体时，平均每根绳子承受的重量为 w/k，如果 w/k 大于某根绳子的最大承重 t 时，该绳子将被扯断。比如，有三根绳子的最大承重量分别为 1,10 和 15，当三根绳子都固定到被提起物时，最多只能提起重量为 3 的物体，除非最弱的一根被扯断了。但是第二根绳子，自身就可以举起重量为 10 的物体。现有 n 条绳子，且每条绳子的最大承重量已知，你的任务就是在不扯断任何绳子的情况下找出它们可以提起多重的物体。

Input

输入的第一行是一个整形数值 t(1<=t<=10)，表示测试用例数。每个测试用例的第一行是一个整形数值 n(1<=n<=1000)，表示绳子的数量。每个测试用例的第二行有 n 个整形数值，数值范围是 1 道 10000，表示各根绳子的最大承重量，每个数值以空格分隔。

Output

每行输出都应该是一个数字，表示对应用例中不扯断绳子的情况下可提起的最大重量。

Sample input

2
3
10 1 15
2
10 15

Sanmple output

20
20

2. 运行效果

用 C 语言实现的代码运行测试例子，效果如图 9-11 所示。

用 Java 语言实现的代码运行测试例子，效果如图 9-12 所示。

当用户先输入数据 2，表示有两组测试例子，接着每输入一个测试例子，输出一个测试结果，直到两组测试例子完成为止。

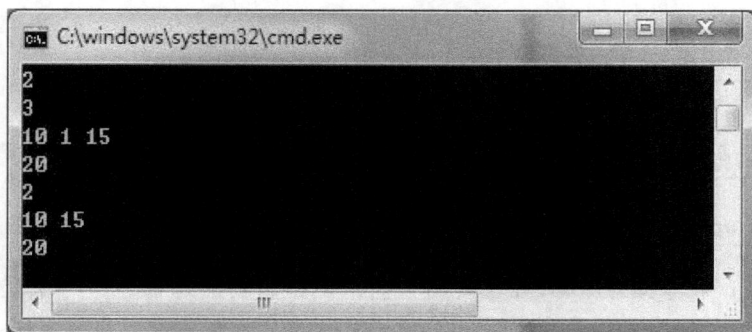

图 9 – 11　C 语言运行 ZOJ2488 测试例子效果

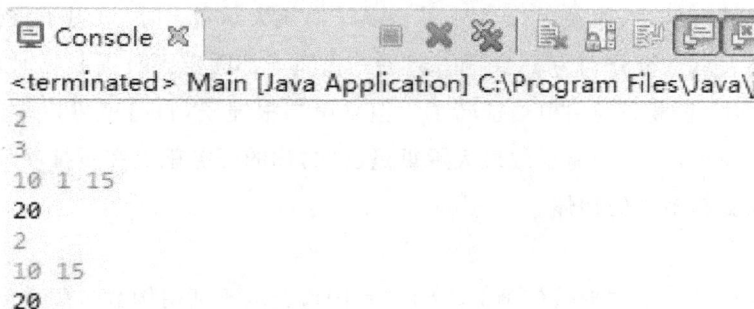

图 9 – 12　Java 语言运行 ZOJ2488 测试例子效果

　　本题是一个资源优化配置问题，需要计算不同拉升强度的可用绳子数，这个计算过程实际上可以通过排序简化，不妨先思考以下几个问题？

　　1）什么是排序，排序的方法有哪几种？

　　2）常用的排序算法如何实现？

　　3）在 C 和 Java 语言中的常见排序方法有哪些？

9.3.2　必备知识

　　排序是计算机内经常进行的一种操作，其目的是将一组"无序"的记录序列调整为"有序"的记录序列。本文只介绍排序的基本概念与分类，简单排序算法的实现，以及 C 语言和 Java 语言库文件中提供的排序方法运用。有关排序的更多知识，可以参看数据结构和算法等相关材料。

9.3.2.1　排序的分类

　　排序就是将杂乱无章的数据元素，通过一定的方法按关键字顺序排列的过程。排序有内部排序和外部排序，内部排序是数据记录在内存中进行排序，而外部排序是因排序的数据很大，一次不能容纳全部的排序记录，在排序过程中需要访问外存。八大排序就是内部排序，分别是直接插入排序、希尔排序、简单选择排序、堆排序、冒泡排序、快速排序、归并排序和基数排序。

　　假定在待排序的记录序列中，存在多个具有相同的关键字的记录，若经过排序，这些记录的相对次序保持不变，即在原序列中，$r_i = r_j$，且 r_i 在 r_j 之前，而在排序后的序列中，ri 仍在 rj 之前，则称这种排序算法是稳定的，否则称为不稳定的。快速排序、希尔排序、堆排序、简单选择排序不是稳定的排序算法，而基数排序、冒泡排序、直接插入排序、归并排序是稳定的排序算法。

当排序对象 n 较大时，快速排序、堆排序或归并排序效率较高，它们的时间复杂度能达到 $O(n\log 2n)$。快速排序是目前基于比较的内部排序中被认为是最好的方法，当待排序的关键字是随机分布时，快速排序的平均时间最短。

9.3.2.2　排序方法实现

冒泡排序是逻辑上比较简单的一种排序方法，它的排序流程如下：

在要排序的一组数中，对当前还未排好序的范围内的全部数，自上而下对相邻的两个数依次进行比较和调整，让较大的数往下沉，较小的往上冒。每当两相邻的数比较后发现它们的排序与排序要求相反时，就将它们互换。排序过程如图 9－13 所示。

初始关键字	第一趟排序后	第二趟排序后	第三趟排序后	第四趟排序后	第五趟排序后	第六趟排序后
49	38	38	38	38	13	**13**
38	49	49	49	13	27	**27**
65	65	65	13	27	38	**38**
97	76	13	27	49	**49**	
76	13	27	$\overline{49}$	$\overline{49}$		
13	27	$\overline{49}$	**65**			
27	$\overline{49}$	**76**				
$\overline{49}$	**97**					

图 9－13　冒泡排序示例

代码实现示例：

```
void sort(int * a,int len)
{
    int i = 0, j, t;
    for(i = 0;i<len;i + + )
        for(j = 0;j<len - i - 1;j + + )
        if(a[j]>a[j + 1]) {
            t = a[j];
            a[j] = a[j + 1];
            a[j + 1] = t;
        }
}
```

9.3.2.3　常见排序操作

1. C 语言的常见排序操作

C 语言标准库提供的排序接口为快速排序函数 qsort，它包含在 stdlib. h 头文件里，qsort 函数用法如下：

void qsort(void ＊ base，int nelem，int width，int (＊fcmp)(const void ＊, const void ＊));

参数 1：待排序数组首地址；

参数 2：参与排序的元素个数；

参数 3：单个元素的大小；

参数 4：比较函数，用于确定排序的顺序。

比较函数是 qsort 函数，能灵活适用不同排序场景的关键，返回值必须是 int，两个参数的类型必须都是 const void ＊。假设对 int 进行升序排序，如果 a 比 b 大则返回一个正值，小则返回一个负值，相等返回 0，其他的依次类推。在函数体内要对 a、b 进行强制类型转换后才能得到正确的返回值，不同的类型有不同的处理方法。

2. Java 语言的常见排序操作

在 Java 语言中，两个类提供了排序方法 sort：java. util. Arrays 和 java. util. Collections，使用 Arrays 对数组进行排序，使用 Collections 对结合框架容器进行排序，如 ArraysList，LinkedList 等。

sort 方法可以只指定要排序的数组/集合，也可以通过参数指定只对其中一段进行排序。另外，当排序的比较标准有特别要求的情况下，可以使用 Comparator 自定义比较方法，Comparator 的作用有两个：

a. 如果类的设计师没有考虑到 Compare 的问题而没有实现 Comparable 接口，可以通过 Comparator 来实现比较算法进行排序；

b. 为了使用不同的排序标准做准备，比如：升序、降序或其他什么序。

9.3.3　程序实现

9.3.3.1　C 语言代码实现

```
#include <stdio.h>
#include <stdlib.h>

//定义比较函数
int cmpfunc (const void * a, const void * b)
{
    return ( *(int *)a - *(int *)b);
}
```

```
int main()
{
    int t[1001];
    int ncases,n,i;
    scanf("%d",&ncases);
    while( ncases - - )      //循环控制测试例子的个数
    {   //循环体内,处理每一个测试例子的输入和输出
        scanf("%d",&n);
        for(i = 0; i<n; i + +)
            scanf("%d",&t[i]);
        qsort(t, n, sizeof(int), cmpfunc);      //对数组进行升序排列
        int max = 0;
        for(i = 0; i<n; i + +)
            if( t[i] * (n - i) > max )      //计算使用不同绳子的承重量
                max = t[i] * (n - i);
        printf("%d\n",max);
    }
    return 0;
}
```

9.3.3.2　Java 语言代码实现

```
import java.util.Scanner;
import java.util.Arrays;

public class Main {
    public static void main(String[] args) {
        Scanner in = new Scanner(System.in);      //创建扫描器对象
        int t[];
        int ncases,n,i,max;
        ncases = in.nextInt();      //从键盘读取测试例子的个数
        while((ncases - - )>0)      //循环控制测试例子的个数
        {      //循环体内,处理每一个测试例子的输入和输出
            n = in.nextInt();
            t = new int[n];
            for(i = 0; i<n; i + +)
                t[i] = in.nextInt();
            Arrays.sort(t);      //对数组进行升序排列
```

```
    max = 0;
    for( i = 0; i<n; i + +)
       if( t[i] * (n-i) > max )//计算使用不同绳子的承重量
         max = t[i]*(n-i);
    System.out.println(max);
      }
  in.close();                         //关闭扫描器对象
  }}
```

9.3.4　拓展训练

题目来源于 ZOJ2727 — List the Books,题目大意是:

Jim 很喜欢读书,但是他的书太多了,有时候管理起来很麻烦。因此他请你帮忙解决这个问题。

Jim 只关心书本的名字、出版年份和价格,现需要你把他的书本按照给定的标准进行排序。

Input

这个问题包含多个测试用例。

每个测试用例的第一行是一个整数 n,表示 Jim 拥有的书本数量。n 是一个小于 100 的正整数。接下来的 n 行给出了书本的信息,每本书的信息以书名、出版年份和价格的格式提供。书名由不多于 80 个字符的字母表组成,出版年份和价格为正整数。再接下来的一行是排序标准,可能是 Name,Year 或 Price(分别表示按书名、出版年份或价格)。

你的任务是,按照给定的排序标准,将书本列表升序排列。

注意:Name 的优先级最高,其次是 Year,最后是 Price。也就是说,如果排序标准是 Year,当出现两本书的出版年份是同一年的情况时,你需要将这两本书按书名排序。如果书名也一样,再按价格排序。不存在两本书的三个参数完全一致的情况。

当输入的 n 为 0 时,表示终止输入。

Output

对于每个测试用例,需要输出书本列表,每本书一行。每行需要以书名、出版年份和价格的顺序输出,这三个参数以一个空格分隔。

在两个测试用例中间,需要输出一个空行。

Sample input

3

LearningGNUEmacs 2003 68

TheC++StandardLibrary 2002 108

ArtificialIntelligence 2005 75

Year

4

GhostStory 2001 1

        WuXiaStory 2000 2
        SFStory 1999 10
        WeekEnd 1998 5
        Price
        0

Sanmple output

        TheC++StandardLibrary 2002 108
        LearningGNUEmacs 2003 68
        ArtificialIntelligence 2005 75

        GhostStory 2001 1
        WuXiaStory 2000 2
        WeekEnd 1998 5
        SFStory 1999 10

Eg.9_3

```c
/* * zoj2727.c */
#include <stdio.h>
#include <stdlib.h>
#include <string.h>

struct book//定义书本结构,包含书名、出版年份和价格信息
{
  char Name[81];
  int Year;
  int Price;
};

//分别定义比较标准
int by_name(const struct book * book1,const struct book * book2)
{
  if(strcmp(book1->Name, book2->Name))
    return strcmp(book1->Name, book2->Name);
  else if(book1->Year! = book2->Year)
    return book1->Year - book2->Year;
  else
    return book1->Price - book2->Price;
```

```
}
int by_year(const struct book * book1,const struct book * book2)
{
  if(book1 - >Year! = book2 - >Year)
    return book1 - >Year - book2 - >Year;
  else if(strcmp(book1 - >Name, book2 - >Name))
    return strcmp(book1 - >Name, book2 - >Name);
  else
    return book1 - >Price - book2 - >Price;
}
int by_price(const struct book * book1,const struct book * book2)
{
  if(book1 - >Price! = book2 - >Price)
    return book1 - >Price - book2 - >Price;
  else if(strcmp(book1 - >Name, book2 - >Name))
    return strcmp(book1 - >Name, book2 - >Name);
  else
    return book1 - >Year - book2 - >Year;
}

int main()
{
  int n, i;
  char  order[10];
  struct book books[100];
  scanf(" % d",&n);    //读取书本数量
  if(n = = 0);
  else
    while(1)
    {
      for(i = 0;i<n;i + +)//读取书本信息
      {
        scanf(" % s", &books[i].Name);
        scanf(" % d", &books[i].Year);
        scanf(" % d", &books[i].Price);
      }
      scanf(" % s", &order);//读取排序标准
      //按指定的标准进行排序
```

```
    if(strcmp(order, "Name") = = 0)
      qsort(books, n, sizeof(struct book), by_name);
    else if(strcmp(order, "Year") = = 0)
      qsort(books, n, sizeof(struct book), by_year);
    else if(strcmp(order, "Price") = = 0)
      qsort(books, n, sizeof(struct book), by_price);
    for(i = 0;i<n;i+ +)
    {
    printf("% s % d % d\n", books[i].Name,
      books[i].Year, books[i].Price);//输出排序结果
    }
    scanf("% d",&n);
    if(n! = 0) printf("\n");//两个用例中间以空行隔开
    else break;
  }
  return 0;
}
```

C 语言的程序运行的效果如图 9 - 14 所示。

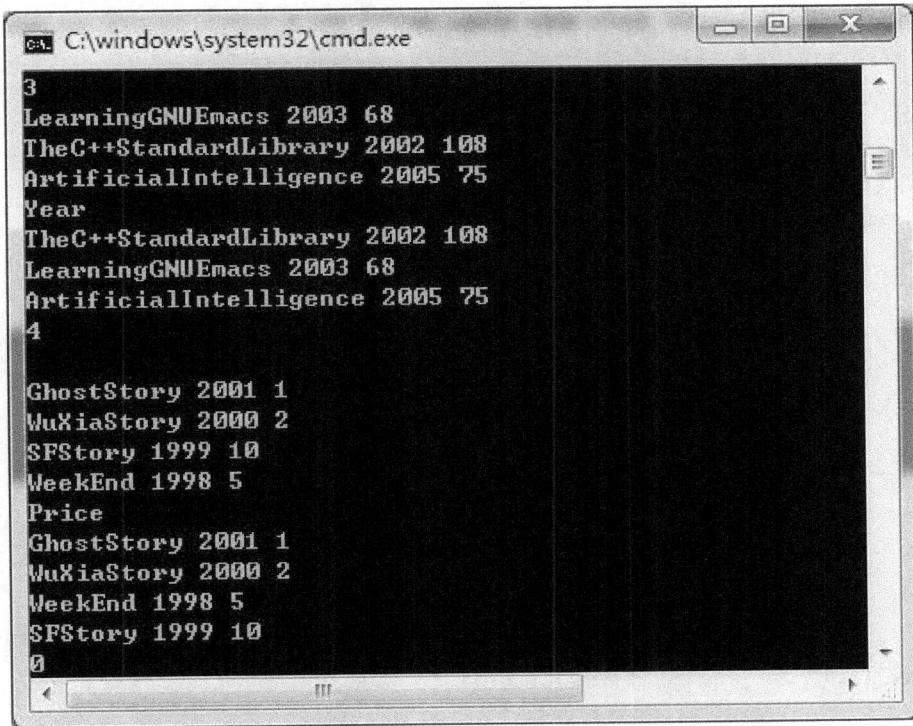

图 9 - 14　C 语言运行 ZOJ2727 测试例子效果

```
/ * * zoj2727. java * /
import java.util.Collections;
import java.util.ArrayList;
import java.util.Comparator;
import java.util.Iterator;
import java.util.List;
import java.util.Scanner;

//定义 Book 类，描述书本信息及组织方式
class Book{
        String name;
        int year;
        int price;
        public Book(String name, int year, int price){
          this.name = name;
          this.year = year;
          this.price = price;
        }
        public String toString(){
          String book = this.name + " " + this.year + " " + this.price;
          return book;
        }
}


public class Main {
        public static void main(String[] args) {
          int total, i;
          Book book;
          String order = new String("");
          List<Book> books = new ArrayList<Book>();
          Iterator it;
          //定义比较方法，用于不同排序标准
          Comparator<Book> by_name = new Comparator<Book>(){
              public int compare(Book book1, Book book2){
                if(book1.name.compareTo(book2.name) ! = 0)
                  return book1.name.compareTo(book2.name);
                else if(book1.year ! = book2.year)
                  return book1.year - book2.year;
```

```
        else
            return book1.price - book2.price;
    }
};
Comparator<Book> by_year = new Comparator<Book>(){
    public int compare(Book book1, Book book2){
        if(book1.year ! = book2.year)
            return book1.year - book2.year;
        else if(book1.name.compareTo(book2.name) ! = 0)
            return book1.name.compareTo(book2.name);
        else
            return book1.price - book2.price;
    }
};
Comparator<Book> by_price = new Comparator<Book>(){
    public int compare(Book book1, Book book2){
        if(book1.price ! = book2.price)
            return book1.price - book2.price;
        else if(book1.name.compareTo(book2.name) ! = 0)
            return book1.name.compareTo(book2.name);
        else
            return book1.year - book2.year;
    }
};
Scanner in = new Scanner(System.in);
total = in.nextInt();
if(total = = 0);
else
    for(;;)
    {
        for(i = 0;i<total;i + +)//读入书本信息,添加到表里
        {
            book = new Book("",0,0);
            book.name = in.next();
            book.year = in.nextInt();
            book.price = in.nextInt();
            books.add(book);
        }
```

```
        order = in.next();
        //按照指定标准重新排序
        if(order.compareTo("Name") = = 0)
          Collections.sort(books, by_name);
        else if(order.compareTo("Year") = = 0)
          Collections.sort(books, by_year);
        else if(order.compareTo("Price") = = 0)
          Collections.sort(books, by_price);
        it = books.iterator();
        while(it.hasNext())
          System.out.println(it.next());//输出排序结果
        books.clear();
        total = in.nextInt();
        if(total! = 0) System.out.println("");//用例间输出空行
        else break;
      }
    in.close();
    }
}
```

Java 语言的程序运行的效果如图 9-15 所示。

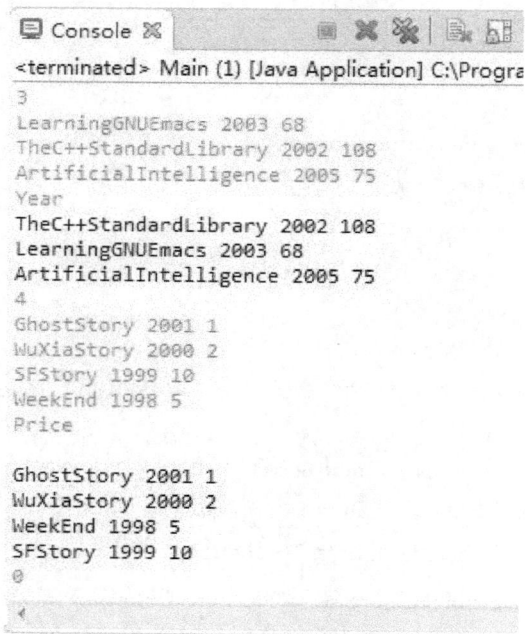

图 9-15　Java 语言运行 ZOJ2727 测试例子效果

—项目总结　"ACM 程序设计竞赛实训"项目中主要实现了两个任务,即字符串应用和图的应用,这两个任务实现的主要内容如下:

任务一:字符串应用　学习这一任务的目的在于向读者介绍 ACM 竞赛中一类以字符串处理为基础的题目的入门基础,主要介绍了字符串输入输出控制、字符串常见函数库在竞赛题目中应用及注意事项。

任务二:图的应用　学习这一任务的目的在于向读者介绍数据结构中图的概念、图的存储结构,以及图在 ACM 竞赛题目中的常见应用。

任务三:排序的应用　学习这一任务的目的在于向读者介绍排序算法的概念、分类,基础算法的实现,常见函数库的介绍,以及在 ACM 竞赛题目中的应用。

—项目实训

1. 实训目标

①掌握用 C 语言和 Java 语言来处理字符串的输入和输出。
②掌握用 C 语言的库函数和 Java 语言中 String 类的常见方法处理字符串。
③掌握图的概念、图的存储结构,灵活使用图的存储结构应用与解题。
④掌握排序的概念、掌握使用常见库函数或方法去解决不同场景的排序问题。

2. 编程要求

用 C—Free 编写 C 程序代码、用 Eclipse 编写 Java 程序代码,实现应用程序指定的功能,程序代码格式整齐规范、便于阅读,程序注释规范、简明易懂。

3. 实训内容

① ZOJ3207 — 80ers' Memory
给定一组关键字描述 80 后记忆中的事物,要求对后续输入的关键字符串进行统计,给出有多少个关键字属于 80 后记忆。
(http://acm.zju.edu.cn/onlinejudge/showProblem.do? problemCode＝3207)

② ZOJ3878 — Convert QWERTY to Dvorak
一位惯用 Dvorak 键盘的打字员,用一个大写键坏掉的 QWERTY 键盘输入了一段文稿(以 Dvorak 方式输入),请帮忙把文稿转换成正确的内容。
(http://acm.zju.edu.cn/onlinejudge/showProblem.do? problemCode＝3878)

③ ZOJ2971 — Give Me the Number
要求对英文字母表示的整数进行转换,转换为阿拉伯数字表示的整数,整数

值小于 10^9。

（http：//acm. zju. edu. cn/onlinejudge/showProblem. do？ problemCode＝2971）

④ ZOJ3328 — Wu Xing

对于给定的图结点数，请计算出用多少种圈关系，可以使任意两点间都可以直接连一条边。

（http：//acm. zju. edu. cn/onlinejudge/showProblem. do？ problemCode＝3328）

⑤ ZOJ2386 — Ultra－QuickSort

要求分析一种只允许交换相邻元素的排序算法，对于给定的数字序列，统计出最小交换次数。

（http：//acm. zju. edu. cn/onlinejudge/showProblem. do？ problemCode＝2386）

⑥ ZOJ3157 — Weapon

假设要使用武器攻击一个敌对城市，城市的街道交点上部署了城堡。请根据给定的街道分布、武器攻击范围信息，算出可摧毁的城堡数量。

（http：//acm. zju. edu. cn/onlinejudge/showProblem. do？ problemCode＝3157）

参考文献

[1] 谢书良 . 程序设计基础[M]. 北京：清华大学出版社,2010.

[2] 高福成 . C程序设计教程[M]. 北京：天津大学出版社,2004.

[3] 张雷 . 计算机导论与程序设计基础[M]. 北京：北京邮电大学出版社,2006.

[4] 赵宏 . 计算机程序设计基础[M]. 北京：北京交通大学出版社,2005.

[5] 韩立毛 . 程序设计基础学习指导与考试指南[M]. 东南大学出版社,2006.

[6] P. J. Deitel, H. M. Deitel. Java How to Program. 7th. DEITEL,2007.

[7] 曲朝阳 . Java程序设计[M]. 北京：北京交通大学出版社,2008.

[8] 杨文军 . Java程序设计教程[M]. 北京：清华大学出版社,2010.

[9] Rogers Cadenhead . Java编程入门经典[M]. 第4版 . 北京：人民邮电出版社,2007.

[10] Herbert Schidt. Java参考大全[M]. 北京：清华大学出版社,2006.

[11] 苑俊英 . Java程序设计及应用——增量式项目驱动一体化教程[M]. 北京：电子工业出版社,2013.

[12] 郑哲 . Java程序设计项目化教程[M]. 北京：机械工业出版社,2015.